湖北大别山
常见药用多年生
草本植物

向　福　方元平　甄爱国　编著

江明喜　樊官伟　主审

化学工业出版社

·北京·

内容简介

大别山跨鄂、豫、皖三省，其中鄂东大别山植物区系丰富，被誉为中原地区的物种资源库和生物基因库，也是湖北境内唯一一块较完整的华东植物区系代表地。

本书基于大别山植物科考30余年的工作积累，从植物种名、关键识别特征、释名解义、入药部位及性味功效、经方验方应用例证、中成药应用例证、现代临床应用等方面，主要介绍了鄂东大别山地区常见药用多年生草本植物，将植物学和中医药学的科学性、实用性、应用性与本草文化内涵有机融合，图文并茂，自成体系，对中医药大健康资源的挖掘利用具有一定的参考和指导意义。

本书可供科研院所、高校、企业、地方机构部门等相关人员和中医药、植物爱好者参考，也可作为相关专业实习实践用书。

图书在版编目（CIP）数据

湖北大别山常见药用多年生草本植物 / 向福，方元平，甄爱国编著. —北京：化学工业出版社，2023.12
ISBN 978-7-122-44282-6

Ⅰ.①湖… Ⅱ.①向…②方…③甄… Ⅲ.①大别山-药用植物-草本植物-多年生植物-湖北 Ⅳ.①Q949.95

中国国家版本馆CIP数据核字（2023）第189827号

责任编辑：李　琰　甘九林　　　　　　文字编辑：李　平
责任校对：杜杏然　　　　　　　　　　装帧设计：关　飞

出版发行：化学工业出版社
　　　　　（北京市东城区青年湖南街13号　邮政编码100011）
印　　装：盛大（天津）印刷有限公司
787mm×1092mm　1/16　印张33¼　字数798千字
2024年3月北京第1版第1次印刷

购书咨询：010-64518888　　　　　　售后服务：010-64518899
网　　址：http://www.cip.com.cn
凡购买本书，如有缺损质量问题，本社销售中心负责调换。

定　　价：298.00元

谨以此书纪念

黄冈师范学院致力大别山植物科学考察

三十余载！

参编人员

向　福（黄冈师范学院）

方元平（黄冈师范学院）

甄爱国（湖北大别山国家级自然保护区英山管理局）

项　俊（黄冈师范学院）

董洪进（黄冈师范学院）

何　峰（黄冈师范学院）

吴　伟（黄冈师范学院）

李世升（黄冈师范学院）

王书珍（黄冈师范学院）

张家亮（黄冈师范学院）

胡晓星（黄冈师范学院）

郑红妍（黄冈师范学院）

漆　俊（湖北大别山国家级自然保护区管理局）

元约华（湖北大别山国家级自然保护区管理局）

张　壮（湖北大别山国家级自然保护区管理局）

付　剑（湖北大别山国家级自然保护区英山管理局）

詹先赢（湖北大别山国家级自然保护区英山管理局）

高学工（湖北大别山国家级自然保护区罗田管理局）

余海燕（湖北大别山国家级自然保护区罗田管理局）

前　言

从"非典"到"新冠感染"，中医药在防疫抗疫中都发挥了积极而重大的作用，乃我国独特优势。《中医药发展战略规划纲要（2016—2030年）》和《中共中央　国务院关于实施乡村振兴战略的意见》均把中医药发展上升为"国家战略"；《"健康中国2030"规划纲要》将中医药全面融入健康中国建设。随着"一带一路"倡议的实施以及疫情后公众健康意识的提升，中医药大健康，未来可期！

大别山是长江中下游流域的重要生态屏障，蕴藏着丰富的植物资源，是目前华中地区保存较为完整的物种资源库，被《中国生物多样性保护优先区域范围》（2015）列为生物多样性保护优先区域。黄冈地处湖北东部，大别山南麓，《本草纲目》记载的1892种药材，超过1000种药材的原植物见于黄冈境内，被誉为"大别山药用植物资源宝库"；同时，黄冈中医药文化历经1800多年，底蕴深厚，有"医药双圣"李时珍、"中华养生第一人"万密斋、"北宋医王"庞安时、"戒毒神医"杨际泰等历代名医；有《本草纲目》《万密斋医学全书》《伤寒总病论》《医学述要》等医学名著，成为大别山革命老区大健康产业高质量发展的动力源泉。

黄冈师范学院自20世纪80年代末以来，一直致力于湖北大别山野生动植物资源的科学考察研究，2005年完成了湖北大别山省级自然保护区科考，2017年完成了第二次全国重点保护野生植物调查湖北调查第八区（即黄冈市）调查，积累了大量野外植物原始资料，"其间草可药者极多"，为本书奠定了坚实基础。

中草药是我国文化的重要载体，也是发展大健康的重要战略资源。"养在深闺人未识""空有宝山不自知"，探本溯源，把神秘、玄妙的中药材还原为"身边"的花草树木，价值斐然，尤其对李时珍生于斯、长于斯的大别山地区而言更显意义深远。挖掘地方中医药大健康资源，传承李时珍中医药文化，促进大别山革命老区乡村振兴和大健康产业的高质量发展，是黄冈师范学院学者们责无旁贷的光荣使命。

长期以来，中药材"同名异物""同物异名"现象严重，基原混淆、真伪难辨，导致对其化学成分和药理作用研究、制剂生产、临床疗效及推广使用等都有直接影响。同样，发掘和扩大中药资源，特别是本土道地药材资源，有利于缓解中药材资源日益匮乏的窘境，促进丰富和发展"乡村振兴药""大健康药"，关系民生福祉。

近年来也一直思考，如何有效呈现大别山丰富的药用植物资源，方能惠及大众，或指导植物和药材识别，或指引日常健康护理，或启示新产品开发等，让身边的花草树木，物尽其用，用得其所。自2019年末"新冠感染"疫情来袭，以武汉和黄冈为最，医药健康需求日盛，遂成此书。

全书介绍了植物种名、关键识别特征、释名解义、入药部位及性味功效、经方验方应用例证、中成药应用例证、现代临床应用等，别样构思，自成体系，图文并茂，言简意赅，清晰直观，科学性、实用性、应用性与传统文化内涵有机融合，可供科研院所、高校、企业、地方机构部门等企事业单位有关人员和中医药、植物爱好者参考，也可作为相关专业实习实践用书。

感谢湖北省高等学校优秀中青年科技创新团队项目（T201820），农业资源与环境"十二五"湖北省重点学科，种质资源与特色农业"十四五"湖北省高等学校优势特色学科群，湖北大别山常见特色药用草本资源植物评价项目（经济林木种质改良与资源综合利用湖北省重点实验室、大别山特色资源开发湖北省协同创新中心联合开放课题基金）以及武汉天之逸科技有限公司的资助。

在本书的缮稿、出版过程中还得到化学工业出版社、黄冈师范学院各级领导及老师们的支持与鼓励，在此一并表示衷心的谢意。

鉴于学力和水平所限，不足之处在所难免，敬请批评指正。

编著者
2023 年 8 月

植物（入药部位）目录

蕺菜

Houttuynia cordata Thunb.

三白草科（Saururaceae）蕺菜属多年生草本。

植株高达60cm，有腥臭味，无毛。具根茎；茎下部伏地，上部直立，有时紫红色。叶薄纸质，密被腺点，宽卵形或卵状心形，先端短渐尖，基部心形，下面常带紫色。穗状花序顶生或与叶对生，基部多具4片白色花瓣状苞片；花小，雄蕊3，长于花柱，花丝下部与子房合生，花柱3，外弯。蒴果。花期4～8月，果期6～10月。

大别山各县市区均有分布，常生于低海拔地区田埂、潮湿的山坡林下及路旁、草丛中或沟旁等潮湿地方。

鱼腥草原名"蕺"，始载于《名医别录》，列为下品。自《本草经集注》以降，诸家本草多载其能作食用。《新修本草》："此物叶似荞麦，肥地亦能蔓生，茎紫赤色，多生湿地、山谷阴处。山南江左人好生食之。"《本草纲目》："叶似荞，其状三角，一边红，一边青。可以养猪。"可知，这是一种集药物、野菜和饲料于一身的植物。《蜀本草》："茎叶俱紫赤，英有臭气。"李时珍以为"其叶腥气，故俗呼为鱼腥草。"

【入药部位及性味功效】

鱼腥草，又称岑草、蕺、葅菜、紫背鱼腥草、紫蕺、葅子、臭猪巢、侧耳根、猪鼻孔、九节莲、折耳根、肺形草、臭腥草，为植物蕺菜的带根全草。夏、秋采收，将全草连根拔起，洗净晒干或随采鲜用。味辛，性寒。归肺、膀胱、大肠经。清热解毒，排脓消痈，利尿通淋。主治肺痈吐脓、痰热喘咳、喉蛾、热痢、痈肿疮毒、热淋。

【经方验方应用例证】

治病毒性肺炎、支气管炎、感冒：鱼腥草、厚朴、连翘各9g，研末，桑枝30g，水煎，冲服药末。(《江西草药》)

治慢性鼻窦炎：鲜蕺菜捣烂，绞汁，每日滴鼻数次。另用蕺菜21g，水煎服。(《陕西草药》)

治扁桃体炎：鲜蕺菜、鲜筋骨草各15g，柚子(种子)适量，共捣烂绞汁，调蜜服。(《福建药物志》)

治妇女外阴瘙痒，肛痈：鱼腥草适量，煎汤熏洗。(《上海常用中草药》)

治疥癣：鲜鱼腥草捣烂敷患处。(《青岛中草药手册》)

防苓汤：主治臁疮及牛轭疮。(《医林纂要》卷十)

急构饮：主治惊风，瘀毒冲胸上窜，搐搦不已。(《观聚方要补》卷十)

治尿道炎、膀胱炎：鱼腥草根茎6～9g，灯心草3～6g，水煎服。(南药《中草药学》)

治荨麻疹：鲜鱼腥草捣烂，揉搽患处。(南药《中草药学》)

扁平疣外治方：燥湿清热，软坚祛瘀，抗病毒。主治脾肺湿热郁结，火郁肌肤。(施永茂方)

肺瘤1号方：补脾益气化痰湿，佐以抗癌。主治脾虚气弱。(高令山方)

肺瘤2号方：滋阴降火，清金保肺，佐以抗癌。主治肺阴不足，虚火上炎。(高令山方)

肺脓疡合剂：清热解毒，化瘀排脓，清肺透热，清养肺阴。具有退热快、排脓多、空洞闭合迅速的效果。主治急性肺脓疡(肺痈)。

肺炎汤：辛凉解表，清热解毒。主治大叶性肺炎。症见高热喘促，咳嗽胸痛，吐铁锈色痰，鼻翼扇动，脉洪大数，舌苔白或黄，少津。(《临证医案医方》)

银苇合剂：清热解毒，活血排脓。治肺脓疡成脓期。(《方剂学》)

【中成药应用例证】

伤风止咳糖浆：解表发散，清肺止咳。用于感冒引起的头痛、发热、流涕、咳嗽等症。

复方吉祥草含片：宣肺平喘，清热润燥，止咳化痰。用于支气管炎、肺炎所引起的咳嗽、胸闷、痰多等症状。

石椒草咳喘颗粒：清热化痰，止咳平喘。用于肺热引起的咳嗽痰稠、口干咽痒，以及急慢性支气管炎引起的痰湿咳喘。

七味解毒活血膏：清热，活血，止痛。用于软组织损伤、浅Ⅱ度烧伤、肩周炎、关节炎、疔疮等。

复方鱼腥草合剂：清热解毒。用于外感风热引起的咽喉疼痛；急性咽炎、扁桃体炎有风热证候者。

银苓胶囊：清热解毒，清宣风热。用于外感风热所致的发热、咳嗽、咽痛及上呼吸道感染、扁桃体感染、咽炎见以上症状者。

龙金通淋胶囊：清热利湿，化瘀通淋。用于湿热瘀阻所致的淋证，症见尿急、尿频、尿痛；前列腺炎、前列腺增生症见上述证候者。

丹黄祛瘀胶囊：活血止痛，软坚散结。用于气虚血瘀、痰湿凝滞引起的慢性盆腔炎，症见白带增多者。

止痛化癥胶囊：活血调经，化症止痛，软坚散结。用于癥瘕积聚、痛经闭经、赤白带下及慢性盆腔炎等。

男康片：补肾益精，活血化瘀，利湿解毒。用于治疗肾精亏损、瘀血阻滞、湿热蕴结引起的慢性前列腺炎。

【现代临床应用】

临床上用于治疗肺部炎症、耳鼻喉科炎症、急性传染性黄疸性肝炎；防治外科手术后感染；预防钩端螺旋体病。

三白草

Saururus chinensis (Lour.) Baill.

三白草科（Saururaceae）三白草属多年生湿生草本。

茎粗壮，有纵长粗棱和沟槽，下部伏地，常带白色，上部直立，绿色。叶纸质，密生腺点，阔卵形至卵状披针形，顶端短尖或渐尖，基部心形或斜心形，两面均无毛，上部的叶较小，茎顶端的 2 ～ 3 片于花期常为白色，呈花瓣状；叶脉 5 ～ 7 条，均自基部发出，网状脉明显；叶柄无毛，基部与托叶合生成鞘状，略抱茎。花序白色；总花梗无毛，但花序轴密被短柔毛；苞片近匙形；雄蕊 6 枚。果近球形。花期 4 ～ 6 月。

罗田、英山、麻城等县市均有分布，常生于低海拔地区的塘边、水边、田埂等潮湿的低地。

此草初夏时茎梢花穗下三叶（或二叶）逐渐变白，故名三白。叶白与季节相应，因称天性草。并有利水之功，故又称水木通。

三白草之名始见于陶弘景《本草经集注》，云："又有一种草，叶上有三白点，俗因以名三白草。"《新修本草》："叶如水荭，亦似蕺，又似菝葜，叶上有三黑点，高尺许。根如芹根，黄白色而粗大。"《本草纲目》："三白草生田泽畔，三月生苗，高二三尺。茎如蓼，叶如商陆及青葙。四月其颠三叶面上，三次变作白色，余叶仍青不变。俗云：一叶白，食小麦；二叶白，食梅杏；三叶白，食黍子。五月开花成穗，如蓼花状，而色白微香。结细实。根长白虚软，有节须，状如泥菖蒲根。"

【入药部位及性味功效】

三白草，又称水木通、五路白、白水鸡、白花照水莲、天性草、田三白、白黄脚、白面姑、三点白、白叶莲，为植物三白草的地上部分。全年均可采，以夏秋季为宜，收取地上部分，洗净，晒干。味甘、辛，性寒。归脾、肾、胆、膀胱经。清热利水，解毒消肿。主治热淋、血淋、水肿、脚气、黄疸、痢疾、带下、痈肿疮毒、湿疹、蛇咬伤。

三白草根，又称三白根、塘边藕、地藕、百节藕、过塘藕、水莲藕、白莲藕、九节藕、天性草根，为植物三白草的根茎。秋季采挖，除去残茎及须根，洗净，鲜用或晒干。味甘、辛，性寒。利水除湿，清热解毒。主治脚气、水肿、淋浊、带下、痈肿、流火、疔疮疥癣，亦治风湿热痹。

【经方验方应用例证】

治尿路感染（热淋）、血淋：三白草15g，车前草、鸭跖草、白茅根各30g，水煎服。（《安徽中草药》）

治细菌性痢疾：三白草、马齿苋各30g，煎服。（《安徽中草药》）

治妇女湿热白带：①鲜三白草150～180g（干品减半）。水煎，冲甜酒酿汁，每日2次，空腹分服。忌食酸辣、芥菜。（《天目山药用植物志》）②三白草鲜根茎、瘦猪肉各60g，水煎服。（《福建药物志》）③三白草根60g，炖鸡服。（《湖南药物志》）

治绣球风：鲜三白草，捣汁洗患部。（《天目山药用植物志》）

治乳汁分泌不足：三白草30g，猪蹄2只，水煮至肉烂，喝汤食肉。（《安徽中草药》）

治高血压：三白草15～30g，煎服。（《安徽中草药》）

治脚气胫已满，捏之没指者：三白根，捣碎，酒饮之。（《肘后方》）

治孕妇下肢肿：三白草根90g，炖肉吃。（《湖南药物志》）

治肝癌并有腹水，食水不进：天性草根和野芥菜（大蓟）根各90～120g，分别煎汤，去渣后，加白糖适量饮服，上午服天性草根，下午服芥菜根。（《中草药治肿瘤资料选编》）

治淋浊、脚气：鲜三白草根一两，水煎服。（《福建中草药》）

治热淋：三白草根30g，同米泔水（第二次淘米的水）煎服。（《江西民间草药》）

治淋巴管炎：三白草鲜根茎适量，加糯米饭捣烂敷患处。（《福建药物志》）

治乳痈：鲜三白草根30～60g，豆腐适量，水煎服，渣捣烂敷患处。（《福建中草药》）

治风湿性关节炎：三白草鲜根茎60～125g，白勒花鲜根60g，酒水煎服。（《福建药物志》）

【中成药应用例证】

三白草肝炎颗粒：清热利湿，疏肝解郁，祛瘀退黄，利胆降酶。用于急性黄疸和无黄疸性肝炎，迁延性、慢性肝炎等。

丝穗金粟兰

Chloranthus fortunei (A. Gray) Solms-Laub

金粟兰科（Chloranthaceae）金粟兰属多年生草本。

叶有圆锯齿或粗锯齿。穗状花序单一，由茎顶抽出，花白色，有香气；药隔伸长呈丝状，直立或斜上，长1～1.9cm。核果有纵条纹，近无柄。花期2～4月，果期5～6月。

罗田、英山、麻城、蕲春等县市均有分布，生于山坡或低山林下阴湿处和山沟草丛中。

始载于唐《本草拾遗》，云："生山泽间，叶如茗而细。江东用之。"《本草图经》绘为草本植物，根生多数细长须根，茎丛生，不分枝，具有明显的节，叶生于茎顶，轮生状，花序穗状，可见伸长的线状物。

【入药部位及性味功效】

剪草，又称翦草、四块瓦、土细辛、四叶对、银线草、四对草，为植物丝穗金粟兰的全草或根。夏季采集，除去杂质，洗净，晒干。味辛、苦，性平，有毒。归肺、肝经。祛风活血，解毒消肿。主治风湿痹痛，跌打损伤，疮疖癣疥，毒蛇咬伤。

【经方验方应用例证】

治胃痛及内伤疼痛：剪草干根0.9～1.2g，炒研细末吞服。（《天目山药用植物志》）

治疥疮：剪草全草煎水洗。（《天目山药用植物志》）

治皮肤瘙痒：鲜丝穗金粟兰适量，水煎，熏洗患处。（《福建药物志》）

治疖肿：剪草鲜全草加醋捣烂，敷患处。（《浙江民间常用草药》）

疥疮剪草散：主治癣疥。（《外科方外奇方》卷三）

滑肌散：治风邪客于肌中，浑身瘙痒，致生疮疥，及脾肺风毒攻冲，遍身疮疥皱裂，干湿发疮，日久不瘥，并皆治之。（《宋·太平惠民和剂局方》）

及己

Chloranthus serratus (Thunb.) Roem. et Schult.

金粟兰科（Chloranthaceae）金粟兰属多年生草本。

茎具明显的节，下部节上对生2片鳞状叶。叶缘具锐而密的锯齿。穗状花序顶生，偶腋生，花序总梗长不到2.5cm；花白色。药隔下部合生；中央药隔与侧药隔等长或略长。花期4～5月，果期6～8月。

大别山各县市均有分布，生于山地林下湿润处和山谷溪边草丛中。

及己始载于《名医别录》。《新修本草》："此草一茎，茎头四叶，叶隙着白花，好生山谷阴虚软地，根似细辛而黑，有毒。"《植物名实图考》："及己《别录》下品，《唐本草》注，此草一茎四叶，今湖南、江西亦呼为四叶细辛，俗名四大金刚，外科要药。"

【入药部位及性味功效】

及己，又称四叶细辛、四大金刚、牛细辛、老君须、毛叶细辛，为植物及己的根。春季开花前采挖，去掉茎苗、泥沙，阴干。味苦，性平，有毒。归肝经。活血散瘀，祛风止痛，解毒杀虫。主治跌打损伤，骨折，经闭，风湿痹痛，疔疮疖肿，疥癣，皮肤瘙痒，毒蛇咬伤。

对叶四块瓦，又称四叶对、四块瓦、四叶一枝花、四大天王、金大王、四对金、四叶箭、四叶金、对对剪，为植物及己的茎叶。春、夏、秋三季采收，洗净切碎，鲜用或晒干。味辛，性平，有毒。祛风活血，解毒止痒。主治感冒，咳嗽，风湿疼痛，跌打损伤，痈疽疮疖，月经不调。

【经方验方应用例证】

治头疮白秃：獐耳细辛为末，以槿木煎油调搽。（《活初全书》）

治头癣：先剃去头发，洗净，然后用及己90g，羊蹄根30g，百部500g，共研细粉，调麻油适量，涂患处。每日1次，连涂10天为1个疗程。（《民间常用草药》）

治皮肤瘙痒：及己适量，水煎浓汁，熏洗患处。（《安徽中草药》）

治小儿惊风：及己3g，钩藤2.4g。水煎，涂母乳上供小儿吸吮。（《湖南药物志》）

祛风开窍：对叶四块瓦15g，捣烂，冲米泔水吞服。（《贵阳民间药草》）

治头痛：对叶四块瓦鲜草9g，水煎服。（《湖南药物志》）

治风寒咳嗽气喘：四块瓦，可配合麻黄、百部、枇杷叶，酌加冰糖少许，煎服。（《上海常用中草药》）

治肺结核：四块瓦15g，巴岩龙、羊蹄根、大乌泡根、山慈菇各9g。水煎服，日1剂。（《贵州草药》）

治风湿，跌打损伤：对叶四块瓦30g，泡酒250g。每服药酒15～30g。药酒外搽亦可。（《贵阳民间药草》）

通经：对叶四块瓦9g，蒸酒120g。每次服酒15～30g。（《贵阳民间药草》）

治痈疽恶疮：对叶四块瓦全草3～6g，水煎服。外用鲜根捣敷。（《湖南药物志》）

葎草

Humulus scandens (Lour.) Merr.

大麻科（Cannabaceae）葎草属缠绕草本。

茎、枝、叶柄均具倒钩刺。叶纸质，肾状五角形，掌状 5 ～ 7 深裂，稀为 3 裂，长宽约 7 ～ 10cm，基部心脏形，表面粗糙，疏生糙伏毛，背面有柔毛和黄色腺体，裂片卵状三角形，边缘具锯齿；叶柄长 5 ～ 10cm。雄花小，黄绿色，圆锥花序，长约 15 ～ 25cm；雌花序球果状，径约 5mm，苞片纸质，三角形，顶端渐尖，具白色绒毛；子房为苞片包围，柱头 2，伸出苞片外。瘦果成熟时露出苞片外。花期春夏，果期秋季。

大别山各地均有分布。生于沟边、荒地、废墟、林缘边。

《本草纲目》："此草茎有细刺，善勒人肤，故名勒草。讹为葎草。又讹为来莓，皆方音也。"今按："来""莓"两字合音与"勒"相近。割人藤、锯锯藤亦因草茎多刺而名。葛葎蔓、葛勒蔓者，"蔓"亦"藤"也，"葛"或为"割"之借。葎草长可数米，随处缠连，故又有拉拉藤等名。

葎草出自《新修本草》，以勒草之名始载于《名医别录》，云："生山谷，如栝楼。"《新修本草》载有葎草，云："叶似萆麻（蓖麻）而小薄，蔓生，有细刺。"《本草纲目》："叶对节生，一叶五尖，微似蓖麻而有细齿，八、九月开细紫花成簇，结子状如黄麻子。"

【入药部位及性味功效】

葎草，又称勒草、黑草、葛葎蔓、葛勒蔓、来毒草、葛葎草、涩萝蔓、割人藤、苦瓜藤、锯锯藤、拉拉藤、五爪龙、大叶五爪龙，为植物葎草的全草。9～10月收获，选晴天，收割地上部分，除去杂质，晒干。味甘、苦，性寒。归肺、肾经。清热解毒，利尿通淋。主治肺热咳嗽，肺痈，虚热烦渴，热淋，水肿，小便不利，湿热泻痢，热毒疮疡，皮肤瘙痒。

葎草根，为植物葎草的根。主治石淋，疝气，瘰疬。

葎草果穗，为植物葎草的果穗。主治肺结核潮热、盗汗。

【经方验方应用例证】

治肺结核：①葎草、夏枯草、百部各12g，水煎服。（《安徽中草药》）②葎草果穗一两，水煎服，每日一次。（江西《草药手册》）

治关节红肿热痛：鲜葎草捣烂，白糖或蜂蜜调敷患处，干则更换。（《安徽中草药》）

治痔疮脱肛：鲜葎草90g，煎水熏洗。（《闽东本草》）

治瘰疬：葎草鲜叶30g，黄酒60g，红糖120g，水煎，分3次饭后服。（《福建民间草药》）

治癞、遍体皆疮者：葎草一担，以水二石，煮取一石，以渍疮。（《本草纲目》引《独行方》）

治小肠疝气：割人藤根不拘（多少），煎汤服。（《江苏药材志》）

治石淋：葎草根取汁服。（《范汪方》）

【中成药应用例证】

尿感宁颗粒：清热解毒，利尿通淋。用于膀胱湿热所致淋证，症见尿频、尿急、尿道涩痛、尿色偏黄、小便淋沥不尽等；急慢性尿路感染见上述证候者。

止泻颗粒：清热解毒，燥湿导滞，理气止痛。用于急性肠胃炎，止呕止泻，退热止痛。

【现代临床应用】

临床上用于治疗肺结核、细菌性痢疾、慢性腹泻。

苎麻

Boehmeria nivea (L.) Gaudich.

荨麻科（Urticaceae）苎麻属多年生大型直立草本，或为软木质多枝小灌木。

叶互生，卵形，边缘密生粗大锯齿，上面深绿色粗糙，下面密被白色绵毛。雌雄同株，圆锥花序腋生，雄花淡黄色，雌花淡绿色。花期5～8月，果期9～11月。

大别山各县市均有分布，生于低山和丘陵地带原野、路旁或沟边。

《本草纲目》："苎麻作纻，可以绩纻，故谓之纻（今按：此纻字疑应作苎）。凡麻丝之细者为绤，粗者为纻。"陶弘景云："苎即今绩苎麻是也。麻字从广从林（音派），象屋下林麻之形，广音掩。"今按：《说文解字》："宁（音zhu），办积物也。"绩纻需久沤，故名为纻。苎麻则又因绩纻而名。

苎根始见于《名医别录》。《本草经集注》："苎麻，即今之绩苎尔，又有山苎亦相似，可入用也。"《本草图经》："苎根旧不载所出州土，今闽、蜀、江、浙多有之。其皮可以绩布。苗高七、八尺，叶如楮叶，面青背白，有短毛。夏秋间着细穗、青花，其根黄白而轻虚。二月、八月采。又一种山苎亦相似。"《本草纲目》："苎，家苎也；又有山苎，野苎也；有紫苎，叶面紫；白苎，叶面青；其背皆白。"《本草纲目拾遗》："野苎麻，生山土河堑旁。立春后生苗，长一、二尺，叶圆而尖，面青背白，有麻纹，结子细碎，根捣之，有滑涎。"

【入药部位及性味功效】

苎麻根，又称苎根、野苎根、苎麻茹，为植物苎麻的根和根茎。冬、春季采挖，除去地上茎和泥土，晒干。一般选择食指粗细的根，太粗者不易切片，药效亦不佳。味甘，性寒。归肝、心、膀胱经。凉血止血，清热安胎，利尿，解毒。主治血热妄行所致的咯血、吐血、衄血、血淋、便血、崩漏、紫癜、胎动不安、胎漏下血，小便淋沥，痈疮肿毒，虫蛇咬伤。

苎麻叶，为植物苎麻的叶。春、夏、秋季均可采收，鲜用或晒干。味甘、微苦，性寒。归肝、心经。凉血止血，散瘀消肿，解毒。主治咯血，吐血，血淋，尿血，月经过多，外伤出血，跌扑肿痛，脱肛不收，丹毒，疮肿，乳痈，湿疹，蛇虫咬伤。

苎麻梗，为植物苎麻的茎或带叶嫩茎。春、夏季采收，鲜用或晒干。味甘，性寒。散瘀，解毒。主治金疮折损，痘疮，痈肿，丹毒。

苎麻皮，为植物苎麻的茎皮。夏、秋季采收，剥取茎皮，鲜用或晒干。味甘，性寒。归胃、膀胱、肝经。清热凉血，散瘀止血，解毒利尿，安胎回乳。主治瘀热心烦，天行热病，产后血晕、腹痛，跌打损伤，创伤出血，血淋，小便不通，肛门肿痛，胎动不安，乳房胀痛。

苎花，又称苎麻花，为植物苎麻的花。夏季花盛期采收，鲜用或晒干。味甘，性寒。清心除烦，凉血透疹。主治心烦失眠，口舌生疮，麻疹透发不畅，风疹瘙痒。

【经方验方应用例证】

治习惯性流产或早产：鲜苎麻根30g，干莲子（去心）30g，糯米30g，清水煮粥。去苎麻根服，每日3次，至足月。（《湖南药物志》）

治胎动不安：①苎麻根15～30g，莲子30g，白葡萄干、冰糖各15g。水煎服。若见小量出血加砂仁9g、艾叶15g。（《福建药物志》）②野苎麻干茎皮15～60g，干艾叶9g，水煎服。（《福建中草药》）

治脱肛不收：苎麻根捣烂，煎汤熏洗。（《圣惠方》）

治痛风：苎麻根250g，雄黄15g。共捣烂，敷患处。如痛不止，以莲叶包药，煨热，敷患处。（《广西民间常用中草药手册》）

治五淋：苎麻根两茎，打碎，以水一碗半，煎取半碗，频服。（《斗门方》）

治血淋，脐腹及阴茎涩痛：麻根十枚，捣碎，以水二大盏，煎取一大盏，去滓，分为二服，如人行十里再服。（《圣惠方》）

治哮喘：苎麻根和砂糖烂煮，时时嚼咽下。（《医学正传》）

治鸡鱼骨鲠：苎麻根捣汁，以匙挑灌之。（《谈野翁试验方》）

治跌打伤肿：苎麻干皮30g，烧灰存性，米酒冲服。（《常用中草药选编》）

治漆疮：苎麻（家麻或野麻）茎上皮适量，水煎，待温，洗患处，洗时避风。（《战备草药手册》）

治骨髓炎：鲜苎麻叶捣烂外敷，至脓流尽为止。（江西《草药手册》）

治脚气：鲜苎麻叶、米糠粉各适量，加胡椒粉少许。作糕吃。（《广东中草药》）

治癣：鲜苎麻叶加适量黑硝捣烂，纱布包裹擦患处。（《福建药物志》）

治钉或子弹入肉：苎麻叶、红蓖麻仁（去壳）各适量，共捣烂外敷患处。（《广东省惠阳地区中草药》）

治麻疹未透：苎麻花30g，水煎服。（《梧州地区中草药》）

治皮肤破损：苎麻梗为末，鸡蛋清调敷。（周凤梧《中药学》）

治痘毒：以野苎麻去皮捣敷。（《本草纲目拾遗》）

治丹毒：苎麻嫩茎、叶，捣烂榨汁，涂敷患处。（《全国中草药汇编》）

退痛膏：苎麻根120g，用水酒糟250mL，共捣如泥。敷痛处，包紧。勿令风吹，以一日为度。治足痛，或左或右，或钉痛不移。（《万氏家传点点经》卷一）

苎麻粥：生苎麻根30g，陈皮炒10g，粳米、大麦仁各50g。先煎苎麻根、陈皮，去渣取汁，后入粳米及大麦仁煮粥，临熟，放入盐少许。分作2服，每日空腹趁热食。凉血，止血，安胎。适用于血热崩漏、妊娠胎动下血及尿血、便血等症。（《圣济总录》）

【中成药应用例证】

腮腺宁糊剂：散瘀解毒，消肿止痛。用于腮腺炎，红肿热痛。

孕康颗粒：健脾固肾，养血安胎。用于肾虚型和气血虚弱型先兆流产和习惯性流产。

【现代临床应用】

苎麻根治疗上消化道出血。

八角麻

Boehmeria platanifolia Franchet & Savatier

荨麻科（Urticaceae）苎麻属多年生大型直立草本。

叶对生，叶缘有粗大不规则的锯齿，先端3浅裂，基部圆形或截形，边缘上部有重锯齿。穗状花序圆锥状单生叶腋。花期6～8月，果期9～10月。

大别山各县市广布，常生于低山山谷疏林下、沟边或田边。

八角麻原称悬铃叶苎麻。

【入药部位及性味功效】

赤麻，为植物悬铃叶苎麻（八角麻）的根或嫩茎叶。春、秋季采根，夏、秋季采叶，洗净，鲜用或晒干。味涩、微苦，性平。收敛止血，清热解毒。主治咯血，衄血，尿血，便血，崩漏，跌打损伤，无名肿毒，疮疡。

庐山楼梯草

Elatostema stewardii Merr.

荨麻科（Urticaceae）楼梯草属多年生直立草本。

叶较宽大，斜长圆形至斜长圆状椭圆形，或斜狭倒卵形，长5～14cm，宽4～7cm，边缘通常在中部以上有粗锯齿。雌雄异株，雌雄花序球形，腋生。花期7～8月，果期8～9月。

大别山各县市均有分布，生于山谷沟边或林下。

【入药部位及性味功效】

乌骨麻，又称接骨草、白龙骨、史氏赤车使者、冷坑青、痹痒草、猢狲接竹、血和山、冷坑兰、赤车使者、史氏楼梯草，为植物庐山楼梯草的根茎及全草。夏、秋季采集，鲜用或晒干。味苦、辛，性温。活血祛瘀，解毒消肿，止咳。主治跌打扭伤，骨折，闭经，风湿痹痛，痄腮，带状疱疹，疮肿，毒蛇咬伤，咳嗽。

【经方验方应用例证】

治挫伤，扭伤：鲜赤车使者全草，加食盐适量。捣烂，外敷伤处。（《浙江民间常用草药》）

治闭经：鲜赤车使者全草30～60g，水煎，冲黄酒、红糖服。（《浙江民间常用草药》）

治流行性腮腺炎：鲜赤车使者全草，捣烂，外敷患处。（《浙江民间常用草药》）

治咳嗽：鲜赤车使者茎叶约30g，洗净，炖猪肉服。（《天目山药用植物志》）

治肺结核发热、咳嗽：鲜赤车使者全草30～60g，水煎服。（《浙江民间常用草药》）

花点草

Nanocnide japonica Bl.

荨麻科（Urticaceae）花点草属多年生草本。

茎常直立，被向上倾的细螫毛。叶近三角形或扇形，下面疏生短柔毛，叶脉掌状，叉状分枝，托叶2。花粉红色，雄花序生在枝梢叶腋且长于叶。花期4～5月，果期5～7月。

大别山各县市均有分布，生于山坡阴湿处。

【入药部位及性味功效】

幼油草，又称高墩草、日本花点草、小九龙盘，为植物花点草的全草。全年均可采收。除去杂质，洗净，鲜用或晒干。味淡，性凉。清热解毒，止咳，止血。主治黄疸，肺结核咯血，潮热，痔疮，痱子。

【经方验方应用例证】

治咳嗽痰血兼有潮热：花点草全草30～60g，加苍术9～12g，水煎，每日早晚饭前2次分服，临服时加冰糖或白糖。（《天目山药用植物志》）

治痔疮，痱子：花点草全草适量，煎水洗患处。（《浙江药用植物志》）

赤车

Pellionia radicans (Sieb. et Zucc.) Wedd.

荨麻科（Urticaceae）赤车属多年生草本。

根状茎长，横走，分枝，无毛或疏生微柔毛。叶斜卵形，上面被长硬毛，下面脉上和叶柄被长柔毛。雌雄异株；雄花序为稀疏的聚伞花序，雌花序通常有短梗，花密集。花期4～7月，果期7～8月。

大别山各县市均有分布，生于山谷沟边或林下阴湿草丛中，常成片繁生。

其叶、茎赤，根紫赤色如蒨（茜）根，故称赤车。

赤车使者始载于《雷公炮炙论》。《新修本草》："苗似香薷、兰香，叶、茎赤，根紫赤色。生溪谷之阴，出襄州。八月、九月采根日干。"《蜀本草》："根紫如茜根。生荆州、襄州山谷，二月、八月采。"《本草纲目》："与爵床相类，但以根紫赤为别。"

【入药部位及性味功效】

赤车使者，又称小锦枝、毛骨草、天门草、猴接骨、岩下青、拔血红、坑兰、风湿草、半边山、见血青，为植物赤车的全草及根。夏、秋季拔起全草，或除去地上部分，洗净，鲜用或晒干。味辛、苦，性温，有小毒。祛风胜湿，活血行瘀，解毒止痛。主治风湿骨痛，跌打肿痛，骨折，疮疖，牙痛，骨髓炎，丝虫病引起的淋巴管炎，肝炎，支气管炎，毒蛇咬伤，烧烫伤。

【经方验方应用例证】

治风湿骨痛：风湿草30g，与猪脚煨汤，去药渣，汤肉同服。(《湖北中草药志》)

治急性关节炎：赤车15g，勾儿茶60g，水煎服。(《福建药物志》)

治骨髓炎：赤车全草15～30g，水煎服。(《浙江药用植物志》)

治丝虫病引起的淋巴管炎：鲜赤车叶适量，米泔水少许，捣烂敷患处。(《福建药物志》)

治遗精：赤车9g，猪脊椎骨适量，水炖服。(《福建药物志》)

治红白痢疾：半边山（生者）五钱，捣烂泡酒，兑淘米水服。每次服一杯，每日服二次。(《贵州民间药物》)

治风湿疼痛：半边山一把，捣烂兑烧酒，揉擦痛处。每早晚揉擦一次。(《贵州民间药物》)

治黄疸：赤车使者七钱五分（干者），煮鸭蛋二枚，兑甜酒服。(《湖南药物志》)

治无名肿毒：半边山一把，和甜酒捣烂敷患处。(《贵州民间药物》)

治骨折：半边山、小马蹄草各等份。捣绒，加酒糟炒热包伤处，一日一换。(《贵州民间药物》)

百蕊草

Thesium chinense Turcz.

檀香科（Santalaceae）百蕊草属植物。

全株多少被白粉，无毛。茎簇生。花单一，5数，腋生；花梗短或很短，花被绿白色。坚果椭圆状或近球形，淡绿色，表面有明显、隆起的网脉。花期4～5月，果期6～7月。

英山、罗田、麻城等县市均有分布，生于荫蔽湿润或潮湿的小溪边、田野。

以百乳草之名始载于《本草图经》，云："生河中府、秦州、剑州。根黄白色，形如瓦松，茎叶俱青，有如松叶，无花，三月生苗，四月长及五六寸许，四时采其根，晒干用。下乳，亦通顺血脉，调气甚佳。亦谓之百蕊草。"

【入药部位及性味功效】

百蕊草，又称百乳草、地石榴、草檀、积药草，珍珠草，为植物百蕊草或其变种长梗百蕊草的全草。春、夏季拔取全草，去净泥土，晒干。味辛、微苦，性寒。归脾、肺、肾经。

清热，利湿，解毒。主治风热感冒，中暑，肺痈，乳蛾，淋巴结结核，乳痈，疖肿，淋证，黄疸，腰痛，遗精。

百蕊草根，为植物百蕊草的根。夏、秋季采挖根，洗净，晒干。味微苦、辛，性平。行气活血，通乳。主治月经不调，乳汁不下。

【经方验方应用例证】

治感冒：百蕊草15～30g，开水泡当茶饮。(《安徽中草药》)

治大叶性肺炎、支气管肺炎、肺脓疡：百蕊草30～60g，开水泡当茶饮，或煎服。(《安徽中草药》)

治急性乳腺炎、急性扁桃体炎、多发性疖肿：百蕊草全草15～60g，文火煎汁服（不可久煎），每日1剂。(《浙南本草新编》)

治急性扁桃体炎、急性肾炎：百蕊草、鸭跖草、白茅根各30g，开水泡当茶饮。(《安徽中草药》)

治急性胆囊炎、肠炎：百蕊草、茵陈各30g，开水泡当茶饮。(《安徽中草药》)

治肾虚腰痛：百蕊草15g，用瘦猪肉120g煮汤，用肉汤煎药，去渣，兑黄酒服。(江西《草药手册》)

【中成药应用例证】

百蕊胶囊：清热消炎，止咳化痰。用于急、慢性咽喉炎，气管炎，鼻炎，感冒发热，肺炎等。

【现代临床应用】

百蕊草治疗各种急性炎症，以春夏采收的疗效较好，煎药火力不宜过大，煮沸时间不宜过长，对于金黄色葡萄球菌、肺炎球菌、卡他球菌、甲型链球菌所引起的疾病，如乳腺炎、肺炎、肺脓疡、扁桃体炎、上呼吸道感染等效果较好，对于大肠埃希菌引起的疾病如急性泌尿系统感染效果较差；用于手术后预防感染亦有效果。

马兜铃

Aristolochia debilis Sieb. et Zucc.

马兜铃科（Aristolochiaceae）马兜铃属草质藤本。

叶长圆状心形，中部以上渐狭，两面无毛。花萼管喇叭状漏斗形，上部暗紫色，下部带绿色。蒴果椭圆至球形，熟时淡灰褐色。花期7～8月，果期9～10月。

大别山各县市均有分布，生于海拔200～1500m的低山或平原地区的路旁或沟边。

马兜铃果实成熟时下垂，状如马项铃，故名。《植物名释札记》："案兜字有头义，而无颈项之义。"《说文解字》："脰，项也。"《玉篇》："脰，颈也。"脰有颈项之义，与兜一声。马兜铃当即马脰铃，兜者，脰之假借字也。省作兜铃。又此品气味特异，形似铃铛，故名臭铃铛。

《本草纲目》："其根吐利人，微有香气，故有独行、木香之名。"一说"独行"即"兜铃"之音转。

《肘后方》作都淋藤，都淋乃兜铃之声转。三百两银是隐语。《本草纲目》："岭南人用治蛊，隐其名为三百两银药。"

马兜铃始载于《雷公炮炙论》；青木香始载于《本草经集注》，为木香之异名；天仙藤始载于《本草图经》。《新修本草》载有独行根，曰："蔓生，叶似萝摩，其子如桃李，枯则头四开，悬草木上。其根扁，长尺许，作葛根气，亦似汉防己。生古堤城旁，山南名为土青木香，疗丁肿大效。一名兜零根。"《本草纲目》："木香……昔人谓之青木香。后人因呼马兜铃根为青木香，仍呼为南木香、广木香以别之。"

【入药部位及性味功效】

马兜铃，又称兜铃、马兜零、马兜苓、水马香果、葫芦罐、臭铃铛、蛇参果，为植物马兜铃或北马兜铃的干燥成熟果实。秋季果实由绿变黄时采收，干燥。味苦、微辛，性寒。归肺、大肠经。清肺降气，止咳平喘，清肠消痔。主治肺热咳喘，痰中带血，痰壅气促，肺虚久咳，肠热痔血，痔疮肿痛，水肿。

青木香，又称马兜铃根、兜铃根、土青木香、独行根、云南根、土木香、青藤香、蛇参根、铁扁担、痧药、野木香根、水木香根、白青木香、天仙藤根，为植物马兜铃或北马兜铃的干燥根。春、秋二季采挖，除去须根及泥沙，晒干。味辛、苦，性寒，有小毒。归肺、胃、肝经。行气止痛，解毒消肿，平肝降压。主治胸胁脘腹疼痛，疝气痛，肠炎，下痢腹痛，咳嗽痰喘，蛇虫咬伤，痈肿疔疮，湿疹，皮肤瘙痒，高血压病。

天仙藤，又称都淋藤、三百两银、兜铃苗、马兜铃藤、青木香藤、长痧藤、香藤，为植物马兜铃或北马兜铃的干燥地上部分。秋季霜降前未落叶时采割地上部分，除去杂质，晒干打捆。味苦，性温。归肝、脾、肾经。行气活血，利水消肿，解毒。主治疝气痛，胃痛，产后血气腹痛，风湿痹痛，妊娠水肿，蛇虫咬伤。

【经方验方应用例证】

清咽下痰汤：清热解毒，利咽化痰。主治热毒攻喉证。（《验方新编》）

补肺阿胶汤：养阴补肺，镇咳止血。主治肺虚热盛证，症见咳嗽气喘、咽喉干燥、咳痰稠少或痰中带血、脉浮细数、舌红少苔。（《小儿药证直诀》）

八味降压汤：清肝息风，活血散瘀。主治肝经热盛，痰浊中阻。（来春茂方）

贝母散：主治小儿咳嗽，心胸痰壅，咽喉不利，少欲乳食。（《太平圣惠方》卷八十三）

兜肚方：主治痞积，遗精，白浊，妇人赤白带下，及妇人经脉不调，久不受孕。（《摄生众妙方》卷十一）

治腋气：用青木香作厚片，好醋浸一宿，夹腋下数次，即愈。（《卫生易简方》）

治高血压：青木香根（鲜）二两，水煎服，红糖为引。（《江西草药》）

天仙藤散：行气化湿，活血。主治子气。妊娠三月之后，两足至腿膝渐肿，行步艰辛喘闷，食欲不振，似水气状，甚或脚趾间有黄水出。（《校注妇人良方》）

安胎利水汤：行气利水，健脾安胎。主治气滞水停（妊娠水肿）。（《镐京年指医方》）

洗手荣筋方：通络化瘀，祛风止痛。治风湿痹痛，偏于上肢者。（《慈禧光绪医方选议》）

【中成药应用例证】

七十味松石丸：疏肝利胆，祛瘀止痛。用于肝郁气滞、湿热瘀阻所致的胸胁胀痛、呕吐呃逆、食欲不振。

十三味疏肝胶囊：清热利湿，疏肝理脾，化瘀散结。用于肝胆湿热、气滞血瘀所致的胁痛、脘胀；急慢性乙型肝炎见上述证候者。

消咳平喘口服液：止咳，祛痰，平喘。用于感冒咳嗽，急、慢性支气管炎。

肝畅胶囊：疏肝，利胆，解毒。用于肝胆湿热所引起的胸胁胀痛、食欲不振，急性肝炎见上述证候者。

风湿塞隆胶囊：祛风，散寒，除湿。用于类风湿性关节炎引起的四肢关节疼痛、肿胀、屈伸不利，肌肤麻木，腰膝酸软。

润肺化痰丸：润肺止嗽，化痰定喘。用于肺经燥热引起的咳嗽痰黏、痰中带血、气喘胸满、口燥咽干。

止嗽化痰丸：清肺化痰，止嗽定喘。用于痰热阻肺，久嗽，咯血，痰喘气逆，喘息不眠。

乳癖清胶囊：理气活血，软坚散结。用于乳腺增生、经期乳腺胀痛等疾病。

双金胃疡胶囊：疏肝理气，健胃止痛，收敛止血。用于肝胃气滞血瘀所致的胃脘刺痛，呕吐吞酸，脘腹胀痛，胃及十二指肠溃疡见上述证候者。

四香祛湿丸：清热安神，舒筋活络。用于白脉病，半身不遂，风湿，类风湿，肌筋萎缩，神经麻痹，肾损脉伤，瘟疫热病，久治不愈等症。

和胃降逆胶囊：活血理气，清热化瘀，和胃降逆。用于慢性浅表性胃炎、慢性萎缩性胃炎及伴有肠腺上皮化生、非典型增生属气滞血瘀证者。

香藤胶囊：祛风除湿，活血止痛。用于风湿痹阻、瘀血阻络所致的痹证，症见腰腿痛、四肢关节痛等。

【现代临床应用】

治疗高血压，具有温和而持久的降压疗效，且对大脑有特殊的镇静作用。

管花马兜铃

Aristolochia tubiflora Dunn

马兜铃科（Aristolochiaceae）马兜铃属草质藤本。

叶卵状心形，鲜叶上面带紫红色或浅绿色，下面稍带白粉。花萼管基部膨大呈球形，上部扩大成向一面偏的侧片。蒴果倒宽卵形。花期4～8月，果期10～12月。

大别山各县市均有分布，生于海拔100～1700m的山坡林下阴湿处。

鼻血雷出自《中草药土方土法战备专辑》。因其嫩枝、叶柄折断后会渗出微红色汁液，故名一点血。

【入药部位及性味功效】

鼻血雷，又称南木香、红叶青木香、避蛇参、九月生、白朱砂莲、万丈龙、一点血、一吊血、天然草、鼻血莲、毕石牛、红白药、金丝丸，为植物管花马兜铃的根或全草。冬季采挖，洗净切段，晒干或鲜用。味辛、苦，性寒。归心、胃经。清热解毒，行气止痛。主治毒蛇咬伤，疮疡疖肿，胃脘疼痛，肠炎痢疾，腹泻，风湿性关节疼痛，痛经，跌打损伤。

【经方验方应用例证】

治青竹金边蛇咬伤：鼻血雷全草口嚼敷患处，或浸酒内服，兼与冷饭、食盐各少许，共捣烂，敷患处，用量30g，外用适量。（《广西民族药简编》）

治五步蛇咬伤：红叶青木香根6g，山苦瓜6g，青木香3g，麻口皮子药、木防己各9g，煎水，分数次服。外用鼻血雷15～30g，山苦瓜15～30g，青木香3g，木防己9g，浸酒外搽（由上向下搽）。（《湖南药物志》）

治痧症腹痛、胃脘痛、痛经：红叶青木香茎、叶研末，每次服1.5～3g，或根3g，磨水服。（《湖南药物志》）

寻骨风

Isotrema mollissimum (Hance) X. X. Zhu, S. Liao & J. S. Ma

马兜铃科（Aristolochiaceae）关木通属攀援草本。

茎叶密被白色绵毛。花单生叶腋，花萼管烟斗状，内部带黄色，中央紫色。花期3～6月，果期8～10月。

大别山各县市均有分布，生于海拔900m以下的山坡路旁草丛或田埂沟边。

寻骨风始见于《植物名实图考》，云："湖南岳州有之。蔓生，叶如萝藦，柔厚多毛，面绿背白。秋结实六棱，似使君子，色青黑，子如豆。"

【入药部位及性味功效】

寻骨风，又称清骨风、猫耳朵、穿地节、毛香、白毛藤、地丁香、黄木香、白面风、兔子耳、毛风草、猴耳草，为植物寻骨风（绵毛马兜铃）的全草。5月开花前采收，连根挖出，除去泥土及杂质，洗净，切段，晒干。味辛、苦，性平。归肝经。祛风除湿，活血通络，止痛。主治风湿痹痛，肢体麻木，筋骨拘挛，脘腹疼痛，跌打伤痛，外伤出血，乳痈及多种化脓性感染。

【经方验方应用例证】

治风湿性关节痛：寻骨风全草15g，五加根30g，地榆15g。酒水各半，煎浓汁服。（《江西民间草药》）

治胃痛：寻骨风根6g，南五味子根、海螵蛸各15g，上药晒干，共研细粉，每日服3次，

每次6g。或寻骨风根9g，水煎服，或将药嚼烂吞服，每日1剂。（《全国中草药汇编》）

治腹痛，睾丸坠痛：鲜寻骨风120g，鸡蛋4个。同煮，吃蛋喝汤。（《青岛中草药手册》）

麻黄温痹汤：祛风散寒，舒筋活络。主治风寒湿邪侵袭经络、留滞关节，关节肿大疼痛者。（《千家妙方》）

治月经不调：寻骨风15～30g，煎服。或寻骨风、当归、泽兰、益母草各9g，煎服。（《安徽中药志》）

【中成药应用例证】

伤湿镇痛膏：祛风除湿，活血镇痛。用于筋骨、肌肉、关节酸痛。

复方拳参片：收敛止血，制酸止痛。用于胃热所致的胃脘疼痛、嘈杂泛酸、便血。

杜仲壮骨胶囊：益气健脾，养肝壮腰，活血通络，强健筋骨，祛风除湿。用于风湿痹痛，筋骨无力，屈伸不利，步履艰难，腰膝疼痛，畏寒喜温。

益肾蠲痹丸：温补肾阳，益肾壮督，搜风剔邪，蠲痹通络。用于症见发热，关节红肿热痛、屈伸不利，肌肉疼痛、瘦削或僵硬，畸形的顽痹（类风湿性关节炎）。

少林正骨精：活血祛瘀，消肿止痛，祛风散寒。用于跌打损伤，积瘀肿痛，腰肢麻木，风湿骨痛。

【现代临床应用】

寻骨风用于治疗风湿性、类风湿性关节炎；治疗急性乳腺炎、化脓性皮肤病、慢性炎症等化脓性感染。

杜衡

Asarum forbesii Maxim.

马兜铃科（Aristolochiaceae）细辛属多年生草本。

叶宽心形或肾状心形。花萼钟状，顶端3裂，花被裂片宽卵形，暗紫色，内面有隆起的网纹。蒴果肉质。花期4～5月。

大别山各县市均有分布，生于海拔800m以下的山谷、林下潮湿地。

杜衡，古人作香草佩戴，香人衣体。《大戴礼记》注谓之"怀，薇香"。"薇"即"怀"之音转。晋嵇康称为"怀香"，著有《怀香赋》。《新修本草》："杜蘅叶似葵，形如马蹄，故俗称马蹄香。"又与细辛相类，民间代细辛用，因有杜细辛、土细辛、马蹄细辛、马辛诸名。《尔雅》谓之杜，又名土卤，然杜若亦名杜蘅，或疑是杜若。据郭璞注云：似葵而香，故知是此杜蘅也。

杜蘅之名早见于《山海经》，云："天帝之山，有草状如葵，其臭如蘪芜，名曰杜蘅。"本草则始载于《名医别录》，列为中品，曰："杜蘅生山谷，三月三日采根，熟洗暴干。"陶弘景："根叶都似细辛，惟气小异尔。"《本草图经》："今江淮间皆有之。苗叶都似细辛，惟香气小异，而根亦粗，黄白色，叶似马蹄，故名马蹄香。"《本草衍义》："杜衡用根，似细辛，但根色白，也如马蹄之下，市者往往乱细辛。将杜衡与细辛相对，便见真伪。况细辛惟出华州者良。杜衡其色黄白，拳局而脆，干则作团。"

【入药部位及性味功效】

杜衡，又称怀、蘅、薇香、杜、土卤、楚蘅、杜蘅、土杏、马蹄香、杜衡葵、杜细辛、土细辛、钹儿草、杜葵、南细辛、马辛、马蹄细辛、泥里花、土里开花，为植物杜衡、小叶马蹄香的全草、根茎或根。4～6月间采挖，洗净，晒干。味辛，性温，有小毒。归肺、肾经。祛风散寒，消痰行水，活血止痛，解毒。主治风寒感冒，痰饮咳喘，水肿，风寒湿痹，跌打损伤，头痛，齿痛，胃痛，痧气腹痛，肿毒，蛇咬伤。

【经方验方应用例证】

半夏汤：下气除热。主治肝劳实热，闷怒，精神不守，恐畏不能独卧，目视不明，气逆不下，胸中满塞。（《圣济总录》）

防风丸：主治产后劳损，无子，阴中冷汁溢出。子门闭，积年不愈，身体寒冷。（方出《备急千金要方》卷三，名见《普济方》卷三五二）

治风寒头痛，伤风伤寒，头痛、发热初觉者：马蹄香为末，每服一钱，热酒调下，少顷饮热茶一碗，催之出汗。（《杏林摘要》香汗散）

治哮喘：马蹄香，焙干研为细末，每服二、三钱。如正发时，用淡醋调下，少时吐出痰涎为效。（《普济方》黑马蹄香散）

治损伤疼痛及蛇咬伤：杜衡（研末）每次吞服二分；外用鲜杜衡，捣敷患处。（《浙江天目山药植志》）

治疮毒：杜衡根、青蓬叶各一至二钱，捣烂敷患处。（《浙江天目山药植志》）

治无名肿毒，瓜藤疽初起，漫肿无头，木痛不红，连贯而生：杜衡鲜叶七片，酌冲开水，炖一小时，服后出微汗，日服一次；渣捣烂加热敷贴。（《福建民间草药》）

【中成药应用例证】

损伤接骨药膏：散瘀，消肿，活血止痛，舒筋续骨。用于陈旧性跌打损伤，筋骨折伤。

香桂活血膏：祛风散寒，活血止痛。用于跌打损伤，风湿性关节痛等。

小叶马蹄香

Asarum ichangense C. Y. Cheng et C. S. Yang

马兜铃科（Aristolochiaceae）细辛属多年生草本。

叶面常深绿，有时中脉两旁有白色云斑，叶背浅绿色或紫色。花紫色，花被管球状，喉部强度缢缩。子房近上位，花柱6，柱头顶生。花期4～5月。

罗田、英山、麻城等县市均有分布，生于林下沟边、旷野草地的湿润沙地。

小叶马蹄香分布较广，一茎通常在2叶以上，叶端常尖，叶背时有紫色；而杜衡产地分布较窄，一茎1～2叶，叶端圆钝，叶背浅绿不紫。

其他参见杜衡。

【入药部位及性味功效】

杜衡，为植物杜衡、小叶马蹄香的全草、根茎或根。

其他参见杜衡。

【经方验方应用例证】

参见杜衡。

【中成药应用例证】

参见杜衡。

汉城细辛
Asarum sieboldii Miq.

马兜铃科（Aristolochiaceae）细辛属多年生草本。

叶宽心形或肾状心形。花萼钟状，暗紫色，内有隆起的网纹。花被管无膜环。雄蕊12，子房和花萼贴生，花柱6，柱头2裂。花期5月。

大别山各县市均有分布，生于海拔1200m以上的山坡、山谷林下的阴湿腐殖质土壤中。

《本草图经》："细辛，今处处有之，然它处所出者不及华州者真。其根细而味极辛，故名之曰细辛。"《本草纲目》谓："小辛、少辛，皆此义也。"

细辛始载于《神农本草经》，列于上品。《吴普本草》："细辛如葵叶，赤黑，一根一叶相连。"《名医别录》："生华阴山谷，二月、八月采根，阴干。"陶弘景："今用东阳、临海者，形段乃好，而辛烈不及华阴、高丽者。用之去头节。"《本草图经》："细辛生华山山谷，今处处有之，然他处所出者，不及华州者真……今人多以杜蘅当之。"《本草衍义》："今惟华州者佳，柔韧，极细直，深紫色，味极辛，嚼之习习如椒……叶如葵叶，赤黑，非此则杜蘅也。"《本草纲目》："叶似小葵，柔茎细根，直而色紫，味极辛者，细辛也。"《梦溪笔谈》："东方、南方所用细辛皆杜衡也。"《本草从新》："北产者细而香，华阴出者最佳。南产者稍大而不香，名土辛，又名马辛，以其叶似马蹄也。"

【入药部位及性味功效】

细辛，又称小辛、细草、少辛、细条、绿须姜、独叶草、金盆草、万病草、卧龙丹、铃铛花、四两麻、玉香丝，为植物北细辛（辽细辛）、汉城细辛或细辛的干燥根和根茎。前二种习称"辽细辛"，后者又名华细辛。移栽田生长3～5年，直播地生长5～6年采收。夏季果熟期或初秋挖出全部根系，除净地上部分和泥沙，每1～2kg捆成1把，阴干。味辛，性温，有小毒。归心、肺、肾经。祛风散寒，止痛，通窍，温肺化饮。主治风寒表证，头痛，牙痛，鼻塞，鼻渊，口疮，风湿痹痛，痰饮喘咳。

【经方验方应用例证】

治卒暴中风、昏塞不省、牙关紧闭、药不得下咽者：细辛（洗去土、叶）、猪牙皂角（去子）各5g，研为细末，每用少许，以纸捻蘸药入鼻，俟喷嚏，然后进药。（《济生续方》）

治鼻塞、不闻香臭：细辛（去苗叶）、瓜蒂各0.5g。上二味，捣罗为散，以少许吹鼻中。（《圣济总录》）

小青龙汤：解表散寒，温肺化饮。主治外寒里饮证。恶寒发热，头身疼痛，无汗，喘咳，痰涎清稀而量多，胸痞，或干呕，或痰饮喘咳，不得平卧，或身体疼重，头面四肢浮肿，舌苔白滑，脉浮。本方常用于支气管炎、支气管哮喘、肺炎、百日咳、肺源性心脏病、过敏性鼻炎、分泌性中耳炎等属于外寒里饮证者。（《伤寒论》）

射干麻黄汤：宣肺祛痰，下气止咳。主治痰饮郁结，气逆喘咳证。症见咳而上气，喉中有水鸣声。（《金匮要略》）

麻黄细辛附子汤：助阳解表。主治：①素体阳虚，外感风寒证。发热，恶寒甚剧，虽厚衣重被，其寒不解，神疲欲寐，脉沉微。②暴哑。突发声音嘶哑，甚至失音不语，或咽喉疼痛，恶寒发热，神疲欲寐，舌淡苔白，脉沉无力。本方常用于感冒、流行性感冒、支气管炎、病态窦房结综合征、风湿性关节炎，以及过敏性鼻炎、暴盲、暴哑、喉痹、皮肤瘙痒等属阳虚感寒者。（《伤寒论》）

再造散：助阳益气，解表散寒。主治阳气虚弱，外感风寒证。恶寒发热，热轻寒重，无汗肢冷，倦怠嗜卧，面色苍白，语声低微，舌淡苔白，脉沉无力或浮大无力。（《伤寒六书》）

当归四逆汤：温经散寒，养血通脉。主治血虚寒厥证。手足厥寒，或腰、股、腿、足、肩臂疼痛，口不渴，舌淡苔白，脉沉细或细而欲绝。本方常用于血栓闭塞性脉管炎、无脉症、雷诺病、脊髓灰质炎、冻疮、妇女痛经、肩周炎、风湿性关节炎等属血虚寒凝者。（《伤寒论》）

【中成药应用例证】

丁细牙痛胶囊：清热解毒，疏风止痛。用于风火牙痛，症见牙痛阵作，遇风即发，受热加重；齿龈肿痛，得凉痛轻，口渴喜饮，便干溲黄。急性牙髓炎、急性根尖周炎见上述症状者。

三鞭温阳胶囊：温肾壮阳。用于命门火衰、阳痿不举，肾冷精寒，腰膝痿弱。

复方南星止痛膏：散寒除湿，活血止痛。用于骨性关节炎属寒湿瘀阻证，症见关节疼痛、肿胀、功能障碍，遇寒加重，舌质暗淡或有瘀斑。

中风再造丸：舒筋活血，祛风化痰。用于口眼歪斜，言语不清，半身不遂，四肢麻木，风湿、类风湿性关节炎等。

丹参益心胶囊：活血化瘀，通络止痛。用于瘀血阻滞所致冠心病、心绞痛。

丹灯通脑软胶囊：活血化瘀，祛风通络。用于瘀血阻络所致的中风中经络证。

九龙化风丸：镇痉息风，开窍豁痰。用于小儿急惊风，癫痫，热病抽搐，时气瘴疟。

【现代临床应用】

细辛用于治疗阿弗他口炎，3天可见结痂愈合；治头痛；局部麻醉，所提取的挥发油越纯，麻醉效果越好。

金线草

Persicaria filiformis (Thunb.) Nakai

蓼科（Polygonaceae）蓼属多年生草本。

根状茎粗壮。茎直立，具糙伏毛，有纵沟，节部膨大。叶椭圆形或长椭圆形，顶端短渐尖或急尖，基部楔形，全缘，两面均具糙伏毛；叶柄具糙伏毛；托叶鞘筒状，膜质，褐色，具短缘毛。总状花序呈穗状，通常数个，顶生或腋生，花序轴延伸，花排列稀疏；苞片漏斗状，绿色；花被4深裂，红色；雄蕊5；花柱宿存。瘦果。花期7～8月，果期9～10月。

大别山各县市均有分布，生海拔1700m以下的山坡林缘、山谷路旁。

以毛蓼之名见于《植物名实图考》，曰："其穗细长，花红，冬初尚开，叶厚有毛，俗呼为白马鞭。"

【入药部位及性味功效】

金线草，又称重阳柳、蟹壳草、毛蓼、白马鞭、人字草、九盘龙、毛血草、野蓼、水线花、一串红、蓼子七、化血七、大蓼子、九节风、大叶辣蓼、鸡心七，为植物金线草、短毛金线草的全草。夏、秋季采收，晒干或鲜用。味辛、苦，性凉，有小毒。凉血止血，清热利湿，散瘀止痛。主治咯血，吐血，便血，血崩，泄泻，痢疾，胃痛，经期腹痛，产后血瘀腹痛，跌打损伤，风湿痹痛，瘰疬，痈肿。

金线草根，又称海根、铁棱角三七、铁箍散、毛药、水线花根、蓼子七、土三七、铁拳头，为植物金线草、短毛金线草的根茎。夏、秋季采挖，洗净，晒干或鲜用。味苦、辛，性微寒。凉血止血，散瘀止痛，清热解毒。主治咳嗽咯血，吐血，崩漏，月经不调，痛经，脘腹疼痛，泄泻，痢疾，跌打损伤，风湿痹痛，瘰疬，痈疽肿毒，烫火伤，毒虫咬伤。

【经方验方应用例证】

治经期腹痛，产后瘀血腹痛：金线草30g，甜酒50mL。加水同煎，红糖冲服。（江西《草药手册》）

治初期肺痨咯血：金线草茎叶30g，水煎服。（江西《草药手册》）

治风湿骨痛：人字草、白九里明各适量，煎水洗浴。（《广西中药志》）

治皮肤糜烂疮：金线草茎叶水煎洗患处。（江西《草药手册》）

治胃痛：金线草茎叶水煎服。（《陕西草药》）

治月经不调及痛经：金线草根250g，切细和鸡或猪蹄脚2只，加黄酒炖烂，去滓服食。每行经时服1次，约服2～3次。（《天目山药用植物志》）

治月经不调，经来腹胀，腹中有块：金线草根30g，益母草90g。水煎，冲黄酒服。（《天目山药用植物志》）

治淋巴结结核：鲜金线草根30～45g，玄参9～12g，芫花根3g。水煎，以鸡蛋2个煮服。（江西《草药手册》）

治骨折：鲜金线草根适量，切碎，捣极烂，酌加甜酒或红砂糖捣和，敷于患处，夹板固定。（江西《草药手册》）

治白带：水线花根30g，炖肉吃。（《贵州民间药物》）

拳参

Bistorta officinalis Raf.

蓼科（Polygonaceae）拳参属多年生草本。

根状茎肥厚，弯曲，黑褐色；茎直立，不分枝，无毛，通常2～3条自根状茎发出。基生叶宽披针形或狭卵形，纸质；顶端渐尖或急尖，基部平截或近心形，沿叶柄下延成翅；茎生叶披针形或线形，无柄；托叶筒状，膜质，顶端偏斜，开裂至中部，无缘毛。总状花序呈穗状，顶生，紧密；苞片卵形，顶端渐尖，膜质，每苞片内含3～4朵花；花梗细弱，开展；花被5深裂，白色或淡红色。瘦果。花期6～7月，果期8～9月。

罗田、英山、麻城等县市均有分布，生海拔800～1700m的山坡草地、山顶草甸。

拳者，卷也。本品根卷曲如拳，故名拳参、拳头参；又因色紫，亦称紫参。据《太平御览》，本品《神农本草经》又名牡蒙，而《证类本草》引《神农本草经》作牡蒙。《方言》："秦晋之间，凡人之大谓奘或谓之壮。""朦，丰也。自关而西，秦晋之间，凡大貌谓之朦。"蒙与朦通假，本品在参类药中个体较长大，故名。《本草经考注》另有见解，云："牡蒙之为言，蒙也，言其根皮有毛蒙茸也。"这可能指残叶的纤维。牡蒙当为壮蒙之讹。牡蒙合音为蒙；马行合音为盲，盲与蒙双声音近。众戎与蒙叠韵，重伤、童肠与壮叠韵。音腹为童肠之讹。虾参、山虾、山虾子、地虾者，以形似而得名。又本品功擅凉血消肿止血，因有刀剪药、刀枪药、活血莲、红内消、红三七、红地榆诸名。据药材形色状之，而有疙瘩参、红苍术、红重楼、红虫体、土马蜂、鸢头鸡、地蜂子等名。

拳参之名，始见于《本草图经》，谓："拳参，生淄州田野。叶如羊蹄，根似海虾，色黑。五月采。"然本品原名"紫参"，收载于《神农本草经》，列为中品。《新修本草》亦收载之，云："紫参叶似羊蹄，紫花青穗，皮紫黑，肉红白，肉浅皮深，所在有之。"

【入药部位及性味功效】

拳参，又称紫参、牡蒙、众戎、音腹、伏菟、重伤、童肠、马行、刀剪药、刀枪药、疙瘩参、破伤药、铜罗、虾参、山虾、山虾子、地虾、拳头参、回头参、红苍术、红重楼、红蚤体、活血莲、红内消、马尾七、土马蜂、涩疙瘩、一口血、鸢头鸡、地蜂子、红三七、红地榆、地蚕子，为植物拳参或耳叶蓼的根茎。春、秋两季挖取根状茎，去掉茎、叶，洗净，晒干或切片晒干，亦可鲜用。味苦，性微寒，有小毒。归肺、肝、大肠经。清热利湿，凉血止血，解毒散结。主治肺热咳嗽，热病惊痫，赤痢，热泻，吐血，衄血，痔疮出血，痈肿疮毒。

【经方验方应用例证】

治慢性气管炎：拳参9g，陈皮9g，甘草6g，水煎服。（《西宁中草药》）

治急性扁桃体炎：拳参9g，蒲公英15g，水煎服。（《西宁中草药》）

治烧烫伤：拳参研末，调麻油匀涂患处，每日1～2次。（《贵州省中草药资料》）

治无名肿毒：拳参根6～9g，水煎服。（《湖南药物志》）

治咯血、胃溃疡：拳参45g，研细末。每服4.5g，每日2次。（《宁夏中草药手册》）

【中成药应用例证】

柴银感冒颗粒：清热解毒。用于风热感冒。

复方胃痛胶囊：行气活血，散寒止痛。用于寒凝气滞血瘀所致的胃脘刺痛，嗳气吞酸，食欲不振；浅表性胃炎以及胃、十二指肠溃疡。

蛇伤散：解蛇毒，利尿，消肿，通关开窍。用于各种毒蛇咬伤。

桃红清血丸：调和气血，化瘀消斑。用于气血不和、经络瘀滞所致的白癜风。

拳参片（紫参片）：清热解毒。用于湿热痢疾，肠炎，热泻。

小儿肺热平胶囊：清热化痰，止咳平喘，镇惊开窍。用于小儿痰热壅肺所致喘嗽，症见喘咳、吐痰黄稠、壮热烦渴、神昏抽搐、舌红、苔黄腻。

肝炎康复丸：清热解毒，利湿化郁。用于肝胆湿热所致的黄疸，症见目黄身黄、胁痛乏力、尿黄口苦；急、慢性肝炎见上述证候者。

桔梗八味颗粒：清热，止咳，化痰。用于肺热咳嗽、多痰，预防和治疗脊髓灰质炎及流行性感冒。

【现代临床应用】

拳参用于治疗细菌性痢疾、肠炎、慢性气管炎、阑尾炎。

支柱蓼

Bistorta suffulta (Maxim.) H. Gross

蓼科（Polygonaceae）拳参属多年生草本。

茎细弱，常数条自根状茎发出；基生叶卵形或长卵形，基部心形，叶柄无翅；托叶鞘褐色，开裂，无缘毛。总状花序呈穗状。花期6～7月，果期7～10月。

英山、罗田、麻城等县市均有分布，生于海拔1000m以上的山坡路旁、林下湿地及沟边。

【入药部位及性味功效】

红三七，又称扭子七、算盘七、九龙盘、螺丝三七、血三七、九节犁、九节雷、赶山鞭、蜈蚣七、伞墩七、螺丝七、荞叶七、钻山狗、荞莲、蜈蚣草、盘龙七、牡蒙、荞麦三七、散血丹、紫参七，为植物支柱蓼的根茎。秋季采挖其根茎，除去须根及杂质，洗净，晾干。味苦、涩，性凉。归肝、脾经。止血止痛，活血调经，除湿清热。主治跌打伤痛，外伤出血，吐血，便血，崩漏，月经不调，赤白带下，湿热下痢，痈疮。

【经方验方应用例证】

治跌打损伤：支柱蓼根茎去细根，晒干研粉，每次服21～24g，晚饭前用，黄酒吞服，每日1次。（《湖南药物志》）

治痨伤瘀血：算盘七根15g，白酒120g，煎服。（《贵州民间药物》）

治吐血、衄血：支柱蓼根3 ～ 9g，水煎服。（《湖南药物志》）

治慢性咽炎：螺丝三七煎水含漱。（《安徽中草药》）

治血崩：支柱蓼9g，仙鹤草30g，樗树根皮15g，大枣10枚，水煎服。（《湖南药物志》）

【中成药应用例证】

盘龙七片：活血化瘀，祛风除湿，消肿止痛。用于风湿性关节炎，腰肌劳损，骨折及软组织损伤。

【现代临床应用】

红三七用于治疗大骨节病。

金荞麦

Fagopyrum dibotrys (D. Don) Hara

蓼科（Polygonaceae）荞麦属多年生草本。

根状茎木质化，黑褐色。叶三角形；托叶鞘褐色。花序伞房状；苞片卵状披针形，每苞内具2～4花；花梗中部具关节；花被白色。瘦果宽卵形，具3锐棱，黑褐色，超出宿存花被2～3倍。花期4～9月，果期5～11月。

大别山各县市均有分布，生于山谷、山坡灌丛。常栽培。

本品以"赤地利"之名始载于《新修本草》。本品叶似荞麦，而根内部呈黄赤色，故称金荞麦。其余诸"荞麦"之名，皆因叶形相似而得名。《采药书》谓其"能开锁缠喉风"，故称金锁银开、开金锁。《植物名实图考》："为治跌打要药，窃贼多蓄之，故俚医呼贼骨头。"又根累结成团块，色赤黑，而有铁石子、铁拳头之名。以"当归""三七"称之者，皆因其有活血化瘀之功效。《本草图经》："所在山谷有之，今惟出华山，春夏生苗，作蔓绕草木上，茎赤，叶青，似荞麦叶，七月开白花，亦如荞麦，根若菝葜。亦名山荞麦。"

【入药部位及性味功效】

金荞麦，又称赤地利、赤薜荔、金锁银开、天荞麦根、开金锁、贼骨头、透骨消、苦荞头、铁石子、野荞子、蓝荞头、荞麦三七、野荞麦根、苦荞麦根、荞当归、铁拳头，为植物金荞麦的干燥根茎。在秋季地上部分枯萎后采收，先割去茎叶，将根刨出，去净泥土，选出作种用的根茎后，晒干或阴干，或50℃内炕干也可。味酸、苦，性寒。归肺、胃、肝经。清热解毒，活血消痈，祛风除湿。主治肺痈，肺热咳喘，咽喉肿痛，痢疾，风湿痹证，跌打损伤，痈肿疮毒，蛇虫咬伤。

金荞麦茎叶，为植物金荞麦的茎叶。夏季采集茎叶，鲜用或晒干。味苦、辛，性凉。归肺、脾、肝经。清热解毒，健脾利湿，祛风通络。主治肺痈，咽喉肿痛，肝炎腹胀，消化不良，痢疾，痈疽肿毒，瘰疬，蛇虫咬伤，风湿痹痛，头风痛。

【经方验方应用例证】

治急性乳腺炎：荞当归30～60g，水煎，加酒服。（《秦岭巴山天然药物志》）

治痔疮：野荞麦30g，酒、水炖服。（《福建药物志》）

治狂犬病、蛇虫咬伤：野荞麦根15～30g，水煎服，或鲜根、叶捣烂外敷。（《青岛中草药手册》）

治妇女经痛：荞麦三七60g，红糖30g，水煎，兑红糖服。（《湖南药物志》）

治乳腺炎：鲜野荞麦全草3～9g，水煎兑酒服。（《青岛中草药手册》）

治鼻咽癌：鲜野荞麦全草、鲜土牛膝、鲜木防己各30g，水煎服。另取灯心草捣烂口含，同时用覆盆草捣烂外敷。（《青岛中草药手册》）

治头风痛：野荞麦全草30g，鸡蛋1个，水炖服。（《福建药物志》）

治闭经：野荞麦鲜叶90g（干叶30g），捣烂，调鸡蛋4个，用茶油煎熟，加米酒共煮服。（《全国中草药汇编》）

【中成药应用例证】

乌金活血止痛胶囊：活血化瘀，通络止痛。用于气滞血瘀所致的腰腿痛、风湿性关节痛、癌症疼痛。

九龙解毒胶囊：清热解毒，理气止痛。用于痰热壅肺引起的发热、咳嗽、咳吐黄痰、胸痛等症。

双金胃疡胶囊：疏肝理气，健胃止痛，收敛止血。用于肝胃气滞血瘀所致的胃脘刺痛、呕吐吞酸、脘腹胀痛；胃及十二指肠溃疡见上述证候者。

和胃止痛胶囊：行气活血，和胃止痛。用于肝胃气滞、湿热瘀阻所致的急慢性胃肠炎、胃及十二指肠溃疡、慢性结肠炎。

喘络通胶囊：益肺健肾，止咳平喘。用于虚劳久咳及支气管哮喘、肺气肿见以上症状者。

妇平胶囊：清热解毒，化瘀消肿。用于下焦湿热、瘀毒所致之白带量多，色黄质黏，或赤白相兼，或如脓样，有异臭，少腹坠胀疼痛，腰部酸痛，尿黄便干，舌红苔黄腻，脉数；盆腔炎、附件炎等见上述证候者。

消乳癖胶囊：疏肝理气，软坚散结，化瘀止痛。用于气滞血瘀所致乳腺小叶增生。

葛芪胶囊：益气养阴，生津止渴。用于气阴两虚所致消渴病，症见倦怠乏力，气短懒言，烦热多汗，口渴喜饮，小便清长，耳鸣腰酸，以及2型糖尿病见以上症状者。

金荞麦片：清热解毒，排脓祛瘀，止咳平喘。用于急性肺脓疡、急慢性气管炎、慢性喘息性气管炎、支气管哮喘及细菌性痢疾。症见咳吐腥臭脓血痰液或咳嗽痰多，喘息痰鸣及大便泻下赤白脓血。

金花明目丸：补肝，益肾，明目。用于老年性白内障早、中期属肝肾不足、阴血亏虚证，症见视物模糊、头晕、耳鸣、腰膝酸软。

【现代临床应用】

临床上金荞麦用于治疗肺脓肿、慢性喘息性气管炎、肺气肿、肺源性心脏病；治疗细菌性痢疾，总治愈率95%；治疗原发性痛经，总有效率93%。

何首乌

Fallopia multiflora (Thunb.) Harald.

蓼科（Polygonaceae）何首乌属多年生草本。

块根肥厚，长椭圆形，黑褐色。叶卵形或长卵形。花被片椭圆形，外面3片较大，背部具翅，果时增大，花被果时外形近圆形。花期6～10月，果期7～11月。

大别山各县市均有分布，生于山谷灌丛、山坡林下、沟边石隙。

何首乌之名出自《日华子本草》："其药本草无名，因何首乌见藤夜交，便即采食有功，因以采人为名耳。"交茎、交藤、夜合等均由此传说得名。《本草纲目》："汉武时，有马肝石能乌人发，故后人隐此名，亦曰马肝石。赤者能消肿毒，外科呼为疮帚、红内消。《斗门方》云：取根若获九数者，服之乃仙。故名九真藤。"赤敛之名亦得于外科功用。桃柳藤者于叶形相似言之。山奴、山哥、山伯、山翁、山精诸名，因其生山中，并据生长年限之长短而分别命名。

《何首乌传》载其"苗如木藁光泽，形如桃柳叶，其背偏，独单，皆生不相对。有雌雄者，雌者苗色黄白，雄者黄赤。其生相远，夜则苗蔓交或隐化不见。"《开宝本草》："本出顺州南河县，今岭外江南诸州皆有。蔓紫，花黄白，叶如薯蓣而不光，生必相对，根大如拳。'有赤、白二种，赤者雄，白者雌。'"

【入药部位及性味功效】

何首乌，又称首乌、地精、赤敛、陈知白、红内消、马肝石、疮帚、山奴、山哥、山伯、山翁、山精、夜交藤根、黄花污根、血娃娃、小独根、田猪头、铁秤砣、赤首乌、山首乌、药首乌、何相公，为植物何首乌的干燥块根。培育3～4年即可收获，但以4年收产量较高，在秋季落叶后或早春萌发前采挖。除去茎藤，将根挖出，洗净泥土，大的切成2cm左右的厚片，小的不切。晒干或烘干即成。味苦、甘、涩，性微温。归肝、肾经。养血滋阴，润肠通便，截疟，祛风，解毒。主治血虚头昏目眩、心悸、失眠，肝肾阴虚之腰膝酸软、须发早白、耳鸣、遗精，肠燥便秘，久疟体虚，风疹瘙痒，疮痈，瘰疬，痔疮。

何首乌叶，为植物何首乌的叶。夏、秋季采收，鲜用。味微苦，性平。解毒散结，杀虫止痒。主治疮疡，瘰疬，疥癣。

夜交藤，又称棋藤、首乌藤，为植物何首乌的藤茎或带叶的藤茎。夏、秋采割带叶藤茎，或秋、冬采割藤茎，除去残叶，捆成把，晒干或烘干。味甘、微苦，性平。归心、肝经。养心安神，祛风，通络。主治失眠，多梦，血虚身痛，肌肤麻木，风湿痹痛，风疹瘙痒。

【经方验方应用例证】

安眠汤：镇静，安神。主失眠，梦多，头昏，头胀，舌质红，脉细数。(《临证医案医方》)

夜交藤粥：取夜交藤60g用温水浸泡片刻，加清水500g，煎取药汁约300g，加粳米50g、白糖适量、大枣2枚，再加水200g煎至粥稠，盖紧焖5分钟即可。养血安神，祛风通络。适用于虚烦不寐、顽固性失眠、多梦症以及风湿痹痛。每晚睡前1小时，趁热食，连服10天为一个疗程。(《民间方》)

先天大造丸：补先天，疗虚损。主治气血不足，风寒湿毒袭于经络，初起皮色不变，漫肿无头；或阴虚，外寒侵入，初起筋骨疼痛，日久遂成肿痛，溃后脓水清稀，久而不愈，渐成漏证；并治一切气血虚羸，劳伤内损，男妇久不生育。(《外科正宗》)

七宝美髯丹：补益肝肾，乌发壮骨。主治肝肾不足，须发早白，齿牙动摇，梦遗滑精，崩漏带下，肾虚不育，腰膝酸软。(《医方集解》引邵应节方)

健步虎潜丸：滋补肝肾，接骨续筋。主治跌打损伤，血虚气弱，腰胯膝腿疼痛，筋骨酸软无力，步履艰难。(《伤科补要》)

当归饮子：养血活血，祛风补肾。主治气血亏虚、风热外侵证。(《证治准绳》)

大活络丹：调理气血，祛风除湿，活络止痛，化痰息风。主治中风后半身不遂，腰腿沉重，筋肉挛急；亦治风寒湿痹。(《兰台轨范》引宋代《圣济总录》)

【中成药应用例证】

三宝片：填精益肾，养心安神。用于肾阳不足所致腰酸腿软、阳痿遗精、头晕眼花、耳鸣耳聋、心悸失眠、食欲不振。

双参安神糖浆：补气血，益肝肾。用于气血两虚，肝肾不足，病后体虚，肺虚咳喘，腰膝酸软。

丹田降脂丸：活血化瘀，健脾补肾，能降低血清脂质，改善微循环。用于高脂血症。

乌丹降脂颗粒：益气活血。用于气虚血瘀所致的高脂血症，症见头晕耳鸣、胸闷肢麻、口干舌暗等。

华容口服液：滋养肝肾，补益气血。用于脏腑亏损、精血不足所致的面色无华、头晕发枯、疲乏无力、失眠多梦、月经不调等症。

五味健脑口服液：补肾健脑。用于神经衰弱，失眠健忘。

健身宁片：滋补肝肾，养血健身。用于肝肾不足引起的腰酸腿软、神疲体倦、头晕耳鸣、心悸气短、须发早白。

【现代临床应用】

临床上何首乌用于治疗高脂血症；治疗失眠症，总有效率为98.6%；治疗白发，总有效率88.89%；治疗外阴白色病变，其中硬化性萎缩性苔藓型效果最好。

火炭母

Persicaria chinensis (L.) H. Gross

蓼科（Polygonaceae）蓼属多年生草本。

叶卵形或长卵形，基部平截或宽心形；托叶鞘具脉纹，顶端偏斜，无缘毛。花序头状，常数个排成圆锥状；花被5深裂，裂片果时增大，呈肉质，蓝黑色。花期7～9月，果期8～10月。

大别山各县市均有分布，生于山谷、山坡草地。

《植物名实图考》："其子青黑如炭。"故名。毛、母双声，故亦称火炭毛。因善治眩晕，故有晕药、运药诸名。因与蓼科某些药物相似，故亦采用其名，如山荞麦草、野辣蓼等。

火炭母草始载于《本草图经》，曰："生南恩州（广东恩平、阳山一带）原野中。赤茎而柔，似细蓼，叶端尖，近梗形方。夏有白花。秋实如菽，青黑色，味甘可食。"

【入药部位及性味功效】

火炭母草，又称火炭毛、乌炭子、运药、火炭母、山荞麦草、地肤蝶、黄鳝藤、晕药、火炭星、鹊糖梅、乌白饭草、红梅子叶、白饭草、大叶沙滩子、乌饭藤、水沙柑子、鸪鹚饭、水退疯、胖根藤、老鼠蔗、小晕药、花脸晕药、蓼草、白乌饭藤、信饭藤、酸管杖、大沙柑草、火炭藤、水洋流、酸广台、接骨丹、大红袍、野辣蓼，为植物火炭母草的地上部分。夏、秋间采收，鲜用或晒干。味辛、苦，性凉，有毒。清热利湿，凉血解毒，平肝明目，活血舒筋。主治痢疾，泄泻，咽喉肿痛，白喉，肺热咳嗽，百日咳，肝炎，带下，癌肿，中耳炎，湿疹，眩晕耳鸣，角膜云翳，跌打损伤。

火炭母草根，为植物火炭母草的根。夏、秋季采挖，鲜用或晒干。味辛、甘，性平。补益脾肾，平降肝阳，清热解毒，活血消肿。主治体虚乏力，耳鸣耳聋，头目眩晕，白带，乳痈，肺痈，跌打损伤。

【经方验方应用例证】

治赤白痢：火炭母草和海金沙捣烂取汁，冲沸水，加糖少许服之。（《岭南采药录》）

治痢疾、肠炎、消化不良：火炭母、小凤尾、布渣叶各18g，水煎服。（广东《中草药处方选编》）

治扁桃体炎：鲜火炭毛30～60g，鲜苦蘵30g，水煎服。（《福建药物志》）

治湿热黄疸：火炭母、鸡骨草各30g，水煎服。（《广西中草药》）

治妇女带下：鲜火炭母60～90g，白鸡冠花3～5朵。酌加水煎成半碗，饭后服，日2次。（《福建民间草药》）

治真菌性阴道炎：火炭母30g，煎水坐浴；火炭母粉，冲洗后局部喷撒。两者交替使用，3～5次为1个疗程。（《全国中草药汇编》）

治子宫颈癌：火炭母120g，茅莓60g，椰榆片30g，蛇床子12g，水煎服。先服苏铁叶120g，红枣12枚，后服本方。（《全国中草药汇编》）

治湿疹：鲜火炭母草30～60g，水煎服；另取鲜全草水煎洗。（《福建中草药》）

治荨麻疹：火炭毛鲜叶60g，醋30g，水煎服（干品加醋无效），另用鲜草水煎熏洗患处。（《福建药物志》）

治高血压：火炭毛30g，昏鸡头30g，臭牡丹根30g，夏枯草30g，土牛膝15g，钩藤24g，水煎服。（《四川中药志》1982年）

治风热头昏，虚火上冲（高血压）或气血虚弱，头晕耳鸣：火炭母草根500g，炖黑皮鸡服。（《重庆草药》）

治乳痈：鲜火炭母根30g，水煎，调酒服。（《福建中草药》）

【中成药应用例证】

和中糖浆：清肠，消食。用于消化不良，腹泻，痢疾。

消眩止晕片：豁痰，化瘀，平肝。用于肝阳夹痰瘀上扰所致眩晕；脑动脉硬化见上述证候者。

腹安颗粒：清热解毒，燥湿止痢。用于痢疾，急性胃肠炎，腹泻、腹痛。

胃肠宁颗粒：清热祛湿，健胃止泻。用于急性胃肠炎，小儿消化不良。

【现代临床应用】

火炭母治疗急性肠炎，白喉，小儿脓疱疮，角膜云翳、斑翳、白斑。

酸模

Rumex acetosa L.

蓼科（Polygonaceae）酸模属多年生草本。

根为须根。基生叶和茎下部叶箭形。花序顶生，分枝稀疏；花单性，雌雄异株；雌花内花被片果时增大，近圆形，基部心形，基部具极小的瘤。花期5～7月，果期6～8月。

大别山各县市均有分布，常生长在海拔400m以上的山坡、林缘、沟边、路旁。

《本草纲目》："蕸芜乃酸模之音转，酸模又酸母之转，皆以味而名。"

酸模始载于《本草经集注》，云："一种极似羊蹄而味酸，呼为酸模，根疗疥也。"酸模叶出自《本草拾遗》，曰："酸模叶酸美，小儿折食其英……叶似羊蹄，是山大黄，一名当药。"《蜀本草》曰："又有一种茎叶俱细，节间生子若茺蔚子。"《日华子》："酸模，状似羊蹄叶而子黄。"《本草纲目》："平地亦有，根、叶、花形并同羊蹄，但叶小味酸为异。其根赤黄色。"

【入药部位及性味功效】

酸模，又称须、蕸芜、山大黄、当药、山羊蹄、酸母、牛耳大黄、酸汤菜、黄根根、酸姜、酸不溜、酸溜溜、莫菜、酸木通、鸡爪黄连、猪耳根棵、牛舌头棵、打锣锤、田鸡脚、水牛舌头、大山七、羊舌头、酸鸡溜、大黄药菜，为植物酸模的根。夏季采收，洗净，晒干或鲜用。味酸、微苦，性寒。凉血止血，泄热通便，利尿，杀虫。主治吐血，便血，月经过多，热痢，目赤，便秘，小便不通，淋浊，恶疮，疥癣，湿疹。

酸模叶，为植物酸模的茎叶。夏季采收，洗净，鲜用或晒干。味酸、微苦，性寒。泄热通便，利尿，凉血止血，解毒。主治便秘，小便不利，内痔出血，疮疡，丹毒，疥癣，湿疹，烫伤。

【经方验方应用例证】

治小便不通：酸模根 9 ～ 12g，水煎服。(《湖南药物志》)

治吐血、便血：酸模 4.5g，小蓟、地榆炭各 12g，炒黄芩 9g，水煎服。(《山东中草药手册》)

治白血病出血，月经过多：酸模 15g，水煎服。体虚者加人参、茯苓、白术各 9g。(《福建药物志》)

治目赤：酸模根 3g，研末，调入乳蒸过敷眼沿，同时取根 9g 煎服。(《浙江民间草药》)

治便秘：酸模根 30 ～ 60g，水煎服。(《浙江民间常用草药》)

治疮疖：酸模根，捣烂涂擦患处。(《浙江民间草药》)

治红眼睛，便秘：鲜酸模茎叶 15 ～ 30g，煎服，甚者加元明粉 6g 冲服。(《安徽中草药》)

治内痔出血：鲜酸模全草 30 ～ 60g，捣烂取汁，调白糖 30 ～ 60g，内服。(《全国中草药汇编》)

治皮肤红疹、瘙痒：鲜酸模叶适量捣烂，轻轻摩擦患处，或酸模带根全草 60 ～ 90g，煎水洗患处，洗时须避风。(《河南中草药手册》)

治皮肤湿疹及烫火伤：酸模全草、椿根白皮各 60g，桉树叶 30g，冻青叶 30g。共研细末，油调涂。(《常用中草药配方》)

治汗斑：鲜酸模茎叶适量，红糖少许捣如糊状，醋调涂患处。(《安徽中草药》)

【中成药应用例证】

金酸萍冲剂：清热解毒，利湿退黄，有恢复肝功能、降低转氨酶的作用。用于急性黄疸性肝炎、慢性肝炎、重症肝炎。

羊蹄

Rumex japonicus Houtt.

蓼科（Polygonaceae）酸模属多年生草本。

叶长圆形或披针状长圆形，基部圆形或心形。花两性；内花被片果时增大，宽心形，基部心形，边缘具不整齐的小齿，全部具小瘤。花期5～6月，果期6～7月。

大别山各县市广泛分布，生于田边路旁、河滩、沟边湿地。

　　《本草纲目》："羊蹄以根名，牛舌以叶形名，秃菜以治秃疮名也。"陶弘景："今人呼名秃菜，即是蓄音之讹，诗云：言采其蓄。"蓄，《诗经》一作蓫，蓄、蓫通假。森立之《本草经考注》疑连虫陆为冻虫陆之讹，云：连虫陆、东方宿并为蓄之缓呼。

　　羊蹄药用始载于《神农本草经》，列为下品。羊蹄实出自《新修本草》，以金荞麦载于《本草衍义》，云："叶可洁擦确石器，根取汁涂疥癣。子谓之金荞麦，烧炼家用以制铅、汞。"《名医别录》："生陈留（今河南开封东面）川泽。"《蜀本草》："生下湿地，高者三四尺，叶狭长，茎节间紫赤，花青白色，子三棱。夏中即枯。"《本草图经》："叶狭长，颇似莴苣而色深。茎节间紫赤，花青白，成穗，子三棱，有若荙蔚，夏中即枯，根似牛蒡而坚实。"《本草纲目》："近水及湿地极多，叶长尺余，似牛舌之形，不似波棱。入夏起苔，开花结子。花叶一色。夏至即枯，秋深即生，凌冬不死。根长近尺，赤黄色，如大胡萝卜形。"

【入药部位及性味功效】

羊蹄，又称东方宿、连虫陆、鬼目、败毒菜根、羊蹄大黄、土大黄、牛舌根、牛蹄、牛舌大黄、秃菜、野萝卜、野菠菱、癣药、山萝卜、牛舌头、牛大黄，为植物羊蹄、尼泊尔酸模的根。栽种2年后，秋季当地上叶变黄时，挖出根部，洗净鲜用或切片晒干。味苦，性寒。归心、肝、大肠经。清热通便，凉血止血，杀虫止痒。主治大便秘结，吐血衄血，肠风便血，痔血，崩漏，疥癣，白秃，痈疮肿毒，跌打损伤。

羊蹄叶，为植物羊蹄、尼泊尔酸模的叶。夏、秋季采收，洗净，鲜用或晒干。味甘，性寒。凉血止血，通便，解毒消肿，杀虫止痒。主治肠风便血，便秘，小儿疳积，痈疮肿毒，疥癣。

羊蹄实，又称金荞麦，为植物羊蹄、尼泊尔酸模的果实。春季果实成熟时采摘，晒干。味苦，性平。凉血止血，通便。主治赤白痢疾，漏下，便秘。

【经方验方应用例证】

治产后风秘：羊蹄根锉研，绞取汁三、二匙，水半盏，煎一、二沸，温温空肚服。（《本草衍义》）

治湿热黄疸：羊蹄根15g，五加皮15g。水煎服。（《江西民间草药》）

治热郁吐血：羊蹄草根和麦门冬煎汤饮，或熬膏，炼蜜收，白汤调服数匙。（《本草汇言》）

治喉痹卒不语：羊蹄独根者，勿见风日，以三年醋研和如泥，生布拭喉令亦，敷之。（《备急千金要方》）

治内痔便血：羊蹄根八钱至一两，较肥的猪肉四两。放瓦罐内，加入清水，煮至肉极烂时，去药饮汤。（《江西民间草药》）

治女人阴蚀疼痛：羊蹄煎汤揉洗。（《本草汇言》）

治跌打损伤：鲜羊蹄根适量，捣烂，用酒炒热，敷患处。（《福建中草药》）

治小儿疳虫：取羊蹄叶作菜食之。（《普济方》）

治肠风痔泻血：羊蹄根叶烂蒸一碗来食之。（《斗门方》）

治悬痈，咽中生息肉，舌肿：羊蹄草煮取汁口含之。（《备急千金要方》）

治对口疮：鲜羊蹄叶适量，同冷饭捣烂外敷。（《福建中草药》）

治秃疮，头部脂溢性皮炎（头风白屑）：羊蹄茎叶适量，食盐少许，捣烂外敷。（《安徽中草药》）

治皮肤痒疹：鲜羊蹄叶捣烂，擦患处。（《安徽中草药》）

备急羊蹄根涂方：主治一切风癣及诸般癣瘙痒，搔之不已。（《圣济总录》卷一三七）

独羊饭：鲜羊蹄根叶1斤，煮烂食之。主治肠痔下血。（《外科启玄》卷十二）

【现代临床应用】

临床上，羊蹄治疗功能失调性子宫出血。

虎杖
Reynoutria japonica Houtt.

蓼科（Polygonaceae）虎杖属多年生草本。

茎具纵棱，具小突起，无毛，散生红色或紫红斑点。叶疏生小突起。苞片漏斗状。花被淡绿色，雄花花被片无翅，雄蕊8。瘦果黑褐色。花期6～9月，果期7～10月。

大别山各县市均有分布，生于山坡灌丛、山谷、路旁、田边。

《本草纲目》："杖言其茎，虎言其斑也。"虎讳称为大虫，故亦称大虫杖。《和汉三才图会》："折其茎，剥其皮啖之味酸，故名酸杖。"其味亦苦，又称苦杖。

虎杖入药始见于《雷公炮炙论》，《名医别录》列为中品。《本草经集注》："田野甚多，此状如大马蓼，茎斑而叶圆。"《本草图经》："三月生苗，茎如竹笋状，上有赤斑点，初生便分枝丫。叶似小杏叶。七月开花，九月结实。南中出者，无花，根皮黑色，破开即黄。"《本草纲目》："黄药子今处处栽之。其茎高二三尺，柔而有节，似藤实非藤也。叶大如拳，长三寸许，亦不似桑。其根长者尺许，大者围二三寸，外褐内黄，亦有黄赤色者，肉色颇似羊蹄根。"

【入药部位及性味功效】

虎杖，又称大虫杖、苦杖、酸杖、斑杖、苦杖根、杜牛膝、酸桶笋、斑庄根、酸秆、斑根、黄药子、土地榆、酸通、雌黄连、蛇总管大活血、紫金龙、酸汤秆、黄地榆、号筒草、斑龙紫、红贯脚、阴阳莲、活血龙、猴竹根、金锁王、大叶蛇总管、九龙根、山茄子、斑草、搬倒甑、九股牛、大接骨、老君丹，为植物虎杖的根茎和根。分根繁殖第2年或播种第3年，春、秋季将根挖出，除去须根，洗净，晒干。鲜根可随采随用。味苦、酸，性微寒。归肝、胆经。活血散瘀，祛风通络，清热利湿，解毒。主治妇女经闭，痛经，产后恶露不下，癥瘕积聚，跌扑损伤，风湿痹痛，湿热黄疸，淋浊带下，疮疡肿毒，毒蛇咬伤，水火烫伤。

虎杖叶，为植物虎杖的叶。春季及夏、秋季均可采收，洗净，鲜用或晒干。味苦，性平。祛风湿，解热毒。主治风湿性关节疼痛，蛇咬伤，漆疮。

【经方验方应用例证】

治胃癌：虎杖30g，制成糖浆60mL。每服20～30mL，每日服2～3次。(《实用肿瘤学》)

治漆疮：虎杖叶捣烂，取汁搽。(《湖南药物志》)

柴胡蚕休汤：疏肝理气，活血化瘀。主治气滞血瘀。(《浙江省中医院方》)

创灼膏：提脓拔毒，祛腐生肌。主治烧伤，老烂脚，挫裂伤口，褥疮，冻疮溃烂，慢性湿疹及疮疖。(《中药知识手册》)

胆石通消糖浆：疏肝解郁，清热利湿，调畅气机。主治气郁湿阻。(《冷和平方》)

肺脓疡合剂：清热解毒，化瘀排脓，清肺透热，清养肺阴。具有退热快、排脓多、空洞闭合迅速的效果。主治急性肺脓疡（肺痈）。(《古今名方》引金如寿方)

虎杖二金汤：清肝利胆。主治急性胆囊炎。(《千家妙方》)

虎杖红药子膏：清热解毒，滋润生肌。主治过敏性皮炎并溃烂感染。(《千家妙方》)

【中成药应用例证】

虎杖叶胶囊：平肝潜阳。用于肝阳上亢引起的眩晕，症见头晕、头昏、头痛等症，高血压属上述证候者。

解毒通淋丸：清热，利湿，通淋。用于下焦湿热所致的非淋菌性尿道炎，症见尿频、尿痛、尿急。

温肾前列胶囊：益肾利湿。用于肾虚夹湿的良性前列腺增生症，症见小便淋沥、腰膝酸软、身疲乏力等。

排毒降脂胶囊：清热解毒祛浊。用于痰浊瘀阻引起的高脂血症。症见头晕、胸闷、体胖、便秘等。

心脑联通胶囊：活血化瘀，通络止痛。用于瘀血闭阻引起的胸痹、眩晕，症见胸闷、胸痛、心悸、头晕、头痛、耳鸣等，以及冠心病心绞痛、脑动脉硬化及高脂血症见上述证候者。

复方吉祥草含片：宣肺平喘，清热润燥，止咳化痰。用于支气管炎、肺炎所引起的咳嗽、胸闷、痰多等症状。

【现代临床应用】

临床上，虎杖用于治疗急性黄疸性传染性肝炎、HBsAg阳性慢性活动性肝炎、新生儿黄疸、烧伤、上消化道出血、高脂血症、关节炎、银屑病、真菌性阴道炎。

牛膝

Achyranthes bidentata Blume

苋科（Amaranthaceae）牛膝属多年生草本。

茎略呈灰褐色，节部及茎下部通常带紫红色，在节部生出向上斜伸的对生枝。叶椭圆形或披针形，叶柄紫红色。花小，绿色，呈穗状花序；花后花序梗伸长，可达15cm。小苞片两侧有膜质小裂片，退化雄蕊顶端平圆，略带波状。花期5～8月，果期8～10月。

大别山各县市均有分布，多生长在海拔1400m以下的山林阴坡路旁和沟边，亦有栽培。

《本草经集注》："其茎有节，似牛膝，故以为名。"《本草纲目》："《本经》又名百倍、隐语也，言其滋补之功，如牛之多力也。其叶似苋，其节对生，故俗有山苋菜、对节菜之称。"

牛膝，始载于《神农本草经》，列为上品。论其形态，《本草纲目》谓其"方茎暴节，叶皆对生，颇似苋菜而长且尖䏑，秋月开花作穗，结子状如小鼠负虫，有涩毛，皆贴茎倒生。"论其产地，《名医别录》谓"生河内川谷及临朐。"陶弘景："今出近道，蔡州者最长大柔润。"《本草图经》："今江、淮、闽、粤、关中亦有之，然不及怀州者为真。"《本草衍义》："今西京作畦种，有长三尺者最佳。"

《本草图经》："今福州人单用土牛膝根洗净，切，焙干，捣下筵，酒煎，温服，云治妇人血块神效。"李时珍："牛膝处处有之，谓之土牛膝。"

【入药部位及性味功效】

牛膝，又称百倍、牛茎、脚斯蹬、铁牛膝、杜牛膝、怀牛膝、怀夕、真夕、怀膝、土牛膝、淮牛膝、红牛膝、牛磕膝、牛克膝、牛盖膝、粘草子根、牛胳膝盖、野牛克膝、接骨丹、牛盖膝头，为植物牛膝的根。南方在11月下旬至12月中旬，北方在10月中旬至11月上旬收获。先割地上茎叶，依次将根挖出，剪除芦头，去净泥土和杂质。按根的粗细不同，晒至六七成干后，集中至室内加盖草席，堆闷2～3天，分级，扎把，晒干。味苦、酸，性平。归肝、肾经。补肝肾，强筋骨，活血通经，引血（火）下行，利尿通淋。主治腰膝酸痛，下肢痿软，血滞经闭，痛经，产后血瘀腹痛，癥瘕，胞衣不下，热淋，血淋，跌打损伤，痈肿恶疮，咽喉肿痛。

牛膝茎叶，为植物牛膝的茎叶。春、夏、秋季均可采收，洗净，鲜用。味苦、酸，性平。归肝、膀胱经。祛寒湿，强筋骨，活血利尿。主治寒湿痿痹，腰膝疼痛，淋闭，久疟。

土牛膝，又称杜牛膝，为植物牛膝的野生种及柳叶牛膝、粗毛牛膝、钝叶土牛膝的根及根茎。冬春间或秋季采挖，除去茎叶及须根，洗净，晒干或用硫黄熏后晒干。味甘、微苦、微酸，性寒。归肝、肾经。活血祛瘀，泻火解毒，利尿通淋。主治闭经，跌打损伤，风湿性关节痛，痢疾，白喉，咽喉肿痛，疮痈，淋证，水肿。

【经方验方应用例证】

治高血压：①牛膝、生地黄各15g，白芍、茺蔚子、菊花各9g，水煎服。（《新疆中草药》）②土牛膝15g，夏枯草9g，水煎服。（福建药物志）

治扁桃体炎：土牛膝、百两金根各12g，冰片6g，研极细末，喷喉。（《江西中药》）

治急性中耳炎：鲜土牛膝适量，捣汁，滴患耳。（《江西中药》）

济川煎：温肾益精，润肠通便。主治老年肾虚之肾阳虚弱，精津不足证。症见大便秘结，小便清长，腰膝酸软，头目眩晕，舌淡苔白，脉沉迟。本方常用于习惯性便秘、老年性便秘、产后便秘等属于肾虚精亏肠燥者。（《景岳全书》）

玉女煎：清胃热，滋肾阴。主治胃热阴虚证。症见头痛，牙痛，齿松牙衄，烦热干渴，舌红苔黄而干。亦治消渴、消谷善饥等。本方常用于牙龈炎、糖尿病、急性口腔炎、舌炎等属胃热阴虚者。（《景岳全书》）

生血补髓汤：生血补髓。主治上骱后，气血两虚者。（《伤科补要》）

上下相资汤：养阴清热，固冲止血。主治血崩之后，口舌燥裂，不能饮食。（《石室秘录》）

化阴煎：滋肾养阴。主治水亏阴涸，阳火有余，小便癃闭，淋浊疼痛。（《景岳全书》）

补肾地黄丸：补肾益髓。主治肾气亏损、脑髓不足之小儿解颅，形体瘦弱，目多白睛，满面愁烦。（《医宗金鉴·幼科心法要诀》）

七宝美髯丹：补益肝肾，乌发壮骨。主治肝肾不足，须发早白，齿牙动摇，梦遗滑精，崩漏带下，肾虚不育，腰膝酸软。（《医方集解》引邵应节方）

【中成药应用例证】

温肾前列胶囊：益肾利湿。用于肾虚夹湿的良性前列腺增生症，症见小便淋沥、腰膝酸软、身疲乏力等。

济生肾气片：温肾化气，利水消肿。用于肾虚水肿，腰膝酸重，小便不利，痰饮喘咳。

补肾助阳丸：滋阴壮阳，补肾益精。用于肾虚体弱，腰膝无力，梦遗阳痿。

保真膏：温经益肾，暖宫散寒。用于肾气不固所致梦遗滑精，肾寒精冷，遗淋白浊，腰酸腹痛，妇女子宫寒冷，经血不调，经期腹痛。

还少丹：温肾补脾，养血益精。用于脾肾虚损，腰膝酸痛，阳痿遗精，耳鸣目眩，精血亏耗，肌体瘦弱，食欲减退，牙根酸痛。

抗骨增生口服液：补腰肾，强筋骨，活血，利气，止痛。用于增生性脊椎炎（肥大性胸椎炎，肥大性腰椎炎），颈椎综合征，骨刺。

颈腰康胶囊：舒筋通络，活血祛瘀，消肿止痛。用于骨折瘀血肿胀疼痛，骨折恢复期，以及肾虚夹瘀所致痹痛（增生性脊柱炎，腰椎间盘突出症）。

【现代临床应用】

临床上，牛膝用于扩宫引产，出血量少而安全；治疗麻疹合并喉炎。土牛膝用于防治白喉；治疗流行性脑脊髓膜炎带菌者；治疗急、慢性肾炎；引产。

柳叶牛膝

Achyranthes longifolia (Makino) Makino

苋科（Amaranthaceae）牛膝属多年生草本。

叶披针形或宽披针形，全缘，两面散生细毛。穗状花序，小苞片针状，有卵状三角形薄膜。花期5～8月，果期8～10月。

大别山各县市均有分布，多生长在海拔1000m以下的山坡路旁。

《本草图经》："今福州人单用土牛膝根洗净，切，焙干，捣下筛，酒煎，温服，云治妇人血块神效。"

李时珍："牛膝处处有之，谓之土牛膝。"

【入药部位及性味功效】

土牛膝，又称杜牛膝，为植物牛膝的野生种及柳叶牛膝、粗毛牛膝、钝叶土牛膝的根及根茎。冬春间或秋季采挖，除去茎叶及须根，洗净，晒干或用硫黄熏后晒干。味甘、微苦、微酸，性寒。归肝、肾经。活血祛瘀，泻火解毒，利尿通淋。主治闭经，跌打损伤，风湿性关节痛，痢疾，白喉，咽喉肿痛，疮痈，淋证，水肿。

【经方验方应用例证】

碧雪丹：一切风痹蛾癣，时行诸症。（《喉科紫珍集》卷上）

除瘟化毒汤（桑葛汤）：疏表，清热，解毒。主治风热型白喉。（《中医喉科学讲义》）

达原败毒散：清热疏表，祛湿解毒。主治时疫白喉，湿邪挟表邪客于膜原。（《言庚孚医疗经验集》）

生化通经汤：活血祛瘀。治经行无定期，乍多乍少，色紫有块，小腹胀痛拒按，口燥不欲饮水，小便黄少不畅，大便燥结，舌暗红或有紫色斑点，脉沉弦有力。（《中医妇科治疗学》）

桃红消瘀汤：活血祛瘀。治产后数日，恶露断续而下，并有浊带样分泌物，忽然少腹作痛，痛时不能重压，尿频便结，舌淡苔薄，脉弦实。（《中医妇科治疗学》）

【中成药应用例证】

东梅止咳颗粒：祛痰，止咳，疏风清热。用于风热感冒，咳嗽多痰，支气管炎。

金乌骨通胶囊：滋补肝肾，祛风除湿，活血通络。用于肝肾不足、风寒湿痹、骨质疏松、骨质增生引起的腰腿酸痛、肢体麻木等症。

喉疾灵胶囊：清热，解毒，散肿止痛。用于腮腺炎，扁桃体炎，急性咽炎，慢性咽炎急性发作及一般喉痛。

喉咽清口服液：清热解毒，利咽止痛。用于肺胃实热所致的咽部红肿、咽痛、发热、口渴、便秘；急性扁桃体炎、急性咽炎见上述证候者。

复方无花果含片：清热解毒，消肿利咽。适用于急性咽炎（及慢性咽炎急性发作期）风热证及肺胃蕴热证，具有咽部疼痛、干燥、灼热、口渴欲饮，发热或微恶寒，食欲不振，大便干，舌红苔黄、脉数等症状者。

【现代临床应用】

临床上，土牛膝用于防治白喉；治疗流行性脑脊髓膜炎带菌者；治疗急、慢性肾炎；引产。

喜旱莲子草

Alternanthera philoxeroides (Mart.) Griseb.

苋科（Amaranthaceae）莲子草属多年生匍匐草本。

叶对生。茎下部匍匐，上部直立，中空，节部及叶腋间密生有白色长柔毛。叶椭圆形或倒卵状披针形。头状花序有长1～3cm的总梗，单生在叶腋，有花药的雄蕊5。花期5～8月，果期8～10月。

大别山各县市广泛分布，外来入侵植物。喜潮湿环境，在水田中和沟边常成片繁生。

【入药部位及性味功效】

空心苋，又称空心蕹藤菜、水蕹菜、水花生、过塘蛇、螃蜞菊、假蕹菜、水马齿苋、肥猪菜，为植物喜旱莲子草的全草。春、夏、秋季均可采收，除去杂草，洗净，鲜用或晒干用。味苦、甘，性寒。清热凉血，解毒，利尿。主治咯血，尿血，感冒发热，麻疹，流行性乙型脑炎，黄疸，淋浊，痄腮，湿疹，痈肿疔疮，毒蛇咬伤。

【经方验方应用例证】

治肺结核咯血：鲜空心苋全草120g，冰糖15g，水炖服。（《福建中草药》）

治带状疱疹：鲜空心苋全草，加洗米水捣烂绞汁抹患处。（《福建中草药》）

治疔疮：鲜空心苋全草捣烂调蜂蜜外敷。（《福建中草药》）

治毒蛇咬伤：鲜空心苋全草120～240g，捣烂绞汁服，渣外敷。（《福建中草药》）

【现代临床应用】

临床上，空心苋可用于治疗麻疹、流行性乙型脑炎、流行性出血热、急性黄疸性肝炎。

商陆

Phytolacca acinosa Roxb.

商陆科（Phytolaccaceae）商陆属多年生草本。

茎紫红色。叶全缘。总状花序直立；苞片狭披针形；萼片5，白色变为淡红色；雄蕊8，花丝锥形；心皮多为8，分离。浆果扁球形，紫黑色。花期4～7月，果期7～10月。

大别山各县市广泛分布，生长在海拔1700m以下的山沟边或林下，以及林缘路旁潮湿地方。

《本草纲目》："此物能逐荡水气，故曰蓬莪。""讹为商陆，又讹为当陆，北音讹为章柳。"陆为蓫之音转，故倒言之，则为"商陆"。《尔雅》郭璞注：《广雅》曰：'马尾，商陆。'《本草》云：别名'蓫'。今关西亦呼为蓫，江东呼为当陆。"

商陆始载于《神农本草经》，列为下品。商陆花出自《本草图经》。《本草图经》："商陆俗名章柳根，生咸阳山谷，今处处有之，多生于人家园圃中。春生苗，高三四尺，叶青如牛舌而长，茎青赤，至柔脆。夏秋开红紫花作朵，根如芦菔而长，八月九月采根暴干。"

【入药部位及性味功效】

商陆，又称夜呼、蓬莪、马尾、当陆、章陆、白昌、章柳根、见肿消、山萝卜、水萝卜、白母鸡、长不老、牛萝卜、春牛头、湿萝卜、下山虎、牛大黄、狗头三七、金七娘、猪母耳、金鸡母、地萝卜、土母鸡、土冬瓜、娃娃头、野萝卜，为植物商陆和垂序商陆的根。移栽后1～2年收获。冬季倒苗时采挖，割去茎秆，挖出根部，洗净，横切成1cm厚的薄片，晒或炕干即成。味苦，性寒，有毒。归肺、肾、大肠经。逐水消肿，通利二便，解毒散结。主治水肿胀满，二便不通，癥瘕，疝癖，瘰疬，疮毒。

商陆花，为植物商陆或垂序商陆的花。7～8月花期采集，去杂质，晒干或阴干。味微苦、甘，性平。归心、肾经。化痰开窍。主治痰湿上蒙，健忘，嗜睡，耳目不聪。

商陆叶，为植物商陆的叶。春夏二季采叶，鲜用或晒干备用。清热解毒。主治痈肿疮毒。

【经方验方应用例证】

治功能失调性子宫出血：商陆鲜根60～120g，猪肉250g，同煨，吃肉喝汤。(《神农架中草药》)

治痈肿疮毒：商陆叶，加食盐少许，捣烂敷患处。(《安徽中草药》)

疏凿饮子：理气通便，分利湿热。主治水湿壅盛，遍身肿满，喘呼气急，烦躁口渴，二便不利者。(《济生方》)

拔毒生肌膏：拔毒生肌，护膜防菌。主治已溃之痈毒疮疡。(《全国中药成药处方集》(西安方))

白蔹散：主治白癜风，遍身斑点瘙痒。(《太平圣惠方》卷二十四)

白龙膏：清血脉，通气脉，消毒败肿，止痛生肌。主头面五发恶疮及烧烫冻破溃烂。(《外科精义》卷下)

【中成药应用例证】

七十味松石丸：疏肝利胆，祛瘀止痛。用于肝郁气滞、湿热瘀阻所致的胸胁胀痛、呕吐呃逆、食欲不振。

四十二味疏肝胶囊：清热利湿，疏肝理脾，化瘀散结。用于肝胆湿热、气滞血瘀所致的胁痛、脘胀；急慢性乙型肝炎见上述证候者。

珍宝解毒胶囊：清热解毒，化浊和胃。用于浊毒中阻所致的恶心呕吐，泄泻腹痛，消化性溃疡，食物中毒。

解毒胶囊：清热解毒，祛腐生肌。用于各种毒症，陈旧热病，某些接触性皮炎等。

痰净片：祛痰止咳。用于治疗慢性气管炎，尤其是老年性气管炎。

达肺草：止血，化痰，顺气，定喘，止汗，退热。用于吐血，咯血，痰中带血，咳嗽，痰喘，气急，劳伤肺痿等症。

【现代临床应用】

临床上，商陆用于治疗慢性气管炎、银屑病、乳腺增生症。

垂序商陆

Phytolacca americana L.

商陆科（Phytolaccaceae）商陆属多年生草本。

全株光滑无毛，茎紫红色。叶全缘。总状花序下垂；花白色；雄蕊、心皮及花柱均为10。果序下垂；浆果扁球形，熟时紫黑色。花期7～8月，果期8～10月。

大别山各县市广泛分布，外来入侵植物。在林缘、路旁、房前屋后、荒地都有分布。

【入药部位及性味功效】

美商陆叶，又称洋商陆叶，为植物垂序商陆的叶。叶茂盛花未开时采收，除去杂质，干燥。清热。主治脚气。

美商陆子，为植物垂序商陆的种子。9～10月采，晒干。味苦，性寒，有毒。利水消肿。主治水肿、小便不利。

【经方验方应用例证】

参见商陆。

【中成药应用例证】

参见商陆。

【现代临床应用】

参见商陆。

簇生泉卷耳

Cerastium fontanum subsp. *vulgare* (Hartman) Greuter & Burdet

石竹科（Caryophyllaceae）卷耳属多年生草本。

叶片卵状长圆形至披针形。花瓣长圆形或倒卵状长圆形，先端微凹，等于或短于萼片。花柱5，蒴果10齿裂。花期4～6月，果期5～7月。

罗田、英山等县市均有分布，生于山地林缘杂草间或疏松沙质土壤。

【入药部位及性味功效】

小白绵参，又称小儿惊风药、高脚鼠耳草、婆婆指甲草、破花絮草、鹅秧菜，为植物簇生泉卷耳的全草。夏季采集，鲜用或晒干。味苦，性微寒。清热，解毒，消肿。主治感冒发热，小儿高热惊风，痢疾，乳痈初起，疔疮肿毒。

【经方验方应用例证】

治感冒：小白绵参全草15g，芫荽15g，胡颓子叶9g，水煎服。（《浙江药用植物志》）

治乳痈：小白绵参全草、酢浆草、过路黄各30g，水煎服，渣敷患处。（《浙江药用植物志》）

治疔疮：鲜小白绵参全草适量，加桐油捣烂，外敷患处。（《浙江药用植物志》）

瞿麦

Dianthus superbus L.

石竹科（Caryophyllaceae）石竹属多年生草本植物。

叶基部合生成鞘状围抱于节。花单生或数朵集成稀疏的聚伞花序；萼筒长 2 ～ 3cm；花瓣阔倒卵形，缘裂至中部或中部以上，淡红色或带紫色，稀白色。花期 6 ～ 9 月，果期 8 ～ 10 月。

大别山各县市均有分布，生于山坡路旁和林缘。

《尔雅》名蘧麦、大菊，《神农本草经》名瞿麦、巨句麦。蘧、菊、句、瞿古音并近，音转而有不同写法，"巨句"又可为"瞿"的缓读。言"麦"者，陶弘景谓子颇似麦子，李时珍亦谓石竹结实如燕麦。今人夏玮英谓"菊"当言"曲"，疑瞿麦古时或酿为酒曲，又谓称"麦"是其苗叶似麦苗形。

瞿麦始载于《神农本草经》，列为中品。《本草经集注》："今出近道，一茎生细叶，花红紫赤可爱，合子叶刈取之。子颇似麦，故名瞿麦。此类乃有两种，一种微大，花边有叉桠，未知何者是。今市人皆用小者。复一种叶广，相似而有毛，花晚而甚赤。"李时珍："石竹叶似地肤叶而尖小，又似初生小竹叶而细窄，其茎纤细有节，高尺余，梢间开花。田野生者，花大如钱，红紫色。人家栽者，花小而妩媚，有红白、粉红、紫赤、斑斓数色，俗呼为洛阳花。结实如燕麦，内有小黑子。"

【入药部位及性味功效】

瞿麦，又称巨句麦、大兰、山瞿麦、瞿麦穗、南天竺草、麦句姜、剪绒花、龙须、四时美、圣笼草子，为植物瞿麦和石竹的地上部分。夏、秋花果期割取全草，除去杂草和泥土，切段或不切段，晒干。味苦，性寒。归心、肝、小肠、膀胱经。利小便，清湿热，活血通经。

主治小便不通，热淋，血淋，石淋，闭经，目赤肿痛，痈肿疮毒，湿疮瘙痒。

【经方验方应用例证】

治妇女外阴糜烂，皮肤湿疮：瞿麦适量，煎汤洗之，或为细面撒患处。（《河北中药手册》）

治食管癌、直肠癌：瞿麦鲜品30～60g(干品18～30g)，水煎服。（《陕甘宁青中草药选》）

调营饮：活血化瘀，行气利水。主治肝脾血瘀证。（《证治准绳》）

鳖甲煎丸：消痞化积，活血化瘀，疏肝解郁。主治肝硬化、肝脾肿大、肝癌等病，血瘀肝郁型黄疸。（《金匮要略》）

八正散：清热泻火，利水通淋。主治心经邪热，一切蕴毒，咽干口燥，大渴引饮，心忪面热，烦躁不宁，目赤睛疼，唇焦鼻衄，口舌生疮，咽喉肿痛及小便赤涩，或癃闭不通，热淋，血淋。（《太平惠民和剂局方》）

石韦散：清热利湿，通淋排石。主治淋证，小便不利，溺时刺痛。（《证治汇补》）

赤茯苓散：主治膀胱实热，腹胀，小便不通，口舌干燥，咽肿不利。（《太平圣惠方》卷七）

【中成药应用例证】

温肾前列胶囊：益肾利湿。用于肾虚夹湿的良性前列腺增生症，症见小便淋沥、腰膝酸软、身疲乏力等。

清血八味胶囊：清讧血。用于血热头痛，口渴目赤，中暑。

通乳冲剂：益气养血，通经下乳。用于产后气血亏损，乳少，无乳，乳汁不通等症。

排石颗粒：清热利水，通淋排石。用于下焦湿热所致的石淋，症见腰腹疼痛、排尿不畅或伴有血尿；泌尿系结石见上述证候者。

清淋颗粒：清热泻火，利水通淋。用于膀胱湿热所致的淋证、癃闭，症见尿频涩痛、淋沥不畅、小腹胀满、口干咽燥。

肾石通颗粒：清热利湿，活血止痛，化石，排石。用于肾结石、肾盂结石、膀胱结石、输尿管结石。

肾舒颗粒：清热解毒，利水通淋。用于尿道炎，膀胱炎，急、慢性肾盂肾炎。

鹅肠菜

Stellaria aquatica (L.) Scop.

石竹科（Caryophyllaceae）繁缕属多年生草本植物。

茎柔弱，多分枝，常平铺地面。叶卵形。花序苞片叶状，对生，边缘具腺毛；花梗细，密被腺毛。花期5～6月，果期6～8月。

大别山各县市均有分布，生于山坡路旁、田间、沟边等地。

【入药部位及性味功效】

鹅肠草，又称抽筋草、伸筋藤、伸筋草、壮筋丹、鸡卵菜、鹅儿肠、白头娘草、鸡娘草，为植物鹅肠菜的全草。春季生长旺盛时采收，鲜用或晒干。味甘、酸，性平。归肝、胃经。清热解毒，散瘀消肿。主治肺热喘咳，痢疾，痈疽，痔疮，牙痛，月经不调，小儿疳积。

【经方验方应用例证】

治高血压：鹅肠草15g，煮鲜豆腐吃。（《云南中草药》）

治痢疾：鲜鹅肠菜30g，水煎加糖服。（《陕西中草药》）

治痈疽：鲜鹅肠菜90g。捣烂，加甜酒适量，水煎服；或加甜酒糟同捣，敷患处。（《陕西中草药》）

治痔疮肿痛：鲜鹅肠菜120g，水煎浓汁，加盐少许，溶化后熏洗。（《陕西中草药》）

治牙痛：鲜鹅肠菜，捣烂加盐少许，咬在痛牙处。（《陕西中草药》）

孩儿参

Pseudostellaria heterophylla (Miq.) Pax

石竹科（Caryophyllaceae）孩儿参属多年生草本植物。

块根长纺锤形，白色，稍带黄。茎直立，单生。叶异形，茎上部叶宽卵形或菱状卵形，边缘波状，基部叶狭长倒披针形。普通花5瓣，2浅裂；闭锁花小。花期4～7月，果期7～8月。

大别山各县市均有分布，生于山谷和山坡林下。

太子参之名始见于《本草从新》。太子参原指五加科人参之小者，并非正品。以其形小而有"太子""孩儿"之称。现在商品所用虽为异种，形亦细小，故承袭其名。或云：因治儿童虚汗有效，故名孩儿参。

【入药部位及性味功效】

太子参，又称孩儿参、童参、双批七、四叶参、米参，为植物孩儿参的块根。6～7月茎叶大部枯萎时收获，挖掘根部（以根呈黄色为宜，过早未成熟，过晚浆汁易渗出，遇暴雨易造成腐烂），洗净，放100℃开水锅中焯1～3分钟，捞起，摊晒至干足。或不经开水焯，直接晒至7～8成干，搓去须根，使参根光滑无毛，再晒至干足。味甘，微苦，性微寒。归脾、肺经。补益脾肺，益气生津。主治脾胃虚弱，食欲不振，倦怠无力，气阴两伤，干咳痰少，自汗气短，以及温病后期气虚津伤，内热口渴，或神经衰弱，心悸失眠，头昏健忘，小儿夏季热。

【经方验方应用例证】

治神经衰弱：太子参15g，当归、酸枣仁、远志、炙甘草各9g，煎服。（《安徽中草药》）

治小儿出虚汗：太子参9g，浮小麦15g，大枣10枚，水煎服。(《青岛中草药手册》)

妇科白带丸：主治妇人赤白带下，经水不调，四肢无力，腰酸，胸闷，头晕眼花，骨蒸内热，饮食减少。(《全国中药成药处方集》(福州方))

黄精芡实汤：补脾阴。主治脾阴不足的中消证。(《中医内科临床治疗学》引冷柏枝方)

康复丸：滋肾，养血安神。主治头昏，耳鸣，失眠，健忘，遗精盗汗，腰酸乏力。(《山东省药品标准》)

生脉活血汤：益气养阴，活血通脉。主治气阴两虚，心血瘀滞。(《吴震西方》)

【中成药应用例证】

贝参平喘胶囊：温肺散寒，化痰止咳平喘。用于寒哮证。

参术儿康糖浆：健脾和胃，益气养血。用于小儿疳积，脾胃虚弱，食欲不振，睡眠不安，多汗及营养不良性贫血。

益肺健脾颗粒：健脾补肺，止咳化痰。用于脾肺气虚所致的慢性支气管炎的缓解期治疗。

保胃胶囊：散寒止痛，益气健脾。用于中焦虚寒所致的胃脘疼痛、喜温喜按，以及胃和十二指肠溃疡见上述证候者。

降糖宁胶囊：益气养阴，生津止渴。用于糖尿病症见多饮、多尿、多食、体倦无力、脉细数无力等。

通脉降糖胶囊：养阴清热，清热活血。用于气阴两虚、脉络瘀阻所致的消渴病(糖尿病)，症见神疲乏力、肢麻疼痛、头晕耳鸣、自汗等。

鹤草

Silene fortunei Vis.

石竹科（Caryophyllaceae）蝇子草属多年生草本。

茎丛生，多分枝，基生叶花期枯萎。聚伞圆锥花序，花序轴长；花瓣2裂或多裂，裂片撕裂状条形；有副花冠。种子肾形，脊具槽。花期6～8月，果期7～9月。

大别山各县市均有分布，生于低海拔地区的田埂、路旁荒地。

以"鹤草"之名首载于《植物名实图考》，云："江西平野多有之。一名洒线花，或即呼为沙参。长根细白，叶似枸杞而小，秋开五瓣长白花，下作细筒，瓣梢有齿如剪。"

【入药部位及性味功效】

蝇子草，又称鹤草、洒线花、沙参、野蚊子草、脱力草、粘蝇花、苍蝇花、粘蝇草、土桔梗、银柴胡、蚊子草、白接骨丹、水白参、白花壶瓶、小叶鲤鱼胆、瞿麦沙参、八月白、白花瞿麦、小仙桃草、白葫芦、蛇王草、消浮参、白花石竹、瘰疬根、本瞿麦、旧麦，为植物蝇子草（鹤草）的干燥带根全草。夏、秋季采集，洗净，鲜用或晒干。味辛、涩，性凉。归大肠、膀胱经。清热利湿，活血解毒。主治痢疾，肠炎，热淋，带下，咽喉肿痛，劳伤发热，跌打损伤，毒蛇咬伤。

【经方验方应用例证】

治痢疾、肠炎：野蚊子草30g，加糖30g，水煎服。（《浙江民间常用草药》）

治尿路感染：野蚊子草30～60g，水煎服。（《浙江民间常用草药》）

治白带：野蚊子草30g，水煎服。（《浙江民间常用草药》）

治急性咽喉炎、扁桃体炎：鲜蝇子草30～60g，捣汁，加蜂蜜适量，用棉签蘸汁抹咽部，使吐去痰涎。另用本品根30g水煎服。（《浙南本草新编》）

治挫伤、扭伤、关节肌肉酸痛：野蚊子草根15g，加烧酒或75%乙醇90g浸泡。取汁外搽伤痛处。（《浙江民间常用草药》）

剪秋罗

Silene fulgens (Fisch.) E. H. L. Krause

石竹科（Caryophyllaceae）蝇子草属多年生草本。

叶粗糙，有毛，中脉尤多。花瓣自中部以上有不规则的深裂，深红色或橘红色。花期6～7月，果期8～9月。

大别山各县市均有分布，生于低山疏林下、灌丛草甸阴湿地。

大花剪秋罗出自《长白山植物药志》。与本种同等入药的同属植物尚有浅裂剪秋罗、丝瓣剪秋罗。

【入药部位及性味功效】

大花剪秋罗，又称山红花、剪秋罗、小尖叶参，为植物剪秋罗的根及全草。秋后采根及全草，去杂质，鲜用或晒干。味甘，性寒。清热利尿，健脾，安神。主治小便不利，小儿疳积，盗汗，头痛，失眠。

莲

Nelumbo nucifera Gaertn.

莲科（Nelumbonaceae）莲属多年生水生草本。

根状茎粗壮，匍匐横生。叶大，盾状，叶圆形，全缘，上深绿色有白粉，下淡绿色，叶脉凸起。叶柄长，高出水面，常有细刺。花单生在长花梗顶端，花托（莲房）果期膨大，海绵质。花期5～7月，果期7～9月。

大别山各县市均有栽培。自生或栽培在池塘或水田内。

莲有二义，《尔雅》："荷、芙蕖，其茎茄，其叶蕸，其本密，其华菡，其实莲，其根藕，其中菂，菂中薏。"此以荷、芙蕖为植物之总称，莲为荷之果实，是莲即莲子；《尔雅》疏："北人以莲为荷。"古乐府《江南》："江南可采莲，莲叶何田田。"此莲又为荷之别名，称莲之果实为莲子。其种子入药，名莲子；除去莲子心后，名莲子肉。李时珍："莲者连也，花实相连而出也。""的"亦作"菂"，"菂，莲实也"。李时珍云："菂者的也，子在房中，点点如的也。的乃凡物点注之名。"陆机《诗疏》："莲青皮里白，子为的，的中有青，长三分如钩，为薏，味甚苦，故俚语云'苦如薏'是也。"说明薏为莲子中的青心。另有"其花未发为菡萏，已发为芙蕖。"李时珍云："菡萏，函合未发之意。"

花丝细长如须，故名莲须。又花丝多数环生花托之下，花托形似佛座，故有佛座须之称。

物体中分隔的各个部分均称"房"。莲之果托有20～30个小孔，各为一房，每房一子，故莲房。莲房质地蓬松，故又称莲蓬壳。

藕，由偶字演化而来；莲，由连字而来。李时珍释其名："花叶常偶生，不偶不生，故根曰藕。或云藕善耕泥，故字从耦，耦者耕也。"《赵辟公杂记》："（根）节生一叶一华，华叶相偶"，故称其根曰藕。《拾遗记》："莲之根曰藕，偶生，善耕泥引长，故从偶。"

莲子，原名藕实，始载于《神农本草经》，列为上品，曰："藕实、茎，所在池泽皆有，生豫章、汝南郡者良。苗高五六尺。叶团青，大如扇。其花赤，名莲荷。子黑，状如羊矢。"《本草图经》："藕实、茎，生汝南池泽。今处处有之，生水中，其叶名荷。"李时珍："莲藕，荆、扬、豫、益诸处湖泽陂池皆有之。以莲子种者生迟，藕芽种者最易发……节生二茎：一为藕荷，其叶贴水，其下旁行生藕也；一为芰荷，其叶出水，其旁茎生花也。其叶清明后生。六七月开花，花有红、白、粉红三色，花心有黄须，蕊长寸余，须内即莲也。花褪连房成莲，莲在房如蜂子在窠之状。六七月采嫩者，生食脆美。至秋房枯子黑，其坚如石，谓之石莲子。八九月收之，斫去黑壳，货之四方，谓之莲肉。冬月至春掘藕食之，藕白有孔有丝，大者如肱臂，长六七尺，凡五六节。大抵野生及红花者，莲多藕劣；种植及白花者，莲少藕佳也。其花白者香，红者艳，千叶者不结实。"

【入药部位及性味功效】

莲子，又称的、薂、藕实、水芝丹、莲实、泽芝、莲蓬子、莲肉，为植物莲的成熟种子。9～10月间果实成熟时，剪下莲蓬，剥出果实，趁鲜用快刀划开，剥去壳皮，晒干。味甘、涩，性平。归脾、肾、心经。补脾止泻，益肾固精，养心安神。主治脾虚久泻，久痢，肾虚遗精，滑泄，小便失禁，妇人崩漏带下，心神不宁，惊悸，不眠。

石莲子，又称甜石莲、壳莲子、带皮莲子，为植物莲老熟的果实。10月间当莲子成熟时，割下莲蓬，取出果实晒干，或干修整池塘时拾取落于淤泥中之莲实，洗净晒干即得。味甘、涩、微苦，性寒。归脾、胃、心经。清湿热，开胃进食，清心宁神，涩精止泄。主治噤口痢，呕吐不食，心烦失眠，遗精，尿浊，带下。

莲衣，又称莲皮，为植物莲的种皮。味涩、微苦，性平。归心、脾经。收涩止血。主治吐血、衄血、下血。

莲子心，又称薏、苦薏、莲薏、莲心，为植物莲的成熟种子中的幼叶及胚根。将莲子剥开，取出绿色胚（莲心），晒干。味苦，性寒。归心、肾经。清心火，平肝火，止血，固精。主治神昏谵语，烦躁不眠，眩晕目赤，吐血，遗精。

莲花，又称菡萏、荷花、水花、芙蓉，为植物莲的花蕾。6～7月间采收含苞未放的大花蕾或开放的花，阴干。味苦、甘，性平。归肝、胃经。散瘀止血，祛湿消风。主治跌伤呕血，血淋，崩漏下血，湿疹，疥疮瘙痒。

莲须，又称金樱草、莲花须、莲花蕊、莲蕊须、佛座须，为植物莲的雄蕊。夏季花开时选晴天采收，盖纸晒干或阴干。味甘、涩，性平。归肾、肝经。清心益肾，涩精止血。主治遗精，尿频，遗尿，带下，吐血，崩漏。

莲房，又称莲蓬壳、莲壳、莲蓬，为植物莲的花托。秋季果实成熟时采收，割下莲蓬，除去果实（莲子）及梗，晒干。味苦、涩，性平。归肝经。化瘀止血。主治崩漏，月经过多，便血，尿血，产后瘀阻，恶露不尽。

荷梗，又称藕秆、莲蓬秆、荷叶梗，为植物莲的叶柄或花柄。夏、秋季采收，去叶及莲蓬，晒干或鲜用。味苦，性平。归脾、胃经。解暑清热，理气化湿。主治暑湿胸闷不舒，泄泻，痢疾，淋证，带下。

荷叶，又称蕖，为植物莲的叶。6～7月花未开放时采收，除去叶柄，晒至七八成干，对折成半圆，晒干。夏季，亦用鲜叶，或初生嫩叶（荷钱）。味苦、涩，性平。归心、肝、脾经。清热解暑，升发清阳，散瘀止血。主治暑热烦渴，头痛眩晕，脾虚腹胀，大便泄泻，吐血下血，产后恶露不净。

荷叶蒂，又称荷鼻、荷蒂、莲蒂，为植物莲的叶基部。7～9月采取荷叶，将叶基部连同叶柄周围的部分叶片剪下，晒干或鲜用。味苦、涩，性平。归脾、肝、胃经。解暑祛湿，祛瘀止血，安胎。主治暑湿泄泻，血痢，崩漏下血，妊娠胎动不安。

藕，又称光旁，为植物莲的肥大根茎。秋、冬及春初采挖，多鲜用。味甘，性寒。归心、脾、胃、肝经。清热生津，凉血，散瘀，止血。主治热病烦渴，吐衄，下血。

藕节，又称光藕节、藕节巴，为植物莲根茎的节部。秋、冬或春季采挖根茎（藕），洗净泥土，切下节部，除去须根，晒干。味甘、涩，性平。归肝、肺、胃经。止血化瘀。主治吐血，咯血，尿血，便血，血痢，血崩。

【经方验方应用例证】

治乳裂：莲房炒研为末，外敷。（《岭南采药录》）

止渴、止痢、固精：慈山参、荷鼻，煎汤烧饭和药煮粥。（《老老恒言》荷鼻粥）

治乳癌已破：莲蒂7个，煅存性，为末，黄酒服下。（《岭南采药录》）

治吐血，咯血，衄血：用藕节捣汁服之。（《卫生易简方》）

清宫汤：清心解毒，养阴生津。主治温病液伤，邪陷心包证。症见发热、神昏谵语。（《温病条辨》）

清心莲子饮：清心利湿，益气养阴。治心火妄动，气阴两虚，湿热下注，遗精白浊，妇人带下赤白；肺肾亏虚，心火刑金，口舌干燥，渐成消渴，睡卧不安，四肢倦怠，病后气不收敛，阳浮于外，五心烦热。（《太平惠民和剂局方》卷五）

正骨紫金丹：止痛化瘀。主治跌打扑坠闪挫损伤，并一切疼痛，瘀血凝聚。（《医宗金鉴》）

茯菟丸：养心补肾，固精止遗。治心肾俱虚，真阳不固，溺有余沥，小便白浊，梦寐频泄。（《太平惠民和剂局方》卷五）

回生救急散：清热散风，镇惊化痰。主治小儿发热咳嗽，痰涎壅盛，烦躁口渴，惊悸抽搐。（《北京市中药成方选集》）

金锁补真丹：升降阴阳，壮理元气，益气，补丹田，振奋精神，大能秘精。主治梦遗白浊。（《普济方》卷二一八引《德生堂方》）

金锁固精丸：补肾固精。主治肾虚精关不固，遗精滑泄，腰酸耳鸣，四肢乏力，舌淡苔白，脉细弱。（《医方集解》）

补筋丸：补肾壮筋，益气养血，活络止痛。主治跌扑伤筋，血脉壅滞，青紫肿痛者。（《医宗金鉴》）

莲花饮：主治痘后疮痈。（《痧痘集解》卷六）

莲花蕊散：主治痔漏20～30年不愈者。（《医学纲目》卷二十七引丹溪方）

补肾壮阳丹：填精补髓，保固其精不泄，善助元阳，滋润皮肤，壮筋骨，理腰膝。主治阳痿。（《良朋汇集》卷二）

封髓丹：滋阴降火，固精封髓。主治肾气虚弱，相火妄动，梦遗滑精，阳关不守。（《北京市中药成方选集》）

莲房汤：主治痔疮。（《疡科选粹》卷五）

清暑益气汤：清暑益气，养阴生津。主治暑热耗气伤津，身热汗多，心烦口渴，小便短赤，体倦少气，精神不振，脉虚数者。（《温热经纬》）

柴胡达原饮：宣湿化痰，透达膜原。主治痰疟，痰湿阻于膜原，胸膈痞满，心烦懊恼，头眩口腻，咳痰不爽，间日疟发，舌苔粗如积粉，扪之糙涩者。（《重订通俗伤寒论》）

十灰散：凉血止血。主治血热妄行之上部出血证。（《十药神书》）

四生丸：凉血止血。主治血热妄行，吐血、衄血，血色鲜红，口干咽燥，舌红或绛，脉弦数。（《妇人良方》）

君臣洗药方：主治发背乳痈，人面臁疮，及诸恶疮疖肿痛。（《外科百效》卷一）

小蓟饮子：凉血止血，利水通淋。主治热结下焦之血淋、尿血。（《济生方》）

安血饮：凉血活血止血。主血热壅盛，迫血妄行。（《上海中医药杂志》）

百花煎：主治肺壅热，吐血后咳嗽、虚劳少力。（《太平圣惠方》卷六）

【中成药应用例证】

桂蒲肾清胶囊：清热利湿解毒，化瘀通淋止痛。用于湿热下注、毒瘀互阻所致尿频、尿急、尿痛、尿血，腰疼乏力等症；尿路感染、急慢性肾盂肾炎、非淋菌性尿道炎见上述证候者。

长春红药胶囊：活血化瘀，消肿止痛。用于跌打损伤，瘀血作痛。

固肾补气散：补肾填精，补益脑髓。用于肾亏阳弱，记忆力减退，腰酸腿软，气虚咳嗽，五更溏泻，食欲不振。

抗衰灵口服液：滋补肝肾，健脾养血，宁心安神，润肠通便。用于头晕眼花，精力衰竭，失眠健忘，各种原因引起的身体虚弱。脾胃寒湿、脘痞纳呆、舌苔厚腻、大便溏薄者慎用。

小儿健脾散：益气健脾，和胃运中。用于脾胃虚弱，脘腹胀满，呕吐泄泻，不思饮食。

十香返生丸：开窍化痰，镇静安神。用于中风痰迷心窍引起的言语不清、神志昏迷、痰涎壅盛、牙关紧闭。

牛黄清宫丸：清热解毒，镇惊安神，止渴除烦。用于热入心包、热盛动风证，症见身热烦躁、昏迷、舌赤唇干、谵语狂躁、头痛眩晕、惊悸不安及小儿急热惊风。

心速宁胶囊：清热化痰，宁心定悸。用于痰热扰心所致的心悸，胸闷，心烦，易惊，口干口苦，失眠多梦，眩晕，脉结代；冠心病、病毒性心肌炎引起的轻、中度室性早搏见上述证候者。

锁阳固精丸：温肾固精。用于肾阳不足所致的腰膝酸软、头晕耳鸣、遗精早泄。

萃仙丸：补肾固精，益气健脾。用于肾虚精亏，阳痿早泄，体弱乏力，腰膝酸软。

肾炎平颗粒：疏风活血，补气健脾，补肾益精。适用于脾虚湿困及脾肾两虚之轻度浮肿，倦怠乏力，头晕耳鸣，纳呆食少，腰膝疲软，夜尿增多等症。

妇宝颗粒：益肾和血，理气止痛。用于肾虚夹瘀所致的腰酸腿软、小腹胀痛、白带、经漏；慢性盆腔炎、附件炎见上述证候者。

轻身消胖丸：益气，利湿，降脂，消胖。用于单纯性肥胖症。

降脂宁胶囊：降血脂，软化血管。用于增强冠状动脉血液循环，抗心律不齐及高脂血症。

排毒降脂胶囊：清热解毒祛浊。用于痰浊瘀阻引起的高脂血症，症见头晕、胸闷、体胖、便秘等。

荷叶调脂茶：利湿，降浊，通便。用于湿热内蕴之高脂血症。

血脂宁丸：化浊降脂，润肠通便。用于痰浊阻滞型高脂血症，症见头昏胸闷、大便干燥。

清便丸：清热利湿，通利二便。用于湿热蕴结，小便赤热，腑热便秘，目赤牙痛。

荷叶丸：凉血止血。用于血热所致的咯血、衄血、尿血、便血、崩漏。

萍蓬草

Nuphar pumila (Timm) de Candolle

睡莲科（Nymphacaceae）萍蓬草属多年水生草本。

叶浮生，圆卵状心形，上面绿色，下面紫红色，密生柔毛；侧脉羽状排列，数回二歧分叉；叶柄有柔毛。花萼黄色，花瓣多数，背部有蜜腺。浆果卵形，不规则开裂，有宿存萼片和柱头。秋季开花。

大别山各县市均有分布，生于池塘中。

《本草纲目》："其子如粟，如蓬子也。"生池泽浅水中，故有水粟、萍蓬之名。

萍蓬草始载于《本草拾遗》，云："生南方池泽。大如荇。花黄，未开前如算袋，根如藕。"《本草纲目》："水粟三月出水，茎大如指。叶似荇叶而大，径四五寸，初生如荷叶。六七月开黄花，结实状如角黍，长二寸许，内有细子一包，如罂粟。"

【入药部位及性味功效】

萍蓬草根，又称水粟草，为植物萍蓬草的根茎。秋季采收，鲜用或晒干。味甘，性平。归脾、肺、肝经。健脾益肺，活血调经。主治脾虚食入难消，阴虚咳嗽、盗汗，血瘀月经不调、痛经及跌打损伤。

萍蓬草子，又称水粟包、水粟子、萍蓬子，为植物萍蓬草的种子。秋季果熟时采收。味甘，性平。归脾、胃、肝经。健脾胃，活血调经。主治脾虚食少，月经不调。

【经方验方应用例证】

治湿热带下、经闭潮热、痛经、血淋、热性关节痛：萍蓬草根状茎30～60g，水煎服。（《湖南药物志》）

治急性乳腺炎、疔疮、外伤出血：萍蓬草鲜根茎捣烂敷。（《湖南药物志》）

芍药

Paeonia lactiflora Pall.

芍药科（Paeoniaceae）芍药属多年生草本。

下部茎生叶为二回三出复叶，上部茎生叶为三出复叶。花生茎顶和叶腋，有时仅顶端一朵开放，但叶腋处有花芽；花直径8～11.5cm；萼片4；花瓣9～13，白色；花丝长0.7～1.2cm，黄色。花期5～6月，果期8月。

大别山各县市均有栽培。生于山坡草地。

白芍原植物为芍药，亦作勺药，《毛诗·郑风》："赠之以勺药。"李时珍云："芍药，犹婥约也。婥约，美好貌。"谓其花姿婥约。《庄子·逍遥游》："淖约如处子。"《韩诗》："芍药，离草也。"董仲舒云："芍药一名可离，故将别赠之。"

白芍是芍药的一种，芍药始载于《神农本草经》，列为中品。陶弘景始分赤、白二种，云："今出白山、蒋山、茅山最好，白而长大。余处亦有而多赤，赤者小利。"《开宝本草》："此有两种，赤者利小便下气，白者止痛散血，其花亦有红白二色。"《本草图经》："芍药二种，一者金芍药，二者木芍药。救病用金芍药，色白多脂肉，木芍药色紫瘦多脉。""今处处有之，淮南者胜。春生红芽作丛，茎上三枝五叶，似牡丹而狭长，高一二尺。夏开花，有红白紫数种，子似牡丹子而小。秋时采根。"《本草别说》："《本经》芍药生丘陵川谷，今世所用者多是人家种植。欲其花叶肥大，必加粪壤。每岁八九月取其根分削，因利以为药。"《本草纲目》："根之赤白，随花之色也。"《植物名实图考》："今入药用单瓣者"。

【入药部位及性味功效】

白芍，又称白芍药、金芍药，为植物芍药（栽培品）及毛果芍药的根。9～10月采挖栽培3～4年生的根，除去地上茎及泥土，水洗，放入开水中煮5～15分钟至无硬心，用竹刀刮去外皮，晒干或切片晒干。味苦、酸，性微寒。归肝、脾经。养血和营，缓急止痛，敛阴平肝。主治月经不调，经行腹痛，崩漏，自汗，盗汗，胁肋脘腹疼痛，四肢挛痛，头痛，眩晕。

【经方验方应用例证】

荆防四物汤：养血和营，祛风解表。主治真睛破损：伤眼剧痛，羞明难睁，流泪或流血，视物不清，重者不能见物。（《医宗金鉴》）

桂枝麻黄各半汤：调和营卫，开表发汗。主治太阳病，得之八九日，如疟状，发热恶寒，热多寒少，一日二三度发，面色反有热色，无汗，身痒者。（《伤寒论》）

葛根汤：解肌散寒止痛。主治外感风寒表实，恶寒发热，头痛，项背强几几，身痛无汗，腹微痛，或下利，或干呕，或微喘，舌淡苔白，脉浮紧者。（《伤寒论》）

双解散：疏风，散热，明目。主治风火相搏而成时行赤眼，暴赤肿痛，白珠血片。（《目经大成》）

逍遥散：疏肝解郁，健脾和营。主治肝郁血虚，而致两胁作痛，寒热往来，头痛目眩，口燥咽干，神疲食少，月经不调，乳房作胀，脉弦而虚者。（《太平惠民和剂局方》）

痛泻要方（原名：白术芍药散）：补脾柔肝，祛湿止泻。主治脾虚肝旺之痛泻。肠鸣腹痛，大便泄泻，泻必腹痛，泻后痛缓（或泻后仍腹痛），舌苔薄白，脉两关不调，左弦而右缓者。本方常用于急性肠炎、慢性结肠炎、肠易激综合征等属肝旺脾虚者。（《景岳全书》引刘草窗方；《丹溪心法》）

升阳益胃汤：益气升阳，清热除湿。主治脾胃气虚，湿郁生热证。怠惰嗜卧，四肢不收，肢体重痛，口苦舌干，饮食无味，食不消化，大便不调。（《内外伤辨惑论》）

胎元饮：补肾固胎。主治妇人冲任不足，胎元不安不固。（《景岳全书》）

【中成药应用例证】

补肾助阳丸：滋阴壮阳，补肾益精。用于肾虚体弱，腰膝无力，梦遗阳痿。

固精参茸丸：补气补血，养心健肾。用于气虚血弱，精神不振，肾亏遗精，产后体弱。

三七脂肝丸：健脾化浊，祛痰软坚。用于脂肪肝、高脂血症属肝郁脾虚证者。

颈通颗粒：补益气血，活血化瘀，散风利湿。用于颈椎病引起的颈项疼痛，活动艰难，肩痛，上肢麻木或肌肉萎缩等症。

骨愈灵胶囊：活血化瘀，消肿止痛，强筋壮骨。用于骨质疏松症。

解郁肝舒胶囊：健脾柔肝，益气解毒。用于肝郁脾虚所致的胸胁胀痛、脘腹胀痛；慢性肝炎见上述症状者。

胆胃康胶囊：疏肝利胆，清利湿热。用于肝胆湿热所致的胁痛、黄疸，以及胆汁反流性胃炎、胆囊炎见上述症状者。

【现代临床应用】

临床上白芍用于治疗腓肠肌痉挛、不安腿综合征、三叉神经痛、习惯性便秘。

乌头

Aconitum carmichaelii Debeaux

毛茛科（Ranunculaceae）乌头属多年生草本。

茎直立，单叶互生。块根倒圆锥形。叶片薄革质或纸质，五角形。顶生总状花序；小苞片生花梗中、下部；萼片蓝紫色；花瓣无毛。种子三棱形，只在两面密生横膜翅。花期9～10月。

大别山各县市均有分布，生长在山地草坡或灌丛中。

川乌头出自侯宁极《药谱》。陶弘景："形似乌鸟之头，故谓之乌头。"栽培于四川，因称川乌头，简称川乌。《神农本草经》载有附子、乌头、天雄三条，《名医别录》又增侧子一条。《本草纲目》记载：乌头有两种，出彰明者即附子之母，今人谓之川乌头是也。春末生子，故曰春采为乌头，冬则生子已成，故曰冬采为附子。其天雄、乌喙、侧子，皆是生子多者，因象命名，若生子少及独头者，即无此数物也。其产江左、山南等处者，乃《神农本草经》所列乌头，今人谓之草乌头者是也。以其多属野生者，故名草乌头，简称草乌。故曰其汁煎为射罔。弘景不知乌头有二，以附子之乌头注射罔之乌头，遂致诸家疑贰。奚毒，一作雞毒。《淮南子》云："夫天下之物，莫凶于雞毒。"高诱注云："雞毒，乌头也。"《御览》引作"奚毒"。

川乌头与草乌头，在明代以前多统称为乌头，至《本草纲目》始明确区分。但川乌头之栽培，始见于《本草图经》，故宋以前所称之川乌头，似亦属野生之乌头。乌头之苗，古称堇、茛，茛为堇之声转假借。

《蜀本草》："似乌鸟头为乌头，两歧者为乌喙，细长乃至三四寸者为天雄，根傍如芋散生者名附子，傍连生者名侧子，五物同出而异名。苗高二尺许，叶似石龙芮及艾，其花紫赤，其实紫黑。今以龙州、绵州者为佳。"《本草图经》："四品都是一种所产，其种出于龙州。""绵州彰明县多种之，惟赤水一乡者最佳。"

附子始载于《神农本草经》，列为下品。附乌头而生，如子附母，故名。《本草经集注》："乌头与附子同根。"《本草纲目》："初种为乌头，象乌之头也。附乌头而生者为附子，如子附母也。乌头如芋魁，附子如芋子，盖一物也。"据此，附子与乌头的原植物应为同一种，即主根为乌头，侧根为附子。《名医别录》："附子生犍为山谷及广汉，冬月采为附子，春采为乌头。"

乌头始载于《神农本草经》，列为下品。《本草纲目》："乌头之野生于他处者，俗谓之草乌头，亦曰竹节乌头，出江北者曰淮乌头，《日华子》所谓土附子者是也。""处处有之，根苗花实并与川乌头相同，但此系野生，又无酿造之法，其根外黑内白，皱而枯燥为异尔，然毒则甚焉。"

天雄始载于《神农本草经》。李时珍："天雄乃种附子而生出或变出，其形长而不生子，故曰天雄。"《本草经集注》："天雄似附子，细而长便是，长者乃至三四寸许。"《本草别说》："天雄者，始种乌头而不生诸附子、侧子之类，经年独生长大者是也。"《本草纲目》："天雄有二种：一种是蜀人种附子而生出长者，或种附子而尽变成长者……一种是他出草乌头之类，自生成者。"据此，天雄是川乌头和草乌头之形长者。

侧子始载于《吴普本草》，云："是附子角之大者。"《雷公炮炙论》："侧子只是附子傍有小颗附子如枣核者是。"后诸家本草多同意此说。但《新修本草》云："侧子，只是乌头下共附子、天雄同生小者，侧子与附子皆非正生，谓从乌头傍出也。以小者为侧子，大者为附子，今称附子角为侧子，理必不然。"因此，历代本草所说侧子，除了附子角以外，附子之小者，也称为侧子。李时珍："生于附子之侧，故名。"《广雅疏证》："侧与萴同。""即子与萴子同，《御览》引《神农本草》'即'正作'萴'。"

漏篮子出自《本草纲目》，云："此乃附子之琐细未成者，小而漏篮，故名。南星之最小者名虎掌；此物类之，故亦同名。""侧子乃附子旁粘连小者尔……其又小于侧子者，即漏篮子矣。"可见漏篮子是指附子或侧子之细小者。

《神农本草经》："其（乌头）汁煎之名射罔，杀禽兽。"《本草经集注》："（乌头）捣笮茎取汁，日煎为射罔，猎人以敷箭射禽兽，中人亦死，宜速解之。"《本草纲目》："草乌头取汁，晒为毒药，射禽兽，故有射罔之称。《后魏书》言：辽宁塞外，秋收乌头为毒药，射禽兽。"

【入药部位及性味功效】

川乌头，又称川乌、乌喙、奚毒、即子、鸡毒、毒公、耿子、乌头，为植物乌头（栽培品）的母根。6月下旬至8月上旬采挖，除去地上部分茎叶，摘下子根（附子），取母根（川乌头），去净须根、泥沙，晒干。味辛、苦，性热，有大毒。归心、肝、脾、肾经。祛风除湿，温经，散寒止痛。主治风寒湿痹，关节疼痛，肢体麻木，半身不遂，头风头痛，心腹冷痛，寒疝作痛，跌打瘀痛，阴疽肿毒，并可用于麻醉止痛。

附子，为植物乌头（栽培品）的侧根（子根）。6月下旬至8月上旬挖出全株，抖去泥沙，摘取子根（附子），去掉须根，即是泥附子，需立即加工。其加工品有：①选取个大、均匀的泥附子，洗净泥土，浸入食用胆巴的水溶液中，过夜，再加食盐，继续浸泡，每日取出晒晾，并逐渐延长晒晾时间，直至表面出现大量结晶盐粒，质地变硬为止，习称"盐附子"；②选取中等大小的泥附子，洗净后浸入食用胆巴的水溶液中数日，连同浸液煮至透心，捞出，水漂，纵切成约5mm厚片，再用水浸漂，并加入黄糖及菜油制成的调色剂，使染成浓茶色，取出，用水漂洗至口尝无麻辣感时，取出蒸熟至出现油面，烘至半干，再晒干或继续烘干，习称"黑顺片"；③选取较小、均匀的泥附子，洗净后浸入食用胆巴的水溶液中数日，连同浸液煮至透心，捞出，剥去外皮，纵切成约3mm薄片，用水漂洗至口尝无辣感时，取出蒸熟，晒至半干，以硫黄熏后晒干，习称"白附片"。味辛、甘，性热，有毒。归心、肾、脾经。回阳救逆，补火助阳，散寒除湿。主治亡阳欲脱，肢冷脉微，阳痿宫冷，心腹冷痛，虚寒吐泻，久痢，阴寒水肿，阳虚外感，风寒湿痹，阴疽疮疡。

草乌头，又称堇、芨、乌头、乌喙、奚毒、即子、鸡毒、毒公、耿子、土附子、草乌、竹节乌头、金鸦、五毒根、耗子头，为植物乌头（野生种）、北乌头等的块根。当年晚秋或次年早春采收，将地下部分挖出，剪去根头部洗净，晒干。味辛、苦，性热，有大毒。归心、肝、脾经。祛风除湿，温经散寒，消肿止痛。主治风寒湿痹，关节疼痛，头风头痛，中风不遂，心腹冷痛，寒疝作痛，跌打损伤，瘀血肿痛，阴疽肿毒，亦可用于麻醉止痛。

天雄，又称白幕，为植物乌头形长的块根。味辛，性热，有大毒。归肾经。祛风散寒，益火助阳。主治风寒湿痹，历节风痛，四肢拘挛，心腹冷痛，痃癖癥瘕。

侧子，又称即子、荝子、萴，为植物乌头子根（附子）之小者，或生于附子旁的小颗子根。味辛，性热，有毒。归肝、心、脾经。祛风，散寒，除湿，舒筋。主治风寒湿痹，筋骨挛急，脚气，风疹。

漏篮子，又称木鳖子、虎掌、漏篮，为植物乌头子根的琐细者。味辛，性热，有毒。主治恶痢，冷漏疮，疬风。

乌头附子尖，又称川乌头尖、附子尖、川乌尖，为植物乌头的母根（乌头）或子根（附子）上的尖角。味辛，性热，有毒。吐风痰，祛寒止痛。主治癫痫，痰厥，小儿慢惊风，脐风，寒疝疼痛。

射罔，为植物乌头（野生种）和北乌头的汁制成的膏剂。味苦，性热，有大毒。祛风止痛，解毒消肿，软坚散结。主治风寒痹痛，头风头痛，瘰疬结核，癥瘕，热毒疮痈，毒蛇咬伤。

【经方验方应用例证】

麻黄细辛附子汤（麻辛附子汤）：助阳解表。主治：①素体阳虚，外感风寒证。症见发热，恶寒甚剧，虽厚衣重被，其寒不解，神疲欲寐，脉沉微。②暴哑。症见突发声音嘶哑，甚至失音不语，或咽喉疼痛，恶寒发热，神疲欲寐，舌淡苔白，脉沉无力。本方常用于感冒、流行性感冒、支气管炎、病态窦房结综合征、风湿性关节炎、过敏性鼻炎、暴盲、暴哑、喉痹、皮肤瘙痒等属阳虚感寒者。（《伤寒论》）

大金牙散：具有带之辟百邪之功效。主治一切蛊毒、百疰。（《备急千金要方》卷十二）

大度世丸：主治癥结积聚，伏尸，长病寒热，注气流行皮中，久病着床，肌肉消尽，四肢烦热，呕逆不食，伤寒时气恶疰，汗出，口噤不开，心痛。（《备急千金要方》卷十七）

百岁丸：主治恶痢杂下及脾泄。（《普济方》卷二一〇引《卫生宝鉴》）

侧子散：治中风手足不遂，言语謇涩，用之累验。（《奇效良方》）

海桐皮浸酒：主治风毒流入脚膝，疼痛行立不得。（《太平圣惠方》卷二十五）

艾茸丸：主治妇人下脏久虚，沉寒痼疾。（《魏氏家藏方》卷十）

安息香丸：补元阳，益气血。主虚冷。（《圣济总录》卷一八五）

安中散（汤）：主治醉饱心虚而合阴阳，累于心脾肾三经，而致三焦虚寒，短气不续，腹不

安食，随即洞下，小便赤浊，精泄不禁，脚胫酸疼，小腹胀满。（《三因极一病证方论》卷八）

白蔹散：主治白癜风，遍身斑点瘙痒。（《太平圣惠方》卷二十四）

八神丹：主治风虚走注疼痛，昏迷无力，四肢麻木。（《准绳·类方》卷四）

拔毒散：主治痈疽肿结。（《直指》卷二十二）

草乌头膏：主治伤折恶血，结滞不散，肿痛；诸骨蹉跌，脱臼疼痛。（《圣济总录》卷一四四）

大黄附子汤：温里散寒，通便止痛。主治寒积里实证。症见腹痛便秘，胁下偏痛，发热，手足厥冷，舌苔白腻，脉弦紧。本方常用于急性阑尾炎、急性肠梗阻、睾丸肿痛、胆绞痛、胆囊术后综合征、慢性痢疾、尿毒症等属寒积里实者。（《金匮要略》）

通脉四逆汤：破阴回阳，通达内外。主治少阴病，阴盛格阳证。症见下利清谷，里寒外热，手足厥逆，脉微欲绝，身反不恶寒，其人面色赤，或腹痛，或干呕，或咽痛，或利止，脉不出者。（《伤寒论》）

安肾丸：主治肾虚风袭，下体痿弱疼痛，不能起立。（《张氏医通》卷十三）

白垩丸：主治卒中风，语涩多涎。（《太平圣惠方》卷二十）

白花蛇散：主治小儿中风，啼不出，及心肺中风。（《幼幼新书》卷十三引张涣方）

白僵蚕散：主治产后中风口噤。（《太平圣惠方》卷七十八）

保命丹：主治破伤风，目瞪口噤不语，手足搐搦，项筋强急，不能转侧，发则不识人。（《袖珍》卷一引《太平圣惠方》）

【中成药应用例证】

温肾前列胶囊：益肾利湿。用于肾虚夹湿的良性前列腺增生症，症见小便淋沥、腰膝酸软、身疲乏力等。

补肾填精丸：补气补血，温肾壮阳。用于气血亏损，肾气不足，腰膝无力，阳痿精冷。

益肾消肿丸：温补肾阳，化气行水。用于肾阳虚证，症见水肿、腰酸腿软、尿频量少、痰饮喘咳；慢性肾炎见上述证候者。

锁仙补肾口服液：补肾助阳。用于肾阳不足所致的阳痿遗精、腰膝酸软、头晕耳鸣等。

紫丹银屑胶囊：养血祛风，润燥止痒。用于血虚风燥所致的银屑病。

附子理中丸：温中健脾。用于脾胃虚寒，脘腹冷痛，呕吐泄泻，手足不温。

定喘膏：温阳祛痰，止咳定喘。用于阳虚痰阻所致的咳嗽痰多、气急喘促，冬季加重。

【现代临床应用】

川乌头用于治疗肩关节周围炎，一般用药3次即可见效；治疗腰肢痛（包括关节痛、纤维组织炎、腰肌劳损、坐骨神经痛），对寒湿性腰肢痛以及外伤引起的急性腰肢痛疗效更好；用于手术麻醉，未见不良反应；治疗癌症，治疗胃、肝癌为主的晚期消化道癌271例，多数患者存活期延长，症状减轻，尤其是止痛有效率达100%。

附子用于治疗缓慢性心律失常、病态窦房结综合征、感染性休克、多发性大动脉炎。

草乌头用于治疗风湿性关节炎、腰腿痛、神经痛等，对重症风湿性关节炎止痛效果尤佳。

鹅掌草

Anemone flaccida Fr. Schmidt

毛茛科（Ranunculaceae）银莲花属多年生草本。

根状茎近圆柱形。叶基生，基生叶 1～2；叶片薄草质，五角形，脉平。苞片无柄，不等大，菱状三角形或菱形，三深裂；花梗有疏柔毛；萼片 5，白色。4～8 月开花。

大别山各县市均有分布，生于山地谷中草地或林下。

因其外观像鹅掌，故名鹅掌草。

【入药部位及性味功效】

地乌，又称蜈蚣三七、地雷、黑地雷、金串珠、二轮七，为植物林荫银莲花（鹅掌草）的根茎。春、夏采收，洗净，晒干。味辛、微苦，性温。祛风湿，利筋骨。主治风湿疼痛，跌打损伤。

【经方验方应用例证】

治风湿：地乌 30g，泡酒 250g，每次服 9g。或地乌 9g，白龙须 6g，大血藤、大风藤各 15g，泡酒 1000g，每次服 1 小杯。（《贵州民间药物》）

疗伤，发散，助筋骨：蜈蚣三七鲜根 60～90g，切片，加白糖炖汁，分次服。（《天目山药用植物志》）

治中蛊毒：地乌 15g，煎水服。（《贵州民间药物》）

升麻

Actaea cimicifuga L.

毛茛科（Ranunculaceae）类叶升麻属多年生草本。

羽状复叶。茎下部叶三角形；顶生小叶具长柄，菱形；侧生小叶几无柄，斜卵形。花序具分枝3～20条；苞片钻形；花两性；萼片白色或绿白色；心皮2～5。蓇葖长圆形。7～9月开花，8～10月结果。

大别山各县市均有分布，生于山地林缘、林中或路旁草丛中。

升麻始载于《神农本草经》，列为上品。升麻有多种解释，有认为是以产地得名。《汉书·地理志》："益州郡有牧靡县。"李奇注："靡，音麻。即升麻杀毒药所出也。"《水经》注：牧靡县南山，"生牧靡，可以解毒。百卉盛放，鸟多误食乌喙，口中毒，必急飞往牧靡山，啄牧靡以解毒也。"按牧靡，《通雅》作收靡县。萨州曾士考（昌启）云："牧当是收讹。"收、周同音，本草升麻一名周麻，可以为证。而收、升又是一声之转，收麻也即升麻，名称不同，都由于声转而无定字，不必强求其义。又，李时珍："其叶似麻，其性上升，故名。"是从会意所得。

【入药部位及性味功效】

升麻，又称周升麻、周麻、鸡骨升麻、鬼脸升麻，为植物升麻、兴安升麻和大三叶升麻的根状茎。栽培4年后采收，秋季地上部分枯萎后，挖出根茎，去净泥土，晒至八成干时，用火燎去须根，再晒至全干，撞去表皮及残存须根。味辛、甘，性微寒。归肺、脾、大肠、胃经。清热解毒，发表透疹，升阳举陷。主治时疫火毒，口疮，咽痛，斑疹，头痛寒热，痈肿疮毒，中气下陷，脾虚泄泻，久痢，妇女带下，崩中。

【经方验方应用例证】

升麻葛根汤：解肌透疹。主治麻疹初起。症见疹发不出，身热头痛，咳嗽，目赤流泪，口渴，舌红，苔薄而干，脉浮数。本方除用治麻疹外，亦治带状疱疹、单纯性疱疹、水痘、腹泻、急性细菌性痢疾等属邪郁肌表、肺胃有热者。（《太平惠民和剂局方》）

宣毒发表汤：辛凉透表，清宣肺卫。主治麻疹透发不出，发热咳嗽，烦躁口渴，小便赤者。（《医宗金鉴》）

葛根芩连汤合升阳除湿汤：清热除湿，升阳固脱。主治湿热下注、清阳不升之泄泻、脱肛。（《伤寒论》《兰室秘藏》）

济川煎：温肾益精，润肠通便。主治老年肾虚之肾阳虚弱，精津不足证。症见大便秘结，小便清长，腰膝酸软，头目眩晕，舌淡苔白，脉沉迟。本方常用于习惯性便秘、老年性便秘、产后便秘等属于肾虚精亏肠燥者。（《景岳全书》）

普济消毒饮：清热解毒，疏风散邪。主治大头瘟。症见恶寒发热，头面红肿灼痛，目不能开，咽喉不利，舌燥口渴，舌红苔白兼黄，脉浮数有力。本方常用于丹毒、腮腺炎、急性扁桃体炎、淋巴结炎伴淋巴管回流障碍等属风热邪毒为患者。（《东垣试效方》）

补中益气汤：补中益气，升阳举陷。主治：①脾虚气陷证。症见饮食减少，体倦肢软，少气懒言，面色萎黄，大便稀溏，舌淡脉虚；以及脱肛、子宫脱垂、久泻久痢、崩漏等。②气虚发热证。症见身热自汗，渴喜热饮，气短乏力，舌淡，脉虚大无力。本方常用于内脏下垂、久泻、久痢、脱肛、重症肌无力、乳糜尿、慢性肝炎等；妇科之子宫脱垂、妊娠及产后癃闭、胎动不安、月经过多；眼科之眼睑下垂、麻痹性斜视等属脾胃气虚或中气下陷者。（《内外伤辨惑论》）

养血润肤饮：补中益气，养血止血，美肤益颜。主治面游风，初起面目浮肿，燥痒起皮，如白屑风状，渐渐痒极，延及耳项，有时痛如针刺，现用于皮肤瘙痒症，牛皮癣静止期（血

虚风燥型），红皮症等病久血虚风燥而见皮肤干燥脱屑、瘙痒、舌质红者。（《外科证治》）

【中成药应用例证】

益智康脑丸：补肾益脾，健脑生髓。用于脾肾不足，精血亏虚，健忘头昏，倦怠食少，腰膝酸软。

紫雪胶囊：清热解毒，止痉开窍。用于热病，高热烦躁，神昏谵语，惊风抽搐，斑疹吐衄，尿赤便秘。

熊胆跌打膏：活血散瘀，消肿止痛。用于跌打损伤，风湿性关节痛，腰背酸痛。

升提颗粒：升阳益气。用于气虚下陷、劳伤虚损引起的胃下垂、子宫下垂、脱肛等症。

复方决明片：养肝益气，开窍明目。用于气阴两虚证的青少年假性近视。

瓜霜退热灵胶囊：清热解毒，开窍镇惊。用于热病热入心包、肝风内动证，症见高热、惊厥、抽搐、咽喉肿痛。

当归拈痛丸：清热利湿，祛风止痛。用于湿热闭阻所致的痹证，症见关节红肿热痛或足胫红肿热痛；亦可用于疮疡。

金花明目丸：补肝，益肾，明目。用于老年性白内障早、中期属肝肾不足、阴血亏虚证，症见视物模糊、头晕、耳鸣、腰膝酸软。

消痤丸：清热利湿，解毒散结。用于湿热毒邪聚结肌肤所致的粉刺，症见颜面皮肤光亮油腻、黑头粉刺、脓疱、结节，伴有口苦、口黏、大便干；痤疮见上述证候者。

障眼明片：补益肝肾，退翳明目。用于初期及中期老年性白内障。

【现代临床应用】

临床上升麻用于治疗子宫脱垂，疗效显著。

黄连

Coptis chinensis Franch.

毛茛科（Ranunculaceae）黄连属多年生草本植物。

根状茎黄色，长分枝，密生多数须根。叶片卵状三角形，掌状三全裂，中央全裂片比侧全裂片稍长，羽状深裂片距离稀疏，相距2～6mm。花瓣线形或线状披针形；外部雄蕊比花瓣稍短或等长；萼片长9～12.5mm，比花瓣长1倍或近1倍。花期2～3月，果期4～6月。

英山县桃花冲等地有分布，生于山地林中或山谷阴处。

李时珍："其根连珠而色黄，故名。"因其根茎黄色，节与节间常形成间断的结节状隆起，形似连珠，故名黄连。黄连味最苦，形如鸡爪，主产于四川，故又名味连、鸡爪连、川连；三角叶黄连主产于四川洪雅、峨眉，故又名雅连、峨眉连；云南黄连因其主产于云南而得名，简称云连。王、黄双声叠韵，故得通假，则黄连、王连实乃一名。《说文解字》："支，去竹之枝也。"徐灏："支、枝古今字，干支犹枝也。"支连之名，正谓其根茎多有分枝。

黄连始载于《神农本草经》，列为上品。《名医别录》："黄连生巫阳（今四川巫山）川谷及蜀郡（今四川雅安）、太山。二月、八月采。"《新修本草》："蜀道者粗大节平，味极浓苦，疗渴为最；江东者节如连珠，疗痢大善。今澧州（今湖南澧县）者更胜。"《四声本草》："今出宣州绝佳。东阳亦有，歙州、处州者次。"《本草图经》："今江、湖、荆、夔州郡亦有，而以宣城者为胜，施、黔者次之。苗高一尺已来。叶似甘菊。四月开花，黄色。六月结实似芹子，色亦黄。二月八月采根用。"《本草纲目》："今虽吴、蜀皆有，惟以雅州、眉州者为良。药物之兴废不同如此。大抵有二种：一种根粗无毛有珠，如鹰鸡爪形而坚实，色深黄；一种无珠多毛而中虚，黄色稍淡。各有所宜。"据《中华本草》记载，《本草纲目》所载前一种即今之"味连"，原植物为本种；后一种即今之"雅连"，原植物为三角叶黄连。

【入药部位及性味功效】

黄连，又称王连、支连，为植物黄连、三角叶黄连或云南黄连的根茎。黄连栽后5～6年的10～11月间收获。用黄连抓子连根抓起，抖掉泥土，剪去须根和叶，取根茎在黄连炕上烘炕干燥，烘时用撩板翻动，并打掉已干燥的泥土。五六成干时出炕，根据根茎大小，分为3～4等，再分别细炕，勤翻动，待根茎断面呈干草色时即可出炕，装入槽笼，撞掉泥土和须根即成。味苦，性寒。归心、肝、胃、大肠经。清热泻火，燥湿，解毒。主治热病邪入心经之高热、烦躁、谵妄或热盛迫血妄行之吐衄，湿热胸痞，泄泻，痢疾，心火亢盛之心烦失眠，胃热呕吐或消谷善饥，肝火目赤肿痛，以及热毒疮疡，疔毒走黄，牙龈肿痛，口舌生疮，聤耳，阴肿，痔血，湿疹，烫伤。

【经方验方应用例证】

葛根芩连汤合升阳除湿汤：清热除湿，升阳固脱。主治湿热下注、清阳不升之泄泻、脱肛。（《伤寒论》《兰室秘藏》）

苏叶黄连汤：清肝和胃，降逆止呕。主治湿热证。症见恶心，呕吐酸水、苦水，胸胁胀痛，口苦，嗳气，头胀头晕等。（《温热经纬》）

黄连解毒汤：泻火解毒。主治一切实热火毒，三焦热盛之证。症见大热烦躁，口燥咽干，错语，不眠；或热病吐血、衄血；或热甚发斑，身热下痢，湿热黄疸；外科痈疽疔毒，小便赤黄，舌红苔黄，脉数有力。本方常用于败血症、脓毒血症、痢疾、肺炎、泌尿系感染、流行性脑脊髓膜炎、流行性乙型脑炎以及感染性炎症等属热毒为患者。（《外台秘要》引崔氏方）

银花解毒汤：清热解毒，养血止痛。主治风火温热所致的痈疽疔毒。（《疡科心得集》）

清胃散：清胃凉血。主治胃火牙痛。牙痛牵引头疼，面颊发热，其齿喜冷恶热，或牙宣出血，或牙龈红肿溃烂，或唇舌腮颊肿痛，口气热臭，口干舌燥，舌红苔黄，脉滑数。本方常用于口腔炎、牙周炎、三叉神经痛等属胃火上攻者。（《脾胃论》）

葛根黄芩黄连汤（葛根芩连汤）：解表清里。主治协热下利。身热下利，胸脘烦热，口干作渴，喘而汗出，舌红苔黄，脉数或促。本方常用于急性肠炎、细菌性痢疾、肠伤寒、胃肠型感冒等属表证未解、里热甚者。（《伤寒论》）

升阳益胃汤：益气升阳，清热除湿。主治脾胃气虚，湿郁生热证。怠惰嗜卧，四肢不收，肢体重痛，口苦舌干，饮食无味，食不消化，大便不调。（《内外伤辨惑论》）

健步虎潜丸：滋补肝肾，接骨续筋。主治跌打损伤，血虚气弱，腰胯膝腿疼痛，筋骨酸软无力，步履艰难。（《伤科补要》）

黄连膏：清热解毒，润燥止痛。主治鼻疮干燥肿痛，皮肤湿疹，红肿热疮，水火烫伤，乳头碎痛。（《医宗金鉴》）

【中成药应用例证】

同仁安神丸：养血益气，镇惊安神。用于心血不足引起的心烦体倦、怔忡健忘、少眠多梦、心神不安。

三黄清解片：清热解毒。用于风温热病、发热咳喘、口疮咽肿、热淋泻痢等症。

健脾消疳丸：健脾消疳。用于脾胃气虚所致小儿疳积、脾胃虚弱。

健脾止泻宁颗粒：清热除湿，健脾止泻。用于小儿脾虚湿热腹泻。

黄连解毒丸：泻火，解毒，通便。用于三焦积热，口舌生疮，目赤头痛，便秘溲赤，心胸烦热，热痢泄泻，咽痛衄血，疮疖痔血。

快胃舒肝丸：健胃止呕，舒郁定痛。用于肝郁食滞，两肋膨胀，胃脘刺痛，嗳气吞酸，呕吐恶心，饮食无味，身体倦怠。

通脉降糖胶囊：养阴清热，清热活血。用于气阴两虚、脉络瘀阻所致的消渴病 (糖尿病)，症见神疲乏力、肢麻疼痛、头晕耳鸣、自汗等。

牛黄清脑开窍丸：清热解毒，开窍镇痉。用于温病高热，气血两燔，症见高热神昏、惊厥谵语。

芩黄喉症胶囊：清热解毒，消肿止痛。用于热毒内盛引起的咽喉肿痛。

【现代临床应用】

临床上黄连用于治疗白喉、溃疡性结肠炎、气管炎、上颌窦炎、指骨骨髓炎、中耳炎；治疗根管疾患，不仅有较强的灭菌作用，还有收敛作用，能促使根管早日封闭愈合，且黄连对牙周组织无有害刺激作用。

白头翁

Pulsatilla chinensis (Bunge) Regel

　　毛茛科（Ranunculaceae）白头翁属多年生草本。

　　有根状茎。基生叶4～5，有长柄；叶片宽卵形，三全裂。萼片蓝紫色，长圆状卵形，背面有密柔毛。聚合瘦果，瘦果纺锤形，扁，具长柔毛，宿存花柱长。花期4～5月，果期6～7月。

　　大别山各县市均有分布，生于平原和低山山坡草丛中、林边或干旱多石的坡地。

　　其植物瘦果多数，密集成头状，每个瘦果均宿存白色毛发状花柱，形似白头老翁，故名白头翁。陶弘景："近根处有白茸状，似人白头。"《新修本草》："其叶似芍药而大，抽一茎，茎头一花，紫色，似木槿花。实大者如鸡子，白毛寸余，皆披下，似虆头，正似白头老翁，故名焉。"野丈人，言其如白发不梳之状；胡王使者，也是形容白发下披的老翁，均与白头翁同义。

　　白头翁始载于《神农本草经》，列为下品。白头翁花出自《本草纲目》，白头翁茎叶出自《日华子本草》。《名医别录》："白头翁生高山山谷及田野，四月采。"《蜀本草》："有细毛，不滑泽，花蕊黄。今所在有之。二月采花，四月采实，八月采根。皆日干。"

【入药部位及性味功效】

　　白头翁，又称野丈人、胡王使者、白头公，为植物白头翁、细叶白头翁、内蒙古白头翁、兴安白头翁、朝鲜白头翁和钟萼白头翁的根。种植第3、4年的3～4月或9～10月采根，一般以早春3～5月采挖的品质较好。采挖出的根，剪去地上部分，保留根头部白色茸毛，洗去泥土，晒干。味苦，性寒。归胃、大肠经。清热解毒，凉血止痢，燥湿杀虫。主治赤白痢疾，鼻衄，崩漏，血痔，寒热温疟，带下，阴痒，湿疹，瘰疬，痈疮，眼目赤痛。

白头翁花，为植物白头翁、细叶白头翁、内蒙古白头翁、兴安白头翁、朝鲜白头翁、钟萼白头翁等的花。播种后第2年4月中旬采收鲜花，及时晒干，防止霉变。味苦，性微寒。清热解毒，杀虫。主治疟疾，头疮，白秃疮。

白头翁茎叶，又称白头翁草，为植物白头翁、细叶白头翁、兴安白头翁、钟萼白头翁等的地上部分。秋季采集地上部分，切段，晒干。味苦，性寒。归肝、胃经。泻火解毒，止痛，利尿消肿。主治风火牙痛，四肢关节疼痛，秃疮，浮肿。

【经方验方应用例证】

治小儿秃：①取白头翁根捣敷一宿，或作疮，二十日愈。（《肘后方》）②鲜白头翁全草1000g，煎水浓缩成膏（约200mL），外涂，每日2次。（《安徽中草药》）

治气喘：白头翁二钱，水煎服。（《文堂集验方》）

白头翁汤：清热解毒，凉血止痢。主治热毒痢疾。症见腹痛，里急后重，肛门灼热，下痢脓血，赤多白少，渴欲饮水，舌红苔黄，脉弦数。本方常用于阿米巴痢疾、细菌性痢疾属热毒偏盛者。（《伤寒论》）

白头翁加甘草阿胶苓桂汤：主治疹后频频泄利脓血。（《医学金针》卷八）

白头翁加甘草阿胶汤：清热治痢，益气养血。治产后痢疾，腹痛里急后重，便下脓血，气血不足者。（《金匮要略》卷下）

白头翁散：去毒止痢。主治蛊毒痢，肛门脱出。（《幼幼新书》卷二十九引张涣方）

白英菊花饮：清热解毒。主治毒热型鼻咽癌。（《肿瘤的诊断与防治》）

【中成药应用例证】

白连止痢胶囊：清热燥湿，涩肠止泻。用于痢疾、肠炎属于大肠湿热证者。

复方白头翁胶囊：清热解毒，燥湿止痢。用于大肠湿热引起的泄泻、痢疾等。

抗骨髓炎片：清热解毒，散瘀消肿。用于附骨疽及骨髓炎属热毒血瘀者。

丹益片：活血化瘀，清热利湿。用于慢性非细菌性前列腺炎属瘀血阻滞、湿热下注证，症见尿痛、尿频、尿急、尿道灼热、尿后滴沥、舌红苔黄或黄腻或舌质暗或有瘀点瘀斑，脉弦或涩或滑。

痢炎宁片：清热解毒，燥湿止痛。用于细菌性痢疾、肠炎。

【现代临床应用】

白头翁用于治疗胃溃疡、十二指肠球部溃疡、复合性溃疡等消化性溃疡，总有效率91.8%，对胃阴不足型疗效较好，虚寒型、气虚型次之，对肝郁型疗效较差，对血瘀型、痰浊型无效。

白头翁茎叶治疗风火牙痛，有效率96.78%；治疗神经性皮炎，总有效率94.3%。

毛茛

Ranunculus japonicus Thunb.

毛茛科（Ranunculaceae）毛茛属多年生草本。

须根多数簇生。基生叶为单叶，三角状肾圆形；基生叶和下部叶的叶片3深裂不达基部。聚伞花序疏散，花直径约1.5cm，花托无毛，瘦果扁平。花期4～7月，果期6～10月。

大别山各县市均有分布，生于田沟旁或林缘路边的湿草地上。

《本草纲目》："茛乃草乌头之苗，此草形状及毒皆似之。"全株被毛，故名毛茛。乌头亦曰堇，故本品又称毛堇，堇与茛，音转而字异也。毛茛多生于河沟、池沼、水堤旁及阴湿草丛中，故《肘后方》谓之水茛。又名毛建、毛建草，建乃茛字音讹。《本草纲目》又云"山人截疟，采叶揉贴寸口，一夜作泡如火燎，故呼为天灸、自灸。"今亦称起泡草。其叶片掌状或五角形，所称老虎草、犬脚迹、老虎脚迹草，均以叶形为名。

毛茛之名始载于《本草拾遗》。《本草纲目》："毛建、毛茛即今毛堇也，下湿处即多。春生苗，高者尺余，一枝三叶，叶有三尖及细缺。与石龙芮茎叶一样，但有细毛为别。四五月开小黄花，五出，甚光艳，结实状如欲绽青桑椹，如有尖峭，与石龙芮子不同。"

【入药部位及性味功效】

毛茛，又称水茛、毛建、毛建草、猴蒜、天灸、毛堇、自灸、鹤膝草、瞌睡草、老虎草、犬脚迹、老虎脚迹草、火筒青、野芹菜、辣子草、辣辣草、烂肺草、三脚虎、水芹菜、扑地棕、翳子药、一包针，为植物毛茛的全草及根。一般栽培10个月左右，即在夏末秋初7～8月采收全草及根，洗净，阴干。鲜用可随采随用。味辛，性温，有毒。退黄，定喘，截疟，镇痛，消翳。主治黄疸，哮喘，疟疾，偏头痛，牙痛，鹤膝风，风湿性关节痛，目生翳膜，瘰疬，痈疮肿毒。

毛茛实，为植物毛茛的果实。夏季采摘，鲜用或阴干备用。味辛，性温，有毒。祛寒，止血，截疟。主治肚腹冷痛，外伤出血，疟疾。

【经方验方应用例证】

治黄疸：鲜毛茛捣烂，团成丸（如黄豆大），缚臂上，夜即起疱，用针刺破，放出黄水。（《药材资料汇编》）

治偏头痛：毛茛鲜根，和食盐少许杵烂，敷于患侧太阳穴。敷法：将铜钱一个（或用厚纸剪成钱形亦可），隔住好肉，然后将药放在钱孔上，外以布条扎护，约敷一小时，候起疱，即须取去，不可久敷，以免发生大水疱。（《江西民间草药》）

治鹤膝风：鲜毛茛根杵烂，如黄豆大一团，敷于膝眼（膝盖下两边有窝陷处），待发生水疱，以消毒针刺破，放出黄水，再以清洁纱布覆之。（《江西民间草药》）

治眼生翳膜：毛茛鲜根揉碎，纱布包裹，塞鼻孔内，左眼塞右鼻，右眼塞左鼻。（《江西民间草药》）

治火眼、红眼睛：毛茛1～2棵。取根加食盐10余粒，捣烂敷于手上内关穴。敷时先垫一铜钱，病右眼敷左手，病左眼敷右手，敷后用布包妥，待感灼痛起疱则去掉。水疱勿弄破，以消毒纱布覆盖。（《草医草药简便验方》）

治阴毒：毛茛根捣烂敷。（《湖南药物志》）

【现代临床应用】

毛茛防治传染性肝炎；治疗慢性血吸虫病、风湿性关节痛、关节扭伤、胃痛、慢性喘息性气管炎等。

毛茛实治疗间日疟，总有效率86%。

天葵

Semiaquilegia adoxoides (DC.) Makino

毛茛科（Ranunculaceae）天葵属多年生小草本。

具块根。块根长 1 ～ 2cm，粗 3 ～ 6mm，外皮棕黑色。基生叶多数，为掌状三出复叶。叶片 3 深裂，深裂片又有 2 ～ 3 个小裂片，两面均无毛。萼片白色，常带淡紫色，狭椭圆形。花期 3 ～ 4 月，果期 4 ～ 5 月。

大别山各县市均有分布，生于疏林下、路旁或山谷地的较阴处。

天葵之名，见于《本草图经》。天葵草、天葵子均出自《滇南本草》：紫背天葵草，形似蒲公英，绿叶紫背。若服之汗出不止，不知人事，速用甘草解之。《本草纲目拾遗》引《百草镜》云："二月发苗，叶如三角酸，向阴者紫背为佳。其根如鼠屎，外黑内白。三月开花细白，结角亦细。四月枯。"《植物名实图考》："天葵一名夏无踪。初生一茎一叶，大如钱，颇似三叶酸微大，面绿背紫。茎细如丝，根似半夏而小。春时抽出分枝极柔，一枝三叶，一叶三叉，翻反下垂，梢间开小白花，立夏即枯。按南城县志：夏无踪子名天葵，此草江西抚州、九江近山处有之……春时抽茎开花，立夏即枯，质既柔弱，根亦微细，寻觅极难。秋时复苗，凌冬不萎。土医皆呼为天葵。"

【入药部位及性味功效】

天葵草，又称紫背天葵、雷丸草、夏无踪、老鼠屎草、旱铜钱草、蛇不见，为植物天葵的全草。秋季采集，除去杂质，洗净，晒干。味苦，性微寒。解毒消肿，利水通淋。主治瘰疬痈肿，蛇虫咬伤，疝气，小便淋痛。

天葵子，又称紫背天葵草子、千年老鼠屎、金耗子屎、地丁子、千年耗子屎、天去子、野乌头子、散血珠、天葵根、一粒金丹，为植物天葵的块根。移栽后的第3年5月植株未完全枯萎前采挖，较小的块根留作种用，较大的去尽残叶，晒干，加以揉搓，去掉须根，抖净泥土。味苦、微辛，性寒，有小毒。归肝、脾、膀胱经。清热解毒，消肿散结，利水通淋。主治小儿热惊风，癫痫，痈肿，疔疮，乳痈，瘰疬，皮肤痒疮，目赤肿痛，咽痛，蛇虫咬伤，热淋，砂淋。

千年耗子屎种子，为植物天葵的种子。春末种子成熟时采收，晒干。味甘，性寒。解毒，散结。主治乳痈肿痛，瘰疬，疮毒，妇人血崩，带下，小儿惊风。

【经方验方应用例证】

五味消毒饮合大黄牡丹汤：清热解毒，化瘀散结，利湿排脓。主治热毒炽盛之疔疮痈肿。（《医宗金鉴》《金匮要略》）

五味消毒饮：清热解毒，消散疔疮。主治疔疮初起，发热恶寒，疮形如粟，坚硬根深，状如铁钉，以及痈疡疖肿，红肿热痛，舌红苔黄，脉数。（《医宗金鉴》）

消结神应丸：清热解毒，消结散痈。治小儿痈毒。（《幼科发挥》卷二）

治红崩白带：千年耗子屎种子15g，熬甜酒吃治白带，熬红糖吃治红崩。（《贵阳民间药草》）

治毒蛇咬伤：天葵嚼烂，敷伤处，药干再换。（《湖南药物志》）

治缩阴症：天葵15g，煮鸡蛋食。（《湖南药物志》）

治尿路结石：鲜天葵草、鲜天胡荽各30g，鸡内金9g，水煎服。（南药《中草药学》）

治猪痫、羊痫：千年耗子屎5～7颗（约3g），研细末，发病前用烧酒吞服，连用3～5剂。（《贵阳民间药草》）

治瘰疬、乳癌：紫背天葵块根1.5g，加象贝6～9g、煅牡蛎9～12g、甘草3g，同煎服数次。（《浙江民间草药》）

治小儿哮喘：千年耗子屎30g，用盐水浸泡1夜，研末，每次服1.5g，姜开水吞服。（《贵州草药》）

治指甲溃烂（甲沟炎）：紫背天葵鲜品，捣烂敷患处。（《苗族药物集》）

治鼻咽癌、食管癌：天葵子500g研末，加入5000g高粱酒或谷酒中浸7g，每日3次，每服天葵酒50mL，同时也可服硇砂制剂。（《抗癌本草》）

【中成药应用例证】

皮肤病血毒丸：清血解毒，消肿目痒。用于经络不和、湿热血燥引起的风疹，湿疹，皮肤刺痒，雀斑粉刺，面赤鼻齄，疮疡肿毒，脚气疥癣，头目眩晕，大便燥结。

通络宝膏：清热解毒，益气滋阴，活血通络。用于血栓闭塞性脉管炎属热毒炽盛、热盛伤阴者及血栓性静脉炎等。

楼莲胶囊：行气化瘀，清热解毒。本品为原发性肝癌辅助治疗药，适用于原发性肝癌Ⅱ期气滞血瘀证患者，合并肝动脉插管化疗，可提高有效率和缓解腹胀、乏力等症状。

散结乳癖膏：行气活血，散结消肿。用于气滞血瘀所致的乳癖，症见乳房内肿块，伴乳房疼痛，多为胀痛、窜痛或刺痛，胸胁胀满，随月经周期及情绪变化而增减，舌质暗红或有瘀斑，脉弦或脉涩；乳腺囊性增生见上述证候者。

【现代临床应用】

天葵注射液治疗小儿上呼吸道感染。

唐松草

Thalictrum aquilegiifolium var. *sibiricum* Linnaeus

毛茛科（Ranunculaceae）唐松草属多年生草本。

裂片全缘或有1～2牙齿。叶柄长4.5～8cm，有鞘，托叶膜质，不裂。圆锥花序伞房状，有多数密集的花。瘦果倒卵形。花期7月，果期9月。

大别山各县市均有分布，生于草原、山地林边草坡或林中。

【入药部位及性味功效】

唐松草，又称白蓬草、草黄连、马尾连、土黄连，为植物唐松草的根及根茎。春、秋季挖根茎及根，除去地上茎叶，洗去泥土，晒干。味苦，性寒。归心、肝、大肠经。清热泻火，燥湿解毒。主治热病心烦，湿热泻痢，肺热咳嗽，目赤肿痛，痈肿疮疖。

【经方验方应用例证】

治肺热咳嗽：白蓬草15g，水煎，每日分2次服。（《长白山植物药志》）

治目赤肿痛：马尾连9g，菊花12g，草决明9g，桑叶12g，水煎服。（《青岛中草药手册》）

治渗出性皮炎：白蓬草焙干研末，撒敷患处。或白蓬草、松花粉各等量研末，敷患处。如患部干裂，可用香油调敷。（《长白山植物药志》）

蝙蝠葛

Menispermum dauricum DC.

防己科（Menispermaceae）蝙蝠葛属多年生草质藤本。

叶脉掌状，叶柄盾状着生。雌雄异株，腋生圆锥花序，花白色或淡黄色；雌花心皮3，柱头2裂；雄花有雄蕊12或更多。核果成熟时黑紫色。花期5～6月，果期6～7月。

大别山各县市均有分布，生于山坡灌丛和路旁沟边。

为北方各省通用的山豆根，故名北豆根。山豆根始载于《开宝本草》，为豆科植物柔枝槐的根及根茎，今又称广豆根，非本品。北豆根入药始于何时，失考。蝙蝠藤始见于《本草纲目拾遗》，云："此藤附生岩壁、乔木及人墙茨侧，叶类葡萄而小，多歧，劲厚青滑，绝似蝙蝠形，故名。"

【入药部位及性味功效】

蝙蝠葛叶，为植物蝙蝠葛的叶。夏、秋季采收，鲜用或晒干。散结消肿，祛风止痛。主治瘰疬，风湿痹痛。捣敷或水煎加酒熏洗。

蝙蝠藤，又称狗葡萄秧、小葛香、杨柳子棵、防己藤、黄攸香、什子苗、小青藤、黄根藤、金百脚、山地瓜秧、爬山秧子，为植物蝙蝠葛的藤茎。秋季采割，去枝叶，洗净，切段，晒干。味苦，性寒。归肝、肺、大肠经。清热解毒，消肿止痛。主治腰痛，瘰疬，咽喉肿痛，腹泻痢疾，痔疮肿痛。

北豆根，又称蝙蝠葛根、北山豆根、马串铃、狗骨头、野豆根、山豆根、黄根、黄条香、苦豆根、山豆秧根（内蒙古），为植物蝙蝠葛的根茎。春、秋二季采挖，除去须根和泥沙，干燥。味苦，性寒，有小毒。归肺、胃、大肠经。清热解毒，利湿，消肿止痛。主治咽喉肿痛，咳嗽，泻痢，黄疸，风湿痹痛，痄腮，痔疮肿痛，蛇虫咬伤。

【经方验方应用例证】

治咽喉肿痛：北豆根、射干各3g，共研细末，吹入咽喉。（《吉林中草药》）

治慢性扁桃体炎：北豆根9g，金莲花3g，生甘草6g，水煎服。（《河北中草药》）

治痢疾、肠炎：北豆根9g，徐长卿9g，水煎服。（《浙江药用植物志》）

治腰痛：北豆根30g，白酒50mL，浸7天，每日2次，每次饮1杯。（《吉林中草药》）

治食管癌：北豆根15g，水煎分3次服；同时用硇砂、冰片各等份，研细面，每次1.5g，含咽，每日服4次。（《内蒙古中草药》）

【中成药应用例证】

五松肿痛酊：活血散瘀，消肿止痛，祛风除湿。用于风湿性关节疼痛（寒痹），跌打肿痛（急性扭挫伤）等。

乙肝清热解毒冲剂：清肝利胆，解毒逐瘟。用于肝胆湿热型急、慢性病毒性乙型肝炎初期或活动期；乙型肝炎病毒携带者。症见黄疸（或无黄疸），发热（或低热），舌质红，舌苔厚腻，脉弦滑数，口干苦或口黏臭，厌油，胃肠不适等。

二十九味羌活散：清热消炎，镇痛杀疠。用于瘟疠疾病，痢疾，白喉，疫黄，痘疹，炭疽等。

利口清含漱液：清热解毒。用于肺胃火热引起的复发性口疮和牙周病（牙龈炎和牙周炎）的辅助治疗，可减轻本类疾病引起的口腔局部溃疡、渗出、充血、出血、水肿和疼痛等症状。

北豆根咀嚼片：清热解毒，消肿利咽。用于火毒内结所致的咽喉肿痛；急性咽炎、扁桃体炎见上述证候者。

青果片：清热利咽，消肿止痛。用于咽喉肿痛，失音声哑，口干舌燥，肺燥咳嗽。

白石清热颗粒：疏风清热，解毒利咽。用于外感风热，或风寒化热，表邪尚在；症见发热、微恶风、头痛鼻塞、咳嗽痰黄，咽红肿痛，口干而渴，舌苔薄白或薄黄，脉浮数。可用于上呼吸道感染、急性扁桃体炎见上述证候者。

金线吊乌龟

Stephania cephalantha Hayata

防己科（Menispermaceae）千金藤属多年生草质、落叶、无毛藤本。

高通常1～2m或过之。块根团块状或近圆锥状。叶三角状近圆形，长5～9cm，宽与长近相等或较宽，顶端圆钝，有小突尖，基部近截形或稍内凹。萼片4～6，花瓣3～5，雄花序腋生，排成头状聚伞花序，雄蕊6，花丝愈合成柱状体，花药合生成圆盘状。花期4～5月，果期6～7月。

大别山各县市均有分布，常生长在阴湿山坡。

"白药"始见于《唐本草》。白药子始载于《新修本草》，云："白药子出原州，三月苗生，叶似苦苣，四月抽赤茎，花白，根皮黄，八月叶落，九月枝折，采根日干。"《本草图经》补充，茎"似葫芦蔓""结子亦名瓜蒌"，可能指葫芦科栝楼属植物而言。《本草拾遗》："蔓及根并似土瓜，紧小者良，叶如钱，根似防己，出明山（陈家白药）。"《本草图经》："今夔（今四川省奉节）、施（今湖北省恩施）、合州（今广东省海康）、江西、岭南亦有之。三月生苗，似苦苣叶；四月而赤茎，长似葫芦蔓；六月开白花；八月结子，亦名瓜蒌；九月采根，以水洗、切碎、曝干，名白药子。江西出者，叶似乌桕，子如绿豆，至八月其子变成赤色。"《植物名实图考》："江西、湖南皆有之，一名山乌龟。蔓生，细藤微赤，叶如小荷叶而后半不圆，末有微尖，长梗在叶中，似金莲花（即旱地莲）叶。附茎开细红白花，结长圆实，如豆成簇，生青、熟红黄色，根大如拳。""按陈藏器云：又一种似荷叶，只大如钱许，亦呼为千金藤，当即是此。患齿痛者，切其根贴龈上即愈，兼能补肾、养阴，为俚医要药。"

【入药部位及性味功效】

白药子，又称白药、白药根、山乌龟，为植物金线吊乌龟的块根。全年或秋末冬初采挖，除去须根、泥土，洗净，切片，晒干。味苦、辛，性凉，有小毒。归脾、肾经。清热解毒，祛风止痛，凉血止血。主治咽喉肿痛，热毒痈肿，风湿痹痛，腹痛，泻痢，吐血，衄血，外伤出血。

【经方验方应用例证】

治胎动不安：白药子一两，白芷半两，上为细末。每服二钱，煎紫苏酒调下。或胎热，心烦闷，入砂糖少许。（《妇人良方》安胎铁罩散）

治乳汁少：用白药子为末，每服一钱，煎猪蹄汤调下。（《卫生易简方》）

治肝硬化腹水：山乌龟根9g（用老糠炒制），车前15g，过路黄、白花蛇舌草、瓜子金、丹参根各30g，水煎服。（《江西草药》）

治风湿性关节炎：山乌龟根30g，蜈蚣兰、活血丹各15g。黄酒500g，浸3天，每日服2次，每次1调羹，饭后服。（《浙江民间常用草药》）

治胃及十二指肠溃疡：山乌龟根1000g，甘草500g，研末。每日3次，每次3g，用开水服。（《湖南药物志》）

治鹤膝风：山乌龟根120g，大蒜1个，葱30根，韭菜篼7个，捣烂敷患处。（《湖南药物志》）

治骨鲠入喉：白药，锉细，用米醋煎，细细吞下。（《经验良方》）

白驳片：祛风活血。主治白癜风。（《中医皮肤病学简编》）

护胎白药子散：护胎。主治妊娠伤寒。（《证类本草》卷九引《经验后方》，名见《普济方》卷三三九）

活络油膏：活血通络。治损伤筋脉，软组织硬化或粘连，局部疼痛，活动不利。（《中医伤科学讲义》）

【中成药应用例证】

桃红清血丸：调和气血，化瘀消斑。用于气血不和、经络瘀滞所致的白癜风。

【现代临床应用】

治疗流行性腮腺炎、淋巴结炎及无名肿毒，一般涂药数次，即可止痛消肿而痊愈。

夏天无
Corydalis decumbens (Thunb.) Pers.

罂粟科（Papaveraceae）紫堇属多年生草本。

块茎近球形或稍长，具匍匐茎，无鳞叶；茎多数，不分枝，具2～3叶。叶二回三出，小叶倒卵圆形。总状花序具3～10花；苞片卵圆形，全缘；花冠近白、淡粉红或淡蓝色，外花瓣先端凹缺，具窄鸡冠状突起，上花瓣瓣片稍上弯，距稍短于瓣片，渐窄，直伸或稍上弯，下花瓣宽匙形，无基生小囊，内花瓣鸡冠状突起伸出顶端。蒴果线形，稍扭曲，种子6～14。种子具龙骨及泡状小突起。

罗田、英山等县市均有分布，生于海拔80～300m左右的山坡、路边。

《本草纲目拾遗》："一名洞里神仙，又名野延胡，江南人呼飞来牡丹，处处有之。叶似牡丹而小，根长二三寸，春开小紫花成穗，似柳穿鱼，结子在枝节间，生青老黄，落地复生小枝，子如豆大，其根下有结粒，年深者大如指，小者如豆。"

【入药部位及性味功效】

夏天无，又称一粒金丹、洞里神仙、野延胡、飞来牡丹、伏地延胡索、落水珠，为植物伏生紫堇（夏天无）的块茎。4月上旬至5月初待茎叶变黄时，选晴天挖掘块茎，除去须根，洗净泥土，鲜用或晒干。味苦、辛，性凉。归肝、肾经。祛风除湿，舒筋活血，通络止痛，降血压。主治风湿性关节炎，中风偏瘫，坐骨神经痛，脊髓灰质炎后遗症，腰肌劳损，跌扑损伤，高血压。

【经方验方应用例证】

治风湿性关节炎：夏天无粉每次服9g，日2次。（江西《中草药学》）

治各型高血压病：①夏天无研末冲服，每次2～4g。②夏天无、钩藤、桑白皮、夏枯草，煎服。（江西《中草药学》）

治高血压、脑瘤或脑栓塞所致偏瘫：鲜夏天无捣烂，每次大粒4～5粒，小粒8～9粒，每天1～3次，米酒或开水送服，连服3～12个月。（《浙江民间常用草药》）

【中成药应用例证】

夏天无眼药水：舒筋通络，活血祛瘀。用于防治青少年近视。

夏天无注射液：通络，活血，止痛。用于高血压偏瘫，脊髓灰质炎后遗症，坐骨神经痛、风湿性关节痛、跌打损伤。

祛痹舒肩丸：祛风寒，强筋骨，益气血，止痹痛。用于肩周炎风寒痹证者，症见肩部怕冷，遇热痛缓，肩痛日轻夜重，肩部有明显痛症，肩部肌肉萎缩等。

复方夏天无片：祛风逐湿，舒筋活络，行血止痛。用于风湿瘀血阻滞、经络不通引起的关节肿痛、肢体麻木、屈伸不利、步履艰难；风湿性关节炎、坐骨神经痛、脑血栓形成后遗症及脊髓灰质炎后遗症见上述证候者。

夏天无滴眼液：活血，明目，舒筋。用于血瘀筋脉阻滞所致的青少年远视力下降、不能久视；青少年假性近视症见上述证候者。

【现代临床应用】

夏天无制成眼药水（每1mL含生药1g）治疗青少年近视；夏天无注射液治疗急、慢性腰扭伤；治高血压、偏瘫、坐骨神经痛、风湿性关节炎、骨折及扭伤、脊髓灰质炎等，有止痛、消肿、缓解关节僵硬、促进患肢功能恢复、加速骨折愈合等效果。

刻叶紫堇

Corydalis incisa (Thunb.) Pers.

罂粟科（Papaveraceae）紫堇属多年生直立草本。

茎不分枝或少分枝，具叶。叶具长柄，基部具鞘，叶片二回三出，一回羽片具短柄，二回羽片近无柄，三深裂，裂片具缺刻状齿。总状花序；苞片约与花梗等长，具缺刻状齿。萼片小，丝状深裂；花紫红色至紫色。蒴果线形至长圆形。

大别山各县市均有分布，生于近海平面至海拔1800m的林缘、路边或疏林下。

紫花鱼灯草之名，古籍未见。《植物名实图考》载有天奎草，云："天奎草生九江、饶州园圃阴湿地，一名千年老鼠矢，一名爆竹花。春时发细茎，一茎三叶，一叶三叉，色如石绿。梢头横开小紫花，两瓣双合，一瓣上揭，长柄飞翅，茎当花中。赭根颇硬，上缀短须，入夏即枯。"

【入药部位及性味功效】

紫花鱼灯草，又称天奎草、千年老鼠矢、爆竹花、断肠草、羊不吃、野芹菜、烫伤草，为植物刻叶紫堇的全草及根。全草花期采，根于夏季枯萎后采挖，除去泥土及杂质，鲜用或晒干。味苦、辛，性寒，有毒。解毒，杀虫。主治疮疡肿毒，疥癣顽癣，湿疹，毒蛇咬伤。

【经方验方应用例证】

治顽癣及牛皮癣：断肠草块茎磨酒或醋，外搽。（南药《中草药学》）

治癣症：新鲜断肠草捣绒包，俟皮肤灼热冒气时，又换新药，连续敷3～4次。（《四川中药志》1960年）

治一般疮毒：断肠草熬水洗多次，有止痒拔毒之效。（《四川中药志》1960年）

治痱子：断肠草块根、铁篱笆叶、白地黄瓜，捣绒外敷。（《四川中药志》1960年）

治脱肛：紫花鱼灯草花及叶煎汁罨包。（《天目山药用植物志》）

治癞头、毒蛇伤：断肠草块茎捣烂外敷。（南药《中草药学》）

蛇果黄堇

Corydalis ophiocarpa Hook. f. & Thomson

罂粟科（Papaveraceae）紫堇属多年丛生草本。

茎多条，具叶，分枝，对叶生。基生叶多数，叶柄与叶片近等长，叶二回或一回羽状全裂，倒卵圆形或长圆形；茎生叶与基生叶同形，下部叶具长柄，上部叶具短柄，近一回羽状全裂，叶柄具翅。总状花序长 10 ～ 30cm，多花；苞片线状披针形；花冠淡黄或苍白色，外花瓣先端色较深，上花瓣长 0.9 ～ 1.2cm，距短囊状，下花瓣舟状，内花瓣先端暗紫红或暗绿色；雄蕊束上部缢缩成丝状；柱头具 4 乳突。蒴果线形，弯曲，种子 1 列。

大别山各县市均有分布，生于海拔 200 ～ 1700m 的沟谷、林缘。

【 入药部位及性味功效 】

蛇果黄堇，又称扭果黄堇、断肠草，为植物蛇果黄堇的全草。春、夏季采收，洗净，晒干或鲜用。味苦、辛，性温，有毒。活血止痛，祛风止痒。主治跌打损伤，皮肤瘙痒症。

黄堇

Corydalis pallida (Thunb.) Pers.

罂粟科（Papaveraceae）紫堇属丛生草本。

无毛，具直根。茎1至多条。叶片下面有白粉，轮廓卵形，二至三回羽状全裂，二回或三回裂片卵形或菱形，浅裂，稀深裂，小裂片卵形或狭卵形。总状花序；苞片狭卵形至条形；萼片小；花瓣淡黄色，上面花瓣长1.5～1.8cm，距圆筒形，长6～8cm。蒴果串珠状，长达3cm；种子黑色，扁球形，直径约1.5mm，密生圆锥状小突起。

大别山各县市均有分布，生丘陵或山地林下或沟边潮湿处。

【入药部位及性味功效】

深山黄堇，又称石莲、断肠草、田饭酸、水黄连、千人耳子、鸡粪草，为植物黄堇的全草。春、夏季采收，鲜用或晒干。味微苦，性凉，有毒。清热利湿，解毒。主治湿热泄泻，赤白痢疾，带下，痈疮热疖，丹毒，风火赤眼。

【经方验方应用例证】

治暑热腹泻下痢：鲜黄堇全草30g，水煎分3次服，连服数日。(《青岛中草药手册》)

治丹毒：鲜黄堇30g，加黄酒、红糖适量，水煎服。(《福建药物志》)

治肺病吐血：鲜黄堇全草60g，捣烂取汁，分3次服（水煎则无效）。(《青岛中草药手册》)

治牛皮癣：黄堇、菝葜各30g，白酒150g，浸泡数日后外搽。(《青岛中草药手册》)

珠果黄堇

Corydalis speciosa Maxim.

罂粟科（Papaveraceae）紫堇属多年生灰绿色草本。

下部茎生叶具柄，上部的近无柄，叶片狭长圆形，二回羽状全裂。总状花序生茎和腋生枝的顶端，密具多花，待下部的花结果时，上部的花渐疏离。苞片披针形至菱状披针形，具细长的顶端，约与花梗等长或稍长，有时从中部至顶端疏具锯齿。花梗果期下弯。花金黄色，近平展或稍俯垂。萼片小，近圆形，中央着生，直径约1mm，具疏齿。外花瓣较宽展，通常渐尖，近具短尖，有时顶端近于微凹，无鸡冠状突起。上花瓣长2～2.2cm；距背部平直，腹部下垂，末端囊状。下花瓣基部多少具小瘤状突起。内花瓣顶端微凹，具短尖和粗厚的鸡冠状突起。雄蕊束披针形，较狭。柱头呈二臂状横向伸出，各枝顶端具3乳突。蒴果线形，念珠状，具1列种子。种子黑亮，扁压。

大别山各县市均有分布，生于林缘、路边或水边多石地。

【入药部位及性味功效】

珠果黄紫堇，又称念珠黄堇、念珠紫堇、胡黄堇，为植物珠果黄堇的全草。春季采挖，晒干。味苦、涩，性寒。清热解毒，消肿止痛。主治痈疮热疔，无名肿毒，角膜充血。

延胡索

Corydalis yanhusuo W. T. Wang

罂粟科（Papaveraceae）紫堇属多年生草本。

无毛；块茎球形，直径0.7～2cm；茎高9～20cm，在基部之上生1鳞片，其上生3～4叶。叶片轮廓三角形，二回三出全裂，二回裂片近无柄或具短柄，不分裂或二至三全裂或深裂，末回裂片披针形或狭卵形。总伏花序长3～6.5cm；苞片卵形、狭卵形或狭倒卵形，通常全缘或有少数牙齿；萼片极小，早落；花瓣紫红色，上面花瓣长1.5～2cm，顶端微凹，距圆筒形，长1～1.2mm，下面花瓣基部具浅囊状突起。蒴果条形。

大别山各县市均有分布，生丘陵草地。

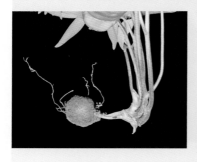
延胡索始载于《本草拾遗》。《医学入门·本草》："玄胡索生胡国。玄，言其色；索，言其苗交纽也。"按：《说文解字》："黑而有赤色者为玄。"古代Corydalis属植物作延胡索药用的有多种，其块茎栓皮颜色从黄色到棕色不等。玄色（赤黑色）大抵与棕色近，"玄"或言其色。"玄"通"元"，故又名元胡索、元胡。《本草纲目》："好古曰：本名玄胡索，避宋真宗讳，改玄为延也。"按：宋真宗讳恒，此当为避宋始祖赵玄朗之讳而改。

五代《海药本草》："生奚国，从安东道来"。《开宝本草》："根如半夏，色黄。"按"奚"为隋唐游牧民族，分布在以今承德为中心的河北东北部。"安东"指唐代安东都护府，大体以今辽宁省为主并包括河北省东北部和内蒙古东南一角。《本草纲目》："今二茅山西上龙洞种之，每年寒露后栽，立春后生苗，叶如竹叶样，三月长三寸高，根丛生如芋卵样，立夏掘起。"

【入药部位及性味功效】

延胡索，又称延胡、玄胡索、元胡索、元胡，为植物延胡索的块茎。栽种第二年5～6月间，当茎叶枯萎时，选晴天采挖块茎，摊放室内，除去须根，洗净，过筛分级，放入开水中烫煮，不断搅拌，大块茎煮4～5分钟，小块茎煮3分钟，至内部无白心呈黄色时，捞出晒干。宜勤翻晒，晒3～4天，堆放室内2～3天，反复2～3次即可干燥。亦可用50～60℃温度烘干。味辛、苦，性温，无毒。归肝、心、脾经。活血散瘀，理气止痛。主治胸痹心痛，脘腹疼痛，腰痛，疝气痛，痛经，经闭，癥瘕，产后瘀滞腹痛，跌打损伤。

【经方验方应用例证】

阑尾化瘀汤：行气活血，清热解毒。主治瘀滞型阑尾炎初期。发热，脘腹胀闷，腹痛，右下腹局限性压痛、反跳痛；或阑尾炎症消散后，热象不显著，而见脘腹胀闷、嗳气纳呆。（《新急腹症学》）

清热调血汤：清热除湿，化瘀止痛。主治妇人经水将来，腹痛，乍作乍止，气血俱实。（《古今医鉴》）

补血定痛汤：活血，止痛，祛瘀。主治小产后瘀血腹痛。（《万病回春》）

复元通气散：理气活血止痛。主治一切气不宣通，瘀血凝滞，周身走痛，并跌坠损伤，或负重挫闪，气滞血分作痛，气疝作痛。（《医学入门》）

延胡索散：活血行气，调经止痛。主治妇人气滞血瘀，脘腹胀痛，或经行腹痛。（《济生方》）

新伤续断汤：活血化瘀，止痛接骨。主治骨损伤初、中期。（《中医伤科学讲义》）

少腹逐瘀汤：活血祛瘀，温经止痛。主治少腹积块，疼痛或不痛，或痛而无积块，或少腹胀满，或经期腰酸，小腹胀，或月经一月见三五次，接连不断，断而又来，其色或紫或黑，或有血块，或崩或漏，兼少腹疼痛，或粉红兼白带者。（《医林改错》）

【中成药应用例证】

丹参益心胶囊：活血化瘀，通络止痛。用于瘀血阻滞所致冠心病、心绞痛。

千山活血膏：活血化瘀，舒筋活络，消肿止痛。用于关节肿胀、疼痛、活动不利，以及跌打损伤，腰、膝部骨性关节炎见上述症状者。

田七镇痛膏：活血化瘀，祛风除湿，温经通络。用于跌打损伤，风湿性关节痛，肩臂腰腿痛。

风寒止痛膏：祛风散寒，活血止痛。用于关节肌肉疼痛，急性扭挫伤。

回生口服液：消癥化瘀。用于原发性肝癌、肺癌。

天芝草胶囊：活血祛瘀，解毒消肿，益气养血。用于血瘀证之鼻咽癌、肝癌的辅助治疗。

胰胆舒颗粒：散瘀行气，活血止痛。用于急、慢性胰腺炎或胆囊炎属气滞血瘀、热毒内盛者。

珍宝解毒胶囊：清热解毒，化浊和胃。用于浊毒中阻所致的恶心呕吐，泄泻腹痛，消化性溃疡，食物中毒。

止痛化癥胶囊：活血调经，化癥止痛，软坚散结。用于癥瘕积聚、痛经闭经、赤白带下及慢性盆腔炎等。

【现代临床应用】

延胡索在临床上用于治疗心律失常；治疗慢性浅表性胃炎，总有效率91%；治疗原发性枕大神经痛，治愈率91.4%；治疗急慢性扭挫伤；可用于局部麻醉。

血水草

Eomecon chionantha Hance

罂粟科（Papaveraceae）血水草属多年生草本。

根状茎匍匐生根。基生叶多数，有长柄，心形，掌状叶脉。花葶直立，聚伞花序伞房状；萼片2，合生成船形，膜质，早落；花瓣4，白色，辐射对称；雄蕊多数，花丝丝状，分离，花药直立，长圆形，2室，纵裂；子房1室，2心皮，胚珠多数，花柱明显，柱头2裂。蒴果长圆形；种子有疣状突起。

罗田、英山、麻城等县市均有分布，生于山坡岩缝及林下沟边。

【入药部位及性味功效】

血水草，又称黄水芋、金腰带、一口血、小号筒、小绿号筒、水黄连、鸡爪莲、斗篷草、马蹄草、小羊儿、血水芋、一滴血、一点血、土黄连，为植物血水草的全草。秋季采集全草，晒干或鲜用。味苦，性寒，有小毒。归肝、肾经。清热解毒，活血止痛，止血。主治目赤肿痛，咽喉疼痛，口腔溃疡，疔疮肿毒，毒蛇咬伤，癣疮，湿疹，跌打损伤，腰痛，咯血。

血水草根，又称广扁线、捆仙绳，为植物血水草的根及根茎。9～10月采，晒干或鲜用。味苦、辛，性凉，有小毒。清热解毒，散瘀止痛。主治风热目赤肿痛，咽喉疼痛，尿路感染，疮疡疖肿，毒蛇咬伤，产后小腹瘀痛，跌打损伤及湿疹，疥癣等。

【经方验方应用例证】

治急性结膜炎：鲜血水草30～60g，水煎服，每日1剂。（《江西草药》）

治小儿胎毒，疮疡：黄水芋、苦参、燕窝泥各等份，研末，调菜油搽；或煎水洗。（《贵州民间药物》）

治口腔溃疡：血水草全草适量，捣烂，绞汁漱口。（《中国民族药志》）

治无名肿毒：血水草鲜品适量，甜酒糟少许，捣烂外敷。每日换药1次。（《江西草药》）

治小儿癣疮：黄水芋全草，晒干，研末，取适量调菜油搽。（《贵州民间药物》）

治咽喉肿痛：血水草根5g，山豆根10g，煎服。（《中国民族药志》）

治尿路感染：血水草根、白茅根各6g，连钱草、地枇杷各9g，水煎服。（《湖北中草药志》）

治脓疱疮：血水草根适量，研细末，现在患处搽菜油，后撒上药粉，每日1次。（《湖北中草药志》）

治下肢溃疡：用1%高锰酸钾液洗净伤口，取血水草根适量，捣烂外敷或干粉撒布伤口。（《中国民族药志》）

金刚接骨丹：补肝肾，强筋骨，疏经活络，消肿止痛，促进骨痂生长。主治跌打损伤，骨折，扭挫伤。（《古今名方》引《张天乐十二秘方制药经验》）

荷青花

Hylomecon japonica (Thunb.) Prantl et Kundig

罂粟科（Papaveraceae）荷青花属多年生草本。

茎不分枝或上部有分枝。叶两面近无毛。花1～3朵，花梗直立；萼片2，早落；花瓣4，金黄色，有短爪；雄蕊多数。蒴果2瓣裂。花期4～7月，果期5～8月。

罗田、英山均有分布，生长在山坡林荫下草丛中。

【入药部位及性味功效】

拐枣七，又称荷青花根、刀豆三七、水菖三七、大叶老鼠七、乌筋七，为植物荷青花的根和根茎。秋季采集，去须根，洗净，晒干。味苦，性平。祛风通络，散瘀消肿。主治风湿痹痛，跌打损伤。

【经方验方应用例证】

治劳伤过度，四肢乏力，面黄肌瘦：荷青花根（去毛，切片）9～12g。加红糖、黄酒，盛碗中加盖蒸熟。每日早晚饭前各服1次。忌食芥菜、萝卜及饮茶。（《天目山药用植物志》）

博落回

Macleaya cordata (Willd.) R. Br.

罂粟科（Papaveraceae）博落回属亚灌木状草本。

基部木质化，高达3m。茎直立，含红色或红黄色汁液。单叶，互生，近圆形，基部心形，叶脉掌状。花排列成圆锥花序，顶生，直立；萼片2，无花瓣；雄蕊24～30，花丝丝状，花药线形；花柱短，柱头2裂。蒴果倒披针形，扁平，2瓣裂；种子3～6，沿缝线着生。花期6～7月，果期8～11月。

大别山各县市均有分布，生于山地或丘陵阴湿沟边，或林缘沙土地上。

《酉阳杂俎》：博落回"茎中空，吹作声，如勃逻回，因名之。"博落回、落回、勃勒回，皆拟声为名。其茎吹之作响，故又称号筒草、号筒秆、喇叭筒。

博落回始载于《本草拾遗》，陈藏器："博落回，生江南山谷，茎叶如蓖麻，茎中空，吹作声如博落回，折之有黄汁。"《植物名实图考长编》："湖南长沙亦多……四、五月有花生梢间，长四五分，色白，不开放，微似南天烛。"

【入药部位及性味功效】

博落回，又称落回、号筒草、勃勒回、号筒秆、滚地龙、山号筒、山麻骨、猢狲竹、空洞草、角罗吹、号角斗竹、亚麻筒、三钱三、号桐树、翻牛白、狮子爪、通大海、泡通珠、边天蒿、通天大黄、土霸王、喇叭筒、吹火筒、蛇罗麻、野麻秆、哈哈筒、菠萝筒，为植物博落回和小果博落回的根或全草。秋、冬季采收，根茎与茎叶分开，晒干。放干燥处保存。鲜用随时可采。味辛、苦，性寒，有大毒。散瘀，祛风，解毒，止痛，杀虫。主治痈疮疔肿，臁疮，痔疮，湿疹，蛇虫咬伤，跌打肿痛，风湿性关节痛，龋齿痛，顽癣，滴虫性阴道炎及酒渣鼻。

【经方验方应用例证】

治恶疮、瘰根、赘瘤肉、白癜风、蛊毒、溪毒，已生疮屡者：博落回、百丈青、鸡桑灰等份，为末敷。(《本草拾遗》)

治指疔：博落回根皮、倒地拱根等份。加食盐少许，同浓茶汁捣烂，敷患处。(《江西民间草药验方》)

治臁疮：博落回全草，烧存性，研极细末，撒于疮口内，或用麻油调搽，或同生猪油捣和成膏敷贴。(《江西民间草药验方》)

治中耳炎：博落回同白酒研末，澄清后用灯芯洒滴耳内。(江西《草药手册》)

治黄癣（癞痢）：先剃发，再用博落回60g，明矾30g，煎水洗，每日1次，共7天。(江西《草药手册》)

治水、火烫伤：博落回根研末，棉花子油调搽。(江西《草药手册》)

治蜈蚣、黄蜂咬伤：取新鲜博落回茎，折断，黄色汁液流出，以汁搽患处。(《江西民间草药验方》)

治疥癣：博落回叶30g，米醋250g，浸泡1天后，外涂患处，每日2次。(《安徽中草药》)

【中成药应用例证】

博落回肿痒酊：凉血解毒，祛风止痒。用于血热风燥，皮肤瘙痒及蚊虫叮咬。

【现代临床应用】

治疗滴虫性阴道炎；治疗宫颈糜烂，总有效率94.77%；治疗酒渣鼻；治疗痔疮合并感染。

紫花八宝

Hylotelephium mingjinianum (S. H. Fu) H. Ohba

景天科（Crassulaceae）八宝属多年生草本。

茎多少呈之字形曲折，无毛。叶互生，上部叶线形，下部叶椭圆状倒卵形，边缘上部波状钝齿状，下部全缘。伞房花序顶生，花瓣5，紫色。果期10月。

大别山各县市均有分布，生于山间溪边阴湿处。

石蝴蝶出自《天目山药用植物志》。《植物名实图考》载有省头草，云："生湖南宝庆府山谷中。圆梗厚叶，柔绿一色，上有白粉，颇似蕲棍叶，长二寸余，宽几一寸，本末俱尖瘦，有疏齿；梢叶小不几寸，无齿；赭根有短须甚细。俚医用之。"

【入药部位及性味功效】

石蝴蝶，又称省头草、蟑螂头、红叶脚趾草、岩竹、紫花景天、猫舌草、丁字草、丁拔、尖叶脚疔草，为植物紫花八宝的全草。全年均可采收，鲜用，或用沸水撩过，晒干。味苦，性凉。活血止血，清热解毒。主治吐血，挫伤，腰肌劳损，烫伤，毒蛇咬伤，带状疱疹，消化不良。

【经方验方应用例证】

治吐血：石蝴蝶鲜全草30～90g，仙鹤草鲜品等量。水煎，冲黄酒，红糖服。（《天目山药用植物志》）

治腰肌劳损：石蝴蝶鲜叶2～3片，洗净切碎。用黄酒吞服，每日2次，连服2～3天。（《浙江民间常用草药》）

治小儿惊风，胸膜炎：石蝴蝶鲜全草15～30g，水煎服。（《浙江民间常用草药》）

轮叶八宝

Hylotelephium verticillatum (L.) H. Ohba

景天科（Crassulaceae）八宝属多年生草本。

茎直立，基部常木质化，须根细。4叶，少有5叶轮生，下部的常为3叶轮生或对生，长圆状披针形至卵状披针形，叶腋常有白色株芽。聚伞状伞房花序顶生；花密生，萼片5，基部稍合生。花瓣5，淡绿色至黄白色，长圆状椭圆形。花期7～8月，果期9月。

大别山各县市均有分布，生于山坡草丛中或沟边阴湿处。

【入药部位及性味功效】

轮叶八宝，又称还魂草、打不死、轮叶景天、楼台还阳、酱子草、三角还阳、鸡眼睛、岩三七、胡豆七，为植物轮叶八宝的全草。夏、秋季采收，鲜用或晒干。味苦，性凉。活血化瘀，解毒消肿。主治劳伤腰痛，金疮出血，无名肿痛，蛇虫咬伤。

【经方验方应用例证】

治金疮出血：轮叶景天、毛蜡烛、石苇、糯米草、百草霜各适量，捣绒外敷。（《万县中草药》）

治无名肿毒、创伤：鲜轮叶景天适量，捣成泥状，外敷用或绞汁涂患处。（《秦岭巴山天然药物志》）

珠芽景天

Sedum bulbiferum Makino

景天科（Crassulaceae）景天属多年生草本。

茎下部常横卧，无不育枝。叶腋常有圆球形、肉质、小形珠芽着生；基部叶常对生，上部的互生，下部叶卵状匙形，上部叶匙状倒披针形，先端钝，基部渐狭。聚伞花序3分枝，再二歧分枝，花无梗，萼片有短距骨葖成熟后星芒状排列。花期5～6月。

大别山各县市广泛分布，生长于路旁或山坡谷中阴湿地。

珠芽半支出自《全国中草药汇编》。《百草镜》载各种半支，有72种，其中不少为景天科景天属植物，本种可能为其中之一。

【入药部位及性味功效】

珠芽半支，又称狗牙菜、狗牙瓣、小箭草、零余子景天、珠芽石板菜、零余子佛甲草，为植物珠芽景天的全草。夏季采收全草，鲜用或晒干。味酸、涩，性凉。归肝经。清热解毒，凉血止血，截疟。主治热毒痈肿，牙龈肿痛，毒蛇咬伤，血热出血，外伤出血，疟疾。

【经方验方应用例证】

治疮肿：鲜狗牙菜适量，加盐少许，捣烂敷患处。（《四川中药志》1979年）

治肺热咯血：鲜狗牙菜30g，吉祥草30g，水煎服。（《四川中药志》1979年）

凹叶景天

Sedum emarginatum Migo

景天科（Crassulaceae）景天属多年生草本。

茎细弱，高10～15cm。叶对生，匙状倒卵形或宽卵形，先端圆，有微缺，基部渐窄，有短距。聚伞状花序顶生，花多，无梗，萼片有短距；花瓣黄色。蓇葖果略叉开，腹面有浅囊状隆起。花期5～6月，果期6月。

大别山各县市均有分布，生于阴湿石缝中。

马牙半支出自《本草纲目拾遗》，云："马牙半支有二种，有红梗青梗之别，治妇人赤白带第一妙药。赤带用赤梗者，白带用白梗者。"其引《百草镜》云："酱瓣半支，又名旱半支，叶如酱中豆瓣，生石上，或燥土平隰皆有之，蔓生。二月发苗，茎微方，作水红色，有细红点子，经霜不凋，四月开花黄色，如瓦松。"

【入药部位及性味功效】

马牙半支，又称酱板草、石上马牙苋、酱瓣半支、旱半支、酱瓣草、酱瓣豆草、铁梗半支、山半支、佛甲草、半支莲、仙人指甲、马牙板草、石马齿苋、豆瓣草、六月雪、狗牙瓣，为植物凹叶景天或圆叶景天的全草。夏、秋季采收，洗净，鲜用或置沸水中稍烫，晒干。味苦、酸，性凉。归心、肝、大肠经。清热解毒，凉血止血，利湿。主治痈疖，疔疮，带状疱疹，瘰疬，咯血，吐血，衄血，便血，痢疾，淋证，黄疸，崩漏，带下。

【经方验方应用例证】

治吐血：鲜凹叶景天60～90g，猪瘦肉250g，水炖至肉烂，食肉喝汤。（《安徽中草药》）

治瘰疬：马牙半支作菜常服。（《本草纲目拾遗》）

治淋疾：芝麻一把，核桃一个，石上马牙苋（鲜品15g），共捣烂，滚生酒冲服。（《奇方类编》）

治肝炎：鲜凹叶景天60～90g，煎服。（《湖北中草药志》）

治急痧：酱瓣草阴干，每服三钱，水煎服。（《本草纲目拾遗》）

佛甲草

Sedum lineare Thunb.

景天科（Crassulaceae）景天属多年生草本。

茎肉质，无毛，不育枝斜上。叶线形，常3叶轮生，少对生，基部无柄。聚伞花序顶生，中心花有短梗，分枝上花无梗；花黄色。蓇葖果略叉开。花期4～5月，果期6～7月。

大别山各县市均有分布，生长在低山或平地草坡上。

此草叶尖长而小，因形似故有佛甲、佛指甲、鼠牙之称。午时开花，故称午时花。

佛甲草始载于《本草图经》，云："多附石向阳而生，有似马齿苋，细小而长，有花黄色，不结实，四季皆有，采时无。彼土人多用。"《本草纲目》："二月生苗成丛，高四五寸，脆茎细叶，柔质如马齿苋，尖长而小，夏开黄花，经霜则枯，人多栽于石山瓦墙上，呼为佛甲草。"

【入药部位及性味功效】

佛甲草,又称火烧草、火焰草、佛指甲、半支连、铁指甲、狗牙半支、龙水草、回生草、禾雀舌、万年草、午时花、金枪药、狗牙瓣、小佛指甲、尖叶佛甲草、枉开口、鼠牙半枝莲、猪牙齿、土三七、养鸡草、关叶小石指甲,为植物佛甲草的茎叶。鲜用随采,或夏、秋两季,拔出全株,洗净,放开水中烫一下,捞起,晒干或炕干。味甘、淡,性寒。归肺、肝经。清热解毒,利湿,止血。主治咽喉肿痛,目赤肿毒,热毒痈肿,疔疮,丹毒,缠腰火丹,烫火伤,毒蛇咬伤,黄疸,湿热泻痢,便血,崩漏,外伤出血,扁平疣。

【经方验方应用例证】

治咽喉肿痛:鲜佛甲草60g。捣绞汁,加米醋少许,开水一大杯冲漱喉,日数次。(《闽东本草》)

治眼目燉肿或角膜生斑翳:取佛甲草叶汁点之。(《荷兰药镜》)

治乳痈红肿:狗牙瓣、蒲公英、金银花,加甜酒捣烂外敷。(《贵阳民间药草》)

治黄疸性肝炎,迁延性肝炎:佛甲草30g,当归9g,红枣10枚。水煎服。(《秦岭巴山天然药物志》)

治诸疔毒,火丹,头面肿胀将危者:铁指甲,少入皮硝捣罨之。(《李氏草秘》)

治痔疮燉痛:以佛甲草叶入乳汁,煮如膏贴患处。(《荷兰药镜》)

治胰腺癌:鲜鼠牙半枝莲60~120g,鲜荠菜90~180g(干品减半),水煎早晚分服。(《全国中草药汇编》)

治食管癌、贲门癌:佛甲草250g,先用水泡,再煎服,一日1剂。(《中草药通讯》1972,(3):13)

治老茧、鸡眼:鲜佛甲草叶浸醋中,取出,干贴,硬肉自然渐软而消。(《荷兰药镜》)

【现代临床应用】

治疗扁平疣,治愈率84%。

垂盆草
Sedum sarmentosum Bunge

景天科（Crassulaceae）景天属多年生草本。

叶倒披针形至长圆形，3叶轮生，基部有距，全缘。3叶轮生，叶倒披针形或长圆形，基部骤窄，有距；不育枝及花茎细，匍匐，节上生根，直到花序之；聚伞花序，花无梗，花淡黄色。花期5月。

大别山各县市均有分布，生长在1500m以下的山坡阴处石上或土上。

肉质草本，柔枝纤细，多植盆中供观赏。枝叶繁茂而四散下垂，故称垂盆草。叶长卵形，肉质肥厚，顶端尖，似狗牙，又似瓜子，（枝条匍匐地面时）三叶轮生偏于一侧，故有狗牙草、狗牙半支、瓜子草等别名。茎匍匐，节节生根，如蜈蚣之足，并喜生石上，叶光滑，又似指甲状，故有地蜈蚣草、石指甲之称。

《履巉岩本草》载为山护花一名，当为山护火之音讹。《本草纲目拾遗》引《百草镜》云："二月发苗，茎白，其叶三瓣一聚，层积蔓生，花后即枯，四月开花黄色，如瓦松。"

【入药部位及性味功效】

垂盆草，又称山护花、鼠牙半支、半枝莲、狗牙草、佛指甲、瓜子草、三叶佛甲草、白蜈蚣、地蜈蚣草、太阳花、枉开口、石指甲、狗牙瓣，为植物垂盆草的全草。四季可采，晒干或鲜用。味甘、淡、微酸，性凉。归肝、肺、大肠经。清热利湿，解毒消肿。主治湿热黄疸，淋证，泻痢，肺痈，肠痈，疮疖肿毒，蛇虫咬伤，水火烫伤，咽喉肿痛，口腔溃疡及湿疹，带状疱疹。

【经方验方应用例证】

治急性黄疸性肝炎：垂盆草30g，茵陈蒿30g，板蓝根15g，水煎服。（《安徽中草药》）

治疗急性黄疸性或无黄疸性肝炎：鲜垂盆草62～125g，鲜旱莲草125g，煎煮成200～300mL，每次口服100～150mL，每日2次，1个疗程15～30天。（《福建药物志》）

治疗慢性迁延性肝炎：鲜垂盆草30g，紫金牛9g，水煎去渣，加食糖适量，分2次服。（《浙江药用植物志》）

治咽喉肿痛：垂盆草15g，山豆根9g，水煎服。（《青岛中草药手册》）

试治肺癌：垂盆草、白英各30g，水煎服，每日1剂。（《全国中草药新医疗法展览会资料选编》）

【中成药应用例证】

复方益肝丸：清热利湿，疏肝理脾，化瘀散结。用于湿热毒蕴所致的胁肋胀痛、黄疸、口干口苦、苔黄脉弦；急、慢性肝炎见上述证候者。

垂盆草颗粒：清热解毒，活血利湿。用于急、慢性肝炎属湿热瘀结证者。

复方垂盆草糖浆：清热解毒，活血利湿，有降低谷丙转氨酶的作用。用于急性肝炎及迁延性肝炎、慢性肝炎的活动期。

日晒防治膏：清热解毒，凉血化斑。用于防治热毒灼肤所致的日晒疮。

益肝乐胶囊：清热利湿，疏肝解郁。用于湿热蕴蒸，身目俱黄或两胁痞满、疼痛，体倦懒食，溲赤便溏，舌苔黄腻等；急、慢性肝炎属上述证候者。

清肝败毒丸：清热利湿解毒。用于急、慢性肝炎属肝胆湿热证者。

垂阴茶颗粒：清热解毒，除湿退黄。用于急性黄疸性肝炎、中毒性肝炎等。

肝康宁片：清热解毒，活血疏肝，健脾祛湿。用于急、慢性肝炎，湿热疫毒蕴结、肝郁脾虚证所见胁痛腹胀、口苦纳呆、恶心、厌油、黄疸日久不退或反复出现，小便发黄、大便偏干或黏滞不爽、神疲乏力等症。

【现代临床应用】

垂盆草用于治疗肝炎、痈疖疮毒、静脉炎、肌内注射致局部红肿热痛。

大落新妇

Astilbe grandis Stapf ex Wils.

虎耳草科（Saxifragaceae）落新妇属多年生草本。

茎被褐色长柔毛和腺毛；二或三回3出复叶或羽状复叶；叶轴与小叶柄均多少被腺毛，叶腋具长柔毛；小叶卵形、窄卵形或长圆形，顶生小叶较大，菱状椭圆形，具重锯齿，上面被糙伏腺毛，下面沿脉被腺毛。花序第一回分枝与花序轴成35°～50°角斜上；花序轴与花梗均被腺毛；花瓣白色或紫色。花果期6～9月。

大别山各县市均有分布，生于海拔1200m的林下阴处及路旁草丛中。

红升麻出自《全国中草药汇编》。落新妇之名始载于《本草经集注》，云："建平间亦有，形大味薄不堪用，人言是落新妇根，不必尔，其形自相似，气色非也。"《本草拾遗》："今人多呼小升麻为落新妇，功用同于升麻，亦大小有殊。"

【入药部位及性味功效】

落新妇，又称术活、马尾参、巴日斯-敖鲁素、金尾蟥，为植物落新妇、大落新妇的全草。秋季采收，除去根茎，洗净，晒干或鲜用。味苦，性凉。归肺经。祛风，清热，止咳。主治风热感冒，头身疼痛，咳嗽。

红升麻，又称小升麻、金毛三七、阴阳虎、虎麻、荞麦三七、消食丹、三角钻、水升麻、水三七、金毛狗、乌足升麻，为植物落新妇和大落新妇的根茎。夏、秋季采收，除去杂质，洗净，晒干或鲜用。味辛、苦，性温。活血止痛，祛风除湿，强筋健骨，解毒。主治跌打损伤，风湿痹痛，劳倦乏力，毒蛇咬伤。

【经方验方应用例证】

治风热感冒：马尾参15g，煨水服。（《贵州草药》）

治陈伤积血，筋骨酸痛：鲜根30g，捣烂，黄酒冲服。（《天目山药用植物志》）

手术后止痛：落新妇根茎15g，煎服。（《安徽中草药》）

治胃痛，肠炎：落新妇根茎15g，青木香9g，煎服。（《安徽中草药》）

治小儿惊风：落新妇根茎6～9g，水煎服。（《浙江药用植物志》）

【中成药应用例证】

痛可舒酊：祛风除湿，活血止痛。用于风湿痹痛、偏正头痛等属于风湿瘀阻证者。

龋齿宁含片：清热解毒，消肿止痛。用于龋齿痛及牙周炎、牙龈炎等。

愈伤灵胶囊：活血散瘀，消肿止痛。用于跌打挫伤，筋骨瘀血肿痛，亦可用于骨折的辅助治疗。

大叶金腰

Chrysosplenium macrophyllum Oliv.

虎耳草科（Saxifragaceae）金腰属多年生草本。

茎肉质。叶基生或在不育枝上互生，叶片倒卵形至近圆形。花葶肉质。多歧聚伞花序顶生；苞叶卵形；萼片近卵形；雄蕊高出萼片；子房半下位。蒴果2果瓣近等大。花果期4～6月。

罗田、英山、麻城均有分布，生于海拔900m以上的林下或沟旁阴湿处。

【入药部位及性味功效】

虎皮草，又称猪耳朵、牛耳朵、大叶金腰、马耳朵、龙香草、龙舌草、大脚片、大叶猫眼睛、虎草、坑菜、闷鸡心、毛白菜、大虎耳草、岩乌金菜、斗甲、大叶毛大丁、岩窝鸡，为植物大叶金腰的全草。春、夏采收叶，晒干或鲜用。味苦、涩，性寒。清热解毒，止咳，止带，收敛生肌。主治小儿惊风，无名肿毒，咳嗽，带下，臁疮，烫火伤。

【经方验方应用例证】

治小儿惊风：马耳朵草全草60g，加金饰1具，水煎，空腹服。（《天目山药用植物志》）

治肺结核咯血：大叶金腰全草15～60g，煮豆腐或猪瘦肉吃。（《湖南药物志》）

治支气管扩张、哮喘：大叶金腰全草15～30g，研末。白茅根60～90g煎水，分次送服。（《湖南药物志》）

治慢性肾炎、肝炎：大叶金腰全草9～15g，水煎服，或煮猪瘦肉吃。（《湖南药物志》）

治头晕、耳鸣、腰痛：马耳朵30g，水煎服。（《湖北中草药志》）

治臁疮：鲜虎皮草适量，捣烂取汁，加雄黄或冰片少许，调匀涂搽患处。（《陕西中草药》）

治烫火伤：虎皮草、刺黄连根各等量，水煎熬膏，涂搽患处。（《陕西中草药》）

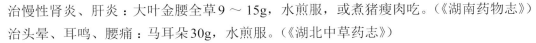

中华金腰

Chrysosplenium sinicum Maxim.

虎耳草科（Saxifragaceae）金腰属多年生草本。

不育枝发达，无毛，叶互生，宽卵形或近圆形，稀倒卵形，具11～29钝齿，基部宽楔形或近圆，两面无毛，有时顶生叶下面疏生褐色乳突，叶柄长不及1.7cm；叶对生，近圆形或宽卵形，基部宽楔形，无毛。花茎无毛；花黄绿色；萼片直立，宽卵形或宽椭圆形，子房半下位；无花盘。蒴果，2果瓣不等大。花果期4～8月。

英山、罗田均有分布，生于海拔500～1700m的林下或山沟阴湿处。

【入药部位及性味功效】

华金腰子，又称猫眼草、金钱苦叶草，为植物中华金腰的全草。8～9月采，洗净，晒干。味苦，性寒。清热解毒，利尿退黄。主治黄疸，淋证，膀胱结石，胆道结石，疔疮。

【经方验方应用例证】

治尿道感染、小便涩痛：华金腰子配青蒿、车前、萹蓄煎服。（《高原中草药治疗手册》）
治胆道结石及肝炎黄疸：华金腰子配茵陈、郁金、枳壳煎服。（《高原中草药治疗手册》）
治膀胱结石：华金腰子配苜蓿花、瞿麦煎服。（《高原中草药治疗手册》）

虎耳草

Saxifraga stolonifera Curt.

　　虎耳草科（Saxifragaceae）虎耳草属多年生草本。

　　茎高达45cm，被长腺毛。基生叶近心形、肾形或扁圆形，先端急尖或钝，基部近截、圆形或心形，边缘（5）7～11浅裂，并具不规则牙齿和腺睫毛，两面被腺毛和斑点，叶柄被长腺毛；茎生叶1～4，叶片披针形，长约6mm。聚伞花序圆锥状，具7～61花；花瓣具紫红色及黄色斑点，下面2枚较长，披针形至长圆形。花果期4～11月。

　　大别山各县市均有分布，生于林下、灌丛、草甸和阴湿岩隙。

　　虎耳草始载于《履巉岩本草》。《本草纲目》："虎耳，生阴湿处，人亦栽于石山上。茎高五六寸，有细毛，一茎一叶，如荷盖状，人呼为石荷叶。叶大如钱，状似初生小葵叶，及虎之耳形。夏开小花，淡红色。"叶圆，如荷叶，傍石而生，故名石荷叶。又以芙蓉、莲等状之，或以为如兽耳，而有虎耳草、猪耳草、猫耳朵等名。其匍匐枝丝状、赤紫色，故又以金线、金丝缀之。《植物名实图考》："栽种者多白纹，自生山石间者淡绿色。有白毛，却少细纹。"

【入药部位及性味功效】

　　虎耳草，又称石荷叶、金线吊芙蓉、老虎耳、系系叶、天荷叶、金丝荷叶、丝棉吊梅、耳聋草、猪耳草、狮子草、金钱荷叶、金线莲、石丹药、佛耳草、丝丝草、蟹壳草、搽耳草、猫耳朵、耳朵草、红丝络、红线草、红线绳、水耳朵、月下红、金丝草、耳朵红、铜钱草、倒垂莲，为植物虎耳草的全草。全年可采，但以花后采者为好，全草拔出，洗净，晾干。味辛、苦，性寒，有小毒。疏风清热，凉血解毒。主治风热咳嗽，肺痈，吐血，风火牙痛，风疹瘙痒，痈肿丹毒，痔疮肿痛，毒虫咬伤，外伤出血，急性中耳炎，大疱性鼓膜炎。

【经方验方应用例证】

治肺痈吐臭脓：虎耳草12g，忍冬叶30g。水煎2次，分服。（《江西民间草药》）

治肺结核：虎耳草、鱼腥草、一枝黄花各30g，白及、百部、白茅根各15g，水煎服。（《福建药物志》）

治耳内肿痛，流脓出水：①虎耳草捣汁，多灌入耳中，常常用之。略加枯矾更妙。（《幼幼集成》）②鲜虎耳草60g，鲜爵床、冰糖各30g，水煎服。（《福建药物志》）

治湿疹，皮肤瘙痒：鲜虎耳草500g，切碎，加95%酒精拌湿，再加30%酒精1000mL浸泡1周，去渣，外敷患处。（《南京地区常用中草药》）

治中耳炎：鲜虎耳草叶捣汁滴入耳内。（《浙江民间常用草药》）

治血崩：鲜虎耳草30～60g，加黄酒、水各半煎服。（《浙江民间常用草药》）

【中成药应用例证】

咳清胶囊：润肺平喘，止咳化痰。用于感冒引起的咳嗽、支气管炎。

胆清胶囊：清热利湿，疏肝利胆。用于肝胆湿热所致的脘胁疼痛、呃逆呕恶、口干口苦、大便秘结，以及胆囊炎、胆石症见上述证候者。

胆炎康胶囊：清热利湿，排石止痛。用于肝胆湿热蕴结所致急慢性胆囊炎、胆管炎、胆石症，以及胆囊手术后综合征。

前列舒通胶囊：清热利湿，化瘀散结。用于慢性前列腺炎、前列腺增生属湿热瘀阻证，症见尿频、尿急、尿淋沥、会阴、下腹或腰骶部坠胀或疼痛，阴囊潮湿等。

经带宁胶囊：清热解毒，除湿止带，调经止痛。用于热毒瘀滞所致的经期腹痛，经血色暗，血块，赤白带下，量多气臭，阴部瘙痒灼热。

【现代临床应用】

治疗化脓性中耳炎：治疗急、慢性中耳炎，治愈率93.56%。

黄水枝

Tiarella polyphylla D. Don

虎耳草科（Saxifragaceae）黄水枝属多年生草本。

根状茎径3～6mm；茎密被腺毛。基生叶心形，先端急尖，基部心形，掌状3～5浅裂，具不规则齿；茎生叶常2～3，与基生叶同型。花梗长达1cm，被腺毛；萼片花期直立，卵形，先端稍渐尖，外面和边缘具腺毛，3至多脉；无花瓣；花丝钻形；心皮2，不等大，下部合生，子房近上位，花柱2；蒴果。花果期4～11月。

大别山各县市均有分布，生于海拔900～1700m的林下、灌丛和阴湿地。

【入药部位及性味功效】

黄水枝，又称博落、高脚铜告牌、紫背金钱、虎耳草、防风七，为植物黄水枝的全草。4～10月采收，洗净，晒干或鲜用。味苦、辛，性寒。清热解毒，活血祛瘀，消肿止痛。主治疮疖，无名肿痛，咳嗽，气喘，肝炎，跌打损伤。

【经方验方应用例证】

治咳嗽气喘：鲜黄水枝30g，芫荽12～15g，水煎冲红糖。每日早晚饭前各服1次，忌食酸辣、萝卜菜。（江西《草药手册》）

治疮疖，无名肿痛：黄水枝、野菊花、蒲公英、夏枯草、银花藤各15g，水煎服，并用鲜黄水枝全草捣烂外敷患处。（《四川中药志》1982年）

治黄水疮：黄水枝叶、龙葵叶、木芙蓉叶、黄柏、枯矾各6g，研细末，擦患处。（《四川中药志》1982年）

扯根菜

Penthorum chinense Pursh

扯根菜科（Penthoraceae）扯根菜属多年生草本。

茎不分枝，常紫红色，中下部无毛，上部疏生黑褐色腺毛。叶近无柄，膜质，披针形。聚伞花序具多花；苞片小，卵形；花小，黄白色；萼片三角形；心皮下部合生；花柱粗。花果期7～10月。

罗田、英山等县市均有分布，常生于水沟边及山坡树林下。

水泽兰出自《贵州民间药物》，以扯根菜之名始载于《救荒本草》，云："扯根菜，生田野中，苗高一尺许，茎赤红色。叶似小桃红叶微窄小，色颇绿，又似小柳叶，亦短而厚窄，其叶周围攒茎而生。开碎瓣小青白花，结小花蒴似蒺藜样，叶苗味甘，救饥采苗叶煤。"《植物名实图考》载其"茎赤红色"，叶"又似小柳叶"，果似蒺藜等。

【入药部位及性味功效】

水泽兰，又称扯根菜、水滓蓝、水杨柳、赶黄草、红柳信、流痰草、红曲草、水桃草、双线草、水苋菜，为植物扯根菜的全草。夏季采收，扎把晒干。味苦、微辛，性寒。利水除湿，活血散瘀，止血，解毒。主治水肿，小便不利，黄疸，带下，痢疾，闭经，跌打损伤，尿血，崩漏，疮痈肿毒，毒蛇咬伤。

【经方验方应用例证】

治水肿、食肿、气肿：水泽兰一两，臭草根五钱，五谷根四钱，折耳根三钱，石菖蒲三钱。煎水服，日服三次，每次半碗。(《贵州民间药物》)

治跌打伤肿痛：水泽兰适量，捣绒敷患处；另用水泽兰五钱，煎酒服。(《贵州民间药物》)

治急性乳腺炎，毒蛇咬伤：扯根菜鲜草、臭牡丹等量，捣烂敷。(《湖南药物志》)

治骨髓炎：扯根菜鲜草30g，蛇含草、香附各15g，捣烂，醋调敷。并以芫花根皮消毒后作引条引流。(《湖南药物志》)

【中成药应用例证】

痛肿灵酊：祛风除湿，消肿止痛。用于风湿骨痛，跌打损伤。

肝苏颗粒：降酶，保肝，退黄，健脾。用于慢性活动性肝炎、乙型肝炎，也可用于急性病毒性肝炎。

肝苏片：清利湿热。用于急性病毒性肝炎、慢性活动性肝炎属湿热证者。

【现代临床应用】

治疗急性黄疸性肝炎。

龙牙草

Agrimonia pilosa Ldb.

蔷薇科（Rosaceae）龙牙草属多年生草本。

全部密生长柔毛。叶为单数羽状复叶，小叶5～7，杂有小型小叶，无柄，椭圆状卵形或倒卵形，边缘有锯齿，两面均疏生柔毛，下面有多数腺点；叶轴与叶柄均有稀疏柔毛，托叶近卵形。顶生总状花序有多花，近无梗；苞片细小，常3裂；花黄色，直径6～9mm；萼筒外面有槽并有毛，顶端生一圈钩状刺毛，裂片5；花瓣5；雄蕊10；心皮20。瘦果倒圆锥形，萼裂片宿存。花果期5～12月。

大别山各县市均有分布，生于海拔1700m以下的溪边、路旁、草地、灌丛、林缘或疏林下。

仙鹤草的根芽《神农本草经》称狼牙，象形也。龙牙即狼牙之声转，龙、狼双声，故其全草称狼牙草、龙牙草、金顶龙牙（金顶因黄色而名）、异风（当作凤）颈草、仙鹤草亦因花穗长形而得之。可用于脱力劳伤、出血，故又名脱力草、刀口药。

仙鹤草始见于清代的《伪药条辨》，其原名龙牙草，始见于《本草图经》，云："龙牙草生施州，株高二尺以来，春夏有苗叶，至秋冬而枯，其根味辛、涩，温、无毒，春夏采之，洗净，去芦头，焙干，不计份两，捣罗为末，用米饮调服一钱匕，治赤白痢，无所忌。"《救荒本草》："龙牙草一名瓜香草，生辉县鸭子口山野间，苗高一尺余，茎多涩毛，叶形如地棠叶而宽大，叶头齐团，每五叶或七叶作一茎排生，叶茎脚上又有小芽，叶两两对生，梢间出穗，开五瓣小圆黄花，结青毛蒉葖，有子大如黍粒，味甜。"

《本草纲目拾遗》引《百草镜》云："龙牙草生山上，立夏时发苗布地，叶有微毛，起茎高一二尺，寒露时开花成穗，色黄而细小，根有白芽，尖圆似龙牙，顶开黄花，故名金顶龙牙，一名铁胡蜂，以其老根黑色，形似之。"赵学敏且以龙牙草并入"石打穿"条，并引蒋仪《药镜·拾遗赋》中之歌为证，歌曰："谁人识得石打穿，绿叶深纹锯齿边。阔不盈寸长更倍，圆茎枝抱起相连。秋发黄花细瓣五，结实扁小针刺攒。宿根生本三尺许，子发春苗随弟肩。大叶中间夹小叶，层层对比相新鲜。味苦辛平入肺脏，穿肠穿胃能攻坚。采掇茎叶捣汁用，麻浆白酒佐使全。噎膈饮之痰立化，津咽平复功最先。世眼愚蒙知者少，岐黄不识名浪传。丹砂句漏葛仙事，余爱养生著数言。"从而确定这种石打穿就是植物龙牙草。

鹤草芽以"牙子"始载于《神农本草经》，也呼为"狼牙"。《名医别录》："生淮南川谷及冤句。八月采根，暴干。"《本草经集注》："近道处处有之，其根牙亦似兽之牙齿也。"《蜀本草》："苗似蛇莓而厚大，深绿色，根萌芽若兽之牙，今所在有之，二月、三月采牙，日干。"

【入药部位及性味功效】

仙鹤草，又称鹤草芽、龙牙草、施州龙牙草、瓜香草、黄龙尾、铁胡蜂、金顶龙牙、老鹳嘴、子母草、毛脚茵、黄龙牙、草龙牙、地椒、黄花草、蛇疙瘩、龙头草、寸八节、过路黄、毛脚鸡、杰里花、线麻子花、脱力草、刀口药、大毛药、地仙草、蛇倒退、路边鸡、毛将军、鸡爪沙、路边黄、五蹄风、牛头草、泻痢草、黄花仔、异风颈草、子不离母、父子草、毛鸡草、群兰败毒草、狼牙草、止血草黄龙牙，为植物龙牙草的地上部分。栽种当年或第二年，在枝叶茂盛未开花时，割取地上部分，除净泥土，切段，晒干。味苦、涩，性平。归肺、肝、脾经。收敛止血，止痢，杀虫。主治咯血，吐血，尿血，便血，崩漏及外伤出血，腹泻，痢疾，劳伤脱力，疟疾，滴虫性阴道炎。

鹤草芽，又称牙子、狼牙、狼齿、狼自、犬牙、狼牙子、狼牙草根芽、仙鹤草根芽，为植物龙牙草带短小根茎的冬芽（地下根茎芽）。冬春季新株萌发前挖取根茎，除去老根，留幼芽（带小根茎），洗净晒干，或低温烘干。味苦、涩，性凉。驱虫，解毒消肿。主治绦虫病，阴道滴虫病，疮疡疥癣，疖肿，赤白痢疾。

龙牙草根，又称地冻风，为植物龙牙草的根。秋后采收，除去地上部分，洗净，晒干。味辛、涩，性温。解毒，驱虫。主治赤白痢疾，疮疡，肿毒，疟疾，绦虫病，闭经。

【经方验方应用例证】

治中暑：龙牙草全草30g，水煎服。（《湖南药物志》）

治过敏性紫癜：仙鹤草90g，生龟板30g，枸杞根、地榆炭各60g，水煎服。（苏州医学院《中草药手册》）

治乳痈，初起者消，成脓者溃，且能令脓出不多：龙牙草一两，白酒半壶，煎至半碗，饱后服。（《百草镜》）

治疟疾，每日发作，胸腹饱胀：仙鹤草9g，研成细末，于发疟前用烧酒吞服，连用3剂。（《贵州民间方药集》）

治贫血衰弱，精力痿顿（民间治脱力劳伤）：仙鹤草30g，红枣10个。水煎，一日数回分服。（《现代实用中药》）

治妇人月经或前或后，有时腰痛、发热、气胀之症：黄龙尾二钱，杭芍三钱，川芎一钱五分，香附一钱，红花二分，水煎，点酒服。如经血紫黑，加苏木、黄芩；腹痛加延胡索、小茴香。（《滇南本草》）

龙牙一醉饮：主治疗疮。（《回春》卷八）

青叶紫草汤：清热解毒，凉血止血。主治火毒证。（《中西医结合临床外科手册》）

宁血汤：清火，凉血，止血。主治内眼出血初期，仍有出血倾向，属血热妄行者。（《中医眼科学》）

复方地榆丸：清热解毒，消积止痢。主治细菌性痢疾。（《农村中草药制剂技术》）

加味滋阴血止饮：养肝潜阳，滋阴止血。主治肝阴亏损，虚火上炎，血不循经，溢于络外，积于前房。（李藻云方）

乙肝解毒汤：清化解毒，活血祛瘀，健脾疏肝，益气温肾。主治湿热邪毒内蕴，肝郁血瘀，脾肾两亏，营卫失调；慢性乙型肝炎。（来春茂方）

【中成药应用例证】

养血安神颗粒：滋阴养血，宁心安神。用于阴虚血少，头眩心悸，失眠健忘。

鹤草芽栓：杀滴虫，消炎，止痒。用于阴道滴虫感染，滴虫性阴道炎，因阴道滴虫所致白带增多、外阴瘙痒等症，对子宫宫颈糜烂有一定疗效。

宁泌泰胶囊：清热解毒，利湿通淋。用于湿热蕴结所致淋证，症见小便不利、淋沥涩痛、尿血，以及下尿路感染、慢性前列腺炎见上述证候者。

宫瘤消胶囊：活血化瘀，软坚散结。用于子宫肌瘤属气滞血瘀证，症见月经量多，夹有大小血块，经期延长，或有腹痛，舌暗红，或边有紫点、瘀斑，脉细弦或细涩。

仙蟾片：化瘀散结，益气止痛。用于食管癌、胃癌、肺癌。

双金胃疡胶囊：疏肝理气，健胃止痛，收敛止血。用于肝胃气滞血瘀所致的胃脘刺痛、呕吐吞酸、脘腹胀痛；胃及十二指肠溃疡见上述证候者。

平眩胶囊：滋补肝肾，平肝潜阳。用于肝肾不足、肝阳上扰所致眩晕、头昏、心悸、耳鸣、失眠多梦、腰膝酸软。

升血小板胶囊：清热解毒，凉血止血，散瘀消斑。用于原发性血小板减少性紫癜。症见全身瘀点或瘀斑，发热烦渴，小便短赤，大便秘结，或见鼻衄，齿衄，舌红苔黄，脉滑数或弦数。

祛瘀散结胶囊：祛瘀消肿，散结止痛。用于瘀血阻络所致乳房胀痛、乳癖、乳腺增生症。

百仙妇炎清栓：清热解毒，杀虫止痒，祛瘀收敛。用于霉菌性、细菌性、滴虫性阴道炎和宫颈糜烂。

新肤螨软膏：杀螨止痒。用于治疗痤疮。

长春红药胶囊：活血化瘀，消肿止痛。用于跌打损伤，瘀血作痛。

【现代临床应用】

临床上仙鹤草用于治疗嗜盐菌感染性食物中毒；治疗滴虫性阴道炎；治疗梅尼综合征，仙鹤草100g，水煎，每日1剂，分2次服；用于止血。

临床上鹤草芽用于治疗绦虫病，效果显著；治疗滴虫性肠炎。

蛇莓

Duchesnea indica (Andr.) Focke

蔷薇科（Rosaceae）蛇莓属多年生草本。

匍匐茎多数，被柔毛。小叶倒卵形或菱状长圆形，先端圆钝，有钝锯齿，两面被柔毛，或上面无毛；小叶柄被柔毛，托叶窄卵形或宽披针形。花单生叶腋；花梗被柔毛；萼片卵形，副萼片倒卵形，比萼片长，先端有3～5锯齿，外面有散生柔毛；花瓣倒卵形，黄色；雄蕊20～30；心皮多数，离生，花托在果期膨大，海绵质，鲜红色，有光泽，有长柔毛。瘦果卵圆形，光滑或具不明显突起。花期6～8月，果期8～10月。

大别山各县市均有分布，生于海拔1700m以下的山坡、河岸、草地或潮湿地方。

《本草纲目》引《日用本草》："蚕老时熟红也，其中空者为蚕莓；中实极红者为蛇残莓，人不啖之，恐有蛇残也。"蛇莓之名当由此得之。今人夏玮瑛认为，因其可治蛇毒而名蛇莓，亦可参考。《本草纲目》又引《本草会编》："近地而生，故曰地莓。"亦作蛇蘸，《尔雅·释草》："蘸，麃也。"郭璞注："麃，莓也。"后世蘸音苞，与"泡"通假，而有诸"蛇泡"之名。膨大的花托鲜红色，覆以众多瘦果，与杨梅相似，故有诸"杨梅"之名。鸡冠果、龙吐珠等，皆因茎匍匐蔓生，果实鲜红色，以形得名。三爪龙、三匹风等，皆因其为三出复叶命名；地锦、疔疮药者，《植物名实图考》："蛇莓多生阶砌下，结红实，色至鲜，故名以锦。""南安人以茎叶捣敷疔疮，隐其名曰疔疮药。"

蛇莓之名始载于《名医别录》，列为下品。《本草经集注》："园野亦多，子赤色，极似莓而不堪啖……"《蜀本草》："生下湿处。茎端三叶，花黄子赤，若覆盆子，根似败酱，二月八月采根，四月五月收子。所在有之。"《本草纲目》："蛇莓，就地引细蔓，节节生根，每枝三叶，叶有齿刻，四、五月开小黄花，五出，结果鲜红，状似覆盆，而面与蒂则不同也。其根甚细。《本草》用汁，当是取其茎叶并根也。"

【入药部位及性味功效】

蛇莓，又称鸡冠果、野杨梅、蛇蘸、地莓、蚕莓、三点红、龙吐珠、狮子尾、疗疮药、蛇蛋果、地锦、三匹风、蛇泡草、三皮风、三爪龙、一点红、老蛇泡、蛇蓉草、三脚虎、蛇皮藤、蛇八瓣、龙衔珠、小草莓、地杨梅、蛇不见、金蝉草、三叶蘸、老蛇刺占、老蛇蓑、龙球草、蛇葡萄、蛇果藤、蛇枕头、蛇含草、蛇盘草、哈哈果、麻蛇果、九龙草、三匹草、蛇婆、蛇龟草、落地杨梅、红顶果、血疗草，为植物蛇莓的全草。6～11月采收全草，洗净，鲜用或晒干。味甘、苦，性寒。清热解毒，散瘀消肿，凉血止血。主治热病，惊痫，感冒，痢疾，目赤，咽痛，蛇虫咬伤，烫火伤，黄疸，口疮，痄腮，疖肿，月经不调，跌打肿痛，吐血，崩漏。

蛇莓根，又称三皮风根、蛇泡草根，为植物蛇莓的根。夏、秋季采挖其根，除去茎叶，洗净晒干或鲜用。味苦、甘，性寒，有小毒。清热泻火，解毒消肿。主治热病，小儿惊风，目赤红肿，痄腮，牙龈肿痛，咽喉肿痛，热毒疮疡。

【经方验方应用例证】

治黄疸：蛇莓全草15～30g，水煎服。（《广西中草药》）

治腮腺炎：鲜蛇莓30～60g，加盐少许同捣烂外敷。（江西《草药手册》）

治带状疱疹：鲜蛇莓全草捣烂，取汁外敷。（《浙江民间常用草药》）

治乳痈：鲜蛇莓30～60g，酒水煎服。（《甘肃中草药手册》）

治子宫内膜炎：鲜蛇莓、火炭母各60g，水煎服。（《福建药物志》）

治皮癣：鲜蛇莓叶适量，枯矾少许，同捣烂或加醋调敷患处。（《安徽中草药》）

治阴痒：蛇莓适量，煎水洗阴部。（《山西中草药》）

治雷公藤及磷砒中毒：蛇莓鲜草30g（去果实），加生绿豆30g，同捣烂，冷开水泡，绞汁服。（《湖南药物志》）

治癌肿、疗疮：蛇莓9～30g，煎服。（《上海常用中草药》）

治角膜炎、结膜炎：鲜蛇莓根3～5株，洗净捣汁，加菜油1食匙，蒸后取油点眼，每日3～4次，每次1～2滴。（《浙江民间常用草药》）

白英清喉汤：清热解毒。主治热毒壅盛。（裘渊英方）

化痰消食汤：化痰消食。主治胃癌早期，证属痰食交阻者。症见食欲不振，厌恶肉食，中脘闷胀，隐隐作痛，吞咽困难，泛吐黏痰，呕吐宿食，气味酸腐，舌苔白腻，脉弦滑或弦细。（《内科学》）

加味化结饮：益气养血，化痰散结，解毒软坚。主治素体虚弱，肝气郁结，痰湿夹火凝滞。（顾伯华方）

【中成药应用例证】

欣力康颗粒：补气养血，化瘀解毒。用于癌症放化疗的辅助治疗。

抗癌平丸：清热解毒，散瘀止痛。用于热毒瘀血壅滞肠胃而致的胃癌、食管癌、贲门癌、直肠癌等消化道肿瘤。

养正消积胶囊：健脾益肾，化瘀解毒。适用于不宜手术的脾肾两虚、瘀毒内阻型原发性肝癌辅助治疗，与肝内动脉介入灌注加栓塞化疗合用，有助于提高介入化疗疗效，减轻对白细胞、肝功能、血红蛋白的毒性作用，改善患者生存质量，改善脘腹胀满、纳呆食少、神疲乏力、腰膝酸软、溲赤便溏、疼痛。

紫龙金片：益气养血，清热解毒，理气化瘀。用于气血两虚证之原发性肺癌化疗者，症见神疲乏力、少气懒言、头昏眼花、食欲不振、气短自汗、咳嗽、疼痛。

宫瘤宁胶囊：软坚散结，活血化瘀，扶正固本。用于子宫肌瘤（肌壁间、浆膜下）气滞血瘀证，症见经期延长，经量过多，经色紫暗有块，小腹或乳房胀痛等。

【现代临床应用】

蛇莓治疗白喉，治愈率85%；治疗慢性咽炎。

蛇莓根治疗牙根尖周炎，总有效率96%。

路边青

Geum aleppicum Jacq.

蔷薇科（Rosaceae）路边青属多年生草本。

全株有长刚毛。基生叶羽状全裂或近羽状复叶，顶裂片较大，菱状卵形至圆形，3裂或具缺刻，先端急尖，基部楔形或近心形，边缘有大锯齿，两面疏生长刚毛；侧生叶片小，1～3对，宽卵形，并有小型的叶片；茎生叶有3～5叶片，卵形，3浅裂或羽状分裂；托叶卵形，有缺刻。花单生茎端，黄色，直径10～15mm。聚合果球形，宿存花柱先端有长钩刺。花果期7～10月。

大别山各县市均有分布，生于海拔200～1700m的山坡草地、沟边、地边、河滩、林间隙地或林缘。

五气朝阳草：中医中，五气内生，指风气内动、寒从中生、湿浊内生、津伤化燥、火热内生，相当于风、寒、暑、湿、燥之气。若这五气得阳气之助，五气朝阳，可祛风利湿，润燥降火，让身体舒适。此可谓其义。

【入药部位及性味功效】

五气朝阳草，又称追风七、见肿消、追风草、乌金丹、水杨梅、龙须草、萝卜叶、绿水草、草本水杨梅、老五叶、海棠菜、兰布政、头晕药、路边青，为植物路边青的全草或根。

夏季采收，鲜用或切段晒干。味苦、辛，性寒。归肝、脾、大肠经。清热解毒，活血止痛，调经止带。主治疮痈肿痛，口疮咽痛，跌打伤痛，风湿痹痛，泻痢腹痛，月经不调，崩漏带下，脚气水肿，小儿惊风。

【经方验方应用例证】

治月经不调、不育及子宫癌：五气朝阳草15g，煮鸡或煮肉吃。(《云南中医验方》)

治小儿慢惊风：追风七（春夏用鲜叶，秋冬用鲜根）捣汁1盅，开水和匀内服。(《陕西草药》)

治咽喉肿痛：追风七根9g，八爪龙6g，水煎服。(《陕西中草药》)

治跌打损伤：水杨梅鲜叶捣烂外敷。(《宁夏中草药手册》)

治肠炎、细菌性痢疾：水杨梅、苦参、白头翁各9g，水煎服。(《山西中草药》)

【中成药应用例证】

贯黄感冒颗粒：辛凉解毒，宣肺止咳。用于风热感冒，发热恶风，头痛鼻塞，咳嗽痰多。

复方穿心莲片：清热解毒，凉血，利湿。用于风热感冒，喉痹，痄腮，湿热泄泻等。

彝心康胶囊：理气活血，通经止痛。用于气滞血瘀所致引起的胸痹心痛、心悸怔忡，以及冠心病、缺血性脑血管病见以上症状者。

香藤胶囊：祛风除湿，活血止痛。用于风湿痹阻、瘀血阻络所致的痹证，症见腰腿痛、四肢关节痛等。

乳癖清胶囊：理气活血，软坚散结。用于乳腺增生、经期乳腺胀痛等疾病。

委陵菜
Potentilla chinensis Ser.

蔷薇科（Rosaceae）委陵菜属多年生草本。

基生叶为羽状复叶，有小叶（2）3～11对，小叶片对生或互生，边缘羽状深裂，下面被白色绒毛；茎生叶与基生叶相似，小叶对数较少。花柱近顶生，锥状，基部微扩大。瘦果卵球形，深褐色，有明显皱纹。花果期4～10月。

大别山各县市均有分布，生于海拔400m以上的山坡草地、沟谷、林缘、灌丛或疏林下。

委陵菜始载于《救荒本草》，云："委陵菜，一名翻白菜。生田野中。苗初塌地生，后分茎叉，茎节稠密，上有白毛，叶仿佛类柏叶而极阔大，边如锯齿形，面青背白，又似鸡腿儿叶而却窄，又类鹿蕨叶亦窄。茎叶梢间开五瓣黄花，其叶味苦，微辣。"

【入药部位及性味功效】

委陵菜，又称翻白菜、白头翁、根头菜、野鸠旁花、黄州白头翁、龙牙草、天青地白、小毛药、虎爪菜、蛤蟆草、老鸦翎、老鸦爪、地区草、翻白草、野鸡脖子、痢疾草，为植物委陵菜的带根全草。4～10月间采挖带根全草，除去花枝与果枝，洗净，晒干。味苦，性寒。归肝、肺、大肠经。凉血止痢，清热解毒。主治久痢不止，赤痢腹痛，痔疮出血，疮痈肿毒。

【经方验方应用例证】

治久痢不止：天青地白、白木槿花各15g，煎水吃。（《贵阳民间药草》）

治癫痫：天青地白根（去心）30g，白矾9g。加酒浸泡，温热内服，连发连服，服后再服白矾粉3g。（《贵阳民间药草》）

治风湿麻木瘫痪，筋骨久痛：天青地白、大风藤、五香血藤、兔耳风各250g，泡酒连续服用，每日早晚各服30g。（《贵阳民间药草》）

治风瘫：天青地白（鲜）一斤，泡酒二斤，每次服一、二两。第二次用量同样。另加何首乌一两（痛加指甲花根二两）。（《贵阳民间药草》）

治瘿瘤，瘰疬：委陵菜鲜品30g，鸡蛋1只，冰糖15g，开水炖服，渣捣烂外敷患处。（福建晋江《中草药手册》）

治消化道溃疡：委陵菜干根60g，鸡1只（约500g），水炖服。（福建晋江《中草药手册》）

【中成药应用例证】

白头翁止痢片：清热解毒，凉血止痢。用于热毒血痢，久痢不止等。

博性康药膜：清热解毒，燥湿杀虫，祛风止痒。用于带下病（滴虫性阴道炎、霉菌性阴道炎、急性宫颈炎、慢性宫颈炎）。

消炎止痢丸：清热，解毒，止痢。用于痢疾，肠火腹泻，消化不良。

莓叶委陵菜片（雉子筵片）：止血，用于月经过多，功能失调性子宫出血，子宫肌瘤出血。

八仙油：清暑祛湿，祛风通窍。用于感冒，呕吐腹痛，舟车晕眩，中暑头晕，皮肤瘙痒，山岚瘴气。

【现代临床应用】

委陵菜用于治疗急性细菌性痢疾、阿米巴痢疾、肠道鞭毛虫病、出血性疾病。委陵菜对妇科疾病治疗效果最佳，其次为内科病。

翻白草

Potentilla discolor Bge.

蔷薇科（Rosaceae）委陵菜属多年生草本。

小叶5～7，边缘有锯齿，下面密被白色绒毛，稀部分脱落；块根粗壮，下部常肥厚呈纺锤形。二歧聚伞花序，萼片三角状卵形，外面被白色绵毛；花柱近顶生，基部具乳头状膨大，柱头稍微扩大。花果期5～9月。

大别山各县市均有分布，生于低山或平地上。

李时珍："翻白以叶之形名，鸡腿、天藕以根之味名也。楚人谓之湖鸡腿，淮人谓之天藕。"其根肥厚，去皮色白，鸡腿、天藕或以此得名；叶面青背白，故名翻白草；鸡脚草、鸡脚爪、鸡距草等，亦当以其叶形似鸡爪而得名。

翻白草始载于《救荒本草》，曰："鸡腿儿，一名翻白草。出钧州山野，苗高七、八寸。细长锯齿叶硬厚，背白，其叶似地榆叶而细长，开黄花，根如指大，长三寸许，皮赤内白，两头尖鹃。"《本草纲目》："鸡腿儿生近泽田地，高不盈尺。春生弱茎，一茎三叶，尖长而厚，有皱纹锯齿，面青背白，四月开小黄花。结子如胡荽子，中有细子。其根状如小白术头，剥去赤皮，其内白色如鸡肉，食之有粉。"

【入药部位及性味功效】

翻白草，又称鸡腿儿、天藕儿、湖鸡腿、鸡脚草、鸡脚爪、鸡距草、独脚草、鸡腿子、乌皮浮儿、天青地白、金钱吊葫芦、老鸹枕、老鸦爪、山萝卜、土菜、结梨、大叶铡草、白头翁、鸡爪莲、郁苏参、土人参、野鸡坝、兰溪白头翁、黄花地丁、千锤打、叶下白、茯苓草，为植物翻白草的带根全草。采收期宜在夏、秋季，将全草连块根挖出，抖去泥土，洗净，晒干或鲜用。味甘、苦，性平。归肝、胃、大肠经。清热解毒，凉血止血。主治肺热咳喘，泻痢，疟疾，咯血，吐血，便血，崩漏，痈肿疮毒，瘰疬结核。

【经方验方应用例证】

治肺痈：鲜翻白草根30g，老鼠刺根、杜瓜根各15g。加水煎成半碗，饭前服，日服2次。（《福建民间草药》）

治急性喉炎、扁桃炎、口腔炎：翻白草鲜全草适量，捣烂取汁含咽。（《浙江药用植物志》）

治慢性鼻炎、咽炎、口疮：翻白草15g，地丁12g，水煎服。（《山西中草药》）

治疟疾寒热及无名肿毒：翻白草根五、七个，煎酒服之。（《本草纲目》）

治痛经：翻白草（连根）45g，益母草10g，水煎酌加红糖，黄酒服。（《河南中草药手册》）

治急性乳腺炎：翻白草、犁头草、半边莲各30g，天胡荽15g（均鲜品），洗净捣烂，外敷患处，每天换药2次。（《浙江药用植物志》）

防风必效散：主治杨梅疮，湿热太盛，疮高稠密，元气素实者。（《外科正宗》卷三）

【中成药应用例证】

芩草止痢片：清热止痢。用于大肠湿热所致的肠炎、痢疾。

痢特敏胶囊：清热解毒，抗菌止痢。用于急性痢疾、肠炎与腹泻属湿热证者。

消炎止痢丸：清热，解毒，止痢。用于痢疾，肠火腹泻，消化不良。

巴特日七味丸：消瘟解毒，消"黏"，止痛，散瘀，止痢。用于瘟疫热盛，脑炎，赤白痢疾，白喉，目黄，音哑，转筋。

消肿橡胶膏：退热，消肿，止痛。用于急性腮腺炎，乳腺炎，软组织损伤，疖肿，痈肿，蜂窝织炎，急性淋巴管炎，淋巴结炎，皮下及深部脓肿，丹毒，无名肿毒，红肿热痛，风湿疼痛，腰、肩、背酸痛。

【现代临床应用】

翻白草治疗急性细菌性痢疾，治愈率90%。

三叶委陵菜

Potentilla freyniana Bornm.

蔷薇科（Rosaceae）委陵菜属多年生草本。

茎细长柔软，稍匍匐，有柔毛。三出复叶；基生叶的小叶椭圆形、矩圆形或斜卵形，基部楔形，边缘有钝锯齿，近基部全缘，下面沿叶脉处有较密的柔毛；叶柄细长，有柔毛；茎生叶小叶片较小，叶柄短或无。聚伞花序，总花梗和花梗有柔毛；花直径10～15mm，黄色。瘦果黄色，卵形，无毛，有小皱纹。花果期3～6月。

大别山各县市均有分布，生于海拔300～1700m的山坡草地、溪边或疏林下阴湿处。

地蜂子始载于《四川中草药》，为跌打损伤的要药。三叶委陵菜的匍匐茎发达，匍匐茎上有不定根与土壤接触后可快速生长，覆盖率强，成坪快，花期花朵繁密、一片金黄，花色鲜艳花期较长，且管理粗放简单，可以作为花镜配置，也可用于立交桥下等，蓄水保墒固沙能力强，也可用于自然式的花园，是一种很好的地被植物。

【入药部位及性味功效】

地蜂子，又称狼牙委陵菜、铁秤砣、铁钮子、山蜂子、三爪金、播丝草、地蜘蛛、铁枕头、白里金梅、三片风、地风子、三叶蛇子草、蜂子芪、独脚伞、独脚委陵菜、三叶翻白菜、三叶薄扇、三叶蛇莓、大花假蛇莓、三张叶、软梗蛇扭、毛猴子、蜂子七、土蜂子、大救驾、地骨造、独立金蛋，为植物三叶委陵菜和中华三叶委陵菜的根及全草。夏季采挖带根的全草，洗净，晒干或鲜用。味苦、涩，性微寒。清热解毒，敛疮止血，散瘀止痛。主治咳嗽，痢疾，肠炎，痈肿疔疮，烧烫伤，口舌生疮，骨髓炎，骨结核，瘰疬，痔疮，毒蛇咬伤，崩漏，月经过多，产后出血，外伤出血，胃痛，牙痛，胸骨痛，腰痛，跌打损伤。

【经方验方应用例证】

治喘息：地蜂子15g，煎甜酒吃；或粉末3g，开水吞服。（《贵阳民间药草》）

治急性肠炎：三叶翻白草根30g，樟树根3g，洗净切片，烘干研粉，成人每次3～6g，每日3次，小儿酌减。（《湖南药物志》）

治骨髓炎：三叶委陵菜根（捣碎）、大蓟根各15g。用水或烧酒炖服，严重者连服3个月。另用半边莲2份，榔榆根皮8份，捣烂外敷，每日换药1次。最后用本种全草或根捣烂外敷收口，治愈为止。（《浙江民间常用草药》）

治骨结核：三叶委陵菜适量，加食盐少许，捣烂敷患处，每日换药1次。（《浙江民间常用草药》）

治烫火伤：地蜂子根茎研末，调香油，外涂。（《恩施中草药手册》）

治胃、十二指肠溃疡出血：地蜂子根研粉，每次服2g，每日3～4次。（《全国中草药汇编》）

治胃痛，痛经：地蜂子根茎，研粉，每服1.5～3g。（《恩施中草药手册》）

治发热，气喘，胸骨痛：白地莓根30g，肺筋草15g，煎水服。（《贵州草药》）

地榆

Sanguisorba officinalis L.

蔷薇科（Rosaceae）地榆属多年生直立草本。

根粗壮，纺锤形、圆柱形或细长条形。茎直立，有棱，无毛。单数羽状复叶；小叶2～5对，稀7对，矩圆状卵形至长椭圆形，先端急尖或钝，基部近心形或近截形，边缘有圆而锐的锯齿，无毛；有小托叶；托叶包茎，近镰刀状，有齿。花小密集，成顶生、圆柱形的穗状花序；有小苞片；萼裂片4，花瓣状，紫红色，基部具毛；无花瓣；雄蕊4；花柱比雄蕊短。瘦果褐色，包藏在宿萼内。花果期7～10月。

大别山各县市均有分布，生于海拔1700m以下的草原、草甸、山坡草地、灌丛中或疏林下。

地榆始载于《神农本草经》，列为中品。陶弘景："其叶似榆而长，初生布地，故名。其花子紫黑色如豉，故又名玉豉。"玉豉亦作玉札，《齐民要术》："北方呼豉为札。"李时珍："按《外丹方》言地榆一名酸赭，其味酸，其色赭故也。"

《名医别录》："生桐柏及冤朐山谷，二月八月采根、暴干。"《本草经集注》："今近道处处有。叶似榆而长，初生布地，而花子紫黑色如豉，故名玉豉，一茎长直上。"《本草图经》："宿根三月内生苗，初生布地，茎直，高三四尺，对分出叶，叶似榆，少狭细长，作锯齿状，青色。七月开花如椹子，紫黑色，根外黑里红，似柳根。"

【入药部位及性味功效】

地榆，又称酸赭、豚榆系、白地榆、鼠尾地榆、西地榆、地芽、野升麻、马连鞍、花椒地榆、水橄榄根、线形地榆、水槟榔、山枣参、蕨苗参、红地榆、岩地芨、血箭草、黄瓜香，为植物地榆、长叶地榆的根。播种第2、3年春、秋季均可采收，于春季发芽前，秋季枯萎前后挖出，除去地上茎叶，洗净晒干，或趁鲜切片干燥。味苦、酸，性寒。归肝、胃、大肠经。凉血止血，清热解毒，消肿敛疮。主治吐血，咯血，衄血，尿血，便血，痔血，血痢，崩漏，赤白带下，疮痈肿痛，湿疹，阴痒，水火烫伤，蛇虫咬伤。

地榆叶，为植物地榆、长叶地榆的叶。夏季采收，鲜用或晒干。味苦，性微寒。归胃经。清热解毒。主治热病发热，疮疡肿痛。

【经方验方应用例证】

治胃溃疡出血：生地榆9g，乌贼骨15g，木香6g，水煎服。(《宁夏中草药》)

治原发性血小板减少性紫癜：生地榆、太子参各30g，或加怀牛膝30g，水煎服，连服2月。(《全国中草药新医疗法资料展览会选编》)

治红肿痛毒：鲜地榆叶适量，捣烂如泥，敷患处。(《河南中草药手册》)

清肠饮：活血解毒，滋阴泻火。主治大肠痈。(《辨证录》)

固经汤：清热凉血，活血化瘀，益气固本，养血止血。主治崩漏。(《嵩崖尊生》)

槐角丸：清肠止血，祛湿毒。主治肠风、痔漏下血，伴里急后重、肛门痒痛者。(《太平惠民和剂局方》)

槐角地榆汤：清热燥湿，清肠止血。主治湿热蕴结之痔漏肿痛出血。(《外科大成》)

地榆丸：清热止血，固涩养营。主治泻痢或血痢。(《证治准绳》)

凉血地黄汤：治痔肿痛出血。(《外科大成》)

【中成药应用例证】

地榆升白片：升高白细胞。用于白细胞减少症。

摩罗口服液：和胃降逆，健脾消胀，通络定痛。用于慢性萎缩性胃炎及胃痛、胀满、痞闷、纳呆、嗳气、烧心等症。

菌白敏片：收敛解毒，凉血止血。用于急、慢性肠炎及细菌性痢疾属湿热证者。

泻停封胶囊：清热解毒，燥湿止痢。用于腹泻、痢疾、伤食泄泻、脘腹疼痛、口臭、嗳气、急慢性肠炎等症。

复方栀子气雾剂：清热解毒，收敛止血，消肿止痛。用于皮肤浅表切割伤、疖疮。

烧伤止痛药膏：清热解毒，消肿止痛。用于热毒灼肤之Ⅰ～Ⅱ度烧烫伤。

鳖甲消痔胶囊：清热解毒，凉血止血，消肿止痛。用于湿热蕴结所致的内痔出血、外痔肿痛、肛周瘙痒。

消痔洁肤软膏：清热解毒，化瘀消肿，除湿止痒。用于湿热蕴结所致手足癣、体癣、腹癣、浸淫疮、内痔、外痔、肿痛出血、带下病。

复方木芙蓉涂鼻膏：解表通窍，清热解毒。用于流行性感冒及感冒引起的鼻塞、流涕、打喷嚏、鼻腔灼热等症。

博落回肿痒酊：凉血解毒，祛风止痒。用于血热风燥、皮肤瘙痒及蚊虫叮咬。

血平胶囊：清热化瘀，止血调经。用于因血热夹瘀所致的崩漏。症见月经周期紊乱，经血非时而下，经量增多，或淋漓不断，色深红，质黏稠，夹有血块，伴心烦口干、便秘，舌质红，脉滑数。

【现代临床应用】

地榆治疗咯血，对肺结核咯血显效占62%；治疗溃疡病出血；治疗细菌性痢疾，总有效率95.6%；治疗湿疹、皮炎、足癣、瘙痒等各种皮肤病，以湿疹及湿疹样皮炎治愈率最高；治疗小儿肠伤寒。

响铃豆

Crotalaria albida Heyne ex Roth

豆科（Fabaceae）猪屎豆属多年生直立草本。

茎基部常木质，有白色柔毛。叶倒卵状披针形或倒披针形，先端钝圆，有小凸尖，基部楔形，上面光滑，下面生疏柔毛；托叶细小。总状花序顶生或腋生；小苞片着生花萼基部；萼长约7mm，深裂，上面2萼齿椭圆形，下面3萼齿披针形，均有短柔毛；花冠黄色，稍长于萼。荚果圆柱形，膨胀。花期5～9月，果期9～12月。

大别山各县市均有分布，生于荒地路旁及山坡疏林下。

【入药部位及性味功效】

响铃豆，又称黄花地丁、马口铃、小响铃、摆子药、土蔓荆、假花生、黄疸草，为植物响铃豆的全草。夏秋季采收，鲜用，或扎成把晒干。味苦、辛，性凉。归心、肺经。泻肺消痰，清热利湿，解毒消肿。主治咳喘痰多，湿热泻痢，黄疸，小便淋痛，心烦不眠，乳痈，痈肿疮毒。

【经方验方应用例证】

治尿道炎，膀胱炎：响铃豆30～45g，水煎，白酒为引，内服。（《全国中草药汇编》）

治目赤肿痛：响铃豆鲜全草水煎熏洗。（《广西本草选编》）

治乳腺炎：响铃豆鲜全草适量，加红糖少许，捣烂外敷。（《广西本草选编》）

治急性黄疸性肝炎：黄花地丁、茵陈、虎杖各30g，水煎分3次微温服。（《中国民间生草药原色图谱》）

治宫颈癌、阴茎癌：黄花地丁、喜树皮、蒲葵子各30g，水煎冲青黛2g服。（《中国民间生草药原色图谱》）

农吉利

Crotalaria sessiliflora L.

豆科（Fabaceae）猪屎豆属多年生直立草本。

单叶，常为线形或线状披针形。总状花序顶生、腋生或密生枝顶形似头状，亦有叶腋生出单花；花萼二唇形，密被棕褐色长柔毛；花冠蓝色或紫蓝色，包被萼内。荚果短圆柱形，长约1cm。花期5～11月，果期10月至次年2月。

大别山各县市均有分布，生于荒地路旁及山谷草地。

农吉利出自《全国中草药新医疗法展览会资料选编》，以野百合之名始载于《植物名实图考》，云："野百合，建昌、长沙洲渚间有之。高不盈尺，圆茎直韧。叶如百合而细，面青，背微白。枝梢开花，先发长苞有黄毛，蒙茸下垂，苞坼花见，如豆花而深紫。俚医以治肺风。南昌西山亦有之，或呼为佛指甲。"

【入药部位及性味功效】

农吉利，又称佛指甲、山油麻、野芝麻、狸豆、狗铃草、野花生、羊屎蛋，为植物紫花野百合的全草。夏、秋季采集全草，鲜用或切段晒干。味甘、淡，性平，有毒。清热，利湿，解毒，消积。主治痢疾，热淋，喘咳，风湿痹痛，疔疮疖肿，毒蛇咬伤，小儿疳积，恶性肿瘤。

【经方验方应用例证】

治热淋：野花生15～60g，煨水服。(《贵州草药》)

治喘息性支气管炎：农吉利30～60g（鲜草60～120g），加水1000mL，煎20min，去渣取汁，小火浓缩成400mL，加糖适量，分3～4次服。(《安徽中草药》)

治疗子：农吉利鲜全草加糖捣烂或晒干研粉外敷，或生煎外洗。亦可配紫花地丁、金银花各15g，水煎服。(《浙江民间常用草药》)

治皮肤癌：农吉利全草研末，高压消毒后，用生理盐水调糊状外敷，或将药粉撒在创面上，或用鲜全草捣成糊状外敷。(《浙江民间常用草药》)

治盗汗：野百合全草30g，水煎服。(《湖南药物志》)

【现代临床应用】

农吉利治疗皮肤癌、宫颈癌、阴茎癌、直肠癌、胃癌、食管癌、乳腺癌、肝癌、肺癌、膀胱肿瘤、结肠癌等恶性肿瘤；治疗慢性气管炎。

长柄山蚂蟥

Hylodesmum podocarpum (Candolle) H. Ohashi & R. R. Mill

豆科（Fabaceae）长柄山蚂蟥属多年生直立草本。

茎被开展短柔毛。小叶3，顶生小叶宽倒卵形，最宽处在叶片中上部；托叶线状披针形。花冠紫红色。荚果略呈宽半倒卵形，被钩状毛和小直毛。荚节具较长子房柄。背缝线弯曲，节间深凹入达腹缝线。花、果期8～9月。

大别山各县市均有分布，生于山坡路旁、草坡、次生阔叶林下。

【入药部位及性味功效】

菱叶山蚂蟥，又称小粘子草，为植物长柄山蚂蟥的根、叶。夏、秋季采收，鲜用或切段晒干。味苦，性温。散寒解表，止咳，止血。主治风寒感冒，咳嗽，刀伤出血。

【经方验方应用例证】

治感冒：小粘子草根、山苏麻、虎掌草根（溪畔银莲花）各9g，煎水服。（《贵州草药》）

治咳嗽：小粘子草根15g，煨水服。（《贵州草药》）

治刀伤：小粘子草叶适量，捣绒，敷患处。（《贵州草药》）

治哮喘：圆菱叶山蚂蟥6g，水煎服。（《青岛中草药手册》）

扁豆

Lablab purpureus (L.) Sweet

豆科（Fabaceae）扁豆属多年生缠绕藤本。

全株几无毛，茎常呈淡紫色。羽状复叶具3小叶；托叶基着，披针形；小托叶线形；小叶宽三角状卵形。总状花序直立，花序轴粗壮；小苞片2，近圆形；花2至多朵簇生于每一节上；花萼钟状；花冠白色或紫色。荚果长圆状镰形，扁平；在白花品种中为白色，在紫花品种中为紫黑色。花期4～12月。

大别山各地广泛栽培。

《本草纲目》："本作扁，荚形扁也。沿篱蔓延也。蛾眉，象豆脊白路之形也。"入药用色白者，故名白扁豆。豆粒形似羊眼，故有羊眼豆之名。又音转为凉衍豆。

以藊豆之名始载于《名医别录》，列为中品。《本草经集注》："人家种之于篱援（垣），其荚蒸食甚美。"《本草图经》："藊豆旧不著所出州土，今处处有之，人家多种于篱援（垣）间，蔓延而上，大叶细

花，花有紫、白二色，荚生花下。其实亦有黑、白二种，白者温而黑者小冷，入药当用白者。"《本草纲目》："扁豆二月下种，蔓生延缠。叶大如杯，团而有尖。其花状如小蛾，有翅尾形。其荚凡十余样，或长或团，或如龙爪、虎爪，或如猪耳、刀镰，种种不同，皆累累成枝……子有黑、白、赤、斑四色。一种荚硬不堪食。唯豆子粗圆而色白者可入药。"《植物名实图考》亦载"白藊豆入药用，余皆供蔬。"《本草思辨录》："扁豆花白实白，实间藏芽处，别有一条，其形如眉，格外洁白，且白露后实更繁衍，盖得金气之最多者。"

【 入药部位及性味功效 】

白扁豆，又称藊豆、白藊豆、南扁豆、沿篱豆、蛾眉豆、羊眼豆、凉衍豆、白藊豆子、膨皮豆、茶豆、小刀豆、树豆、藤豆、火镰扁豆、眉豆，为植物扁豆的白色成熟种子。秋季种子成熟时，摘取荚果，剥出种子，晒干，拣净杂质。味甘、淡，性平。归脾、胃经。健脾，化湿，消暑。主治脾虚生湿，食少便溏，白带过多，暑湿吐泻，烦渴胸闷。

扁豆衣，又称扁豆皮，为植物扁豆的种皮。秋季采收种子，剥取种皮，晒干。味甘，性微温。归脾、胃经。消暑化湿，健脾和胃。主治暑湿内蕴，呕吐泄泻，胸闷纳呆，脚气浮肿，妇女带下。

扁豆花，又称南豆花，为植物扁豆的花。7～8月间采收未完全开放的花，晒干或阴干。味甘，性平。解暑化湿，和中健脾。主治夏伤暑湿，发热，泄泻，痢疾，赤白带下，跌打伤肿。

扁豆叶，为植物扁豆的叶。秋季采收，鲜用或晒干。味微甘，性平。消暑利湿，解毒消肿。主治暑湿吐泻，疮疖肿毒，蛇虫咬伤。

扁豆藤，为植物扁豆的藤茎。秋季采收，晒干。味微苦，性平。化湿和中。主治暑湿吐泻不止。

扁豆根，为植物扁豆的根。秋季采收，洗净，晒干。味微苦，性平。消暑，化湿，止血。主治暑湿泄泻，痢疾，淋浊，带下，便血，痔疮，瘘管。

【 经方验方应用例证 】

治慢性肾炎，贫血：扁豆30g，红枣20粒，水煎服。(《福建药物志》)

治霍乱：①扁豆一升，香薷一升，上二味，以水六升，煮取二升，分服。单用亦得。(《备急千金要方》) ②白扁豆叶一把，同白梅一把，并仁研末，新汲水调服。(《本草述钩元》)

治一切药毒：白扁豆(生)晒干为细末，新汲水调下二三钱匕。(《百一选方》)

治中砒霜毒：白扁豆生研，水绞汁饮。(《永类铃方》)

治疗肿：鲜扁豆适量，加冬蜜少许，同捣烂敷患处。(《福建药物志》)

治脾胃湿困，不思饮食：扁豆衣、茯苓、炒白术、神曲各9g，藿香、佩兰各6g，煎服。(《安徽中草药》)

治疟疾：扁豆花9朵，白糖9g，清晨用开水泡服。(《湖南药物志》)

解食物中毒：扁豆鲜花或叶，捣绞汁，多量灌服。(《本草钩沉》)

治吐利后转筋：生捣(扁豆)叶一把，以少醋浸汁服。(《食疗本草》)

治白带：扁豆根30g，草决明15g，猪瘦肉适量，水炖服。(《福建药物志》)

白扁豆散：白扁豆(生，去皮)，上为细末。每服方寸匕，清米饮调下。主治妊娠误服草药及诸般毒药毒物。(《医学正传》卷七)

扁豆散：白扁豆30g(生用)，研极细末，新汲水调下6～9g。口噤者，撬开灌之。解毒行血。主治毒药伤胎，败血冲心，闷乱喘汗欲死者。(《叶氏女科诊治秘方》卷二)

白扁豆丸：白扁豆一两(炒)，绿豆二两(炒)，好信五钱(醋煮)。上为末，入白面四

两，水为丸，如梧桐子大。临发日五更服1丸，用凉水送下。主治疟疾。（《普济方》卷一
九七）

白扁豆粥：每次取炒白扁豆60g，或鲜白扁豆120g，粳米60g，同煮为粥，至扁豆烂熟，
夏秋季可供早晚餐服食。健脾养胃，清暑止泻。主治脾胃虚弱，食少呕逆，慢性久泻，暑湿
泻痢，夏季烦渴。（《长寿药粥谱》引《延年秘旨》）

【中成药应用例证】

肥儿口服液：健脾消食。用于小儿脾胃虚弱，不思饮食，面黄肌瘦，精神困倦。

快胃舒肝丸：健胃止呕，舒郁定痛。用于肝郁食滞，两肋膨胀，胃脘刺痛，嗳气吞酸，
呕吐恶心，饮食无味，身体倦怠。

补白颗粒：健脾温肾。用于慢性白细胞减少症属脾肾不足者。

香苏调胃片：解表和中，健胃化滞。用于胃肠积滞、外感时邪所致的身热体倦、饮食少
进、呕吐乳食、腹胀便泻、小便不利。

参苓白术丸：补脾胃，益肺气。用于脾胃虚弱，食少便溏，气短咳嗽，肢倦乏力。

小儿香橘丸：健脾和胃，消食止泻。用于脾虚食滞所致的呕吐便泻、脾胃不和、身热腹
胀、面黄肌瘦、不思饮食。

六合定中丸：祛暑除湿，和中消食。用于夏伤暑湿，宿食停滞，寒热头痛，胸闷恶心，
吐泻腹痛。

四正丸：祛暑解表，化湿止泻。用于内伤湿滞，外感风寒，头晕身重，恶寒发热，恶心
呕吐，饮食无味，腹胀泄泻。

补益蒺藜丸：健脾补肾，益气明目。用于脾肾不足，眼目昏花，视物不清，腰酸气短。

儿脾醒颗粒：健脾和胃，消食化积。用于脾虚食滞引起的小儿厌食，大便稀溏，消瘦
体弱。

胃病丸：健脾化滞，理气止呕。用于脾胃虚弱、消化不良引起的胃脘疼痛，气逆胸满，
倒饱嘈杂，嗳气吞酸，呕吐恶心，宿食停水，食欲不振，大便不调。

婴儿健脾口服液：健脾，消食，止泻。用于消化不良，乳食不进，腹痛腹泻。

鹿藿

Rhynchosia volubilis Lour.

豆科（Fabaceae）鹿藿属多年生缠绕草质藤本。

全株各部多少被灰色至淡黄色柔毛；茎略具棱。叶为羽状或有时近指状3小叶；托叶小，披针形，被短柔毛；小叶纸质，顶生小叶菱形或倒卵状菱形，先端钝，或为急尖，常有小凸尖，基部圆形或阔楔形，两面均被灰色或淡黄色柔毛，下面尤密，并被黄褐色腺点；基出脉3。花萼钟状，裂片披针形，外面被短柔毛及腺点；花冠黄色；雄蕊二体；子房被毛及密集的小腺点；荚果长圆形，红紫色。花期5～8月，果期9～12月。

大别山各县市均有分布，生于海拔200～1000m的山坡路旁草丛中。

《本草纲目》："豆叶曰藿，鹿喜食之，故名。"

鹿藿始载于《神农本草经》，列为下品。《尔雅》郭璞注："叶似大豆，根黄而香，蔓延生。"《新修本草》："此草所载有之，苗似豌豆有蔓而长大，人取以为菜，亦微有豆气。"李时珍："鹿豆即野绿豆……多生麦地田野中，苗叶似绿豆而小，引蔓生，生熟皆可食，三月开淡粉紫花，结小荚，其子大如椒子，黑色，可煮食。"

【入药部位及性味功效】

鹿藿，又称蔨、鹿豆、野绿豆、野黄豆、老鼠眼、老鼠豆、野毛豆、门瘦、酒壶藤、乌眼睛豆、大叶野绿豆、鬼豆根、藤黄豆、乌睛珠、光眼铃铃藤、山黑豆、鬼眼睛、一条根，为植物鹿藿的茎叶。5～6月采收，鲜用或晒干，贮干燥处。味苦、酸，性平。归胃、脾、肝经。祛风除湿，活血，解毒。主治风湿痹痛，头痛，牙痛，腰脊疼痛，瘀血腹痛，产褥热，瘰疬，痈肿疮毒，跌打损伤，烫火伤。

鹿藿根，为植物鹿藿的根。秋季挖根，除去泥土，洗净，鲜用或晒干。味苦，性平。活血止痛，解毒，消积。主治妇女痛经，瘰疬，疔肿，小儿疳积。

【经方验方应用例证】

治痔疮：鹿藿30～60g，鸭蛋1个，炖服。（《福建药物志》）

治瘰疬：鹿藿15g，豆腐适量，加水同煮服；或鹿藿根15g，用瘦肉60g煮汤，以汤煎药服。（江西《草药手册》）

治疔毒：鹿藿根煨热，加盐捣烂涂敷。（《天目山药用植物志》）

治蛇咬伤：鹿藿根捣烂敷患处。（《天目山药用植物志》）

治风湿性关节痛，腰肌劳损：鹿藿根30～45g，水煎服；或加猪脚1个，水炖服。（《福建药物志》）

治小儿疳积：鹿藿根15g，水煎服。（《湖南药物志》）

治妇女产褥热：鹿藿茎叶9～15g，水煎服。（江西《草药手册》）

治肾炎：鹿藿、半边莲、薏苡仁、赤小豆、梵天花、铜锤玉带各15g，水煎服。（《香港中草药》）

广布野豌豆

Vicia cracca L.

豆科（Fabaceae）野豌豆属多年生蔓性草本。

小叶5～12对互生，叶轴顶端卷须有2~3分支。花冠紫色、蓝紫色或紫红色；总状花序较长，花密集，一面向，着生于总轴上部。荚果长圆形或长圆菱形。花期4～9月，果期5～10月。

大别山各县市均有分布，常生于草甸、林缘、山坡、河滩草地及灌丛。

【入药部位及性味功效】

落豆秧，又称兰花草、透骨草、落地秧、山豌豆、罗汉豆、佛豆、川豆，为植物广布野豌豆的全草。7～9月采割全草，晒干。味辛，苦，性温。祛风除湿，活血消肿，解毒止痛。主治风湿痹痛，肢体痿废，跌打肿痛，湿疹，疮毒。

【经方验方应用例证】

治风湿痛：透骨草、菖蒲各适量，煎水熏洗。（《长白山植物药志》）

治阴囊湿疹：透骨草、花椒、艾叶各15g，煎水熏洗。（《长白山植物药志》）

治风湿性关节炎：透骨草、防风、苍术、黄柏各15g，牛膝20g，鸡血藤25g，水煎服。（《长白山植物药志》）

牯岭野豌豆

Vicia kulingana L. H. Bailey

豆科（Fabaceae）野豌豆属多年生草本。

茎直立，有棱，无毛。羽状复叶；托叶半箭头状或半卵形，全缘，或有锯齿；小叶4，卵状披针形、椭圆形或卵形，先端渐尖或长渐尖，基部楔形，无毛。花紫色至蓝色，10朵以上排成腋生总状花序，有不脱落的叶状苞片。荚果斜长椭圆形或斜长方形，无毛。种子1～5，近圆形。花期6～9月，果期7～10月。

大别山各县市均有分布，生于山谷疏林中、山麓林缘、路边和沟边草丛中。

【入药部位及性味功效】

牯岭野豌豆，又称红花豆、四叶豆、山蚕豆，为植物牯岭野豌豆的全草。夏秋季采收全草，晒干。味苦、涩，性平。清热，解毒，消积。主治咽喉肿痛，疟疾，痈肿，疔疮，痔疮，食积不化。

歪头菜

Vicia unijuga A. Br.

豆科（Fabaceae）野豌豆属多年生草本。

茎丛生，基部表皮红或紫褐色。叶轴末端为细刺尖头；小叶2，形状变化大；托叶戟形。总状花序，花8~20朵一面向密集于花序轴上部。荚果瘦扁，近革质，先端具喙，熟时腹背开裂，果瓣扭曲。花期6～9月，果期7～10月。

大别山各县市均有分布，生于山地、林缘、草地、沟边及灌丛。

歪头菜出自《救荒本草》，云："歪头菜生新郑县山野中，细茎，就地丛生，叶似豇豆叶而狭长，背微白，两叶并生一处，开红紫花，结角比豌豆角短小而扁瘦，叶味甜。救饥采叶煠熟，油盐调食。"《植物名实图考》："山苦瓜生云南，蔓长柂地，茎叶俱涩，或二叶、三叶、四叶为一枝，长叶多须。"

【入药部位及性味功效】

歪头菜，又称山苦瓜、三铃子、野豌豆、豆菜、豌豆花、山野豌豆、土黄芪、二叶蚕豆、二叶萩、两叶豆苗、草豆，为植物歪头菜及短序歪头菜的全草。夏秋季采挖，洗净，切段，晒干。味甘，性平。补虚，调肝，利尿，解毒。主治虚劳，头晕，胃痛，浮肿，疔疮。

【经方验方应用例证】

治病后体虚：豌豆花15g，小米、蕨麻各等份，水煎服。（《青海常用中草药手册》）

治劳伤：三铃子根15g，蒸酒30g，日服3次。（《贵州民间药物》）

治头晕：三铃子嫩叶9g，蒸鸡蛋吃。（《贵州民间药物》）

治头痛：豌豆花适量，代茶饮。（《青海常用中草药手册》）

治胃病：三铃子3g，研末，开水吞服。（《贵州民间药物》）

治水肿：歪头菜、车前草各30g，大戟1.5g，水煎服。（《青岛中草药手册》）

酢浆草

Oxalis corniculata L.

酢浆草科（Oxalidaceae）酢浆草属多年生多枝草本。

茎柔弱，常平卧，节上生不定根，被疏柔毛。小叶3，倒心形。花单生或数朵组成伞形花序状，腋生，总花梗淡红色，与叶近等长，果后延伸；花瓣黄色。蒴果长圆柱形，5棱，具宿萼。花、果期2～9月。

大别山各县市均有分布，生长在山坡草池、河谷沿岸、路边、田边、荒地或林下阴湿处等。

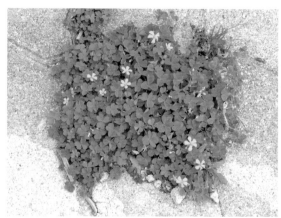

酢浆草始载于《新修本草》，曰："酢浆草生道旁阴湿处，叶如细萍，丛生，茎头有三叶。"味酸，小叶三枚，故名酢浆草、酸味草、酸迷迷草、三叶酸草等。《本草图经》："南中下湿地及人家园圃中多有之，北地亦或有生者。叶如水萍，丛生，茎端有三叶，叶面生细黄花，实黑，夏月采叶用。初生嫩时，小儿多食之。南人用揩鍮石器，令白如银。"《本草纲目》："苗高一二寸，丛生布地，极易繁衍。一枝三叶，一叶两片，至晚自合帖，整整如一，四月开小黄花，结小角，长一二分，内有细子。冬亦不凋。"

【入药部位及性味功效】

酢浆草，又称酸箕、三叶酸草、鸠酸草、小酸茅、雀林草、酸浆、赤孙施、酸啾啾、田字草、酸浆草、雀儿草、酸母草、酸饺草、小酸苗、酸草、三叶酸、三角酸、雀儿酸、斑鸠草、酸味草、酸迷迷草、三叶酸浆、酸酸草、酸斑苋、咸酸草、酸酢草、酸得溜、铺地莲、酸梅草、三叶破铜钱、黄花梅、满天星、黄花草、六叶莲、野王瓜草、王瓜酸、冲天泡、长血草、酸芝草、酸批子、东阳火草、水晶花、蒲瓜酸、鹁鸪酸、斑鸠酸、三梅草、老鸦酸，为植物酢浆草的全草。全年均可采收，尤以夏、秋季为宜，洗净，鲜用或晒干。味酸，性寒。

归肝、肺、膀胱经。清热利湿，凉血散瘀，消肿解毒。主治湿热泄泻，痢疾，黄疸，淋证，赤白带下，吐血，衄血，尿血，月经不调，跌打损伤，咽喉肿痛，疔疮痈肿，丹毒，湿疹，疥癣，痔疾，麻疹，烫火伤，蛇虫咬伤。

【经方验方应用例证】

治湿热黄疸：酢浆草一两至一两五钱，水煎二次，分服。（《江西民间草药》）

治麻疹：酸味草每用二钱至三钱，水煎服。（《岭南采药录》）

治齿龈腐烂：鲜酢浆草和食盐少许，捣烂绞汁，用消毒棉花蘸汁，擦洗患处，一日三、五次。（《江西民间草药》）

治乳痈：酢浆草五钱，水煎服，渣捣烂外敷。（《湖南药物志》）

治癣疮作痒：雀儿草擦之，数次即愈。（《永类钤方》）

治痔：雀林草一大握，粗切。以水二大升，煮取一升，顿服尽，三日重作一剂。（《外台秘要方》）

治烫火伤：酢浆草洗净捣烂，调麻油敷患处。（《闽东本草》）

治黄疸性肝炎：酢浆草15～30g，水煎服。或用鲜草和米泔水捣汁服，每日1剂。（《浙南本草新编》）

治肾炎水肿：酢浆草鲜草30g，洗净，阴至半干，切碎，加水炖汁，分3次服，每日1剂，服至水肿消退。忌食盐120天。（《浙南本草新编》）

治梅毒：酢浆草全草捣烂，用布包绞汁搽。（《湖南药物志》）

【中成药应用例证】

祛伤消肿酊：活血化瘀，消肿止痛。用于跌打损伤，皮肤青紫瘀斑，肿胀疼痛，关节屈伸不利；急性扭挫伤见上述证候者。

妇炎消胶囊：清热解毒，行气化瘀，除湿止带。用于妇女生殖系统炎症，痛经带下。

天胡荽愈肝片：清热解毒，疏肝利胆。用于肝胆湿热所致的急、慢性肝炎。

骨康胶囊：消肿止痛，舒筋通络，补肾壮骨。用于骨折。

肿痛舒喷雾剂：活血化瘀，消肿止痛。用于跌打损伤，瘀血肿痛，软组织挫伤。

复方伤复宁膏：活血化瘀，消肿止痛。用于跌打损伤引起的肢体疼痛等症。

镇咳糖浆：清热，止咳，化痰。用于感冒咳嗽。

泌淋胶囊：清热解毒，利尿通淋。用于湿热蕴结所致淋证，症见小便不利、淋沥涩痛；尿路感染见上述证候者。

泌宁胶囊：清热解毒，利尿通淋。用于湿热蕴结所致的小便黄赤、灼热刺痛、小腹拘急等。

【现代临床应用】

治疗急性咽峡炎、扭伤、血肿、感染。治疗失眠，取酸浆草10斤、松针2斤，加水8000mL，煎1小时，过滤去渣；另取大枣1斤捣碎，加水2000mL煎1小时，过滤去渣。将两液混合，加适量糖及防腐剂备用。每服15～20mL，每日3次。观察5000余例，有一定的镇静、安眠效果。治疗传染性肝炎，取酢浆草1两，瘦猪肉1两炖服，每日1剂，连服1周。

山酢浆草

Oxalis griffithii Edgeworth & J. D. Hooker

酢浆草科（Oxalidaceae）酢浆草属多年生草本。

根状茎斜卧，有残留的鳞片状叶柄基。三小叶复叶，少数，均基生；小叶倒三角形，基部楔形，顶端凹缺，上、下面均被柔毛。花白色或淡黄色，单生于花梗上；花梗基生，中部有1苞片，被毛；萼片5；花瓣5。蒴果椭圆形或近球形。花期3月，果期5～10月。

大别山各县市均有分布，生于海拔800m以上的密林和灌丛中，潮湿和干燥阴凉的地方。

本种与三叶铜钱草功效相似，但异于其原植物白花酢浆草。

【入药部位及性味功效】

三叶铜钱草，又称山酢浆草，为植物白花酢浆草的全草。夏、秋季采集全草，鲜用或晒干。味酸、微辛，性平。归心、肝、膀胱经。活血化瘀，清热解毒，利尿通淋。主治劳伤疼痛，跌打损伤，麻风，无名肿毒，疥癣，小儿口疮，烫火伤，淋浊带下，尿闭。

【经方验方应用例证】

治劳伤疼痛：三叶铜钱草90g，煎水服，日服3次。（《贵州民间药物》）

治无名肿毒：山酢浆草适量，捣碎兑酒、醋。轻者擦，重者包，日3～4次。（《贵州民间药物》）

治麻风：山酢浆草120g，煎水洗。（《贵州民间药物》）

治赤白带下：山酢浆草研末服，每次6g，日服2次。（《吉林中草药》）

治癣子：三叶铜钱草适量，研末，调菜油擦患处，每日1次。（《贵州民间药物》）

治小便不通：山酢浆草1把，车前草1把，捣烂，加砂糖少许，调服半碗，日2次。（《吉林中草药》）

老鹳草

Geranium wilfordii Maxim.

牻牛儿苗科（Geraniaceae）老鹳草属多年生草本。

根状茎粗壮。基生叶圆肾形，5深裂，裂片倒卵状楔形；茎生叶3裂，裂片长卵形或宽楔形，先端长渐尖。花序稍长于叶，花序梗短，每梗具2花；萼片长卵形，背面被柔毛；花瓣白或淡红色，倒卵形，与萼片近等长；雄蕊稍短于萼片。蒴果果瓣被短柔毛或长糙毛。花期6～8月，果期8～9月。

大别山各县市均有分布，生于海拔1700m以下的低山林下、草甸。

蒴果先端宿存花柱长喙状，如鹳之喙，故名老鹳草。音转为老官草、老贯草。天罡者，北斗七星之柄也，亦以状其蒴果先端而名。小花5瓣，而称五瓣花。叶裂片，5～9，故言之五叶草、五叶联。

老鹳草来源之一的牻牛儿苗，始载于《救荒本草》，曰："牻牛儿苗又名斗牛儿苗，生田野中。就地拖秧而生，茎蔓细弱，其茎红紫色。叶似芫荽叶，瘦细而稀疏。开五瓣小紫花。结青菁葵果儿，上有一嘴甚尖锐，如细锥子状。"《植物名实图考》："按汜水俗呼牵巴巴，牵巴巴者，俗呼啄木鸟也。其角极似鸟嘴，因以名焉。"《滇南本草》称为五叶草或老官草，谓"祛诸风皮肤发痒，通行十二经，治筋骨疼痛，风疾痿软，手足麻木。"

【入药部位及性味功效】

老鹳草，又称五叶草、老官草、五瓣花、老贯草、天罡草、五叶联、破铜钱、老鸹筋、贯筋、五齿粑、老鸹嘴、鹤子嘴，为植物牻牛儿苗、老鹳草、西伯利亚老鹳草、尼泊尔老鹳草、块根老鹳草带果实的全草，牻牛儿苗的带果实全草习称"长嘴老鹳草"，其他习称"短嘴老鹳草"。夏、秋季果实将成熟时，割取地上部分或将全株拔起，去净泥土和杂质，晒干。味微辛、苦，性平。归肝、大肠经。祛风通络，活血，清热利湿。主治风湿痹痛，肌肤麻木，筋骨酸楚，跌打损伤，泄泻，痢疾，疮毒。

【经方验方应用例证】

治腰扭伤：老鹳草根30g，苏木15g，煎汤，血余炭9g冲服，每日1剂，日服2次。（《全国中草药新医疗法展览会资料选编》）

治急慢性肠炎、下痢：牻牛儿苗18g，红枣9枚。煎浓汤，一日三回分服。（《现代实用中药》）

治妇人经行，预染受寒，寒邪闭塞子宫，令人月经参差，前后日期不定，经行发热，肚腹膨胀，腰肋作疼，不能受胎：五叶草五钱，川芎二钱，大蓟二钱，吴白芷二钱。引水酒一小杯，和水煎服。晚间服后避风。（《滇南本草》）

治咽喉肿痛：老鹳草15～30g，煎汤漱口。（《浙江药用植物志》）

治疮毒初起：鲜老鹳草适量。捣汁或浓煎取汁，搽涂患处。（《浙江药用植物志》）

老鹳草膏：舒筋活络，祛风除湿，活血止痛。主治风湿麻木，筋骨不舒，手足疼痛，皮内作痒。（《北京市中药成方选集》）

茵陈防己汤：祛风除湿，清热解毒，止痒。主治脾肺风热夹湿毒。（朱洪文方）

【中成药应用例证】

康肾颗粒：补脾益肾，化湿降浊。用于脾肾两虚所致的水肿、头痛而晕、恶心呕吐、畏寒肢倦；轻度尿毒症见上述证候者。

饿求齐胶囊：健脾燥湿，收敛止泻。用于脾虚湿盛所致的腹泻。

天麻壮骨丸：祛风除湿，活血通络，补肝肾，强腰膝。用于风湿阻络，偏正头痛，头晕，风湿痹痛，腰膝酸软，四肢麻木。

经带宁胶囊：清热解毒，除湿止带，调经止痛。用于热毒瘀滞所致的经期腹痛，经血色暗，血块，赤白带下，量多气臭，阴部瘙痒灼热。

貂胰防裂软膏：活血祛风，养血润肤。用于血虚风燥所致的皮肤皲裂。

祛风舒筋丸：祛风散寒，舒筋活络。用于风寒湿闭阻所致的痹病，症见关节疼痛、局部畏恶风寒、屈伸不利、四肢麻木、腰腿疼痛。

老鹳草软膏：除湿解毒，收敛生肌。用于湿毒蕴结所致的湿疹、痈、疔、疮、疖及小面积水、火烫伤。

【现代临床应用】

临床上，老鹳草治疗细菌性痢疾、乳腺增生症、疱疹性角膜炎。

臭节草

Boenninghausenia albiflora (Hook.) Reichb. ex Meisn.

芸香科（Rutaceae）石椒草属多年生常绿草本。

分枝甚多。叶薄纸质，灰绿色，老叶变褐红。花枝纤细，基部具小叶；花瓣白色，有时顶部桃红色，有透明油点。4分果瓣，子房柄结果时长4～8mm。花果期7～11月。

大别山各县市均有分布，生于山谷沟旁草丛中。

以臭节草之名载于《植物名实图考》，云："臭节草，生建昌。独茎细绿，叶长圆如瓜子形，顶微缺，面深绿，背灰白，三叶攒生，中大旁小，一茎之上，小、大叶相间，颇繁碎。"

【入药部位及性味功效】

岩椒草，又称臭节草、松风草、石胡椒、臭沙子、臭草、苦黄草、大羊不食草、臭花草、葱草花、草见血飞、山羊草、铜脚一枝蒿、蛇盘草、烫伤草、地通花、大退癀、野椒、蛇皮草、九牛二虎草、二号黄药，为植物臭节草的茎叶。夏季采取，除去泥沙，鲜用或切碎，晒干。味辛、苦，性凉。归肺、肝、胃经。解表，截疟，活血，解毒。主治感冒发热，支气管炎，疟疾，胃肠炎，跌打损伤，痈疽疮肿，烫伤。

臭节草根，为植物臭节草的根。夏季采挖，除去泥沙，鲜用。味苦，性微寒。解毒消肿。主治疮疖肿毒。

【经方验方应用例证】

治急性胃肠炎：松风草15g，厚朴、仙鹤草各9g，水煎服。（《浙江药用植物志》）

治跌打损伤：松风草60g，浸酒500mL，每日2次，每次30mL，饭前服。（《浙江药用植物志》）

治疮毒：草见血飞草适量，煎水洗患处。（《贵州民间药物》）

治水火烫伤：鲜臭节草捣烂绞汁涂患处。（《安徽中草药》）

【现代临床应用】

臭节草治疗慢性支气管炎及支气管哮喘。

瓜子金

Polygala japonica Houtt.

远志科（Polygalaceae）远志属多年生草本。

茎、枝被卷曲柔毛。叶厚纸质或近革质，卵形或卵状披针形，先端钝，基部宽楔形或圆；叶柄被柔毛。总状花序与叶对生，或腋外生，最上花序低于茎顶；苞片1，早落；萼片宿存，外3枚披针形，被毛，内2枚花瓣状，卵形或长圆形；花瓣白或紫色，龙骨瓣舟状，具流苏状附属物，侧瓣长圆形，基部合生，内侧被柔毛。蒴果球形，具宽翅。花期4～5月，果期5～8月。

大别山各县市均有分布，生于海拔800～1700m的山坡草地或田埂。

叶形似瓜子，茎被灰褐色细柔毛，近似金色，故名瓜子金、瓜子草、辰砂草。擅治喉痹，故称金锁匙，即《植物名实图考》所谓"通关"之义。女儿红、散血丹等，皆因其活血调经之功而得名。

瓜子金之名出自《植物名实图考》，曰："瓜子金，江西、湖南多有之……高四五寸，长根短茎，数茎为丛，叶如瓜子而长，唯有直纹一线。叶间开小圆紫花，中有紫蕊。"

【入药部位及性味功效】

瓜子金，又称丁蒿、苦远志、金锁匙、神砂草、地藤草、远志草、山黄连、瓜子草、小金盆、鸡拍翅、竹叶地丁、银不换、铁线风、瓜子莲、女儿红、歼疟草、散血丹、小叶地丁草、小叶瓜子草、高脚瓜子草、铁铣草、通性草、黄瓜位草、接骨红、地风消、铁箭风、小丁香、小万年青、蓝花地丁、火草秆、慢惊药、地丁、金牛草、直立地丁、紫花地丁、苦草、辰砂草、惊风草、瓜米细辛、鱼胆草、七寸金、蚋仔草、铁钓竿、铁甲草、紫金花、小远志，为植物瓜子金的根及全草。秋季采集全草，洗净，晒干。味苦、微辛，性平。归肺、肝、心经。祛痰止咳，散瘀止血，宁心安神，解毒消肿。主治咳嗽痰多，跌打损伤，风湿痹痛，吐血，便血，心悸，失眠，咽喉肿痛，痈肿疮疡，毒蛇咬伤。

【经方验方应用例证】

治痰咳：瓜子金根二两，酌加水煎，顿服。（《福建民间草药》）

治百日咳：辰砂草15g，煎水，兑蜂糖服。（《贵阳民间药草》）

治小儿惊风：辰砂草6g，佛顶珠3g。煎水服。（《贵阳民间药草》）

治头痛：辰砂草15g，青鱼胆12g，蓝布正9g，水皂角15g。煎水服。（《贵阳民间药草》）

治妇女月经不调，或前或后：瓜子金全草7株，加白糖60g，捣烂绞汁，经后3天服之。（《泉州本草》）

治失眠：瓜子金15g，煎水服。（《安徽中草药》）

治产后风：瓜子金晒干研末，每次二钱，泡温酒服。（《泉州本草》）

治急性扁桃体炎：瓜子金、白花蛇舌草各15g，车前6g。水煎服，每日1剂。（《江西草药》）

治跌打损伤，疔疮痈疽：瓜子金晒干，研粉，每天3次，每次6g，用黄酒送服。另取药粉适量，用黄酒调匀，敷患处。（《浙江民间常用草药》）

治刀伤，接骨：辰砂草研末或捣绒，敷刀伤处。骨折时，辰砂草30g，捣绒，拌酒糟外包患处。（《贵州草药》）

治脱皮癞：辰砂草、旱莲草、车前草各等份，煎水内服；外用红色的扛板归煎水洗。（《贵州草药》）

治毒蛇咬伤：鲜瓜子金一至二两。切碎捣烂，加泉水擂汁服，并以渣外敷于肿处。（《江西民间草药验方》）

治关节炎：瓜子金根30～90g，酌加水煎，日服1～2次。（《福建民间草药》）

治血栓炎，皮肤现紫块，一身痛：辰砂草根捶绒，兑淘米水服。（《贵州草药》）

【中成药应用例证】

肾元胶囊：活血化瘀，利水消肿。用于水肿属于瘀血内阻、水湿阻滞证者，以及慢性肾炎所引起的水肿、腰痛、蛋白尿、头昏、乏力等。

复方瓜子金颗粒：清热利咽，散结止痛，祛痰止咳。用于风热袭肺或痰热壅肺所致的咽部红肿、咽痛、发热、咳嗽；急性咽炎、慢性咽炎急性发作及上呼吸道感染见上述证候者。

双橘颗粒：清肝理气，活血化瘀。用于子宫肌瘤且中医辨证属于气滞血瘀兼痰热交结证，症见经行量多或经期延长，乳房胀痛，小腹作胀或隐痛、有肛门下坠感，白带量多或色黄，舌质红或暗红，舌边有瘀斑、瘀点，舌苔腻或黄腻，脉沉弦或细涩，或脉滑或弦滑。

【现代临床应用】

瓜子金治疗失眠；治疗骨髓炎、骨关节结核、多发性脓肿，配合抗结核药及手术治疗疗效显著。

湖北大戟

Euphorbia hylonoma Hand.-Mazz.

大戟科（Euphorbiaceae）大戟属多年生草本。

全株光滑无毛。根粗线形，长达10cm。茎直立，上部多分枝。叶变异较大，总苞叶3～5枚，同茎生叶；总苞钟状，4腺体圆肾形。蒴果球状，成熟时分裂为3个分果爿。花期4～7月，果期6～9月。

大别山各县市均有分布，生于山沟、山坡、灌丛、草地、疏林等地。

【入药部位及性味功效】

九牛造，又称震天雷、九牛七、翻天印、柳州七、铁筷子、五朵云、通大海、冷水七、搜山虎，为植物湖北大戟的根。秋季采挖，洗净，晒干。味甘、苦，性凉，有毒。归肝、大肠、膀胱经。消积除胀，泻下逐水，破瘀定痛。主治食积膨胀，二便不通，跌打损伤。

九牛造茎叶，为植物湖北大戟的茎叶。春夏季采收，鲜用或晒干。味甘、苦，性凉，有毒。止血，定痛，生肌。主治外伤出血，无名肿毒。

【经方验方应用例证】

治积聚腹胀，胸膈不利：九牛造、野棉花各3g，朱砂七（制）6g，红石耳12g。水煎服。（《陕西中草药》）

大戟

Euphorbia pekinensis Rupr.

大戟科（Euphorbiaceae）大戟属多年生草本。

根圆柱状，直径6～14mm。叶互生，常为椭圆形，变异较大，全缘。总苞叶4～7，伞幅4～7；总苞杯状，4腺体半圆形或肾状圆形。蒴果球状，被稀疏的瘤状突起，成熟时分裂为3个分果爿。花期5～8月，果期6～9月。

大别山各县市均有分布，生于山坡、灌丛、路旁、荒地、草丛、林缘和疏林内。

大戟始载于《神农本草经》，列为下品。《尔雅》："荞，邛钜。"郭璞注云："今本草大戟也。"《本草纲目》："其根辛苦，戟人咽喉，故名。"又曰："今俚人呼为下马仙，言利人甚速也。"

《蜀本草》："苗似甘遂，高大，叶有白汁，花黄，根似细苦参，皮黄黑，肉黄白。五月采苗，二月、八月采根用。"《本草图经》："今近道多有之。春生红芽，渐长作丛，高一尺已来；叶似初生杨柳，小团；三月、四月开黄紫花，团圆似杏花，又似芫荽；根似细苦参，皮黄黑，肉黄白色，秋冬采根阴干。"《本草纲目》："大戟生平泽甚多。直茎高二三尺，中空，折之有白浆。"

【入药部位及性味功效】

大戟，又称邛钜、红芽大戟、紫大戟、下马仙、京大戟，为植物大戟的根。秋季地上部分枯萎后至早春萌芽前，挖掘地下根，除去残茎及须根，洗净泥土，切段或切片晒干或烘干。味苦、辛，性寒，有毒。归肺、脾、肾经。泻水逐饮，消肿散结。主治水肿，胸腹积水，痰饮积聚，二便不利，痈肿，瘰疬。

【经方验方应用例证】

治水肿：枣一斗，锅内入水，上有四指，用大戟并根苗盖之一遍，盆合之，煮熟为度，去大戟不用，旋旋吃，无时。（《活法机要》）

治通身肿满喘息，小便涩：大戟（去皮，细切，微炒）二两，干姜（炮）半两。上二味捣罗为散，每服三钱匕，用生姜汤调下，良久，糯米饮投之，以大小便利为度。（《圣济总录》大戟散）

治黄疸小便不通：大戟一两，茵陈二两。水浸，空心服。（《本草汇言》）

治淋巴结结核：大戟60g，鸡蛋7个。将药和鸡蛋共放砂锅内，水煮3小时，将蛋取出，每早食鸡蛋1个，7天为1个疗程。（《全国中草药新医疗法展览会资料选编》）

十枣汤：攻遂水饮。主治：①悬饮。症见咳唾胸胁引痛，心下痞硬胀满，干呕短气，头痛目眩，或胸背掣痛不得息，舌苔滑，脉沉弦。②水肿。症见一身悉肿，尤以身半以下为重，腹胀喘满，二便不利。本方常用于渗出性胸膜炎、结核性胸膜炎、肝硬化、慢性肾炎所致的胸水、腹水或全身水肿，以及晚期血吸虫病所致的腹水等属于水饮内停里实证者。（《伤寒论》）

艾叶汤：主治妇人阴中肿痛不可近者。（方出《外台秘要》卷三十四引《经心录》，名见《医统》卷八十三引《录验》）

半边散：逐水消肿。主治诸般水肿。（《奇效良方》卷四十）

苍戟丸：行水燥脾。主治水肿。（《风劳臌膈四大证治》）

除湿丸：主治脚气，肿满疼痛，行履艰难，大便不通，小便赤涩。（《杨氏家藏方》卷四）

【中成药应用例证】

风湿追风膏：祛风散寒，活血止痛。用于风湿痹痛，腰背酸痛，四肢麻木。

卫生散：辟秽，清热解毒，解痉镇静。用于高热神昏，项强抽搐；中风痰厥引起的牙关紧闭，痰涎壅盛；小儿惊风，急性胃肠炎、吐泻、痈疽、疔疮等症。

辟瘟片：辟秽解浊。用于感寒触秽，腹痛吐泻，头晕胸闷。

流感丸：清热解毒。用于流行性感冒，流清鼻涕，头痛咳嗽，周身酸痛，炎症发热等。

消肿橡胶膏：退热，消肿，止痛。用于急性腮腺炎，乳腺炎，软组织损伤，疖肿，痈肿，蜂窝织炎，急性淋巴管炎，淋巴结炎，皮下及深部脓肿，丹毒，无名肿毒，红肿热痛，风湿疼痛，腰、肩、背酸痛。

【现代临床应用】

治疗急慢性肾炎水肿；治疗晚期血吸虫病腹水或其他肝硬化腹水。

乌蔹莓

Causonis japonica (Thunb.) Raf.

葡萄科（Vitaceae）乌蔹莓属多年生草质藤本。

茎具卷须，幼枝有柔毛，后变无毛。鸟足状复叶；小叶5，椭圆形至狭卵形，顶端急尖或短渐尖，边缘有疏锯齿，两面中脉具毛，中间小叶较大，侧生小叶较小。聚伞花序腋生或假腋生，具长柄；花小，黄绿色，具短柄，外生粉状微毛或近无毛；花瓣4，顶端无小角或有极轻微小角；雄蕊4与花瓣对生。浆果卵形，长约7mm。成熟时黑色。花期3～8月，果期8～11月。

大别山各县市均有分布，生于海拔1700m以下的山谷林中或灌丛。

本品茎叶如白蔹，浆果黑色，故名乌蔹。茎蔓生，掌状复叶，因呼五爪龙、五叶莓。郭璞注："江东呼为龙尾，亦谓之虎葛。"《本草纲目》称为"赤葛"。都从其引蔓缠绕得名。李时珍："赤泼与赤葛及拔音相近。"

乌蔹莓之名首见于《新修本草》，云："乌蔹莓，蔓生，叶似白蔹，生平泽。"《蜀本草》："或生人家篱墙间……"《本草图经》："蔓生，茎端五叶，花青白色，俗呼为五叶莓，叶有五桠，子黑，一名乌蔹草。"《本草纲目》："塍堑间甚多，其藤柔而有棱，一枝一须，凡五叶。叶长而光，有疏齿，面青背淡。七八月结苞成簇，青白色。花大如粟，黄色四出。结实大如龙葵子，生青熟紫，内有细子。其根白色，大者如指，长一二尺，捣之多涎滑。"

【入药部位及性味功效】

乌蔹莓，又称拔、茏葛、龙尾、虎葛、五叶莓、笼草、乌蔹草、五叶藤、五爪龙、五爪龙草、赤葛、赤泼藤、五龙草、五爪龙藤、母猪藤、五叶莓、血五甲、过山龙、猪婆藤、五爪藤、鸡丝藤、五爪金龙、小母猪藤、地老鼠、铁散仙、酸甲藤、五甲藤、钦称陀、五将草、过江龙、地五加、野葡萄藤、老鸦眼睛藤、老鸦藤、黄眼藤、止血藤、五爪绒，为植物乌蔹莓的全草或根。夏、秋季割取藤茎或挖出根部，除去杂质，洗净，切段，晒干或鲜用。味苦、酸，性寒。归心、肝、胃经。清热利湿，解毒消肿。主治热毒痈肿，疔疮，丹毒，咽喉肿痛，蛇虫咬伤，水火烫伤，风湿痹痛，黄疸，泻痢，白浊，尿血。

【经方验方应用例证】

治一切肿毒、发背、乳痈、便毒、恶疮初起者：五叶藤或根一握，生姜一块。捣烂，入好酒一盏，绞汁热服，取汗，以渣敷之。用大蒜代姜亦可。(《寿域神方》)

治项下热肿，俗名蛤蟆瘟：五叶藤捣敷之。(《丹溪纂要》)

治发背、臀痈、便毒：乌蔹莓全草水煎2次过滤，将2次煎汁合并，再隔水煎浓缩成膏，涂纱布上，贴敷患处，每日换1次。(《江西民间草药》)

治乳腺炎：鲜乌蔹莓，捣烂敷患处。(《青岛中草药手册》)

治淋巴腺炎：乌蔹莓叶适量，和等量水仙花鳞茎，红糖少许，共捣烂，加温敷患处。(《福建药物志》)

治风湿瘫痪，行走不便：母猪藤45g，大山羊30g，大风藤30g，泡酒500g，每服15～30g，日服2次，经常服用。(《贵阳民间药草》)

治黄疸病：乌蔹莓鲜根30g，泡酒，每服1杯。(《重庆草药》)

【现代临床应用】

治疗化脓性感染；用于接骨及消肿。

黄花稔
Sida acuta Burm. F.

锦葵科（Malvaceae）黄花稔属多年生直立亚灌木状草本。

分枝多，小枝被柔毛至近无毛。叶披针形，先端短尖或渐尖，基部圆或钝，具锯齿，两面均无毛或疏被星状柔毛，上面偶被单毛；叶柄疏被柔毛；托叶线形，与叶柄近等长，常宿存。花单朵或成对生于叶腋，花梗被柔毛，中部具节；萼浅杯状，下半部合生，裂片5，尾状渐尖；花黄色，花瓣倒卵形，先端圆，基部狭长，被纤毛；雄蕊柱长约4mm，疏被硬毛。蒴果近圆球形，分果爿4～9。花期4～12月。

大别山各县市均有分布，生于山坡灌丛间、路旁或荒坡。

【入药部位及性味功效】

黄花稔，又称小本黄花草、吸血仔、四吻草、索血草、山鸡、拔毒散、脓见消、单鞭救主、梅肉草、柑仔蜜、蛇总管、四米草、尖叶嗽血草、白索子、麻芡麻、灶江、扫把麻，为植物黄花稔的叶或根。叶片在夏、秋采收，鲜用或晾干或晒干。根部在早春植株萌芽前挖取，洗去泥沙，切片，晒干。味辛，性凉。清湿热，解毒消肿，活血止痛。主治湿热泻痢，乳痈，痔疮，疮疡肿毒，跌打损伤，骨折，外伤出血。

【经方验方应用例证】

治肝脏肿大（黄疸）：尖叶嗽血草根75g，水煎服。（《台湾药用植物志》）

治外痔核肿痛：白索子全草30g，金针菜根、山芙蓉根各20g，水煎服。(《台湾药用植物志》)

治小儿热结肿毒：取黄花棯鲜的1握，调糯米饭捣烂，加热外敷。(《福建民间草药》)

治腰痛：黄花棯根30～45g，乌贼干2只，酌加酒、水各半炖服。(《福建民间草药》)

治乳腺炎：拔毒散、蒲公英，水煎服。外用拔毒散加鲜白菜、红糖捣敷患部。(《云南思茅中草药选》)

【中成药应用例证】

健身糖浆：益气活血，舒筋活络。用于劳倦乏力，关节及腰背酸痛，月经失调，贫血失眠。

黄海棠

Hypericum ascyron L.

金丝桃科（Hypericaceae）金丝桃属多年生草本。

茎有四棱。叶对生，宽披针形，顶端渐尖，基部抱茎，无柄。花数朵成顶生的聚伞花序；花大，黄色，直径2.8cm；萼片5，卵圆形；雄蕊5束；花柱长，在中部以上5裂。蒴果圆锥形，长约2cm。花期7月，果期9月。

大别山各县市均有分布，生于海拔1600m以下的山坡、路边、沟旁草丛中或山脊林下。

茎及果实均呈红棕色，有时作旱莲草药用，故名红旱莲。也有代刘寄奴用，花黄色，故名黄花刘寄奴。

《新修本草》："连翘有两种：大翘、小翘。大翘叶狭长如水苏，花黄可爱，生下湿地，著子似椿实之未开者，作房翘出众草。其小翘生岗原之上，叶、花、实皆似大翘而小细，山南人并用之。今京下惟用大翘子，不用茎花也。"《植物名实图考》载有"湖南连翘"，云："湖南连翘生山坡。独茎方棱，长叶对生，极似刘寄奴，梢端叶际开五瓣黄花，大如杯，长须迸露，中有绿心，如壶卢形。一枝三花，亦有一花者，土人即呼为黄花刘寄奴。"

【入药部位及性味功效】

红旱莲，又称湖南连翘、黄花刘寄奴、金丝蝴蝶、伞旦花、大汗淋草、大黄心草、房心草、假连翘、箭花茶、一支箭、金丝桃、鸡心茶、牛心茶、大金雀、大茶叶、大精血、长柱金丝桃、牛心菜、大箭草、鹧鸪草、土黄芩、小黄心草、大头草、刘寄奴，为植物黄海棠的全草。7～8月果实成熟时，割取地上部分，用热水泡过，晒干。味苦，性寒。归肝、胃经。凉血止血，活血调经，清热解毒。主治血热所致吐血、咯血、尿血、便血、崩漏，跌打损伤，外伤出血，月经不调，痛经，乳汁不下，风热感冒，疟疾，肝炎，痢疾，腹泻，毒蛇咬伤，烫伤，湿疹，黄水疮。

【经方验方应用例证】

治吐血、咯血、子宫出血：红旱莲15g，小蓟炭9g，研末服。（《青岛中草药手册》）

治月经不调：红旱莲9g，益母草15g，水煎，日服2次。（《吉林中草药》）

治痛经：湖南连翘15g，煎水，服时加红糖1匙调服。（《安徽中草药》）

治黄疸，肝炎：红旱莲、车前草各15g，栀子12g，决明子6g，香附9g，水煎服。（《全国中草药汇编》）

治乳痈：湖南连翘15g，白通9g，煮蛋食。（《湖南药物志》）

治湿疹，黄水疮：红旱莲适量，研细末，加菜油调成糊状，微火烤热，用棉签蘸药涂患处。（《全国中草药汇编》）

小连翘

Hypericum erectum Thunb. ex Murray

金丝桃科（Hypericaceae）金丝桃属多年生草本。

全株无毛。茎绿色，圆柱形，有2条隆起线。叶对生，无柄，半抱茎，长椭圆形、倒卵形或卵状长椭圆形。花顶生或腋生聚伞花序；萼片卵形；花瓣深黄色，有黑色点线；雄蕊多数，成三束；花柱3，分离。蒴果卵形，长约7mm。花果期6～9月。

大别山各县市均有分布，生于山坡路旁。

　　小连翘之名始见于《本草纲目》，谓："旱莲有两种，一种苗似旋覆而花白细者，是鳢肠；一种花黄紫而结房如莲房者，乃是小连翘也。"据《中华本草》记载，此处小连翘是湖南连翘（参见黄海棠），并非本种。

【入药部位及性味功效】

小连翘，又称大田基、小瞿麦、排草、排香草、小对叶草、小对月草、小元宝草、金石榴、麝香草、黄草、小金雀、小翘、七层兰、瑞香草、奶浆草，为植物小连翘的全草。夏秋季采收，晒干或鲜用。味苦，性平。归肝、胃经。止血，调经，散瘀止痛，解毒消肿。主治吐血，咯血，便血，崩漏，创伤出血，月经不调，产妇乳汁不下，跌打损伤，风湿性关节痛，疮疖肿痛，毒蛇咬伤。

【经方验方应用例证】

治咯血、鼻出血、便血：小连翘30～60g，水煎服；或加龙牙草30g，鳢肠30g，水煎服。（《浙江民间常用草药》）

治外伤出血：小连翘鲜叶捣烂外敷。（《浙江民间常用草药》）

治风湿性关节痛，神经痛：小连翘15g（酒拌渍片刻），煎服。（《安徽中草药》）

治跌打扭伤痛：小连翘全草12g，酒、水各半煎服。（《江西民间草药》）

治疖肿：小连翘15～30g，水煎服，另取鲜全草捣烂外敷。（《浙江民间常用草药》）

贯叶连翘

Hypericum perforatum L.

金丝桃科（Hypericaceae）金丝桃属多年生草本。

茎直立，多分枝；茎或枝两侧各有凸起纵脉1条。叶较密，椭圆形以至条形，基部抱茎，全缘，上面满布透明腺点。花较大，黄色，成聚伞花序；花萼、花瓣边缘都有黑色腺点；花柱3裂。蒴果矩圆形，具有水泡状突起。

大别山各县市均有分布，生于山坡杂草间。

贯叶连翘出自《中国药用植物志》。此草叶对生，基部抱茎，茎似穿叶而出，果似连翘，故名贯叶连翘。茎直立，多分枝，枝皆腋生，层层而上，故名千层楼。

《本草纲目拾遗》："元宝草……此草有两种，一种，两叶包茎，亦对节生。一种，独叶，茎穿叶心，入药以独叶者为胜。"《植物名实图考》："元宝草产建昌，赭茎有节，对叶附茎，四面攒生如枸杞叶而圆，梢端开小黄花如槐米，土人采治热症。"

【入药部位及性味功效】

贯叶连翘，又称元宝草、过路黄、小种黄、赶山鞭、千层楼、上天梯、小对月草、小对叶草、小种癀药、大对叶草、小刘寄奴、小叶金丝桃，为植物贯叶连翘的全草。秋季采收。7～10月采收全草，洗净，晒干。味苦、涩，性平。归肝经。收敛止血，调经通乳，清热解毒，利湿。主治咯血，吐血，肠风下血，崩漏，外伤出血，月经不调，乳妇乳汁不下，黄疸，咽喉疼痛，目赤肿痛，尿路感染，口鼻生疮，痈疖肿毒，烫火伤。

【经方验方应用例证】

治吐血：贯叶连翘五钱至一两（与仙鹤草、六月雪同用），煎水服。（《南京民间药草》）

治口鼻生蠿：小对叶草叶搓绒，塞鼻孔。（《贵州民间药物》）

治乳疖：小对叶草嫩叶尖数片，揉塞鼻孔（左乳痛塞右鼻孔，右乳痛塞左鼻孔），干时换药；并用此药捣绒敷痛处；又用此药30～60g煎水当茶喝。乳疖已溃烂者不能用。（《贵州民间药物》）

治乳少：小对叶草全草30g，炖肉吃。（《贵州民间药物》）

治黄疸肝炎：小对叶草60g，煎水服。（《贵州草药》）

元宝草

Hypericum sampsonii Hance

金丝桃科（Hypericaceae）金丝桃属多年生草本。

光滑无毛。茎直立，圆柱形。叶对生，其基部完全合生为一体，而茎贯穿其中心，叶长圆形至倒披针形。伞房状花序多花；花瓣长圆形，具黑色腺点；雄蕊3束；花柱3，自基部分离。花期5～6月，果期7～8月。

大别山各县市均有分布，生于山坡灌丛、沟谷林缘、路边草地。

元宝草始载于《本草从新》，谓："生江浙田塍间，一茎直上，叶对节生，如元宝向上，或三四层或五六层。"《本草纲目拾遗》："此草有两种：一种，两叶包茎，亦对节生；一种，独叶，茎穿叶心，入药以独叶者为胜。"又引《百草镜》："元宝草，生阴土近水处多有之，谷雨后生苗，其叶中阔两头尖，如梭子形，穿茎直上，或五六层或六七层，小满后开花黄色。"茎穿叶心者，即为元宝草。《植物名实图考》："元宝草，江西、湖南山原、园圃皆有之。独茎细绿，长叶上翘，茎穿叶心，分枝复生小叶，春开小黄花五瓣，花罢结实，根香清馥。土医以叶异状，故有相思、灯台、双合合诸名。""元宝草产建昌，赭茎有节，对叶附茎，四面攒生如枸杞叶而圆，梢端开小黄花如槐米，土人采治热症。"据《中华本草》记载，除《本草纲目拾遗》所述前一种和《植物名实图考》所谓元宝草非本种外（参见贯叶连翘），其余均与今之元宝草相符。

【入药部位及性味功效】

元宝草，又称相思、灯台、双合合、对月草、大叶对口莲、穿心箭、排草、对经草、对口莲、刘寄奴、铃香、对叶草、蛇喳口、对月莲、穿心草、红无宝、尖金花、王不留行、大甲母猪香、叶抱枝、红旱莲、宝塔草、蛇开口、莽子草、野旱烟、叫珠草、翳子草、烂肠草、蜻蜓草、大刘寄奴、哨子草、散血丹、黄叶连翘、蜡烛灯台，为植物元宝草的全草。夏、秋季采收，洗净，晒干或鲜用。味苦、辛，性寒。归肝、脾经。凉血止血，清热解毒，活血调经，祛风通络。主治吐血，咯血，衄血，血淋，创伤出血，肠炎，痢疾，乳痈，痈肿疔毒，烫伤，蛇咬伤，月经不调，痛经，白带，跌打损伤，风湿痹痛，腰腿痛，外用还可治头癣、口疮、目翳。

【经方验方应用例证】

治慢性咽喉炎，音哑：元宝草、光叶水苏、苦蘵各30g，筋骨草、玄参各15g。水煎服。（《浙江民间常用草药》）

治赤白下痢，里急后重：元宝草煎汁冲蜂蜜服。（《浙江民间草药》）

治肝炎：元宝草全草15～30g，水煎服。（《广西民族药简编》）

治乳痈：元宝草15g，酒、水各半煎，分2次服。（《江西民间草药》）

治乳汁不通：元宝草全草9g，水煎服。（《湖南药物志》）

治风湿关节痛：元宝草15g，水煎，调酒服。（《福建药物志》）

治头癣：元宝草适量，煎水洗头。（《陕西中草药》）

治眼翳：元宝草全草捣烂，塞鼻。（《湖南药物志》）

【中成药应用例证】

田七镇痛膏：活血化瘀，祛风除湿，温经通络。用于跌打损伤，风湿性关节痛，肩臂腰腿痛。

如意草

Viola arcuata Blume

董菜科（Violaceae）董菜属多年生草本。

根状茎粗短；地上茎常数条丛生，无毛。基生叶宽心形或肾形，先端圆或微尖，基部宽心形，具圆齿，两面近无毛；茎生叶少，与基生叶相似，基部弯缺较深；叶柄具窄翅；基生叶的托叶褐色，下部与叶柄合生；茎生叶的托叶离生，卵状披针形或匙形，常全缘。花较小，基生或在茎叶腋生，两侧对称，具长梗；萼片5片，披针形，基部附器半圆形，不显著；花瓣白色或淡紫色，5片，距短，囊状。果椭圆形。花期4～5月，果期6～8月。

大别山各县市均有分布，生于湿草地、草坡、田野、屋边。

如意草出自《植物名实图考》，谓："如意草，铺地生，如车前，开四瓣翠蓝花，有柄横翘，如翠雀而小。"

【入药部位及性味功效】

如意草，又称白三百棒、红三百棒，为植物如意草的全草。秋季采收，洗净，晒干。味辛、微酸，性寒。清热解毒，散瘀止血。主治疮疡肿毒，乳痈，跌打损伤，开放性骨折，外伤出血，蛇伤。

【经方验方应用例证】

治疖肿疮疡，急性乳腺炎，跌打肿痛：鲜如意草适量加红糖少许，共捣烂外敷。（《广西本草选编》）

复方马齿苋洗方：清热解毒，除湿止痒。主治多发性疖肿，脓疱疮。（《赵炳南临床经验集》）

如意酒：如意草（新鲜肥大者）50g，白酒70mL。解毒，消肿，止痛。主治痈疽，疮毒。（《潘佩侯方》）

紫花地丁
Viola philippica Cav.

堇菜科（Violaceae）堇菜属多年生草本。

无地上茎，根状茎短。叶基生，卵形、狭卵状披针形，基部截形或楔形；叶柄具翅；托叶边缘具流苏状细齿或近全缘。花紫堇色或淡紫色，稀白色或侧方花瓣粉红色；萼片卵状披针形或披针形，基部附属物短；花瓣倒卵形或长圆状倒卵形；距细管状弯。蒴果长圆形，无毛。花果期4月中下旬至9月。

大别山各县市均有分布，生于田间、荒地、山坡草丛、林缘或灌丛中。

"紫花"者，因花色得名。"地丁"名义未详。箭头草、宝剑草、犁头草等皆以叶形命名。羊角子，得名于果实之形状。

以堇堇菜之名始载于《救荒本草》，云："堇堇菜，一名箭头草。生田野中。苗初塌地生。叶似铍箭头样，而叶蒂甚长。其后，叶间撺葶，开紫花。结三瓣蒴儿，中有子如芥子大，茶褐色。叶味甘，救饥采苗叶煠熟，水浸淘净，油盐调食。"《本草纲目》："紫花地丁，处处有之。其叶似柳而微细，夏开紫花结角。"《植物名实图考》："犁头草即堇堇菜。南北所产，叶长圆、尖缺各异；花亦有白紫之别，又有宝剑草、半边莲诸名，而结实则同。"

【入药部位及性味功效】

紫花地丁，又称堇堇菜、箭头草、地丁、羊角子、独行虎、地丁草、宝剑草、犁头草、紫地丁、兔耳草、金前刀、小角子花，为植物紫花地丁的全草。5～6月间果实成熟时采收全草，洗净，晒干。味苦、辛，性寒。归心、肝经。清热解毒，凉血消肿。主治疔疮肿毒，丹毒，疖腮，肠痈，瘰疬，湿热泻痢，黄疸，目赤肿痛，毒蛇咬伤。

【经方验方应用例证】

治腮腺炎：鲜紫花地丁9g，白矾6g，共捣烂外敷患处，每日换1次。（《青岛中草药手册》）

治阑尾炎：紫花地丁、金银花各30g，连翘、赤芍各15g，黄柏9g，水煎服。（《宁夏中草药手册》）

治前列腺炎：紫花地丁、紫参、车前草各15g，海金沙30g，煎汤，每日1剂，分2次服，连服数日。（苏医《中草药手册》）

祛毒散：清热解毒，凉血止血。主治毒蛇咬伤之火毒证。（经验方）

五味消毒饮合大黄牡丹汤：清热解毒，化瘀散结，利湿排脓。主治热毒炽盛之疔疮痈肿。（《医宗金鉴》《金匮要略》）

透疹凉解汤：清热解毒。主治风疹，邪热炽盛，高热口渴，心烦不宁，疹色鲜红或紫暗，疹点较密，小便黄少，舌质红，苔黄糙。（《中医临床手册》）

银花解毒汤：清热解毒，养血止痛。主治风火湿热所致的痈疽疔毒。（《疡科心得集》）

五神汤：清热利湿，解毒消肿。主治湿热壅结之多骨痈、腿痛、委中毒、下肢丹毒等。（《洞天奥旨》）

紫花地丁散：清热解毒，消肿止痛。治诸毒恶疮肿痛。（《普济方》卷二七五引《德生堂方》）

【中成药应用例证】

消痔洁肤软膏：清热解毒，化瘀消肿，除湿止痒。用于湿热蕴结所致手足癣、体癣、腹癣、浸淫疮、内痔、外痔、肿痛出血、带下病。

妇平胶囊：清热解毒，化瘀消肿。用于下焦湿热、瘀毒所致之白带量多，色黄质黏，或赤白相兼，或如脓样，有异臭，少腹坠胀疼痛，腰部酸痛，尿黄便干，舌红苔黄腻，脉数；盆腔炎、附件炎等见上述证候者。

蓝蒲解毒片：清热解毒。用于肺胃蕴热引起的咽喉肿痛。

紫花地丁软膏：抗菌消炎。用于一切疔肿、乳腺炎。

男康片：补肾益精，活血化瘀，利湿解毒。用于治疗肾精亏损、瘀血阻滞、湿热蕴结引起的慢性前列腺炎。

抗骨髓炎片：清热解毒，散瘀消肿。用于附骨疽及骨髓炎属热毒血瘀者。

双虎清肝颗粒：清热利湿，化痰宽中，理气活血。用于湿热内蕴所致的胃脘痞闷、口干不欲饮、恶心厌油、食少纳差、胁肋隐痛、腹部胀满、大便黏滞不爽或臭秽，或身目发黄，舌质暗、边红，舌苔厚腻或黄腻，脉弦滑或弦数者；慢性乙型肝炎见上述证候者。

银蒲解毒片：清热解毒。用于风热型急性咽炎，症见咽痛、充血，咽干或具灼热感，舌苔薄黄；湿热型肾盂肾炎，症见尿频短急，灼热疼痛，头身疼痛，小腹坠胀，肾区叩击痛。

【现代临床应用】

治疗扁桃体炎。

中华秋海棠

Begonia grandis subsp. *sinensis* (A. DC.) Irmsch.

秋海棠科（Begoniaceae）秋海棠属多年生中型草本。

根状茎近球形，茎直立，几无分枝，外形似金字塔形。叶较小，椭圆状卵形至三角状卵形，先端渐尖，下面色淡，偶带红色，基部心形，宽侧下延呈圆形。花序较短，呈伞房状至圆锥状二歧聚伞花序；花小，雄蕊多数，短于2mm，整体呈球状；花柱基部合生或微合生，有分枝，柱头呈螺旋状扭曲，稀呈U字形。蒴果具3不等大之翅。

大别山各县市均有分布，生于海拔300～1700m的山谷阴湿岩石上、滴水的石灰岩边、疏林阴处、荒坡阴湿处以及山坡林下。

【入药部位及性味功效】

红白二丸，又称一点血、岩丸子、鸳鸯七、红黑二丸、野秋海棠、红白二元、老背少、一口血、山海棠，为植物中华秋海棠根茎或全草。夏季开花前采挖根茎，除去须根，洗净，晒干或鲜用。味苦、酸，性微寒。活血调经，止血止痢，镇痛。主治崩漏，月经不调，赤白带下，外伤出血，痢疾，胃痛，腹痛，腰痛，疝气痛，痛经，跌打瘀痛。

红白二丸果，为植物中华秋海棠的果实。夏季采收，鲜用。味苦，性微寒。解毒。主治蛇咬伤。

【经方验方应用例证】

治红崩白漏：①属于热盛者，经期来量多，则红白二元全草3～6g，一次水煎服；②红崩属寒性者，则在月经来前用红白二元0.3～0.6g，夜眠树上的细皮6g，麻皮（白松树皮）6g，煎水一次服。（《陕西中草药土单验方选编》）

治月经不调：红白二元6g，青龙、勾丁各6～9g，水煎服。又方：红白二元粉3～6g，热酒冲服。（《陕西中草药土单验方选编》）

治胃痛，腹痛，急慢性肠炎：红白二丸研末，每次3g，每日2～3次，开水冲服。（《湖北中草药志》）

治肾虚，劳伤腰痛：岩丸子9g，食盐1.5g，水煎服。（《恩施中草药手册》）

治疝气痛，急性胃痛：岩丸子15～30g，酒、水各半煎服。（《恩施中草药手册》）

治痛经：红黑二丸5粒，研为末，童便半碗，白酒1小杯加热吞服药末。（《湖北中草药志》）

治跌打损伤：红白二丸30g，泡酒服。（《秦岭巴山天然药物志》）

治蛇咬伤：红白二丸果适量，捣汁外搽。（《秦岭巴山天然药物志》）

楮头红

Sarcopyramis napalensis Wallich

野牡丹科（Melastomataceae）肉穗草属多年生直立草本。

茎肉质，无毛。叶膜质，宽卵形或卵形。花萼长约5mm，四棱形，棱上有狭翅，裂片顶端平截，具流苏状长缘毛膜质的盘，花瓣粉红。蒴果膜质冠伸出萼1倍。花期8～10月，果期9月至次年1月。

大别山各县市均有分布，生于海拔1000m以上林下阴湿的地方或溪边。

【入药部位及性味功效】

楮头红，又称风柜斗草、耳环草，为植物楮头红（尼泊尔肉穗草）的全草。夏、秋季采收，鲜用或切碎晒干。味苦、甘，性微寒。归肺、肝经。清热平肝，利湿解毒。主治肺热咳嗽，头目眩晕，耳鸣，耳聋，目赤羞明，肝炎，风湿痹痛，跌打伤肿，蛇头疔，无名肿毒。

【经方验方应用例证】

治肺热咳嗽：楮头红15g，桑叶、冬青叶、竹凌霄、土百部各12g，水煎服。（《万县中草药》）

治肾虚耳鸣、耳聋：楮头红15g，响铃草、挖耳草、土党参各12g，石菖蒲、茯苓各9g，炖猪耳朵服。（《万县中草药》）

治风湿痹痛：楮头红30g，箭杆风、火麻风、糯米藤各15g，独活、桂枝、淮通各12g，水煎服。（《万县中草药》）

柳叶菜

Epilobium hirsutum L.

柳叶菜科（Onagraceae）柳叶菜属多年生草本。

茎密生展开的白色长柔毛及短腺毛。下部叶对生，上部叶互生，矩圆形至长椭圆状披针形，边缘具细锯齿，基部无柄，略抱茎，两面被长柔毛。花两性，单生于上部叶腋，浅紫色；萼筒圆柱形，裂片4，外面被毛；花瓣4，宽倒卵形，顶端凹缺成2裂；雄蕊8，4长4短；子房下位，柱头4裂。蒴果圆柱形，室背开裂。花期6～8月，果期7～9月。

大别山各县市均有分布，生沟边或沼泽地。

【入药部位及性味功效】

柳叶菜，又称地母怀胎草、水丁香、通经草、水兰花、菜子灵、水接骨丹、水窝窝、九牛造接骨丹、水接骨、继母怀胎、绒棒紫花草、长角草、鱼鳞草、大样干鱼草、光明草、小杨柳、锁匙筒、白带草、怀胎草、白带丹，为植物柳叶菜的全草。全年均可采，鲜用或晒干。味苦、淡，性寒。清热解毒，利湿止泻，消食理气，活血接骨。主治湿热泻痢，食积，脘腹胀痛，牙痛，月经不调，经闭，带下，跌打骨折，疮肿，烫火伤，疥疮。

柳叶菜根，又称地母怀胎草根、水丁香根、白带丹根，为植物柳叶菜的根。秋季采挖，洗净，切段，晒干。味苦，性平。归肝、胃经。理气消积，活血止痛，解毒消肿。主治食积，脘腹疼痛，经闭，痛经，白带，咽肿，牙痛，口疮，目赤肿痛，疮肿，跌打瘀肿，骨折，外伤出血。

柳叶菜花，又称地母怀胎草花、水丁香花，为植物柳叶菜的花。夏、秋季采收，阴干。

味苦、微甘，性凉。归肝、胃经。清热止痛，调经涩带。主治牙痛，咽喉肿痛，目赤肿痛，月经不调，白带过多。

【 经方验方应用例证 】

治水泻肠炎：柳叶菜全草30g，水煎服。(《湖南药物志》)

治食积腹胀、胃痛：柳叶菜、矮子常山各15g，九牛股9g，水煎服。(《西昌中草药》)

治牙痛：水接骨、枸杞叶各15g，煎水服。(《西昌中草药》)

治月经不调：水丁香鲜草30g，红糖为引，煎水服。(《云南中草药》)

治皮下瘀肿：水丁香叶捣绒外敷。(《昆明民间常用草药》)

治疮毒高热：柳叶菜30g，青树叶15g，捣烂开水冲服。(《湖南药物志》)

治中耳炎：鲜水丁香全草捣汁，滴耳。(《红河中草药》)

治牙痛、火眼、月经不调：地母怀胎草花9～15g，水煎服。(《云南中草药选》)

治白带过多：水丁香花9～15g，水煎服。(《昆明民间常用草药》)

治食滞饱胀，胃寒气痛：水丁香根9～15g，水煎服。(《昆明民间常用草药》)

治闭经：地母怀胎草根9～15g，水煎加冰糖少许内服。(《云南中草药选》)

治白带：白带丹根9～15g，水煎服。(《玉溪中草药》)

治急性结膜炎、牙痛：白带丹根15～24g，水煎服，红糖为引。(《玉溪中草药》)

露珠草

Circaea cordata Royle

柳叶菜科（Onagraceae）露珠草属多年生草本。

茎绿色，密被短柔毛。叶对生，卵形，基部浅心形，边缘疏生锯齿；叶柄被毛。总状花序顶生，花序轴密被短柔毛；苞片小；花两性，白色；萼筒卵形，裂片2；花瓣2，宽倒卵形，短于萼裂片，顶端凹缺；雄蕊2；子房下位。果实坚果状，外被浅棕色钩状毛。花期6～8月，果期7～9月。

大别山各县市均有分布，生于林下阴湿处。

【入药部位及性味功效】

牛泷草，又称夜抹光、三角叶，为植物露珠草的全草。秋季采收全草，鲜用或晒干。味苦、辛，性微寒。清热解毒，止血生肌。主治疮痈肿毒，疥疮，外伤出血。

【经方验方应用例证】

治疥疮，脓疱：夜抹光烘干研末，配雄黄、硫黄粉适量，用菜油调搽或干扑于溃烂处。（《贵州草药》）

治刀伤：夜抹光捣绒敷伤处。（《贵州草药》）

南方露珠草

Circaea mollis Sieb. et Zucc.

柳叶菜科（Onagraceae）露珠草属多年生草本。

茎密被曲柔毛，节红紫色。叶对生，椭圆状披针形或狭卵形，基部楔形。萼片绿白色；花瓣白色，倒卵形，先端下凹。果梨形或球形，具4纵沟；果梗常反折。花期7～9月，果期8～10月。

大别山各县市均有分布，生于海拔700m以上的山坡林下、路旁或河边。

【入药部位及性味功效】

南方露珠草，又称拐子菜、辣椒七、白辣蓼草、假蛇床子、白洋漆药、野牛膝、红节草，为植物南方露珠草的全草或根。夏、秋季采收全草，鲜用或晒干。秋季挖根，除去地上部分，洗净泥土，鲜用或晒干。味辛、苦，性平。祛风除湿，活血消肿，清热解毒。主治风湿痹痛，跌打瘀肿，乳痈，瘰疬，疮肿，无名肿毒，毒蛇咬伤。

【经方验方应用例证】

治跌打损伤：鲜南方露珠草捣烂敷，并以60～90g水煎服，或捣烂以淘米水泡服。（《湖南药物志》）

治疮疡未溃，颈部淋巴结结核：假蛇床子根30g，水煎服。（《元江哈尼族药》）

天胡荽

Hydrocotyle sibthorpioides Lam.

五加科（Araliaceae）天胡荽属多年生草本。

茎细长匍匐。叶不分裂或5～7裂，裂片具钝齿，表面光滑或密被柔毛。花序梗单一纤细，短于叶柄；小总苞片具黄色透明腺点；花柄极短或无，花绿白色，有腺点。花果期4～9月。

大别山各县市均有分布，生于海拔400～1700m湿润的草地、河沟边及林下。

形态与胡荽近似，别称之为天胡荽。茎细长纤弱，以形态而获"鸡肠"之名。翳草者，言其善治目翳也。破铜钱者，得之于其叶大小如铜钱，边有浅裂如缺破。多铺地生长，因而有铺地锦、落地金钱诸名。

天胡荽始载于《千金·食治》，孙思邈："别有一种近水渠中温湿处，冬生，其状类胡荽，亦名鸡肠菜，可以疗痔病，一名天胡荽。"《植物名实图考》："又有一种相似而有锯齿，名破铜钱。"

【入药部位及性味功效】

天胡荽，又称鸡肠菜、破钱草、千里光、千光草、滴滴金、翳草、铺地锦、肺风草、破铜钱、满天星、明镜草、翳子草、盘上芫荽、落地金钱、过路蜈蚣草、花边灯盏、地星宿、鼠迹草、镜面草、扁地青、四片孔、盆上芫荽、星秀草、落地梅花、扁地金、小叶金钱草、小叶破铜钱、克麻藤、遍地锦、蔡达草、地钱草、野芹菜、小金钱，为植物天胡荽和破铜钱的全草。夏秋间采收全草，洗净，晒干或鲜用。味辛、微苦，性凉。清热利湿，解毒消肿。主治黄疸，痢疾，水肿，淋证，目翳，喉肿，痈肿疮毒，带状疱疹，跌打损伤。

【经方验方应用例证】

治肝炎、胆囊炎：鲜天胡荽60g，水煎，调冰糖服。（《福建药物志》）

治石淋：鲜天胡荽60g，海金沙茎叶30g，水煎服，每日1剂。（《湖北中草药志》）

治目翳，明目：翳草揉塞鼻中，左翳塞右，右翳塞左。（《医林篆要·药性》）

治带状疱疹：鲜天胡荽捣烂，加酒泡2～3小时，用净棉花蘸酒搽患处。（《湖北中草药志》）

治荨麻疹：天胡荽30～60g，捣汁，以开水冲服。（《福建中草药》）

【中成药应用例证】

天胡荽愈肝片：清热解毒，疏肝利胆。用于肝胆湿热所致的急、慢性肝炎。

疙瘩七

Panax bipinnatifidus Seemann

五加科（Araliaceae）人参属多年生草本。

高达 1m；根茎为长串珠状或前端具短竹鞭状部分，肉质。掌状复叶 3 ～ 5 轮生茎端；叶柄无毛；小叶 5，膜质，倒卵状椭圆形或长椭圆形，先端渐尖或长渐尖，基部宽楔形或近圆，具锯齿或重锯齿，两面沿脉疏被刺毛。伞形花序单生茎顶，具 50 ～ 80 花，花序梗无毛或稍被柔毛；萼具 5 小齿，无毛；花瓣 5，长卵形；雄蕊 5，花丝较花瓣短。果近球形。花期 5 ～ 6 月，果期 7 ～ 9 月。

英山、罗田高海拔山区偶布，资源较少。喜生于山谷林下水沟边或阴湿岩石旁。

疙瘩七即秀丽假人参。《维西见闻纪》云其"茎叶皆类人参，根皮质亦多相似而圆如珠"。其形似一串珠子相连，气味及功效均似人参，故名珠子参、珠儿参、珠参。根茎又类旧式上衣的钮子，功效类似三七，以此名钮子七。《维西见闻纪》又云其"皆在冬日盛雪之区"，故亦名雪三七。

珠儿参始载于《本草从新》："珠儿参，味厚体重，其性大约与西洋人参同。"《本草纲目拾遗》："珠参本非参类，前未闻有此，近年始行，然南中用之绝少，或云来自粤西，是三七子，又云草根，大约以参名，其性必补。医每患其苦寒。"又引《书影丛说》："云南姚安府也产人参，其形扁而圆，谓之珠儿参。"《药性考》："珠儿参根与莪尼同。"《维西见闻纪》称"茎叶皆类人参，根皮质亦多相似，而圆如珠，故云。奔子桐、粟地坪产之，皆在冬日盛雪之区，味苦而性燥，远不及人参也。"

【入药部位及性味功效】

珠儿参，又称珠参、钮子七、大叶三七、扣子七、竹鞭三七、疙瘩七、珠子参、土三七、盘七、野三七、带节参三七，为植物秀丽假人参（疙瘩七）的根茎。秋季采挖根茎，除去外皮及须根，干燥，或蒸透后干燥。味苦、甘，性寒。清热养阴，散瘀止血，消肿止痛。主治热病烦渴，阴虚肺热咳嗽，咳血，吐血，衄血，便血，尿血，崩漏，外伤出血，跌打伤肿，风湿痹痛，胃痛，月经不调，风火牙痛，咽喉肿痛，疮痈肿毒。

珠儿参叶，又称参叶、参叶子，为植物秀丽假人参的叶。夏、秋季采收，鲜用或晒干。味苦、微甘，性微寒。归肺、胃、心经。清热解暑，生津润喉。主治热伤津液，烦渴，骨蒸潮热，风火牙痛，咽喉干燥，声音嘶哑。

【经方验方应用例证】

治气管炎，支气管炎：珠儿参适量。研末，每次服3g。（《山西中草药》）

治吐血，鼻出血，便血，子宫出血：大叶三七研末，每服1.5g，每日2次。（《宁夏常用中草药》）

治外伤出血：扣子七根捣烂，外敷。（《恩施中草药手册》）

治跌打损伤：①珠子参15g，泡酒500g，每次服10mL，每日3次。（《云南中草药选》）②大叶三七根3g，金不换根3g，洗净捣烂，温酒冲服。（《湖南药物志》）

治劳伤腰痛：扣子七15g，土鳖虫15g，泡酒服。（《恩施中草药手册》）

治身体虚弱：①大叶三七根9g，水煎服。（《湖南药物志》）②珠子参适量，炖肉服。（《云南中草药》）

治暑热津伤口渴：参叶6g，麦冬9g，五味子1.5g，开水泡，当茶服。（《湖北中草药志》）

治骨蒸劳热，腰腿痛，防中暑：参叶子6～9g，水煎服或泡茶饮。（《陕西中草药》）

重齿当归

Angelica biserrata (Shan et Yuan) Yuan et Shan

伞形科（Apiaceae）当归属多年生高大草本。

根类圆柱形，棕褐色，有特殊香气。叶二回三出式羽状全裂；茎生叶具尖锯齿，或重锯齿，齿端有内曲的短尖头，顶生的末回裂片多3深裂；花序托叶简化成囊状叶鞘。总苞片1，长钻形，有缘毛；小总苞片阔披针形；花白色，无萼齿。果实椭圆形。花期8～9月，果期9～10月。

大别山各县市均有分布，生于海拔1000～1700m的阴湿山坡、林下草丛中或稀疏灌丛中。

《名医别录》："此草得风不摇，无风自动。"因有独活、独摇草之名。独滑者，乃独活之音讹也。《神农本草经》言其"久服轻身耐老"，故称之为长生草。

独活始载于《神农本草经》，列为上品，云："一名羌活，一名羌青，一名护羌使者。"《神农本草经》云二物同一类，今人以紫色而节密者为羌活，黄色而作块者为独活。《名医别录》："生雍州川谷，或陇西南安。"陶弘景："此州郡县并是羌活，羌活形细而多节软润，气息极猛烈。出益州北部、西川为独活，色微白，形虚大，为用亦相似而小不如，其一茎直上，不为风摇，故名独活，至易蛀，宜密器藏之。"

《品汇精要》："旧本羌独不分，混而为一，然其形色，功用不同，表里行径亦异，故分为二则，各适其用也。"《本草纲目》："独活、羌活乃一类二种。"一直以来，古代本草对羌活、独活的来源说法不一，故出现混用现象。

【入药部位及性味功效】

独活，又称胡王使者、独摇草、独滑、长生草、川独活、肉独活、资邱独活、巴东独活、香独活、绩独活、大活、山大活、玉活，为植物重齿当归的根。育苗移栽的在当年 10～11 月收获，直播的在生长 2 年后收获，挖出根部，去除枯萎茎、叶，抖去泥土，摊晾干后，堆放炕楼上，用柴火熏炕，炕干至五成干时，将每枝顺直捏拢，扎成小捆，炕至全干即成。味苦、辛，性微温。归肾、膀胱经。祛风胜湿，散寒止痛。主治风寒湿痹，腰膝疼痛，头痛齿痛。

【经方验方应用例证】

败毒散：散寒祛湿，益气解表。主治气虚，外感风寒湿表证。症见憎寒壮热，头项强痛，肢体酸痛，无汗，鼻塞声重，咳嗽有痰，胸膈痞满，舌淡苔白，脉浮而按之无力。本方常用于感冒、流行性感冒、支气管炎、风湿性关节炎、痢疾、过敏性皮炎、湿疹等属外感风寒湿邪兼气虚者。（《太平惠民和剂局方》《小儿药证直诀》）

仓廪散：益气解表，祛湿和胃。主治噤口痢。下痢，呕逆不食，食入则吐，恶寒发热，无汗，肢体酸痛，苔白腻，脉浮濡。（《普济方》）

生血补髓汤：生血补髓。主治上骱后，气血两虚者。（《伤科补要》）

养荣壮肾汤：主治产后感受风寒，腰痛不可转侧。（《傅青主女科》）

海藻玉壶汤：化痰软坚，理气散结，滋阴泻火。主治瘿瘤初起，或肿或硬，或赤或不赤，但未破者，甲状腺功能亢进症，脂膜炎，乳腺增生，淋巴结结核，结核性腹膜炎，多发性疖病等。（《外科正宗》）

化风丹：息风镇痉，豁痰开窍。主治用于风痰闭阻、中风偏瘫、癫痫、面神经麻痹、口眼歪斜。（《中医眼科学》）

羌活胜湿汤：祛风，胜湿，止痛。主治湿气在表，头痛头重，或腰脊重痛，或一身尽痛，微热昏倦。（《内外伤辨惑论》）

独活寄生汤：祛风湿，止痹痛，益肝肾，补气血。主治痹证日久，肝肾两虚、气血不足证。（《备急千金要方》）

【中成药应用例证】

强力天麻杜仲丸：散风活血，舒筋止痛。用于中风引起的筋脉挛痛，肢体麻木，行走不便，腰腿酸痛，头痛头昏等。

祛风骨痛巴布膏：祛风散寒，舒筋活血，消肿止痛。用于风寒湿痹引起的疼痛。

新力正骨喷雾剂：接骨强筋，活血散瘀，消肿镇痛。用于骨折，脱臼及肌肉、筋骨跌打损伤，风湿性关节炎。

小儿止泻贴：温中散寒，止痛止泻。用于感寒腹痛泄泻轻症。

感冒疏风颗粒：辛温解表，宣肺和中。用于风寒感冒，发热咳嗽，头痛怕冷，鼻流清涕，骨节酸痛，四肢疲倦。

天麻壮骨丸：祛风除湿，活血通络，补肝肾，强腰膝。用于风湿阻络，偏正头痛，头晕，风湿痹痛，腰膝酸软，四肢麻木。

塞雪风湿胶囊：祛风除湿，散寒止痛。用于风寒湿邪痹阻经络所致的关节肿痛、肢体麻木，以及风湿性关节炎、类风湿性关节炎属上述证候者。

独活止痛搽剂：止痛，消肿，散瘀。用于小关节挫伤，韧带、肌肉拉伤及风湿痛等。

正天丸：疏风活血，养血平肝，通络止痛。用于外感风邪、瘀血阻络、血虚失养、肝阳上亢引起的多种偏头痛，神经性头痛，颈椎病型头痛，经前头痛。

天和追风膏：温经通络，祛风除湿，活血止痛。用于风湿痹痛，腰背酸痛，四肢麻木，经脉拘挛等症。

壮骨关节丸：补益肝肾，养血活血，舒筋活络，理气止痛。用于肝肾不足、血瘀气滞、脉络痹阻所致的骨性关节炎、腰肌劳损，症见关节肿胀、疼痛、麻木、活动受限。

尪痹颗粒：补肝肾，强筋骨，祛风湿，通经络。用于肝肾不足、风湿阻络所致的尪痹，症见肌肉、关节疼痛，局部肿大，僵硬畸形，屈伸不利，腰膝酸软，畏寒乏力；类风湿性关节炎见上述证候者。

复方夏天无片：祛风逐湿，舒筋活络，行血止痛。用于风湿瘀血阻滞、经络不通引起的关节肿痛、肢体麻木、屈伸不利、步履艰难；风湿性关节炎、坐骨神经痛、脑血栓形成后遗症及脊髓灰质炎后遗症见上述证候者。

通痹片：祛风胜湿，活血通络，散寒止痛，调补气血。用于寒湿闭阻、瘀血阻络、气血两虚所致的痹证，症见关节冷痛、屈伸不利；风湿性关节炎、类风湿性关节炎见上述证候者。

紫花前胡

Angelica decursiva (Miquel) Franchet & Savatier

伞形科（Umbelliferae）当归属多年生草本。

根圆锥状，外表棕黄色至棕褐色，有强烈气味。茎直立，单一，中空，常为紫色。叶鞘紫色，无毛；叶1回3全裂或1至2回羽状分裂；第1回裂片具柄翅，翅边缘有锯齿；叶脉常带紫色；茎上部叶简化成紫色叶鞘。总苞片1～3，阔鞘状，紫色；小总苞片3～8，绿色或紫色；花深紫色，萼齿明显，花药暗紫色。果实无毛。花期8～9月，果期9～11月。

大别山各县市均有分布，长于山坡林缘、溪沟边或杂木林灌丛中。

前胡出自《雷公炮炙论》，云："凡使前胡，勿用野蒿根，缘真似前胡，只是味粗酸。若误用，令人反胃不受食。"《本草纲目》："按孙恒唐韵作湔胡，名义未解。"《本草图经》："柴胡根赤色，似前胡而强。"言柴胡比前胡粗大，则前胡较柴胡为纤细。"前""纤"音近之字，疑"前胡"即"纤胡"，意谓其根似柴胡而较纤耳。

《名医别录》载有前胡，列为中品。陶弘景："前胡，似茈胡而柔软……此近道皆有，生下湿地，出吴兴（今浙江省吴兴）者为佳。"《日华子》："越、衢、婺、睦（均在今浙江省内）等处皆好，七八月采，外黑里白。"《本草图经》："春生苗，青白色，似斜蒿。初出时有白芽，长三四寸，味甚香美，又似芸蒿。七月内开白花，与葱花相类，八月结果实，根细青紫色。"《本草纲目》："前胡有数种，唯以苗高一二尺，色似斜蒿，叶如野菊而细瘦，嫩时可食，秋月开黪白花，类蛇床子花，其根皮黑，肉白，有香气为真。大抵北地者为胜，故方书称北前胡。"《本草图经》："春生苗，绿叶有三瓣，七八月开花似莳萝，浅紫色，根黑黄色，二月、八月采根，阴干。"

【入药部位及性味功效】

前胡，为植物白花前胡和紫花前胡的根。栽后2～3年秋、冬季挖取根部，除去地上茎及泥土，晒干。味苦、辛，性微寒。归肺、脾、肝经。疏散风热，降气化痰。主治外感风热，肺热痰郁，咳喘痰多，痰黄稠黏，呕逆食少，胸膈满闷。

【经方验方应用例证】

仓廪散：益气解表，祛湿和胃。主治噤口痢。症见下痢，呕逆不食，食入则吐，恶寒发热，无汗，肢体酸痛，苔白腻，脉浮濡。(《普济方》)

荆防败毒散：发汗解表，消疮止痛。主治疮肿初起。症见红肿疼痛，恶寒发热，无汗不渴，舌苔薄白，脉浮数。(《摄生众妙方》)

清咽双和饮：疏风清热，化痰利咽。主治一切喉症初起。(《喉科紫珍集》)

苏子降气汤：降气平喘，祛痰止咳。主治上实下虚，痰涎壅盛，喘咳短气，胸膈满闷，或腰疼脚弱，肢体倦怠，或肢体浮肿，舌苔白滑或白腻等。(《太平惠民和剂局方》)

杏苏散：轻宣凉燥，化痰止咳。主治外感凉燥，头微痛，恶寒无汗，咳嗽痰稀，鼻塞咽干，苔白脉弦。(《温病条辨》)

连翘败毒散：清热解毒，消散痈肿。主治痈疽、疔疮、乳痈及一切无名肿毒。(《医方集解》)

【中成药应用例证】

通宣理肺颗粒：解表散寒，宣肺止嗽。用于感冒咳嗽，发热恶寒，鼻塞流涕，头痛无汗，肢体酸痛。

消咳平喘口服液：止咳，祛痰，平喘。用于感冒咳嗽，急、慢性支气管炎。

肺力咳合剂：清热解毒，镇咳祛痰。用于小儿痰热犯肺所引起的咳嗽痰黄；支气管哮喘、气管炎见上述证候者。

馥感啉口服液：清热解毒，止咳平喘，益气疏表。用于小儿气虚感冒所引起的发热、咳嗽、气喘、咽喉肿痛。

止咳宝片：宣肺祛痰，止咳平喘。用于外感风寒所致的咳嗽、痰多清稀、咳甚而喘；慢性支气管炎、上呼吸道感染见上述证候者。

午时茶颗粒：祛风解表，化湿和中。用于外感风寒、内伤食积证，症见恶寒发热、头痛身楚、胸脘满闷、恶心呕吐、腹痛腹泻。

金贝痰咳清颗粒：清肺止咳，化痰平喘。用于痰热阻肺所致的咳嗽、痰黄黏稠、喘息；慢性支气管炎急性发作见上述证候者。

金嗓开音丸：清热解毒，疏风利咽。用于风热邪毒所致的咽喉肿痛，声音嘶哑；急性咽炎、亚急性咽炎、喉炎见上述证候者。

急支糖浆：清热化痰，宣肺止咳。用于外感风热所致的咳嗽，症见发热、恶寒、胸膈满闷、咳嗽咽痛；急性支气管炎、慢性支气管炎急性发作见上述证候者。

北柴胡

Bupleurum chinense DC.

伞形科（Umbelliferae）柴胡属多年生草本。

主根粗大，坚硬，有或无侧根。茎丛生或单生，实心，上部多分枝，稍呈"之"字形弯曲。基生叶倒披针形或狭椭圆形，早枯；中部叶倒披针形或宽条状披针形，下面具粉霜。复伞形花序多数，总花梗细长，水平伸出；无总苞片或2～3，狭披针形；伞幅3～8，不等长；小总苞片5，披针形；花梗5～10；花鲜黄色。双悬果宽椭圆形，棱狭翅状。花期9月，果期10月。

大别山各县市均有分布，生长于向阳山坡路边、岸旁或草丛中。

柴，古作茈。茈有柴、紫两种读音。茈草、茈姜当读为紫。茈胡则读为柴。后人为了区分两字，才从木易草。《本草纲目》："茈胡生山中，嫩则可茹，老则采而为柴，故苗有芸蒿、山菜、茹草之名。"柴草之名，当由其可为柴也。

柴胡以茈胡之名始载于《神农本草经》，列为上品。《本草图经》："今关、陕、江湖间，近道皆有之，以银州者为胜。二月生苗，甚香，茎青紫，叶似竹叶稍紫……七月开黄花……根赤色，似前胡而强。芦头有赤毛如鼠尾，独窠长者好。二月八月采根。"《本草图经》："亦有似麦门冬而短者。"《本草纲目》："其苗有如韭叶者。"初春，柴胡基生叶自根处丛生，呈线状披针形，质柔软，极似韭叶和麦门冬叶。

柴胡的一些混淆种类在历代本草中也有记载。《本草纲目》："近时有一种根似桔梗、沙参，白色而大，市人以伪充银柴胡，殊无气味，不可不辨。"

【入药部位及性味功效】

柴胡，又称地熏、茈胡、山菜、茹草、柴草，为植物柴胡或狭叶柴胡的根。按性状不同，分别习称"北柴胡"及"南柴胡"。春、秋二季采挖，除去茎叶及泥沙，干燥。味苦、辛，性微寒。归肝、胆经。解表退热，疏肝解郁，升举阳气。主治外感发热，寒热往来，疟疾，肝郁胁痛乳胀，头痛头眩，月经不调，气虚下陷之脱肛、子宫脱垂、胃下垂。

【经方验方应用例证】

正柴胡饮：解表散寒。主治外感风寒轻症。症见微恶风寒，发热，无汗，头痛身痛，舌苔薄白，脉浮。本方常用于感冒、流行性感冒、疟疾初起以及妇女经期、妊娠、产后感冒等属外感风寒而气血不虚者。（《景岳全书》）

柴葛解肌汤：解肌清热。主治外感风寒，郁而化热证。症见恶寒渐轻，身热增盛，无汗头痛，目疼鼻干，心烦不眠，咽干耳聋，眼眶痛，舌苔薄黄，脉浮微洪。本方常用于感冒、流行性感冒、牙龈炎、急性结膜炎等属外感风寒，邪郁化热者。（《伤寒六书》）

败毒散：散寒祛湿，益气解表。主治气虚，外感风寒湿表证。症见憎寒壮热，头项强痛，肢体酸痛，无汗，鼻塞声重，咳嗽有痰，胸膈痞满，舌淡苔白，脉浮而按之无力。本方常用于感冒、流行性感冒、支气管炎、风湿性关节炎、痢疾、过敏性皮炎、湿疹等属外感风寒湿邪兼气虚者。（《太平惠民和剂局方》《小儿药证直诀》）

大柴胡汤：和解少阳，内泻热结。主治少阳阳明合病。症见往来寒热，胸胁苦满，呕不止，郁郁微烦，心下痞硬，或心下满痛，大便不解或协热下利，舌苔黄，脉弦数有力。本方常用于急性胰腺炎、急性胆囊炎、胆石症、胃及十二指肠溃疡等属少阳阳明合病者。（《金匮要略》）

小柴胡汤：和解少阳，兼和胃降逆。主治：①伤寒少阳证。症见往来寒热，胸胁苦满，默默不欲饮食，心烦喜呕，口苦，咽干，目眩，舌苔薄白，脉弦者。②妇人伤寒，热入血室，以及疟疾、黄疸与内伤杂病而见少阳证者。（《伤寒论》）

柴胡达原饮：宣湿化痰，透达膜原。主治痰疟，痰湿阻于膜原，胸膈痞满，心烦懊恼，头眩口腻，咳痰不爽，间日疟发，舌苔粗如积粉，扪之糙涩者。（《重订通俗伤寒论》）

【中成药应用例证】

泌感颗粒：清热利湿。用于下焦湿热、症见尿频、尿急、尿痛等。

降脂排毒胶囊：清热排毒，化瘀降脂。用于浊瘀互阻，高脂血症。

消咳平喘口服液：止咳，祛痰，平喘。用于感冒咳嗽，急、慢性支气管炎。

伤痛跌打丸：活血止痛。用于跌打损伤，血瘀肿痛。

小儿柴芩清解颗粒：清热解毒。用于小儿外感发热、咽红肿痛、头痛咳嗽等症。

复生康胶囊：活血化瘀，健脾消积。用于胃癌、肝癌能增强放疗、化疗的疗效，增强机体免疫功能；能改善肝癌患者临床症状。

复方金蒲片：活血祛瘀，行气止痛。用于气滞血瘀证之肝癌的辅助治疗。

银胡感冒散：辛凉解表，清热解毒。用于风热感冒所致的恶寒、发热、鼻塞、喷嚏、咳嗽、头痛、全身不适等。

解郁肝舒胶囊：健脾柔肝，益气解毒。用于肝郁脾虚所致的胸胁胀痛、脘腹胀痛；慢性肝炎见上述症状者。

消石利胆胶囊：疏肝利胆，行气止痛，清热解毒排石。用于慢性胆囊炎、胆囊结石、胆管炎、胆囊手术后综合征及胆道功能性疾病。

痫愈胶囊：豁痰开窍，安神定惊，息风解痉。用于风痰闭阻所致的癫痫抽搐、小儿惊风、面肌痉挛。

乳癖舒胶囊：疏肝解郁，活血解毒，软坚散结。用于肝气郁结、毒瘀互阻所致的乳腺增生、乳腺炎。

前列舒通胶囊：清热利湿，化瘀散结。用于慢性前列腺炎、前列腺增生属湿热瘀阻证，症见尿频、尿急、尿淋沥，会阴、下腹或腰骶部坠胀或疼痛，阴囊潮湿等。

调经祛斑胶囊：养血调经，祛瘀消斑。用于营血不足，气滞血瘀，月经过多，黄褐斑。

润伊容胶囊：疏风清热解毒。用于风热上逆所致的痤疮。

清瘟解毒丸：清瘟解毒。用于外感时疫，憎寒壮热，头痛无汗，口渴咽干，疟腮，大头瘟。

小儿柴桂退热颗粒：发汗解表，清里退热。用于小儿外感发热。症见发热、头身痛、流涕、口渴、咽红、溲黄、便干。

【现代临床应用】

临床上柴胡用于退热；治疗病毒性肝炎，对改善症状、回缩肝脾、恢复肝功能及乙肝抗原转阴均有较好作用；治疗高脂血症；治疗流行性腮腺炎；治疗单纯疱疹性角膜炎；治疗多形性红斑。

积雪草

Centella asiatica (L.) Urban

伞形科（Umbelliferae）积雪草属多年生草本。

茎匍匐，无毛或稍有毛。单叶互生，肾形或近圆形，基部深心形，边缘有宽钝齿，无毛或疏生柔毛，具掌状脉；叶柄基部鞘状；无托叶。单伞形花序单生或2～3个腋生，每个有花3～6朵，紫红色；总花梗长2～8mm；总苞片2，卵形；花梗极短。双悬果扁圆形，主棱和次棱极明显。花果期4～10月。

大别山各县市均有分布，生于路旁、田边等阴湿处。

本品四季常青，凌冬不凋，故名积雪草。连钱草、地钱草、马蹄草、崩口碗诸名，皆由叶形命名。

积雪草之名始载于《神农本草经》，列为中品，但无形态描述，难以考订其品种。《酉阳杂俎》："地钱叶圆茎细，有蔓延地，一曰积雪草，一曰连钱草。谨按《天宝单行方》云：连钱草生咸阳下湿地……甚香。俗间或云圆叶似薄荷……或名胡薄荷，所在皆在。"《植物名实图考》："今江西、湖南阴湿地极多，叶圆如五铢钱，引蔓铺地"。

【入药部位及性味功效】

积雪草，又称连钱草、地钱草、马蹄草、老公根、葵蓬菜、崩口碗、落得打、地棠草、大马蹄草、土细辛、崩大碗、雷公根、刚果龙、缺碗草、芋子草、马脚迹、芽黄草、草如意、蚶壳草、含壳草、乞食碗、老豺碗、大水钱、破铜钱草、铜钱草、老鸭确定、铁灯盏、半边碗、透骨草、跳破碗、雷公碗、地细辛、地排草，为植物积雪草的全草。夏季采收全草，晒干或鲜用。味苦、辛，性寒。归肺、脾、肾、膀胱经。清热利湿，活血止血，解毒消肿。主治发热，咳喘，咽喉肿痛，肠炎，痢疾，湿热黄疸，水肿，淋证，尿血，衄血，痛经，崩漏，丹毒，瘰疬，疔疮肿毒，带状疱疹，跌打肿痛，外伤出血，蛇虫咬伤。

【经方验方应用例证】

治哮喘：干积雪草全草30g，黄疸草、薜荔藤各15g，水煎服。（福州军区《中草药手册》）

治黄疸性传染性肝炎：鲜积雪草全草15～30g；或加茵陈15g，栀子6g，白糖15g，水煎服。（《福建中草药》）

治急性胆囊炎：马蹄叶30～60g，马尾黄连15g，龙胆草15g，水煎服。（《玉溪中草药》）

治胆结石、膀胱结石：马蹄草、鸡内金、竹节草各9g，水煎服。（《丽江中草药》）

治荨麻疹：落得打、苍耳草各30g，薄荷9g（后下），煎服。（《安徽中草药》）

续骨活血汤：祛瘀止痛，活血接骨。主治骨折及软组织损伤。（《中医伤科学讲义》）

活血止痛汤：活血止痛。主治损伤瘀血，红肿疼痛。（《伤科大成》）

急构饮：主治惊风，瘀毒冲胸上窜，搐搦不已。（《观聚方要补》卷十）

金玉丸：主治小儿杂病，蛔虫及胎毒。（《名家方选》）

【中成药应用例证】

三金片：清热解毒，利湿通淋，益肾。用于下焦湿热所致的热淋、小便短赤、淋沥涩痛、尿急频数；急慢性肾盂肾炎、膀胱炎、尿路感染见上述证候者。

复方积雪草片：活血通络，祛瘀止痛。用于跌打损伤，肢节疼痛。

青梅感冒颗粒：清凉解热。用于风热感冒，头痛，咳嗽，鼻塞。

银龙清肝片：清热利湿，疏肝利胆。用于肝胆湿热所致的急性黄疸性肝炎。

积雪苷胶囊：促进创伤愈合。用于治疗外伤，手术创伤，烧伤，瘢痕疙瘩及硬皮病。

【现代临床应用】

临床上积雪草治疗流行性腮腺炎；治疗硬皮病，总有效率82%；治疗新旧伤痛。

鸭儿芹

Cryptotaenia japonica Hassk.

伞形科（Umbelliferae）鸭儿芹属多年生草本。

全体无毛；茎具叉状分枝。基生叶及茎下部叶三角形，三出复叶，中间小叶菱状倒卵形，侧生小叶歪卵形，边缘都有不规则尖锐重锯齿或有时2～3浅裂；叶柄基部成鞘抱茎；茎顶部的叶无柄，小叶披针形。复伞形花序疏松，不规则；总苞片及小总苞片各1～3，条形，早落；伞幅2～7，斜上；花梗2～4；花白色。双悬果条状矩圆形或卵状矩圆形，花期6～7月，果期8～9月。

大别山各县市均有分布，生于海拔200～1700m的山地、山沟及林下较阴湿地。

称"三叶"者，言其叶由三小叶组成。形似鸭掌，故有鸭脚板草之名。多生于潮湿地，形态类似芹菜、白芷，故有水白芷、鸭儿芹、野芹菜诸名。鸭儿芹出自《国药提要》。《植物名实图考》载其"今时所用者皆白花"。

【入药部位及性味功效】

鸭儿芹，又称三叶、起莫、三石、当田、赴鱼、野蜀葵、三叶芹、水白芷、大鸭脚板、鸭脚板草、野芹菜、红鸭脚板、水芹菜、牙痛草、鸭脚菜、梭丹子、鸭脚草、鸭脚掌，为植物鸭儿芹的茎叶。夏、秋间采收，割取茎叶，鲜用或晒干。味辛、苦，性平。祛风止咳，利湿解毒，化瘀止痛。主治感冒咳嗽，肺痈，淋痛，疝气，月经不调，风火牙痛，目赤翳障，痈疽疮肿，皮肤瘙痒，跌打肿痛，蛇虫咬伤。

鸭儿芹根，为植物鸭儿芹的根。夏、秋间采挖，去其茎叶，洗净，晒干备用。味辛，性温。发表散寒，止咳化痰，活血止痛。主治风寒感冒，咳嗽，跌打肿痛。

鸭儿芹果，为植物鸭儿芹的果实。7～10月采收成熟的果序，除去杂质，洗净，晒干。味辛，性温。归脾、胃经。消积顺气。主治食积腹胀。

【经方验方应用例证】

治小儿肺炎：鸭儿芹15g，马兰12g，叶下红、野油菜各9g，水煎服。(《常用中草药配方》)

治流行性脑脊髓膜炎：鸭儿芹15g，瓜子金9g，金银花藤60g，水煎服。(《常用中草药配方》)

治皮肤瘙痒：鸭儿芹适量，煎水洗。(《陕西中草药》)

治跌打损伤，无名肿毒：牙痛草鲜全草适量，捣烂外敷。(《甘肃中草药手册》)

治食积：鸭脚板干果实6～9g，地骷髅（结籽后的萝卜枯根）1000g，煎水当茶饮。(《陕西中草药》)

治寒咳：鸭儿芹根30g，水煎服。(《贵州草药》)

治跌打损伤，周身疼痛：鸭儿芹根3g，研末，冷开水冲服。(《陕西中草药》)

短毛独活

Heracleum moellendorffii Hance

伞形科（Umbelliferae）独活属多年生草本。

全体有柔毛。根灰棕色。茎直立，有棱槽，上部开展分枝。叶有柄；三出式分裂，裂片具粗大锯齿；茎上部叶叶鞘显著。总苞片少数，线状披针形；萼齿不显著；花瓣白色，二型。分生果有稀疏的柔毛。花期7月，果期8～10月。

大别山各县市均有分布，生于阴坡山沟旁、林缘或草甸。

牛尾独活始载于《新华本草纲要》。《名医别录》："此草得风不摇，无风自动。"因有独活之名。参见重齿当归。

【入药部位及性味功效】

牛尾独活，为植物短毛独活、独活的根。栽后2～3年秋季挖取全根，去茎叶和细根，洗净，晒干。味辛、苦，性微温。归肺、肝经。祛风散寒，胜湿止痛。主治感冒，头痛，牙痛，风寒湿痹，腰膝疼痛，鹤膝风，痈肿疮疡。

【经方验方应用例证】

治风寒感冒，四肢关节及全身酸痛，恶寒：棉毛独活4.5g，石荠宁9g，四季葱5枚，煎服。(《庐山中草药》)

治风寒湿痹，腰膝酸重冷痛：①棉毛独活4.5g，桑寄生9g，牛膝9g，当归6g，川芎3g，细辛2g，秦艽1.5g，煎服。(《庐山中草药》) ②独活、土杜仲、桑枝各15g，松节9g，泡酒500g，每日早晚各服15g。(《西昌中草药》)

治两足风湿疼痛：独活9g，牛膝12g，薏苡仁15g，防己9g，木瓜15g，水煎服。(《甘肃中草药手册》)

治牙痛：山独活9g，水煎加酒，趁热含漱。(《山西中草药》)

【中成药应用例证】

药用灸条：温经散寒，祛风除湿，通络止痛。用于风寒湿邪痹阻所致关节疼痛、脘腹冷痛等症。

藁本

Conioselinum anthriscoides (H. Boissieu) Pimenov & Kljuykov

伞形科（Umbelliferae）山芎属多年生草本。

根状茎呈不规则的团块。基生叶三角形，二回羽状全裂，最终裂片3～4对，卵形，边缘不整齐羽状深裂。茎上部叶具扩展叶梢。复伞形花序有乳头状粗毛；总苞片数个，狭条形；伞幅15～22，不等长；小总苞片数个，丝状条形；花梗多数；花白色。双悬果宽卵形，稍侧扁。花期8～9月，果期10月。

大别山各县市均有分布，生于山地草丛中。

本品为多年生草本植物，其茎秆直立如禾秆，而秆为草，禾为初生之本，故名藁本。《广韵》："藁，禾秆。"本，根也。《新修本草》："以其根上苗下似藁根，故名藁本。"《广雅疏证》："本、芨，声之转，皆训为根。"故亦呼为藁芨。地新，《本草经考注》："新，即辛假借……根味辛，故名。"山东方言中，"本""板"音近，藁板，乃方言讹名。山茝者，"茝"为"芷"异体，本品与白芷相类，生山野，故得此名。蔚香者，亦因其香味得名。

藁本始载于《神农本草经》，列为中品。《本草图经》云："藁本，今西川、河东州郡及兖州、杭州有之。叶似白芷，香又似芎䓖，但芎䓖似水芹而大，藁本叶细耳。根上苗下似禾藁，故以名之。"《本草纲目》："江南深山中皆有之。根似芎䓖而轻虚，味麻，不堪作饮也。"

【入药部位及性味功效】

藁本，又称藁茇、鬼卿、地新、山茝、蔚香、微茎、藁板，为植物藁本和辽藁本的根茎和根。栽种2年即可收获。在9～10月倒苗后，挖取地下部分，去掉泥土及残茎，晒干或炕干。味辛，性温。归膀胱经。祛风胜湿，散寒止痛。主治风寒头痛，颠顶疼痛，风湿痹痛，疥癣，寒湿泄泻，腹痛，疝瘕。

【经方验方应用例证】

治风湿性关节痛：藁本、苍术、防风各9g，牛膝12g，水煎服。（《青岛中草药手册》）

芎菊上清丸：清热解表，散风止痛。主治用于外感风邪引起的恶风身热，偏正头痛，鼻流清涕，牙疼喉痛。（《太平惠民和剂局方》）

补肝散：补肝肾，益气血。主治肝风目暗内障。（《秘传眼科龙木论》）

羌活胜湿汤：祛风，胜湿，止痛。主治湿气在表，头痛头重，或腰脊重痛，或一身尽痛，微热昏倦。（《内外伤辨惑论》）

白薇丸：安胎，滑胎易产。主治产后诸疾，四肢浮肿，呕逆心痛；或子死腹中，恶露不下，胸胁气满，小便不禁，气刺不定，虚烦冒闷；及产后中风口噤，寒热头痛。（《杨氏家藏方》卷十六）

柴胡半夏汤：祛风化痰。主治素有风证，目涩，头疼眩晕，胸中有痰，兀兀欲吐，如居暖室，则微汗出，其证乃减，见风其证复作，当先风一日痛甚者。（《张氏医通》卷十四）

保婴稀痘方：四季俱服，永不出痘；服1～2次者，出痘稀。（《良朋汇集》卷四）

逼瘟丹：主治瘟疫。（《鲁府禁方》卷一）

避瘟丹：除瘟疫，并散邪气。凡宫舍久无人到，积湿容易侵入，预制此烧之，可远此害。

（《济阳纲目》卷七）

柴胡复生汤：疏风祛湿，清热和血。主治风湿热邪上攻，目赤羞明，泪多眵少，脑巅沉重，睛珠痛应太阳，眼睑无力，常欲垂闭，不敢久视，久视则酸疼，翳膜陷下者。（《原机启微》卷下）

【中成药应用例证】

强力天麻杜仲丸：散风活血，舒筋止痛。用于中风引起的筋脉挛痛、肢体麻木、行走不便、腰腿酸痛、头痛头昏等。

消咳平喘口服液：止咳，祛痰，平喘。用于感冒咳嗽，急、慢性支气管炎。

凉血退热排毒丸：清瘟排毒，凉血退热。用于外感时疫瘟毒，内陷营血，高热不退，神昏谵语。

天麻壮骨丸：祛风除湿，活血通络，补肝肾，强腰膝。用于风湿阻络，偏正头痛，头晕，风湿痹痛，腰膝酸软，四肢麻木。

貂胰防裂软膏：活血祛风，养血润肤。用于血虚风燥所致的皮肤皲裂。

天菊脑安胶囊：平肝息风，活血化瘀。用于肝风夹瘀证的偏头痛。

镇脑宁胶囊：息风通络。用于风邪上扰所致的头痛头昏、恶心呕吐、视物不清、肢体麻木、耳鸣；血管神经性头痛、高血压、动脉硬化见上述证候者。

芎菊上清片：清热解表，散风止痛。用于外感风邪引起的恶风身热、偏正头痛、鼻流清涕、牙疼喉痛。

鼻渊通窍颗粒：疏风清热，宣肺通窍。用于急鼻渊（急性鼻窦炎）属外邪犯肺证，症见前额或颧骨部压痛，鼻塞时作，流涕黏白或黏黄，或头痛，或发热，苔薄黄或白，脉浮。

胎产金丸：补气，养血，调经。用于产后失血过多引起的恶露不净，腰酸腹痛，足膝浮肿，倦怠无力。

【现代临床应用】

藁本用于治疗神经性皮炎、原发性痛经。

水芹

Oenanthe javanica (Bl.) DC.

伞形科（Umbelliferae）水芹属多年生草本。

全株无毛；叶片1～2回羽状分裂，末回裂片卵形至菱状披针形，具锯齿；茎上部叶裂片和基生叶的裂片相似，较小。复伞形花序顶生；无总苞。果实棱木栓质，分生果横剖面近五边状半圆形。花期6～7月，果期8～9月。

大别山各县市均有分布，生于浅水低洼地方或池沼、水沟旁。

《本草纲目》："蘄当作蘄，从艹、蘄，谐声也。后省作芹，从斤，亦谐声也。其性冷滑如葵，故《尔雅》谓之楚葵。""草之初生者曰英。水芹发英时采之，可作菹，或煠熟食，故名水英。"

水芹出自《本草经集注》，入药始载于《神农本草经》，原名水蘄、水英。芹花出自《新修本草》。《蜀本草》："芹生水中，叶似芎劳，其花白色而无实，根亦白色。"《本草纲目》载："水芹生江湖陂泽之涯。"

【入药部位及性味功效】

水芹，又称楚葵、水蘄、水英、芹菜、水芹菜、野芹菜、马芹、河芹、小叶芹，为植物水芹的全草。9～10月采割地上部分，洗净，鲜用或晒干。味辛、甘，性凉。归肺、肝、膀胱经。清热解毒，利尿，止血。主治感冒，暴热烦渴，吐泻，浮肿，小便不利，淋痛，尿血，便血，吐血，衄血，崩漏，经多，目赤，咽痛，喉肿，口疮，牙疳，乳痈，黄疸，瘰疬，痄腮，带状疱疹，痔疮，跌打伤肿。

芹花，为植物水芹的花。6～7月花开时采收，晒干。味苦，性寒。主治脉溢。

【经方验方应用例证】

治感冒发热，咳嗽，神经痛，高血压：鲜水芹菜15～30g，煎服或捣汁服。（《红河中

草药》）

治流行性脑膜炎：鲜水芹适量，洗净，捣汁半碗内服。渣敷天庭穴。（江西《草药手册》）

治肺痈：鲜水芹全草60g，水煎服。（《广西本草选编》）

治肺热咳嗽，百日咳：鲜水芹全草捣烂取汁，每次20～50mL，调白糖服，每日3～4次。（《广西本草选编》）

治高血压，头晕目眩：水芹菜30g，水煎服。（《庐山中草药》）

治咽喉炎，扁桃体炎，齿槽脓肿：鲜水芹全草捣汁含漱，每日3～4次。或鲜水芹全草、淡竹叶、凤尾蕨各15g，水煎服。（《浙江民间常用草药》）

治乳痈：鲜水芹适量，盐少许，捣烂外敷。（《江西草药》）

治骨髓炎急性期：鲜水芹500g，童子鸡1只，水炖服。（《福建药物志》）

治带状疱疹：鲜水芹全草捣汁，和鸡蛋白拌匀搽患处。（《浙江民间常用草药》）

鹿蹄草

Pyrola calliantha H. Andr.

杜鹃花科（Ericaceae）鹿蹄草属多年生常绿草本。

根状茎细长，横生，多分枝。基生叶5～7片，革质，卵圆形，边缘反卷，全缘或具疏锯齿，上面暗绿色，背面及叶柄呈紫红色，叶脉明显。总状花序；苞片舌形，与花梗等长或稍长；花瓣白色或稍带粉红色，倒卵状椭圆形，花柱弯曲伸出花冠之外。蒴果扁球形。花期6～8月，果期8～9月。

大别山各县市均有分布，生于海拔700～1000m的松林或阔叶林下。

鹿衔草始载于《滇南本草》："鹿衔草，紫背者好。叶团，高尺余。出落雪厂（今东川）者效。"所述为普通鹿蹄草。《本草纲目》："按《轩辕述宝藏论》云：鹿蹄多生江广平陆及寺院荒处，淮北绝少，川陕亦有。苗似堇菜，而叶颇大，背紫色。春生紫花，结青实，如天茄子。"《植物名实图考》："鹿衔草，九江建昌山中有之。铺地生绿叶，紫背，面有白缕，略似蕺菜而微长，根亦紫。"《安徽志》："鹿衔草，性益阳，出婺源，即此。湖南山中亦有之，俗呼破血丹。滇南尤多。"

【入药部位及性味功效】

鹿衔草，又称鹿蹄草、小秦王草、破血丹、纸背金牛草、大肺筋草、红肺筋草、鹿寿茶、鹿安茶、鹿含草，为植物鹿蹄草、普通鹿蹄草、日本鹿蹄草、红花鹿蹄草的全草。栽后3～4年采收，在9～10月结合分株进行。采大留小，扯密留稀，每隔6～10cm留苗1株。以后每隔1年，又可采收1次，除去杂草，晒至发软，堆积发汗，盖麻袋等物，使叶片变紫红或紫褐色后，晒或炕干。味甘、苦，性平。归肝、肾经。补肾强骨，祛风除湿，止咳，止血。主治肾虚腰痛，风湿痹痛，筋骨痿软，新久咳嗽，吐血，衄血，崩漏，外伤出血。

【经方验方应用例证】

治慢性风湿性关节炎、类风湿性关节炎：鹿蹄草、白术各15g，泽泻9g，水煎服。(《陕西中草药》)

治肾虚腰痛、阳痿：鹿衔草30g，猪蹄一对，炖食。(《陕西中草药》)

治功能失调性子宫出血：鹿衔草、苦丁茶各9g，水煎，经期服。(《浙江药用植物志》)

治产后瘀滞腹痛：鹿含草15g，一枝黄花6g，苦爹菜9g，水煎服。产后胎盘不下，鲜全草60g，水煎服。(《浙江药用植物志》)

治过敏性皮炎，疮痈肿毒，虫蛇咬伤：鹿蹄草适量，煎汤洗患处，每日2次。(《内蒙古中草药》)

避孕：鹿蹄草焙干为末，每次服9g，于月经前服1次，经末连服3天，每早空腹服。(《内蒙古中草药》)

治骨质增生症：鹿蹄草25g，熟地黄100g，申姜75g，鸡血藤75g，肉苁蓉50g，共研细末，炼蜜为丸，每丸重15g，每服1丸，日2次。(《长白山植物药志》)

骨质增生丸：养血，舒筋，壮骨。主治肥大性脊椎炎、颈椎病、关节游离体、骨刺、足跟痛，以及筋骨受伤后未能很好修复，而致经常性酸痛者。(《外伤科学》)

解醒丸：主治酒积受伤，及因酒伤呕吐泄泻者。(《医林纂要》卷六)

五草汤：清热解毒，宣肺健脾利水。主治湿热内蕴，水湿不化。(连楣山方)

乙肝解毒汤：清化解毒，活血祛瘀，健脾疏肝，益气湿肾。主治湿热邪毒内蕴，肝郁血瘀，脾肾两亏，营卫失调；慢性乙型肝炎。(来春茂方)

【中成药应用例证】

止眩安神颗粒：补肝肾，益气血，安心神。用于肝肾不足、气血亏损所致的眩晕、耳鸣、失眠、心悸。

颈康片：补肾，活血，止痛。用于肾虚血瘀所致的颈椎病，症见颈项胀痛麻木、活动不利，头晕耳鸣等。

岩鹿乳康胶囊：益肾。活血，软坚散结。用于肾阳不足、气滞血瘀所致的乳腺增生。

男康片：补肾益精，活血化瘀，利湿解毒。用于治疗肾精亏损、瘀血阻滞、湿热蕴结引起的慢性前列腺炎。

壮骨伸筋胶囊：补益肝肾，强筋壮骨，活络止痛。用于肝肾两虚、寒湿阻络所致的神经根型颈椎病，症见肩臂疼痛、麻木、活动障碍。

乳核散结片：疏肝活血，祛痰软坚。用于肝郁气滞、痰瘀互结所致的乳癖，症见乳房肿块或结节、数目不等、大小不一、质软或中等硬，或乳房胀痛、经前疼痛加剧；乳腺增生症见上述证候者。

芪鹿益肾片：温补脾肾，祛湿化浊。用于慢性肾炎脾肾阳虚、湿浊内阻证，症见水肿、面色苍白、畏寒肢冷、腰膝酸痛、纳呆、便溏。

【现代临床应用】

鹿蹄草治疗高血压病；治疗颈椎病，总有效率92.8%；治疗肺炎，总有效率85%；治疗肠道感染；治疗子宫出血，有效率91%。

水晶兰

Monotropa uniflora L.

杜鹃花科（Ericaceae）水晶兰属多年生腐生肉质草本。

无叶绿素，白色，半透明状，干后变黑褐色。叶鳞片状，直立，互生，长圆形、狭长圆形或宽披针形。花单一顶生，先下垂后直立，花冠筒状钟形；花瓣 5～6，离生，楔形或倒卵状长圆形，有不整齐的齿，内侧常有密长粗毛；花盘 10 齿裂；子房中轴胎座，柱头膨大成漏斗状。蒴果椭圆状球形，直立向上。花期 8～9 月。果期（9）10～11 月。

大别山各县市均有分布，生于海拔 500～1200m 左右的山地松林下。

【入药部位及性味功效】

水晶兰，又称梦兰花、水兰草、银锁匙，为植物水晶兰的根或全草。夏季采收，多为鲜用。味甘，性平。补肺止咳。主治肺虚咳嗽。

【经方验方应用例证】

补虚弱：梦兰花 30g，炖肉吃。（《贵州民间药物》）

治虚咳：梦兰花 30g，煎水服。（《贵州民间药物》）

过路黄

Lysimachia christinae Hance

报春花科（Primulaceae）珍珠菜属多年生草本。

有短柔毛或近于无毛。茎柔弱，平卧匍匐生。叶对生，心形或宽卵形，全缘，两面有黑色腺条。花成对腋生；花梗长达叶端；花萼5深裂，裂片披针形，外面有黑色腺条；花冠黄色，裂片舌形，顶端尖，有明显的黑色腺条；雄蕊5枚，不等长，花丝基部合生成筒。蒴果球形，有黑色短腺条。花期5～7月。

大别山各县市均有分布，生路旁、沟边及荒地中。

本品与唇形科金钱草效用相仿而叶大，故名大金钱草。花、叶对生，故有"对坐草"之称。喜生路边，茎蔓延，以形状之，称地蜈蚣、蜈蚣草。因花黄，亦称"过路黄"。可治黄疸，而称"黄疸草"。

以"神仙对坐草"之名始载于《百草镜》，云："此草清明时发苗，高尺许，生山湿阴处。叶似鹅肠

【入药部位及性味功效】

金钱草，又称神仙对坐草、地蜈蚣、蜈蚣草、铜钱草、野花生、仙人对坐草、四川大金钱草、大金钱草、对坐草、一串钱、临时救、黄疸草、一面锣、金钱肺筋草、藤藤侧耳根、白侧耳根、铜钱花、水侧耳根、大连钱草、遍地黄、黄花过路草、龙鳞片、真金草、走游草、铺地莲，为植物过路黄的全草。栽种当年9～10月收获。以后每年收获两次，第1次在6月，第2次在9月。用镰刀割取，留茬10cm左右，以利萌发。割下的全株，除去杂草，用水洗净，晒干或烘干即成。味甘、微苦，性凉。归肝、胆、肾、膀胱经。利水通淋，清热解毒，散瘀消肿。主治肝、胆及泌尿系结石，热淋，肾炎水肿，湿热黄疸，疮毒痈肿，毒蛇咬伤，跌打损伤。

【经方验方应用例证】

治胆石症：过路黄60g，鸡内金18g，共研细末，分3次开水冲服。（《福建药物志》）

治胆囊炎：金钱草45g，虎杖根15g，水煎服，如有疼痛加郁金15g。（《全国中草药汇编》）

治急性黄疸性肝炎：过路黄90g，茵陈45g，板蓝根15g，水煎加糖适量，每日分3次服，连服10～15剂。（《浙南本草新编》）

治肾盂肾炎：金钱草60g，海金沙30g，青鱼胆草15g，每日1剂，水煎分3次服。（贵州《中草药资料》）

治乳腺炎：鲜过路黄适量，红糟、红糖各少许，同捣烂外敷患处。（《福建药物志》）

清胆汤：清泻肝胆之火，行气止痛。主治急性胆道感染，急性梗阻性化脓性胆管炎，胆石症属郁结型者。（《中医内科学》）

胆道排石汤：清热利湿，行气止痛。主治胆道结石属于湿热证者。（《中西医结合治疗急腹症》）

【中成药应用例证】

胆石通利胶囊：清热利胆，化瘀排石。用于肝胆湿热所致的急、慢性胆囊炎，胆结石等。

穿金益肝片：清热利湿，解毒退黄。用于黄疸、胁痛及急慢性肝炎属肝胆湿热证者。

金钱草颗粒：清利湿热，通淋，消肿。用于热淋，砂淋，尿涩作痛，黄疸尿赤，痈肿疔疮，毒蛇咬伤，肝胆结石，尿路结石。

龙金通淋胶囊：清热利湿，化瘀通淋。用于湿热瘀阻所致的淋证，症见尿急、尿频、尿痛；前列腺炎、前列腺增生症见上述证候者。

乙肝宁颗粒：补气健脾，活血化瘀，清热解毒。用于慢性肝炎属脾气虚弱、血瘀阻络、湿热毒蕴证，症见胁痛、腹胀乏力、尿黄；对急性肝炎属上述证候者亦有一定疗效。

癃闭舒胶囊：益肾活血，清热通淋。用于肾气不足、湿热瘀阻所致的癃闭，症见腰膝酸软、尿频、尿急、尿痛、尿线细，伴小腹拘急疼痛；前列腺增生症见上述证候者。

肝福颗粒：清热，利湿，疏肝，理气。用于急性黄疸性肝炎，慢性肝炎活动期，急慢性胆囊炎。

肾石通片：清热利湿，活血止痛，化石，排石。用于肾结石，肾盂结石，膀胱结石，输尿管结石。

【现代临床应用】

临床上金钱草治疗婴儿肝炎综合征；治疗非细菌性胆道感染，总有效率76.9%；治疗瘢痕疙瘩，有效率93.5%；治疗腮腺炎；治疗烧伤。

矮桃

Lysimachia clethroides Duby

报春花科（Primulaceae）珍珠菜属多年生草本。

全株多少被黄褐色卷曲柔毛。茎直立，基部带红色。叶互生，长椭圆形或阔披针形，两面散生黑色粒状腺点。总状花序顶生，花密集；苞片线状钻形，比花梗稍长；花萼5深裂达基部，具腺状缘毛；花冠白色，5深裂；花丝基部连合。蒴果近球形。花期5～7月；果期7～10月。

大别山各县市均有分布，生于海拔300～1200m的疏林下湿润处或溪边近水潮湿处。

《植物名实图考》引《救荒本草》："扯根菜生田野中，苗高一尺许，茎赤红色。叶似小桃红叶微窄小，色颇绿，又似小柳叶，亦短而厚窄，其叶周围攒茎而生。开碎瓣小青白花，结小花蒴似葫藜样，叶苗味甘，采苗叶煠熟，水浸淘净，油盐调食。"并记载："按此草，湖南坡陇上多有之。俗名矮桃，以其叶似桃叶，高不过二三尺，故名。俚医以为散血之药。"

【入药部位及性味功效】

珍珠菜，又称扯根菜、矮桃、狗尾巴草、山高粱、山地梅、黄参草、大红袍、山马尾、山高粱、山地梅、山酸汤秆、黄参草、大红袍、通筋草、白花蓼草、蓼子草、红根草、狼尾草、野荷子、荷树草、金鸡土下黄、红头绳、水荷子、矮脚荷、赤脚草、红丝毛、高脚酸味草、大酸米草、酸罐罐、狼尾巴花、珍珠草、调经草、阉鸡尾、劳伤药、伸筋散、九节莲，为植物虎尾珍珠菜（矮桃）的根或全草。秋季采收，鲜用或晒干。味苦、辛，性平。清热利湿，活血散瘀，解毒消痈。主治水肿，热淋，黄疸，痢疾，风湿热痹，带下，经闭，跌打，骨折，外伤出血，乳痈，疔疮，蛇咬伤。

【经方验方应用例证】

治尿路感染：珍珠菜、萹蓄各15g，车前草30g，煎服。（《安徽中草药》）

治黄疸性肝炎：狼尾巴花、茵陈各15g，柴胡9g，水煎服。（《宁夏中草药手册》）

治乳痈：珍珠菜根15g，葱白7个，酒水各半煎服。（《江西草药》）

治急性淋巴管炎：鲜珍珠菜捣烂外敷，干则更换；另用珍珠菜、金银花各15g，牛膝9g，煎服。（《安徽中草药》）

治咳嗽痰喘：狼尾巴花12g，苏子、紫菀各9g，甘草6g，水煎服。（《宁夏中草药手册》）

治小儿疳积：珍珠菜根18g，鸡蛋1个，水煎，服汤食蛋。（《江西草药》）

【中成药应用例证】

抗癌平丸：清热解毒，散瘀止痛。用于热毒瘀血壅滞肠胃而致的胃癌、食管癌、贲门癌、直肠癌等消化道肿瘤。

轮叶过路黄
Lysimachia klattiana Hance

报春花科（Primulaceae）珍珠菜属多年生草本。

全株密被铁锈色多细胞柔毛。茎直立。叶6至多数，在茎端密集成轮生状，在茎下部各3～4枚轮生或对生，叶片披针形至狭披针形。花集生茎顶成伞形花序，稀在下方叶腋单生，疏被柔毛；花萼5深裂几达基部，被柔毛和黑色腺条；花冠黄色，5深裂，裂片有棕色或黑色腺条。蒴果近球形。花期5～7月。

大别山各县市均有分布，生于海拔400～800m的山区疏林下、林缘、荒野及路边。

【入药部位及性味功效】

黄开口，又称老虎脚迹草、见血住轮叶排草，为植物轮叶过路黄的全草。5～6月采收，晒干。味苦、涩，性微寒。凉血止血，平肝，解蛇毒。主治咯血，吐血，衄血，便血，外伤出血，失眠，高血压病，毒蛇咬伤。

【经方验方应用例证】

治神经衰弱：黄开口、丹参各15g，合欢花9g，煎服。（《福建药物志》）

治高血压：①每晚取轮叶排草3～5株，煎水1碗口服，连服3～4个月。（《中国药用植物志》）②黄开口、夏枯草各15g，桑叶、地骨皮各9g，煎服。（《安徽中草药》）

治外伤出血：鲜见血住适量，捣烂，敷患处。（《湖北中草药志》）

【现代临床应用】

治疗肺胃出血、支气管扩张出血、鼻出血、功能失调性子宫出血、上节育环后出血及外伤出血等各种出血；治疗高血压病，对原发性2级高血压，中医辨证属阴虚阳亢而以阳亢为主者似有较好效果，对围绝经期妇女血压增高及肾性高血压效果不佳。

双蝴蝶

Tripterospermum chinense (Migo) H. Smith

龙胆科（Gentianaceae）双蝴蝶属多年生缠绕草本。

基生叶2对，先端尖或尾状，基部圆；具白色条纹，下面淡绿或紫红色；茎生叶卵状披针形，3脉。聚伞花序具花2～4朵，稀单花，腋生。花冠蓝紫色或淡紫色，钟形，裂片卵状三角形，裙半圆形，色较淡或呈乳白色。蒴果。花期8～9月。

大别山各县市均有分布，生长在山坡林下、林缘、灌木丛或草丛。

基生叶两对，色彩斑斓，密集呈双蝴蝶状，故得诸"蝴蝶"名。又形似两叶肺，故名肺形草。叶二四对生，两大两小，故称四脚喜。多年生缠绕草本，上部螺旋扭转，故称穿藤金兰花、喇叭藤、缠竹青。叶上面绿色，下面淡绿色或紫红色，故称天青地红、铁板青、石板青。

肺形草出自《药用植物图说》，以双蝴蝶之名始载于《植物名实图考》，云："双蝴蝶，建昌（今江西建昌）山石向阴处有之。叶长圆二寸余，有尖，二四对生，两大两小，面青蓝，有碎斜纹；背红紫，有金线四五缕，两长叶铺地如蝶翅，两小叶横出如蝶腹及首尾，短根数缕为足，极为奇诡。"

【入药部位及性味功效】

肺形草，又称穿藤金兰花、玉蝴蝶、花蝴蝶、铁板青、四脚喜、山蝴蝶、金交杯、胡地莲、乌乌盖月、甜甘草、喇叭藤、天青地红、甜痧药、缠竹青、白鹿含、鸡肠风，为植物双蝴蝶的幼嫩全草。夏、秋季采收，晒干或鲜用。味辛、甘、苦，性寒。归肺、肾经。清肺止咳，凉血止血，利尿解毒。主治肺热咳嗽，肺痨咯血，肺痈，肾炎，乳痈，疮痈疔肿，创伤出血，毒蛇咬伤。

【经方验方应用例证】

治慢性气管炎：肺形草、一枝黄花各15g，牡荆子、白英各9g，甘草6g，枇杷叶3张，水

煎服。(《全国中草药汇编》)

治肺结核咯血：肺形草、白茅根各30g，桑白皮、地骨皮各9g，水煎服。(《全国中草药汇编》)

治肺痈（肺脓肿），肺热咳嗽：肺形草全草6～9g，水煎加白糖内服，连服数日。(《浙江民间常用草药》)

治肾炎：肺形草12g，灯心草15g，玉米根30g，水煎服，每日1剂。(《江西草药》)

治小儿高热：肺形草6g，冰糖少许，水煎服。(《江西草药》)

治急性乳腺炎：鲜肺形草、酒糟各适量，捣烂敷患处。(《全国中草药汇编》)

白薇

Vincetoxicum atratum (Bunge) Morren et Decne.

夹竹桃科（Apocynaceae）白前属直立多年生草本。

根须状，有浓香气味。叶对生，卵形或卵状矩圆形；两面均被白色绒毛。聚伞花序伞状，无花序梗，有花8～10朵；花深紫色；花萼外面被绒毛；花冠辐状，花冠裂片5枚，有缘毛；副花冠5裂。蓇葖果单生。花期4～8月，果期6～10月。

大别山各县市均有分布，生于山地林下或路旁湿处。

《本草纲目》："微，细也。其根细而白也。"《本草经考注》："白薇之急呼为微，微之为言无也，尨也，毛也，乃谓有毛茸慧慧然也。此草茎叶有细毛，故名。"《本草纲目》："按《尔雅》：葞，春草也。微、薇音相近，则白微又葞音之转也。"今按，《释名》曰："（弓末）又谓之弭，以骨为之，滑弭弭也。"又《尔雅义疏》引郑注："（弓）无缘者谓之弭，弭以骨角为饰。"白薇果角状，形似弓弭，故名葞，音转为微。白幕，为白薇之音转；骨美为骨葞之音转。其根细而多，故称三百根、百荡草。其蓇葖果中有众多种子，种子先端有白色长绵毛，称婆婆针线包者，形象也。"双角""龙角"等，皆以其果形命名。羊奶子者，因其有白色乳汁也，又味苦，而以诸"胆"称之。

白薇始载于《神农本草经》，列为中品。《名医别录》："生平原川谷，三月三日采根阴干。"《本草经集注》："近道处处有，根状似牛膝而短小尔。"《本草图经》："今陕西诸郡及滁（今安徽滁州）、舒（今安徽安庆）、润（今江苏丹徒）、辽（今山西左权）州亦有之。茎叶俱青，颇类柳叶，六、七月开红花，八月结实，根黄白色类牛膝而短小。"《救荒本草》记载白薇"颇类柳叶而阔短"。

【入药部位及性味功效】

白薇，又称薅、春草、芒草、白微、白幕、薇草、骨美、白龙须、龙胆白薇、山烟根子、拉瓜瓢、白马薇、巴子根、金金甲根、老君须、老虎瓢根、婆婆针线包、东白微，为植物白薇或蔓生白薇的根。栽种2～3年后，在早春、晚秋，挖取根部，洗净，晒干。味苦、咸，性寒。归肺、胃、肝经。清热益阴，利尿通淋，解毒疗疮。主治温热病发热，身热斑疹，潮热骨蒸，肺热咳嗽，产后虚烦，热淋，血淋，咽喉肿痛，疮痈肿毒，毒蛇咬伤。

【经方验方应用例证】

治虚热盗汗：白薇、地骨皮各12g，银柴胡、鳖甲各9g，水煎服。（《河北中草药》）

治肺结核潮热：白薇9g，葎草果实15g，地骨皮12g，水煎服。（《青岛中草药手册》）

治风湿性关节痛：白薇、臭山羊、大鹅儿肠根各15g，泡酒服。（《贵州草药》）

治火眼：白薇30g，水煎服。（《湖南药物志》）

安厥汤：主治阴血不归于阳气之中所致阳厥，日间忽然发热，一时厥去，手足冰凉，语言惶惑，痰迷心窍，头晕眼昏。（《辨证录》卷五）

庵闾子丸：主治产后月经不调，或生寒热，羸瘦，饮食无味，渐成劳证。（《太平圣惠方》卷七十九）

白薇膏：主治一切恶毒疮肿。（《太平圣惠方》卷六十三）

白薇煎：行血络，通瘀透邪。主治箭风痛。或头项、肩背、手足、腰腿、筋骨疼痛，遍身不遂。（《春脚集》卷四）

白薇丸：治妇人月水不利，四肢羸瘦，饮食减少，渐觉虚乏，以致不孕。（《妇人大全良方》卷一）

白薇圆：补调冲任，温暖子宫。治胞络伤损，宿受风寒，久无子息，或受胎不牢，多致损堕。久服去下脏风冷，令人有子。（《宋•太平惠民和剂局方》）

补益白薇丸：主治产后风虚劳损，腹内冷气，脚膝无力，面色萎黄，饮食减少，日渐羸瘦。（《太平圣惠方》卷八十一）

【中成药应用例证】

参七心疏胶囊：理气活血，通络止痛。用于气滞血瘀引起的胸痹，症见胸闷、胸痛、心悸等；冠心病心绞痛属上述证候者。

女金丹丸：补肾养血，调经止带。用于肾亏血虚引起的月经不调、带下量多、腰腿酸软、小腹疼痛。

桃红清血丸：调和气血，化瘀消斑。用于气血不和、经络瘀滞所致的白癜风。

小儿退热颗粒：疏风解表，解毒利咽。用于小儿外感风热所致的感冒，症见发热恶风、头痛目赤、咽喉肿痛；上呼吸道感染见上述证候者。

安坤赞育丸：益气养血，调补肝肾。用于气血两虚、肝肾不足所致的月经不调、崩漏、带下病，症见月经量少或淋漓不净、月经错后、神疲乏力、腰腿酸软、白带量多。

可利肝颗粒：理气化瘀，柔肝通络。用于慢性肝炎。

胎产金丸：补气，养血，调经。用于产后失血过多引起的恶露不净、腰酸腹痛、足膝浮肿、倦怠无力。

郑氏女金丹：补气养血，调经安胎。用于气血两亏，月经不调，腰膝疼痛，红崩白带，子宫寒冷。

小儿清解颗粒：除瘟解毒，清热退热。用于小儿外感风热或时疫感冒引起的高热不退，汗出热不解，烦躁口渴，咽喉肿痛，肢酸体倦。

【现代临床应用】

治疗功能性溢泪症，总有效率98%；治疗头风症；治疗女性围绝经期综合征；治疗血管抑制性晕厥；治疗淋巴管炎；治疗脑梗死后遗症；治疗红斑性肢痛症。

徐长卿

Vincetoxicum pycnostelma Kitag.

夹竹桃科（Apocynaceae）白前属多年生直立草本。

茎无毛。叶对生，线状披针形，两面无毛或上面具疏柔毛，叶缘有边毛。聚伞花序圆锥状，顶生或近顶生；花萼裂片披针形，内面具腺体或无；花黄绿色，副花冠裂片5，基部增厚，顶端钝；蓇葖单生。花期5～7月，果期8～12月。

大别山各县市均有分布，生于向阳山坡及草丛中。

《本草纲目》："徐长卿，人名也，常以此药治邪病，人遂以名之。"《吴普本草》："石间生者为良。"故名石下长卿。《本草纲目》："此草独茎而叶攒其端，无风自动，故曰鬼独摇草，后人讹为鬼督邮尔。因其专主鬼病，犹司鬼之督邮也。"独遥音转为"逍遥"，合音为"刁"，倒呼则为"料刁""料吊""寮刁"，其茎刚直而节长似竹，故多以"竹"为名。且以形称之为一支箭、一枝香、线香草。其叶对生，遂有"对叶""对月"之称。根细而多，故有老君须、三百根之名。牙蛀消，谓其善治牙疾；痢止草，谓其可治痢疾。

徐长卿始载于《神农本草经》，列为上品。《本草经集注》："鬼督邮之名甚多，今俗用徐长卿者，其根正如细辛，小短，扁扁尔，气亦相似。"《新修本草》："此药叶似柳，两叶相当，有光润，所在川泽有之。根如细辛，微粗长而有臊气。"《蜀本草》："苗似小麦，两叶相对，三月苗青，七月、八月着子似萝藦子而小，九月苗黄，十月凋，生下湿川泽之间，今所在有之，八月采，日干。"

【入药部位及性味功效】

徐长卿，又称鬼督邮、石下长卿、别仙踪、料刁竹、钓鱼竿、逍遥竹、一支箭、英雄草、料吊、土细辛、九头狮子草、竹叶细辛、铃柴胡、生竹、一枝香、牙蛀消、线香草、小对叶草、对月草、天竹、溪柳、蛇草、瑶山竹、黑薇、蜈蚣草、铜锣草、山刁竹、蛇利草、药王、对叶莲、上天梯、老君须、香摇边、摇竹消、寮刁竹、摇边竹、三百根、千云竹、痢止草，为植物徐长卿的根及根茎或带根全草。夏、秋季采收，根茎及根，洗净晒干；全草晒至半干，扎把阴干。味辛，性温。归肝、胃经。祛风除湿，去痛止痒，行气活血，解毒消肿。主治风湿痹痛，腰痛，脘腹疼痛，牙痛，跌扑伤痛，小便不利，泄泻，痢疾，湿疹，荨麻疹，毒蛇咬伤。

【经方验方应用例证】

治风湿痛：徐长卿根24～30g，猪赤肉120g，老酒60g，酌加水煎成半碗，饭前服，日2次。（《福建民间草药》）

治慢性腰痛：徐长卿、虎杖各9g，红四块瓦5g，研末，每次0.6～1g，每日2～3次，温开水吞服。（《湖北中草药志》）

治精神分裂症（啼哭、悲伤、恍惚）：徐长卿15g，泡水当茶饮。（《吉林中草药》）

治小儿高热抽搐：徐长卿根9g，钩藤4g，煎服。（《安徽中草药》）

治肾盂肾炎：徐长卿、旱莲草、萹蓄各15g，石菖蒲、海金沙各9g，水煎服。（《安徽中草药》）

治皮肤瘙痒：徐长卿适量，煎水洗。（《吉林中草药》）

治带状疱疹，接触性皮炎，顽固性荨麻疹，风湿性皮炎：徐长卿6～12g，水煎服，并煎汤洗患处。（《湖北中草药志》）

治结膜炎：鲜徐长卿适量，切碎，调入鸡蛋内，以麻油煎熟食之。（《安徽中草药》）

治支气管哮喘：徐长卿9g，水煎服。（《青岛中草药手册》）

雌黄丸：主治小儿尸疰，及诸蛊魅，精气入心腹，使儿刺痛，黄瘦。（《太平圣惠方》卷八十八）

大金牙散：带之辟百邪。主一切蛊毒、百疰。（《备急千金要方》卷十二）

还命千金丸：主治心腹积聚坚结，胸胁逆满咳吐，宿食不消，中风鬼疰入腹，面目青黑不知人。（《外台秘要》卷十三引《古今录验》）

淮南丸：主治女子、小儿诸般疰证，心闷乱，头痛呕吐。（《普济方》卷二三七）

【中成药应用例证】

血脂平胶囊：活血祛痰。用于痰瘀互阻引起的高脂血症，症见胸闷、气短、乏力、心悸、头晕等。

蒿白伤湿气雾剂：活血止痛，祛风除湿。用于扭伤、挫伤、风湿骨痛、腰背酸痛。

清肝败毒丸：清热利湿解毒。用于急、慢性肝炎属肝胆湿热证者。

复方胃痛胶囊：行气活血，散寒止痛。用于寒凝气滞血瘀所致的胃脘刺痛、嗳气吞酸、食欲不振；浅表性胃炎以及胃、十二指肠溃疡。

经带宁胶囊：清热解毒，除湿止带，调经止痛。用于热毒瘀滞所致的经期腹痛，经血色暗，有血块，赤白带下，量多气臭，阴部瘙痒灼热。

紫松皮炎膏：凉血活血，祛风润燥。用于血热血瘀、肌肤失养所致引起的神经性皮炎、慢性湿疹等。

风湿定片：散风除湿，通络止痛。用于风湿阻络所致的痹证，症见关节疼痛；风湿性关节炎、类风湿性关节炎、肋间神经痛、坐骨神经痛见上述证候者。

珍珠胃安丸：行气止痛，宽中和胃。用于气滞所致的胃痛，症见胃脘疼痛胀满、泛吐酸水、嘈杂似饥；胃及十二指肠溃疡见上述证候者。

骨刺丸：祛风止痛。用于骨质增生，风湿性关节炎，风湿痛。

养正消积胶囊：健脾益肾，化瘀解毒。适用于不宜手术的脾肾两虚、瘀毒内阻型原发性肝癌辅助治疗，与肝内动脉介入灌注加栓塞化疗合用，有助于提高介入化疗疗效，减轻对白细胞、肝功能、血红蛋白的毒性作用，改善患者生存质量，改善脘腹胀满、纳呆食少、神疲乏力、腰膝酸软、溲赤便溏、疼痛。

排石颗粒：清热利水，通淋排石。用于下焦湿热所致的石淋，症见腰腹疼痛、排尿不畅或伴有血尿；泌尿系结石见上述证候者。

癣宁搽剂（癣灵药水）：清热除湿，杀虫止痒，有较强的抗真菌作用。用于脚癣、手癣、体癣、股癣等皮肤癣症。

云香祛风止痛酊：祛风除湿，活血止痛。用于风湿骨痛，伤风感冒，头痛，腹痛，心胃气痛，冻疮。

【现代临床应用】

治疗神经衰弱，治头痛有效率94.1%，治失眠有效率95.5%，治焦虑有效率95.2%，治健忘有效率93%，治心悸有效率95.2%；治疗腱鞘囊肿，皮肤不留痕迹；治疗慢性胃窦炎，总有效率92.5%；治疗银屑病，总有效率85.7%；治疗慢性化脓性中耳炎。

萝藦

Cynanchum rostellatum (Turcz.) Liede & Khanum

夹竹桃科（Apocynaceae）鹅绒藤属多年生草质藤本。

叶对生，膜质，卵状心形，先端短渐尖，基部心形，背面粉绿色。聚伞花序总状式，腋生或腋外生；花萼裂片披针形；花冠白色，裂片披针形；雄蕊连生成圆锥状；柱头延伸成1长喙，顶端2裂。膏葖果。花期7～8月，果期9～10月。

大别山各县市均有分布，生于海拔1000 m以下的林边荒地、山脚、河边、路旁灌木丛中。

《尔雅》："萌，芄兰。"《说文解字》："芄，芄兰，莞也。"萌、莞，为芄兰之急呼。《说文通训定声》："疑莞兰叠韵连语，累言曰芄兰，单言曰芄耳。"其言近似。《本草拾遗》："雀瓢是女青别名，叶盖相似，以叶似女青，故兼名雀瓢。"《本草纲目》："白环，即芄字之讹也。其实嫩时有浆，裂时如瓢，故有雀瓢、羊婆奶之称。其中一子有一条白绒，长二寸许，故俗呼婆婆针线包，又呼婆婆针袋儿也。"婆婆针扎儿义同。《本草纲目》引《本草拾遗》："汉高帝用子傅军士金创，故名斫合子。"

萝藦始载于《本草经集注》，云："萝藦一名苦芄，叶厚大，作藤。生摘之，有白色乳汁。人家多种之。可生啖，亦蒸煮食也。"《本草拾遗》云："萝藦敷肿。东人呼为白环藤，生篱落间，折有白汁，一名雀瓢。"《救荒本草》以羊角菜为名，云："生田野下湿地中。拖藤蔓而生，茎色青白。叶似马兜铃叶而长大，又似山药叶，亦长大，面青，背颇白，皆两叶相对生。茎叶折之具有白汁出。叶间出荫，开五瓣小白花。结角似羊角状，中有白瓢。"《本草纲目》："萝藦，三月生苗，蔓延篱垣，极易繁衍。其根白软，其叶长而厚大前尖，根与茎叶，断之皆有白乳如枸汁。六、七月开小长花如铃状，紫白色。结实长二三寸，大如马兜铃，一头尖，青壳轻软，中有白绒及浆，霜后枯裂则子飞，其子轻薄，亦如兜铃子。"

【入药部位及性味功效】

萝藦，又称芄兰、藋、莞、雀瓢、苦丸、白环藤、熏桑、鸡肠、羊角菜、羊奶科、合钵儿、细丝藤、过路黄、婆婆针扎儿、婆婆针袋儿、羊婆奶、婆婆针线包、奶浆藤、奶浆草、野隔山消、小隔大撬、老婆筋、天鹅绒、小青布、大洋泡奶、刀口药、千层须，为植物萝藦的全草或根。7～8月采收全草，鲜用或晒干。块根夏秋季采挖，洗净，晒干。味甘、辛，性平。补精益气，通乳，解毒。主治虚损劳伤，阳痿，遗精白带，乳汁不足，丹毒，瘰疬，疔疮，蛇虫咬伤。

萝藦子，又称斫合子，为植物萝藦的果实。秋季采收成熟果实，晒干。味甘、微辛，性温。补益精气，生肌止血。主治虚劳，阳痿，遗精，金疮出血。

天浆壳，又称天将壳、萝摩荚、哈喇瓢、赖瓜瓢、羊角、麻雀棺材、刺猬瓜、野羊角、和尚瓢、初风瓢、老鸹瓢，为植物萝藦的果壳。秋季采收成熟果实，沿裂缝剥开，除去种子，晒干。味甘、辛，性平。清肺化痰，散瘀止血。主治咳嗽痰多，气喘，百日咳，惊痫，麻疹不透，跌打损伤，外伤出血。

【经方验方应用例证】

治阳痿：萝藦根、淫羊藿根、鲜茅根各9g，水煎服，每日1剂。（《江西草药》）

下乳：奶浆藤9～15g，水煎服；炖肉服可用至30～60g。（《民间常用草药汇编》）

治白癜风：萝藦草，煮以拭之。（《广济方》）

治肾虚阳痿：萝藦子、补骨脂各9g，枸杞子12g，煎服。（《安徽中草药》）

治支气管炎：萝藦壳、金沸草各9g，前胡6g，枇杷叶9g，煎服。（《安徽中草药》）

治百日咳：萝藦壳9g，冰糖适量，煎服。（《安徽中草药》）

治跌打损伤，外伤出血：天浆壳9～15g，加开水捣烂，再用开水1杯浸泡，取汁内服，用渣外敷伤处。（《陕西中草药》）

萝藦菜粥：主治五劳七伤，阴囊下湿痒。（《太平圣惠方》卷九十七）

萝藦散：主治吐血虚损。（《不居集》上集卷十四）

【中成药应用例证】

健儿糖浆：补气益精，消疳化积。用于小儿疳积。

【现代临床应用】

治疗骨结核、关节结核。

马鞭草
Verbena officinalis L.

马鞭草科（Verbenaceae）马鞭草属多年生草本。

茎四方形，节和棱上有硬毛。叶对生，叶片倒卵形或长圆状披针形，基生边缘有粗锯齿和缺刻；茎生叶多为3深裂，裂片边缘有不整齐锯齿。穗状花序顶生和腋生；花小，花萼被硬毛；花冠淡紫色或蓝色，裂片5；雄蕊4，花丝短。蒴果长圆形。花期6～8月，果期7～10月。

大别山各县市均有分布，生于路边、山坡、溪边或林旁。

马鞭草始载于《名医别录》。《新修本草》："苗似狼牙及茺蔚，抽三四穗，紫花，似车前。穗类鞭鞘，故名马鞭。"《开宝本草》："若云似马鞭鞘，亦未近之。其节生紫花如马鞭节。"《本草纲目》："龙牙、凤颈，皆因穗取名。"开紫色小花，故又称紫顶龙牙。穗形似荆芥，故称土荆芥、野荆芥。

《本草图经》："今衡山、庐山、江淮州郡皆有之，春生苗，似狼牙亦类益母而茎圆，高三二尺。"益母草茎方，非圆形。《本草纲目》："马鞭，下地甚多。春月生苗，方茎，叶似益母，对生，夏秋开细紫花，作穗如车前穗，其子如蓬蒿子而细，根白而小。陶言叶似蓬蒿，韩言花色白，苏言茎圆，皆误矣。"

【入药部位及性味功效】

马鞭草，又称马鞭、龙牙草、凤颈草、紫顶龙牙、铁马鞭、狗牙草、马鞭梢、小铁马鞭、顺捋草、蜻蜓草、退血草、铁马莲、疟马鞭、土荆芥、野荆芥、燕尾草、白马鞭、蜻蜓饭、狗咬草、铁扫帚，为植物马鞭草的全草。6～8月花开放时采收，除去泥土，晒干。味苦、辛，性微寒。归肝、脾经。清热解毒，活血通经，利水消肿，截疟。主治感冒发热，咽喉肿痛，牙龈肿痛，黄疸，痢疾，血瘀经闭，痛经，癥瘕，水肿，小便不利，疟疾，痈疮肿毒，跌打损伤。

【经方验方应用例证】

治传染性肝炎，肝硬化腹水：马鞭草、车前草、鸡内金各15g，水煎服。（《陕甘宁青中草药选》）

治急性胆囊炎：马鞭草、地锦草各15g，玄明粉9g，水煎服。痛甚者加三叶鬼针草30g。（《福建药物志》）

治痛经：马鞭草、香附、益母草各15g，水煎服。（《福建药物志》）

治急慢性湿疹：鲜马鞭草全草90g，洗净置瓦器中（忌用金属类器），加水500mL，煮沸，待冷后外洗患处，每日数次。（《江西中医药》1981年）

八宝膏：主治诸般恶疮，肿毒，伤折疼痛。（《普济方》卷三一五）

洞天膏、洞天嫩膏：主治一切热毒痈疖；乳疖、乳痈，痄腮及小儿游风丹毒。（《外科全生集》卷四）

花鞭膏：主治妇女月经闭结，腹胁胀痛欲死者。（《仙拈集》卷三）

马鞭草敷方：主治蟋螋尿疮。（《圣济总录》卷一四九）

马鞭草散：主治男子阴卒肿痛。（方出《肘后方》卷五，名见《普济方》卷二四九）

调经滋血汤：主治妇人气热气虚，经滞不通，致使血来肢体麻木，或身疼痛；或室女经未行，日渐黄瘦，将成痨疾。（《郑氏家传女科万金方》卷一）

【中成药应用例证】

生精胶囊：补肾益精，滋阴壮阳。用于肾阳不足所致腰膝酸软，头晕耳鸣，神疲乏力，男子无精、少精、弱精、精液不液化等症。

云实感冒合剂：解表散寒，祛风止痛，止咳化痰。用于风寒感冒所致的头痛、恶寒、发热、鼻塞、流涕、咳嗽痰多等症。

金马肝泰颗粒：清热解毒，健脾利湿，活血化瘀。用于肝胆湿热、气滞血瘀所致的急、慢性肝炎。

前列舒通胶囊：清热利湿，化瘀散结。用于慢性前列腺炎、前列腺增生属湿热瘀阻证，症见尿频、尿急、尿淋沥、会阴、下腹或腰骶部坠胀或疼痛，阴囊潮湿等。

日舒安洗液：清热解毒，利湿止痒。用于女子外阴瘙痒，男子阴囊湿疹。

丹益片：活血化瘀，清热利湿。用于慢性非细菌性前列腺炎属瘀血阻滞、湿热下注证，症见尿痛、尿频、尿急、尿道灼热、尿后滴沥，舌红苔黄或黄腻或舌质暗或有瘀点瘀斑，脉弦或涩或滑。

【现代临床应用】

马鞭草治疗白喉、急性扁桃体炎、口腔炎症、疱疹性口炎、真菌性阴道炎、丝虫病、疟疾；防治传染性肝炎。

过江藤

Phyla nodiflora (L.) E. L. Greene

马鞭草科（Verbenaceae）过江藤属多年生草本。

有木质宿根，全体有紧贴丁字状短毛。叶近无柄，匙形、倒卵形至倒披针形。花冠白色、粉红色至紫红色，内外无毛；雄蕊不伸出花冠外；子房无毛。果淡黄色，内藏于花萼内。花果期6～10月。

大别山各县市均有分布，常生长在山坡、平地、河滩等湿润地方。

【入药部位及性味功效】

蓬莱草，又称凤梨草、旺梨草、雷公锤草、大二郎箭、番梨仔草、旺菜癀、凤梨癀、痢症草，为植物过江藤的全草。栽种当年9～10月采收。以后每年采收2次，第1次在6～7月，第2次在9～10月。采收后，拣去杂草，洗净，鲜用或晒干。味微苦，性凉。清热，解毒。主治咽喉肿痛，牙疳，泄泻，痢疾，痈疽疮毒，带状疱疹，湿疹，疥癣。

【经方验方应用例证】

治咽喉红肿或单双喉蛾：鲜蓬莱草每次30g，捣汁内服，症重者次日再服。（《泉州本草》）

治牙疳：鲜过江藤60g，鸭蛋1个，水炖服。（《福建中草药》）

治细菌性痢疾，肠炎：①鲜过江藤120g，水煎服；或捣烂绞汁，调糖或蜜温服。（《福建中草药》）②痢症草、虎杖各30g，水煎服。（《湖北中草药志》）

治痈疮肿毒，皮肤疥癣：过江藤鲜全草适量，捣烂外敷。（《广西本草选编》）

治带状疱疹：鲜过江藤捣烂取汁，调些雄黄敷患处。（《福建中草药》）

治湿疹，皮肤瘙痒：过江藤全草适量，水煎外洗。（《广西本草选编》）

活血丹

Glechoma longituba (Nakai) Kupr.

　　唇形科（Labiatae）活血丹属多年生草本。

　　具匍匐茎。叶片心形，边缘具圆齿。花萼外面被长柔毛，萼齿卵状三角形，先端细尖。花冠下唇具深色斑点，有长筒与短筒两型。上唇2裂，下唇3裂，中裂片先端凹入，两侧裂片长圆形。花期4～5月，果期5～6月。

　　大别山各县市均有分布，生于林缘、疏林下、草地中、溪边等阴湿处。

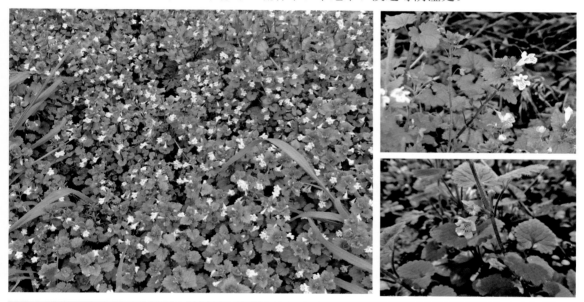

　　本品匍匐于地，叶圆似钱，边有缺刻，故有连钱、铜钱、金钱诸名。马蹄草，以叶形相似得名。其香味浓郁，故又名遍地香、九里香等。江苏一带以本品作"金钱草"用，故称江苏金钱草。透骨风、过墙风诸名，皆据祛风湿、止骨痛之功用命名。

　　活血丹载于《植物名实图考》，云："活血丹，产九江、饶州、园圃、阶角、墙阴下皆有之。春时极繁，高六七寸，绿茎柔弱，对节生叶，叶似葵菜初生小叶，细齿深纹，柄长而柔。开淡红花，微似丹参花，如蛾下垂。入夏后即枯，不易寻矣。"

【入药部位及性味功效】

　　活血丹，又称遍地香、地钱儿、钹儿草、连钱草、铜钱草、白耳草、乳香藤、九里香、半池莲、千年冷、遍地金钱、金钱草、金钱艾、马蹄草、透骨消、透骨风、过墙风、巡骨风、蛮子草、胡薄荷、穿墙草、团经草、风草、肺风草、金钱薄荷、十八缺草、江苏金钱草、一串钱、四方雷公根、马蹄筋骨草、破铜钱、对叶金钱草、疳取草、钻地风、接骨消，为植物活血丹的全草。4～5月采收全草，晒干或鲜用。味苦、辛，性凉。归肝、胆、膀胱经。利湿通淋，清热解毒，散瘀消肿。主治热淋、石淋，湿热黄疸，疮痈肿痛，跌扑损伤。

【经方验方应用例证】

利小便，治膀胱结石：①连钱草、龙须草、车前草各15g，煎服。（《浙江民间草药》）②金钱草100g，藕节100g，水煎服。（《吉林中草药》）

治肾及输尿管结石：金钱草120g，煎水冲蜂蜜，日服2次。（《吉林中草药》）

治肾炎水肿：连钱草、蒿蓄草各30g，荠菜花15g。煎服。（《上海常用中草药》）

治胆囊炎、胆石症：金钱草、蒲公英各30g，香附子15g，煎服，每日1剂。（《浙江药用植物志》）

治胃痛：连钱草30g，或配五味子根9g，水煎服；呕泛酸水者加鸡蛋壳（炒黄研粉）9g吞服。（《浙南本草新编》）

治白带：①团经草15g，杜仲9g，木通4.5g，煎水加白糖服。（《贵阳民间药草》）②透骨消3g，鸡冠花9g，水煎服。（《陕西草药》）

治小儿疳积：连钱草9g，加动物肝脏适量，炖汁服。（《上海常用中草药》）

治糖尿病：鲜连钱草120g，玉米根120g，猪瘦肉90g，水煮服汤食肉。（景德镇《草药手册》）

【现代临床应用】

临床上用于治疗腮腺炎、烧伤。

硬毛地笋

Lycopus lucidus var. *hirtus* Regel

唇形科（Labiatae）地笋属多年生草本。

茎直立，常不分枝，棱上被向上小硬毛，节上密集硬毛。茎叶披针形，暗绿色，上面密被细刚毛状硬毛，叶缘具缘毛，下面主要在肋及脉上被刚毛状硬毛，两端渐狭，边缘具锐齿。花萼具刺尖头，边缘具小缘毛。花冠白色。花期6～9月，果期8～11月。

大别山各县市均有分布，生于海拔1700m以下的沼泽地、水边等潮湿处。亦有栽培。

本品与佩兰相似，《本草经集注》："叶微香，可煎油，或生泽傍，故名泽兰。"《本草纲目》："此草亦可为香泽，不独指其生泽旁也。"虎兰，《本草经考注》："兰草柔弱芳香，泽兰方茎强直不甚香，故名虎兰。凡高大刚刺非常之物以虎名之，虎杖、虎蓟之类似也。"龙枣，《本草经考注》认为应是龙蘭。蘭字作枣，可能是蘭字损坏残缺后所致。该书据《太平御览》所载"重来为枣"（"来来者枣也"出自《东方朔传》）以及"唐以上枣字作柔"的写法，从而推论蘭字"一讹作柬，再讹作来，三讹作枣。"龙兰遂误为龙枣。《本草经考注》："龙兰亦与虎兰同义。其似兰非兰，而其效尤多，故名龙兰。"《本草纲目》："其根可食，故曰地笋。"地瓜儿等义同。

泽兰始载于《神农本草经》，列为中品。《吴普本草》："生下地水旁。叶如兰，二月生，香，赤节，四叶相值枝节间。"《本草经集注》："今处处有，多生下湿地。叶微香，可煎油。或生泽旁，故名泽兰，亦名都梁香，可作浴汤。人家多种之而叶小异。今山中又有一种甚相似，茎方，叶小强，不甚香。既云泽兰，又生泽旁，故山中者为非，而药家乃采用之。"《新修本草》："泽兰，茎方，节紫色，叶似兰草而不香。今京下用之者是。陶云都梁香，乃兰草尔，俗名兰香，煮以洗浴。亦生泽畔，人家种之。花白，紫萼，茎圆，殊非泽兰也。"《本草图经》："泽兰，今荆、徐、随、寿、蜀、梧州、河中府皆有之……二月生苗，高二三尺。茎干青紫色，作四棱。叶生相对如薄荷，微香，七月开花……亦似薄荷花。"

地笋之名始载于《嘉祐本草》，云："地笋……即泽兰根也。"《植物名实图考》："地笋，生云南山阜，根有横纹如蚕，傍多细须，绿茎红节，长叶深齿。"

【入药部位及性味功效】

泽兰，又称虎兰、龙枣、水香、小泽兰、虎蒲、地瓜儿苗、红梗草、风药、奶孩儿、蛇王草、蛇王菊、捕斗蛇草、接古草、地环秧、甘露秧、矮地瓜儿苗、野麻花，为植物地笋或其变种硬毛地笋（毛叶地笋）的地上部分。根茎繁殖当年，种子繁殖第2年的夏、秋季节，茎叶生长茂盛时采收。割取地上部切段，晒干。味苦、辛，性微温。归肝、脾经。活血化瘀，行水消肿，解毒消痈。主治妇女经闭，痛经，产后瘀滞腹痛，癥瘕，身面浮肿，跌打损伤，痈肿疮毒。

地笋，又称泽兰根、地瓜儿、地瓜、地蚕子、地笋子、地藕、野三七、水三七、旱藕，为植物地笋或其变种硬毛地笋（毛叶地笋）的根茎。秋季采挖，除去地上部分，洗净，晒干。味甘、辛，性平。化瘀止血，益气利水。主治衄血，吐血，产后腹痛，黄疸，水肿，带下，气虚乏力。

【经方验方应用例证】

治经闭腹痛：泽兰、铁刺菱各9g，马鞭草、益母草各15g，土牛膝3g，同煎服。（《浙江民间草药》）

治黄疸：泽兰根、赤小豆各60g，水煎当茶饮。（《沙漠地区药用植物》）

棕蒲散：活血祛瘀，固冲调经。主治血瘀崩漏。（《陈素庵妇科补解》）

新伤续断汤：活血化瘀，止痛接骨。主治骨损伤初、中期。（《中医伤科学讲义》）

化毒除湿汤：燥湿解毒。主治湿热下注。（《疡科心得集》）

四黄膏：清热解毒，消肿。主治一切肿毒。（《朱仁康临床经验集》）

双柏膏：活血祛瘀，消肿止痛。主治骨折，跌打损伤及疮疡初起，局部红肿热痛而无溃疡。（《黄耀燊经验方》）

补虚损大泽兰丸：主治妇人诸虚损不足，羸瘦萎黄，月经淋漓，或时带下，头晕心烦，肢节少力。（《太平圣惠方》卷七十）

补益泽兰丸：壮气益气，暖下脏，进饮食。主治产后虚羸，血气不调，四肢瘦弱，面色萎黄，饮食不进；困乏少力，心常惊悸，多汗嗜卧。（《太平圣惠方》卷八十一）

大平胃泽兰丸：定志意，除烦满。主治五劳七伤诸不足，手足虚冷，羸瘦，及月水往来不调，体不能动。（《备急千金要方》卷四）

大五石泽兰丸：主治妇人风虚寒中，腹内雷鸣，缓急风，头痛寒热，月经不调，绕脐恻恻痛；或心腹痃坚，逆害饮食；手足常冷，多梦纷纭，身体痹痛，荣卫不和，虚弱不能动摇

及产后虚损。（《备急千金要方》卷四）

当归泽兰丸：主妇人经水不调，赤白带下，日久不孕。（《摄生众妙方》卷十）

【中成药应用例证】

复方积雪草片：活血通络，祛瘀止痛。用于跌打损伤，肢节疼痛。

滑膜炎胶囊：清热利湿，活血通络。用于急、慢性滑膜炎及膝关节术后的患者。

消瘀康胶囊：活血化瘀，消肿止痛。用于治疗颅内血肿吸收期。

前列平胶囊：清热利湿，化瘀止痛。用于湿热瘀阻所致的急、慢性前列腺炎。

尿塞通片：理气活血，通淋散结。用于气滞血瘀、下焦湿热所致的轻、中度癃闭，症见排尿不畅、尿流变细、尿频、尿急；前列腺增生见上述证候者。

前列欣胶囊：活血化瘀，清热利湿。用于瘀血凝聚、湿热下注所致的淋证，症见尿急、尿痛、排尿不畅、滴沥不净；慢性前列腺炎、前列腺增生见上述证候者。

调经止痛片：益气活血，调经止痛。用于气虚血瘀所致的月经不调、痛经、产后恶露不绝，症见经行后错、经水量少、有血块、行经小腹疼痛、产后恶露不净。

乙肝养阴活血颗粒：滋补肝肾，活血化瘀。用于肝肾阴虚型慢性肝炎，症见面色晦暗、头晕耳鸣、五心烦热、腰腿酸软、齿鼻衄血、胁下痞块、赤缕红斑、舌质红少苔、脉沉弦细涩。

滑膜炎片：清热祛湿。活血通络。用于湿热闭阻、瘀血阻络所致的痹证，症见关节肿胀疼痛、痛有定处、屈伸不利；急、慢性滑膜炎及膝关节术后见上述证候者。

茵白肝炎胶囊：清热解毒，利湿退黄，理气活血。用于急性黄疸性肝炎，对湿热型慢性肝炎也有效。

【现代临床应用】

临床上泽兰用于治疗流行性出血热。

荆芥

Nepeta cataria L.

唇形科（Labiatae）荆芥属多年生草本。

高达1.5m，被白色短柔毛；叶卵形或三角状心形，基部心形或平截，具粗齿；聚伞圆锥花序顶生，花萼管状，花冠白色，下唇被紫色斑点，上唇先端微缺，下唇中裂片近圆形，具内弯粗齿，侧裂片圆；小坚果三棱状卵球形。花期7～9月，果期9～10月。

生于海拔1700m以下的灌丛中或村边。红安县常作蔬菜栽培。

心叶荆芥出自《全国中草药汇编》，《中国植物志》称之为荆芥，与药用荆芥不同。

【入药部位及性味功效】

心叶荆芥，又称假荆芥、假苏、山藿香、小荆芥、西藏土荆芥、樟脑草、荆芥、似荆芥，为植物荆芥的全草。7～9月割取地上部分，阴干或鲜用。味辛，性凉。疏风清热，活血止血。主治外感风热，头痛咽痛，麻疹透发不畅，吐血，衄血，外伤出血，跌打肿痛，疮痈肿痛，毒蛇咬伤。

牛至

Origanum vulgare L.

唇形科（Labiatae）牛至属多年生半灌木或草本。

芳香。叶片下面被柔毛及凹陷的腺，全缘或有远离的小锯齿。花序呈伞房状圆锥花序，由多数长圆状小穗状花序所组成。冠檐二唇形，上唇直立，先端2浅裂，下唇开张。花期7～9月，果期10～12月。

大别山各县市均有分布，生于路旁、山坡、林下及草地。

本品以江宁府茵陈始载于《本草图经》，云："江宁府又有一种茵陈，叶大根粗，黄白色，至夏有花实。"《植物名实图考》："小叶薄荷生建昌。细茎小叶，叶如枸杞叶而圆，数叶攒生一处，梢开小黄花如粟。"

【入药部位及性味功效】

牛至，又称江宁府茵陈、小叶薄荷、满坡香、土香薷、白花茵陈、香草、五香草、山薄荷、暑草、对叶接骨丹、土茵陈、黑接骨丹、滇香薷、香薷、小甜草、止痢草、琦香、满山香，为植物牛至的全草。7～8月开花前割起地上部分，或将全草连根拔起，抖净泥沙，鲜用或扎把晒干。味辛、微苦，性凉。解表，理气，清暑，利湿。主治感冒发热，中暑，胸膈胀满，腹痛吐泻，痢疾，黄疸，水肿，带下，小儿疳积，麻疹，皮肤瘙痒，疮疡肿痛，跌打损伤。

【经方验方应用例证】

治白带：五香草、硫黄各9g，水煎服。(《陕西中草药》)

解热：牛至适量，泡茶喝。(《新疆中草药手册》)

治皮肤湿热瘙痒：满坡香鲜草250g，煎水洗。(《贵州民间药物》)

治预防麻疹：牛至全草15g，煎水作茶饮。(《湖南药物志》)

治小儿麻疹：牛至茎叶6g，红筷子6g（已出疹者用3g），紫苏9g，芫荽6g，救兵粮9g，铁扫帚6g，水煎服。(《湖南药物志》)

治月经不调：牛至9～15g，水煎服。(《新疆中草药手册》)

【中成药应用例证】

牛至肝康丸：疏肝利胆，健脾益气，利湿解毒。用于肝郁脾虚、湿毒内阻所致的急、慢性肝炎。

鸡骨草胶囊：疏肝利胆，清热解毒。用于急、慢性肝炎和胆囊炎属肝胆湿热证者。

乌军治胆片：疏肝解郁，利胆排石，泄热止痛。用于肝胆湿热所致的胁痛、胆胀，症见胁肋胀痛、发热、尿黄；胆囊炎、胆道感染或胆道术后见上述证候者。

【现代临床应用】

治疗急性细菌性痢疾，总有效率95.83%，细菌转阴率78.5%。

丹参

Salvia miltiorrhiza Bunge

唇形科（Labiatae）鼠尾草属多年生直立草本。

茎密被长柔毛，多分枝。奇数羽状复叶，密被向下长柔毛，小叶两面被疏柔毛，下面较密，小叶柄与叶轴密被长柔毛。花冠紫蓝色，外被具腺短柔毛，内面有斜生不完全小疏柔毛毛环，上唇镰刀状，向上竖立，先端微缺。花期4～8月，花后见果。

大别山各县市均有分布，生于海拔1300m以下的山坡、林下草丛或溪谷旁。

本品根形似人参，皮丹而肉紫，故有丹参、紫丹参、血参根诸名。《四声本草》："丹参治风软脚，可逐奔马，故名奔马草。"活血根，得名于功用。李时珍谓其"叶如野苏"，苏颂谓其"花似苏花"，故亦称野苏子根、山苏子根。却蝉草，俗作郄蝉草，《本草经考注》："却蝉名义未详。《方言》云：'蝉，毒也。'戴震曰：'蝉，即惨声之转耳。'《说文解字》：'惨，毒也。'"《广雅》："毒，恶也。"因此却蝉者，谓除却积聚癥瘕之类。

丹参始载于《神农本草经》，列为上品。《吴普本草》："茎华小，方如荏（即白苏），有毛，根赤，四月花紫，三月五月采根，阴干。"《本草图经》："二月生苗，高一尺许，茎干方棱，青色。叶生相对，如薄荷而有毛，三月开花，红紫色，似苏花。根赤大如指，长亦尺余，一苗数根。"《本草纲目》："处处山中有之，一枝五叶，叶如野苏而尖，青色，皱皮。小花成穗如蛾形，中有细子，其根皮丹而肉紫。"

【入药部位及性味功效】

丹参，又称郄蝉草、赤参、木羊乳、逐马、奔马草、山参、紫丹参、红根、山红萝卜、活血根、靠山红、红参、烧酒壶根、野苏子根、山苏子根、大红袍、蜜罐头、血参根、朵朵花根、蜂糖罐、红丹参，为植物丹参和甘西鼠尾草的根。春栽春播于当年采收；秋栽秋播于第2年10～11月地上部枯萎或翌年春季萌发前将全株挖出，除去残茎叶，摊晒，使极软化，抖去泥沙（忌用水洗），运回晒至5～6成干。把根捏拢，再晒8～9成干，又捏一次，把须根全部捏断晒干。味苦，性微寒。归心、心包、肝经。活血祛瘀，调经止痛，养血安神，凉血消痈。主治妇女月经不调，痛经，经闭，产后瘀滞腹痛，心腹疼痛，癥瘕积聚，热痹肿痛，跌打损伤，热入营血，烦躁不安，心烦失眠，痈疮肿毒。

【经方验方应用例证】

治痛经：丹参15g，郁金6g，水煎，每日1剂，分2次服。(《全国中草药汇编》)

治急慢性肝炎，两胁作痛：茵陈15g，郁金、丹参、板蓝根各9g，水煎服。(《陕甘宁青中草药选》)

治血栓闭塞性脉管炎：丹参、金银花、赤芍、土茯苓各30g，当归、川芎各15g，水煎服。(《全国中草药汇编》)

治神经衰弱：丹参15g，五味子30g，水煎服。(《陕甘宁青中草药选》)

清营汤：清营解毒，透热养阴。主治热入营分证。症见身热夜甚，神烦少寐，时有谵语，目常喜开或喜闭，口渴或不渴，斑疹隐隐，脉细数，舌绛而干。本方常用于流行性乙型脑炎、流行性脑脊髓膜炎、败血症、肠伤寒或其他热性病证属热入营分者。(《温病条辨》)

当归鸡血藤汤：补气补血。主治骨伤患者后期气血虚弱，肿瘤经化疗或放疗期间有白细胞及血小板减少者。(《中医伤科用药方法与常用方》)

活络效灵丹：活血祛瘀，通络止痛。主治气血瘀滞，心腹疼痛，腿臂疼痛，跌打瘀肿，内外疮疡，以及癥瘕积聚等。(《医学衷中参西录》)

丹参饮：活血祛瘀，行气止痛。主治心痛，胃脘诸痛。(《时方歌括》)

新伤续断汤：活血化瘀，止痛接骨。主治骨损伤初、中期。(《中医伤科学讲义》)

定痫丸：涤痰息风，开窍安神。主治痫症，突然发作，晕扑在地，喉中痰鸣，发出类似猪、羊叫声，甚则抽搐目斜，亦治癫狂。(《医学心悟》)

【中成药应用例证】

复方肾炎片：活血化瘀，利尿消肿。用于湿热蕴结所致急慢性肾炎水肿、血尿、蛋白尿。

固精参茸丸：补气补血，养心健肾。用于气虚血弱，精神不振，肾亏遗精，产后体弱。

乌丹降脂颗粒：益气活血。用于气虚血瘀所致的高脂血症，症见头晕耳鸣、胸闷肢麻、口干舌暗等。

强力脑心康胶囊：改善循环，活血化瘀，安神宁心。用于冠心病，心绞痛，头痛眩晕，神经衰弱。

银丹心脑通软胶囊：活血化瘀，行气止痛，消食化滞。用于气滞血瘀引起的胸痹，症见胸痛、胸闷、气短、心悸等；冠心病心绞痛，高脂血症、脑动脉硬化、中风、中风后遗症见上述症状者。

丹香冠心注射液：扩张血管，增加冠状动脉血流量。用于心绞痛，亦可用于心肌梗死等。

丹参颗粒：活血化瘀。用于冠心病引起的心绞痛。

丹参益心胶囊：活血化瘀，通络止痛。用于瘀血阻滞所致冠心病、心绞痛。

丹葛颈舒胶囊：益气活血，舒经通络。用于瘀血阻络型颈椎病引起的眩晕、头昏、颈肌僵硬、肢体麻木等。

滑膜炎胶囊：清热利湿，活血通络。用于急、慢性滑膜炎及膝关节术后的患者。

川黄口服液：益气养血，滋补肝肾，活血化瘀。能改善气血两虚、肝肾不足所致的神疲乏力、头晕目眩、腰膝酸软等症。对免疫功能低下、放化疗后白细胞减少及高脂血症等有辅助治疗作用。

欣力康颗粒：补气养血，化瘀解毒。用于癌症放化疗的辅助治疗。

天芝草胶囊：活血祛瘀，解毒消肿，益气养血。用于血瘀证之鼻咽癌、肝癌的辅助治疗。

复方金蒲片：活血祛瘀，行气止痛。用于气滞血瘀证之肝癌的辅助治疗。

肺心夏治胶囊：补肺肾之阴，温肾纳气，化痰通络宁心。用于肺肾两虚型肺源性心脏病的辅助治疗。

五灵肝复胶囊：养阴生津，疏肝解郁，清热解毒。用于慢性病毒性肝炎属肝肾不足、湿热滞留者。

祛瘀益胃胶囊：健脾和胃，化瘀止痛。用于脾虚气滞血瘀所致的急、慢性胃炎，慢性萎缩性胃炎。

补虚通瘀颗粒：益气补虚，活血通络。用于气虚血瘀所致动脉硬化、冠心病。

降糖通脉胶囊：益气养阴，活血化瘀，通经活络。用于气阴不足、瘀血阻络所致消渴，症见多饮、多食、多尿、消瘦、乏力，以及2型糖尿病见上述证候者。

痫愈胶囊：豁痰开窍，安神定惊，息风解痉。用于风痰闭阻所致的癫痫抽搐、小儿惊风、面肌痉挛。

复方活脑舒胶囊：补气养血，健脑益智。用于健忘气血亏虚证，症见记忆减退、倦怠乏力、头晕心悸，以及老年性痴呆见以上症状者。

丹灯通脑胶囊：活血化瘀，祛风通络。用于瘀血阻络所致的中风中经络证。

骨风宁胶囊：解毒化瘀，活络止痛。用于类风湿性关节炎、强直性脊柱炎。

消乳散结胶囊：疏肝解郁，化痰散结，活血止痛。用于肝郁气滞、痰瘀凝聚所致的乳腺增生、乳房胀痛。

丹黄祛瘀胶囊：活血止痛，软坚散结。用于气虚血瘀、痰湿凝滞引起的慢性盆腔炎，症见白带增多者。

止血祛瘀明目片：化瘀止血，滋阴清肝，明目。用于阴虚肝旺、热伤络脉所致的眼底出血。

紫丹银屑胶囊：养血祛风，润燥止痒。用于血虚风燥所致的银屑病。

止痛化癥胶囊：活血调经，化癥止痛，软坚散结。用于癥瘕积聚、痛经闭经、赤白带下及慢性盆腔炎等。

血栓心脉宁片：益气活血，开窍止痛。用于气虚血瘀所致的中风、胸痹，症见头晕目眩、半身不遂、胸闷气痛、心悸气短；缺血性脑卒中恢复期、冠心病心绞痛见上述证候者。

肾康宁胶囊：补脾温肾，渗湿活血。用于脾肾阳虚、血瘀湿阻所致的水肿，症见浮肿、乏力、腰膝冷痛；慢性肾炎见上述证候者。

参乌健脑胶囊：补肾填精，益气养血，强身健脑。用于肾精不足、肝气血亏所引致的精神疲惫、失眠多梦、头晕目眩、体乏无力、记忆力减退。

复方丹参喷雾剂（复方丹参气雾剂）：活血化瘀，理气止痛。用于气滞血瘀所致的胸痹，症见胸闷、心前区刺痛；冠心病心绞痛见上述证候者。

精制冠心口服液：活血化瘀。用于瘀血内停所致的胸痹，症见胸闷、心前区刺痛；冠心病心绞痛见上述证候者。

鼻渊通窍颗粒：疏风清热，宣肺通窍。用于急鼻渊（急性鼻窦炎）属外邪犯肺证，症见前额或颧骨部压痛，鼻塞时作，流涕黏白或黏黄，或头痛，或发热，苔薄黄或白，脉浮。

清眩治瘫丸：平肝息风，化痰通络。用于肝阳上亢、肝风内动所致的头目眩晕、项强头胀，胸中闷热、惊恐虚烦、痰涎壅盛、言语不清、肢体麻木、口眼歪斜、半身不遂。

消糖灵胶囊：益气养阴，清热泻火，益肾缩尿。用于糖尿病。

【现代临床应用】

临床上丹参治疗冠心病、心肌梗死伴心绞痛、肺源性心脏病等心血管疾病；治疗脑血管疾病；治疗小儿重症肺炎、迁延性肺炎、小儿支气管哮喘等呼吸系统疾病；治疗肝炎；治疗慢性肾功能不全；治疗腰神经根受压、颈神经根受压、脊髓压迫症、脊髓肿瘤切除术后、脊髓侧索硬化症、神经衰弱、青少年初发癫狂病等神经系统疾病；治疗糖尿病并发慢性多发性周围神经炎；治疗流行性出血热；治疗急性乳腺炎；治疗中、晚期青光眼；治疗鼻炎；治疗卒聋；治疗硬皮病等。

半枝莲

Scutellaria barbata D. Don

唇形科（Labiatae）黄芩属多年生草本。

叶具短柄或近无柄，柄长 1 ～ 3mm。花单生于茎或分枝上部叶腋内；花冠紫蓝色；冠筒基部囊大，宽 1.5mm，向上渐宽，至喉部宽达 3.5mm。花果期 4 ～ 7 月。

大别山各县市均有分布，生于水田边、溪边或湿润草地上。

半枝莲之名始见于《外科正宗》，用治毒蛇伤人。《药镜拾遗赋》："半枝莲解蛇伤之仙草。"

【入药部位及性味功效】

半枝莲，又称狭叶韩信草、通经草、紫连草、并头草、牙刷草、水韩信、溪边黄芩、金挖耳、野夏枯草、方草儿、半向花、偏头草、四方草、耳挖草、小号向天盏、狭叶向天盏，为植物半枝莲的全草。种子繁殖的，从第 2 年起，每年的 5 月、7 月、9 月都可收获一次。分株繁殖的，在当年 9 月收获第 1 次，以后每年可收获 3 次。用刀齐地割取全株，拣除杂草，捆成小把，晒干或阴干。味辛、苦，性寒。归肺、肝、肾经。清热解毒，散瘀止血，利尿消肿。主治热毒痈肿，咽喉疼痛，肺痈，肠痈，瘰疬，毒蛇咬伤，跌打损伤，吐血，衄血，血淋，水肿，腹水及癌症。

【经方验方应用例证】

治带状疱疹：半枝莲加米泔水适量捣烂，取汁外涂，每日数次。（《浙南本草选编》）

治角膜炎：半枝莲温开水洗净，绞汁，点眼，日 4 次。（《福建药物志》）

治慢性肾炎水肿：半枝莲鲜草30g，切细捣烂，同鸡蛋搅匀蒸熟，做成蛋饼，候冷敷脐部，每日1次，约敷6小时。（《浙南本草新编》）

治肝炎：鲜半枝莲15g，红枣5个，水煎服。（《浙江民间常用草药》）

治早期肺癌、肝癌、直肠癌：半枝莲、白花蛇舌草各30g，煎服。（《安徽中草药》）

治鼻咽癌、宫颈癌，放射治疗后热性反应：鲜半枝莲45g，白英30g，金银花15g，水煎代茶饮。（《福建药物志》）

治乳房纤维瘤，多发性神经痛：半枝莲、六棱菊、野菊花各30g，水煎，服20～30剂。（《浙南本草新编》）

治恶性葡萄胎：半枝莲60g，龙葵30g，紫草15g，水煎，分2次服，每日1剂。（《全国中草药汇编》）

止痉汤：息风柔肝，化瘀通络。主治新产妇人，血虚发痉，手足牵搐，口眼歪斜，甚则角弓反张。（《辨证录》）

半枝莲饮：清热解毒，散肿消痈。主治发背，对口，痈肿，疔疮。（《本草纲目拾遗》卷五引《百草镜》）

抗癌汤：化瘀解毒。主治气虚血瘀，毒邪侵袭；食管癌。（浙江省杭州肿瘤医院）

【中成药应用例证】

解毒通淋丸：清热，利湿，通淋。用于下焦湿热所致的非淋菌性尿道炎，症见尿频、尿痛、尿急。

白沙糖浆：止咳，祛痰，平喘。用于慢性支气管炎所致的咳嗽痰多、胸闷气急。

解毒维康片：清热解毒，补益肝肾。用于白血病热毒壅盛、肝肾不足证及放疗和化疗引起的血细胞减少等症。

欣力康颗粒：补气养血，化瘀解毒。用于癌症放化疗的辅助治疗。

天芝草胶囊：活血祛瘀，解毒消肿，益气养血。用于血瘀证之鼻咽癌、肝癌的辅助治疗。

玉兰降糖胶囊：清热养阴，生津止渴。用于阴虚内热所致的消渴病、2型糖尿病及并发症的改善。

复方半边莲注射液：清热解毒，消肿止痛。用于多发性疖肿、扁桃体炎、乳腺炎等。

抗骨髓炎片：清热解毒，散瘀消肿。用于附骨疽及骨髓炎属热毒血瘀者。

金蒲胶囊：清热解毒，消肿止痛，益气化痰。用于晚期胃癌、食管癌患者痰湿瘀阻及气滞血瘀证。

养正消积胶囊：健脾益肾，化瘀解毒。适用于不宜手术的脾肾两虚、瘀毒内阻型原发性肝癌辅助治疗，与肝内动脉介入灌注加栓塞化疗合用，有助于提高介入化疗疗效，减轻对白细胞、肝功能、血红蛋白的毒性作用，改善患者生存质量，改善脘腹胀满、纳呆食少、神疲乏力、腰膝酸软、溲赤便溏、疼痛。

热炎宁片：清热解毒。用于外感风热、内郁化火所致的风热感冒、发热、咽喉肿痛、口苦咽干、咳嗽痰黄、尿黄便结；化脓性扁桃体炎、急性咽炎、急性支气管炎、单纯性肺炎见上述证候者。

紫龙金片：益气养血，清热解毒，理气化瘀。用于原发性肺癌属气血两虚证者，症见神疲乏力、少气懒言、头昏眼花、食欲不振、气短自汗、咳嗽、疼痛。

韩信草

Scutellaria indica L.

唇形科（Labiatae）黄芩属多年生草本。

茎常带暗紫色。叶心状卵圆形或圆状卵圆形至椭圆形，密生整齐圆齿；叶柄腹平背凸，被微柔毛。花冠下唇中裂片先端微缺，具深紫色斑点。花果期2～6月。

大别山各县市均有分布，生于海拔1500m以下的山地或丘陵地、疏林下、路旁空地及草地上。

从古到今都有对它的药用记载，据说是因为韩信将军曾受伤，而用这种药草使其得以痊愈，本来此草无名，人们后来为了记住这段不寻常的历史，便将其取名为"韩信草"了。

【入药部位及性味功效】

韩信草，又称大力草、耳挖草、金茶匙、大韩信草、顺经草、调羹草、红叶犁头尖、印度黄芩、大叶半枝莲、笑花草、虎咬癀、向天盏、半枝莲、合耳花、龙游香草、钩头线，为植物韩信草的全草。春、夏季采收，洗净，鲜用或晒干。味辛、苦，性寒。归心、肝、肺经。清热解毒，活血止痛，止血消肿。主治痈肿疔毒，肺痈，肠痈，瘰疬，毒蛇咬伤，肺热咳喘，牙痛，喉痹，咽痛，筋骨疼痛，吐血，咯血，便血，跌打损伤，创伤出血，皮肤瘙痒。

【经方验方应用例证】

治肺痈：韩信草60g，水煎，代茶饮。(《江西草药》)

治阑尾炎，肝炎：鲜半枝莲60g，水煎，代茶饮。(《陕甘宁青中草药选》)

治慢性肾炎：韩信草、黄花稔、海金沙各30g，水煎，加白糖适量服。(《福建药物志》)

治白浊、白带：韩信草干全草30g，水煎，或加猪小肠同煎服。(《福建中草药》)

治产后风瘫：韩信草干全草30g，二叶丁葵根30g，水煎，或加猪脚煎服。(《福建中草药》)

治铁器及枪弹伤：①韩信草根和饭捣烂，敷患处。②韩信草、半边莲、龙须藤各适量，捣烂外敷。(江西《草药手册》)

治肿瘤：半枝莲全草15～30g，水煎服。(《陕甘宁青中草药选》)

【中成药应用例证】

少林跌打止痛膏：活血散瘀，消肿止痛。用于跌打肿痛，腰膝关节疼痛。

伤科万花油：清热解毒，祛瘀止血，消肿止痛，收敛生肌。用于水火烫伤，跌打损伤，刀伤出血。

梁财信跌打丸：活血散瘀，消肿止痛。用于轻微跌打损伤，积瘀肿痛，筋骨扭伤。

庐山香科科
Teucrium pernyi Franch.

唇形科（Labiatae）香科科属多年生草本。

具匍匐茎。花萼二唇形，上唇3齿，下唇2齿；花白色，冠筒稍伸出；雄蕊超过花冠筒1倍。小坚果具网纹，合生面不达小坚果全长1/2。花期6月，果期8～10月。

大别山各县市均有分布，生于海拔1200m以下的山地及原野。

【入药部位及性味功效】

庐山香科科，又称双判草、野苴荷，为植物庐山香科科的全草。夏、秋季采收，洗净，鲜用或晒干备用。味辛、微苦，性凉。清热解毒，凉肝活血。主治肺脓疡，小儿惊风，痈疮，跌打损伤。

白英

Solanum lyratum Thunberg

茄科（Solanaceae）茄属多年生草质藤本。

茎叶各部密被具节长柔毛。叶全缘至基部3～5裂。圆锥花序顶生、腋生或腋外生，花冠蓝紫色或白色。浆果红色或红黑色。花期6月，果期10～11月。

大别山各县市均有分布，生于山坡林下、山沟阴湿处及路旁。

白毛藤以白英之名始载于《神农本草经》，列为上品。鬼目出自《名医别录》。本品蔓生，茎叶皆被白色细毛，故名白毛藤。《本草纲目》："白英谓其花色，縠菜象其叶文，排风言其功用，鬼目象其子形。"《说文解字》："縠，细缚也。"缚，即白色细绢，用以形容白毛藤细长的柔毛。耳坠菜，因果形得名。其嫩叶味酸，可作茹，故有酸尖菜之名。果期近冬季，熟时色红，经霜不落，故称望冬红。

《名医别录》："白英生益州（今四川成都）山谷，春采叶，夏采茎，秋采花，冬采根。"《新修本草》："此鬼目草也。蔓生，叶似王瓜，小长而五桠。实圆若龙葵子，生青，熟紫黑，东人谓之白草。"《本草拾遗》引《尔雅》郭璞注："似葛叶，有毛，子赤如耳珰珠，若云子熟黑，误矣。"《本草纲目》："此俗名排风子是也。正月生苗，白色，可食。秋开小白花，子如龙葵子，熟时紫赤色。"《百草镜》："白毛藤，多生人家园圃中墙壁上，春生冬槁，结子小如豆而软，红如珊瑚，霜后叶枯，惟赤子累累，缀悬墙壁上，俗呼毛藤果。"《本草纲目拾遗》："茎、叶皆有毛，八、九月开花藕合色，结子生青熟红，鸟雀喜食之。"

【入药部位及性味功效】

白毛藤，又称苻、縠菜、鬼目草、白草、白幕、排风、排风草、天灯笼、和尚头草、望冬红、酸尖菜、排风藤、土防风、耳坠菜、金线绿毛龟草、葫芦草、毛见藤、毛老人、红道士、毛和尚、野猫耳朵、胡毛藤、羊仔耳、生毛
梢、龙毛龟、毛燕仔、红麦禾、蜀羊泉、毛相公、
望风藤、毛千里光、毛秀才、鹰咬豆子、毛道士、
毛葫芦、葫芦藤，为植物白英的全草。夏、秋季采
收全草，鲜用或晒干。味甘、苦，性寒，有小毒。
归肝、胆、肾经。清热利湿，解毒消肿。主治湿热
黄疸，胆囊炎，胆石症，肾炎水肿，风湿性关节
痛，妇女湿热带下，小儿高热惊搐，痈肿瘰疬，湿
疹瘙痒，带状疱疹。

白毛藤根，又称排风藤根，为植物白英的根。夏、秋季采挖，洗净，鲜用或晒干。味苦、
辛，性平。清热解毒，消肿止痛。主治风火牙痛，头痛，瘰疬，痈肿，痔漏。

鬼目，又称来甘、白草子、排风子、毛藤果，为植物白英的果实。冬季果实成熟时采收。
味酸，性平。明目，止痛。主治眼花目赤，迎风流泪，翳障，牙痛。

【经方验方应用例证】

治急性肝炎：白英30g，栀子、白芍、茯苓各9g，茵陈24g，水煎服。(《福建药物志》)

治胆囊炎：白英60g，栀子24g，金钱草30g，水煎服。(《福建药物志》)

治白带：白英30g，木槿花15g，水煎服。(《福建药物志》)

治阴道炎，子宫颈糜烂：白英9g，水煎服。(《青岛中草药手册》)

治咽喉肿痛，痈肿疮毒，淋巴结结核：白英、萝藦各30g，水煎服。(《陕甘宁青中草
药选》)

治皮肤瘙痒症：白英、苦楝树叶各适量，水煎汤洗患处。(《青岛中草药手册》)

治阴囊湿疹，疮疖：白英15g，田基黄9g，松针6g，煎水，外洗患处。(《湖北中草
药志》)

治肺癌：白英、狗牙半支(垂盆草)各30g，水煎服，每日1剂。(《全国中草药汇编》)

治声带癌：白英、龙葵各30g，蛇莓、石见穿、野荞麦根各15g，麦冬、石韦各12g，水
煎服，每日1剂。(《全国中草药汇编》)

治中耳化脓：蜀羊泉叶绞汁，滴耳中。(《湖南药物志》)

治痔疮，瘘管：白毛藤根鲜的30～45g(干的24～36g)，和猪大肠(洗净)500g，清水
同煮，饭前分两次吃下。(《福建民间草药》)

【现代临床应用】

临床上，白毛藤治疗传染性肝炎、白带等。

江南散血丹

Physaliastrum heterophyllum（Hemsley）Migo

茄科（Solanaceae）散血丹属多年生草本。

根多条簇生。叶草质，阔椭圆形，基部偏斜，全缘或略波状，两面被稀疏细毛。花萼短钟状，5中裂，裂片长短不等；雌蕊花丝有疏柔毛，子房圆锥形。花期5～8月，果期7～9月。

大别山各县市均有分布，生于山坡密林下阴处潮湿地。

龙须参出自《南京民间药草》，作补药，可治虚劳等证。

【入药部位及性味功效】

龙须参，为植物江南散血丹的根。秋冬季挖取地下部分，晒干。味甘，微温。补气。主治虚劳气怯。

地黄

Rehmannia glutinosa（Gaert.）Libosch. ex Fisch. et Mey.

列当科（Orobanchaceae）地黄属多年生草本。

全体密被白色长柔毛，根茎黄色肉质，茎紫红色。叶多基生，莲座状，茎生叶小或缺。顶生总状花序，无小苞片。花果期4～7月。

大别山各县市均有分布，生于海拔300m以上的砂质壤土、山坡、路边等处。

地黄始载于《神农本草经》。鲜地黄出自《植物名实图考》，干地黄出自《神农本草经》。熟地黄出自《本草图经》："地黄，二月、八月采根，蒸三、二日令烂，暴干，谓之熟地黄，阴干者是生地黄。"

本品用其地下根茎，古代用以染黄，故名之为地黄。"芐"与"苦"古音相近，似因其味苦而得"芐"名。《本草纲目》："罗愿云：芐以下者为贵，故字从下。"当属后人附会之辞。地髓，亦以地下根茎得名。婆婆奶，因其根多汁而味苦。其欲开之花蕾末端略膨大若乳头，形似而喻之为牛奶子、狗奶子。

《名医别录》："生咸阳川泽，黄土地者佳，二月、八月采根。"《本草图经》："二月生叶，布地便出似车前，叶上有皱纹而不光，高者及尺余，低者三四寸。其花似油麻花而红紫色，亦有黄花者。其实作房如连翘，子甚细而沙褐色。根如人手指，通黄色，粗细长短不常，二月、八月采根。"《本草衍义》："叶如甘露子，花如脂麻花，但有细斑点，北人谓之牛奶子。花、茎有微细短白毛。"《本草纲目》："今人惟以怀庆地黄为上。亦各处随时兴废不同尔。地黄初生塌地。叶如山白菜而毛涩，叶面深青色，又似小芥叶而颇厚，不叉丫。叶中撺茎，上有细毛。茎梢开小筒子花，红黄色，结实如小麦粒。根长三四寸，细如手指，皮赤黄色，如羊蹄根及胡萝卜根。"所述"根如人手指"，系指野生品，现栽培者，根粗壮肥厚。

【入药部位及性味功效】

鲜地黄，又称生地黄、鲜生地、山烟根，为植物地黄的新鲜块根。早地黄在10月上、中旬收获；晚地黄在10月下旬至11月上旬收获；野生品春季亦可采挖。采时仔细深挖，不要挖断根部，除净茎叶、芦头及须根，洗净泥土即为鲜地黄。亦可在挖出后不洗即以干砂土埋藏，放干燥阴凉处，用时取出，可保存2～3个月。味甘、苦，性寒。归心、肝、肾经。清热凉血，生津润燥。主治急性热病，高热神昏，斑疹，津伤烦渴，血热妄行之吐血、衄血、崩漏、便血，口舌生疮，咽喉肿痛，劳热咳嗽，跌打伤痛，痈肿。

干地黄，又称生地黄、原生地、干生地，为植物地黄的块根。10～11月采挖鲜地黄后随即用无烟火烘炕，注意控制火力，要先大后小，炕时每日要翻动1～2次，当块根变软、外皮变硬、里面变黑即可取出，堆放1～2天，使其回潮后，再炕至干即成。味甘、苦，性微寒。归心、肝、肾经。滋阴清热，凉血补血。主治热病烦渴，内热消渴，骨蒸潮热，温病发斑，血热所致的吐血、崩漏、尿血、便血，血虚萎黄，眩晕心悸，血少经闭。

熟地黄，又称熟地，为植物地黄的块根，经加工蒸晒而成。取干地黄加黄酒30%，拌和，入蒸器中，蒸至内外黑润，取出晒干即成。或取干地黄置蒸器中蒸8小时后，焖一夜，次日翻过，再蒸4～8小时，再焖一夜取出，晒至八成干，切片后，再晒干。味甘，性温。归肝、肾经。补血滋润，益精填髓。主治血虚萎黄，眩晕心悸，月经不调，崩漏不止，肝肾阴亏，潮热盗汗，遗精阳痿，不育不孕，腰膝酸软，耳鸣耳聋，头目昏花，须发早白，消渴，便秘，肾虚喘促。

【经方验方应用例证】

荆防四物汤：养血和营，祛风解表。主治真睛破损。症见伤眼剧痛，羞明难睁，流泪或流血，视物不清，重者不能见物。(《医宗金鉴》)

葱白七味饮：养血解表。主治血虚外感风寒证。病后阴血亏虚，调摄不慎，感受外邪，或失血（吐血、便血、咯血、衄血）之后，感冒风寒致头痛身热、微寒无汗。(《外台秘要》)

清热地黄汤：清热解毒，凉血散瘀。主治血崩烦热，脉洪涩者。(《幼科直言》)

犀角地黄汤（芍药地黄汤）：清热解毒，凉血散瘀。主治热入血分证。①热扰心神。症见身热谵语，舌绛起刺，脉细数。②热伤血络。症见斑色紫黑、吐血、衄血、便血、尿血等，舌红绛，脉数。③蓄血瘀热。症见喜忘如狂，漱水不欲咽，大便色黑易解等。本方常用于重症肝炎、肝性脑病、弥漫性血管内凝血、尿毒症、过敏性紫癜、急性白血病、败血症等属血分热盛者。(《小品方》录自《外台秘要》)

清胃解毒汤：清胃凉血解毒。主治痘后口龈生疮肿痛。(《痘疹传心录》)

龙胆泻肝汤：泻肝胆实火，清下焦湿热。主治肝胆实火上扰，症见头痛目赤，胁痛口苦，耳聋、耳肿；或湿热下注，症见阴肿阴痒，筋痿阴汗，小便淋浊，妇女湿热带下等。本方常用于顽固性偏头痛、头部湿疹、高血压、急性结膜炎、虹膜睫状体炎、外耳道疖肿、鼻炎、急性黄疸性肝炎、急性胆囊炎，以及泌尿生殖系统炎症、急性肾盂肾炎、急性膀胱炎、尿道炎、外阴炎、睾丸炎、腹股沟淋巴结炎、急性盆腔炎、带状疱疹等属肝经实火、湿热者。(《小儿药证直诀》)

清胃散：清胃凉血。主治胃火牙痛。症见牙痛牵引头痛，面颊发热，其齿喜冷恶热，或牙宣出血，或牙龈红肿溃烂，或唇舌腮颊肿痛，口气热臭，口干舌燥，舌红苔黄，脉滑数。本方常用于口腔炎、牙周炎、三叉神经痛等属胃火上攻者。（《脾胃论》）

调元肾气丸：补肾气养血，行瘀散肿，破坚利窍。主治房欲劳伤，忧恐损肾，致肾气弱而骨失荣养，遂生骨瘤，其患坚硬如石，形色或紫或不紫，推之不移，坚贴于骨，形体日渐衰瘦，气血不荣，皮肤枯槁，甚者寒热交作，饮食无味，举动艰辛，脚膝无力者。（《外科正宗》）

都气丸：滋肾纳气。主治肺肾两虚证。症见咳嗽气喘，呃逆滑精，腰痛。（《症因脉治》）

凉血地黄汤：清热燥湿，养血凉荣。主治时值长夏，湿热大盛，客气胜而主气弱，肠澼病甚。（《脾胃论》）

六味地黄丸：滋补肝肾。主治肝肾阴虚证。症见腰膝酸软，头晕目眩，耳鸣耳聋，盗汗，遗精，消渴，骨蒸潮热，手足心热，口燥咽干，牙齿动摇，足跟作痛，小便淋沥，以及小儿囟门不合，舌红少苔，脉沉细数。本方常用于慢性肾炎、高血压病、糖尿病、肺结核、肾结核、甲状腺功能亢进症、中心性视网膜炎及无排卵性功能失调性子宫出血、围绝经期综合征等属肾阴虚为主者。（《小儿药证直诀》）

杞菊地黄丸：滋肾养肝明目。主治肝肾阴虚证。症见两目昏花，视物模糊，或眼睛干涩，迎风流泪等。（《麻疹全书》）

大补阴丸（又名：大补丸）：滋阴降火。主治阴虚火旺证。症见骨蒸潮热，盗汗遗精，咳嗽咯血，心烦易怒，足膝疼热，舌红少苔，尺脉数而有力。本方常用于甲状腺功能亢进症、肾结核、骨结核、糖尿病等属阴虚火旺者。（《丹溪心法》）

补肾地黄丸：补肾益髓。主治肾气亏损、脑髓不足之小儿解颅，形体瘦弱，目多白睛，满面愁烦。（《医宗金鉴·幼科心法要诀》）

【中成药应用例证】

三清胶囊：清热利湿，凉血止血。用于下焦湿热所致急、慢性肾盂肾炎，泌尿系感染引起的小便不利，恶寒发热，尿频、尿急，少腹痛疼等。

六味地黄丸：滋阴补肾。用于肾阴亏损，头晕耳鸣，腰膝酸软，骨蒸潮热，盗汗遗精，消渴。

益肾消肿丸：温补肾阳，化气行水。用于肾阳虚证，症见水肿、腰酸腿软、尿频量少、痰饮喘咳；慢性肾炎见上述证候者。

益智康脑丸：补肾益脾，健脑生髓。用于脾肾不足，精血亏虚，健忘头昏，倦怠食少，腰膝酸软。

心欣舒胶囊：益气活血，滋阴荣心。用于气阴两虚所致的胸痹、心悸；以及冠心病、心绞痛、心肌炎属上述证候者。

润肺止咳胶囊：养阴清热，润肺止咳。用于肺热燥咳或热病伤阴所致咳嗽。

骨增消片：补肝益肾，活血。用于肝肾两虚所致的腰膝骨关节酸痛等骨质增生症。

清热祛毒丸：清热，凉血，解毒。用于小儿热毒蕴积，头面生疮，皮肤溃烂，口舌生疮，心热烦渴，痘疹余毒不清。

康艾扶正胶囊：益气解毒，散结消肿，和胃安神。用于肿瘤放化疗引起的白细胞下降，血小板减少，免疫功能降低所致的体虚乏力、食欲不振、呕吐、失眠等症的辅助治疗。

天芝草胶囊：活血祛瘀，解毒消肿，益气养血。用于血瘀证之鼻咽癌、肝癌的辅助治疗。

肺心夏治胶囊：补肺肾之阴，温肾纳气，化痰通络宁心。用于肺肾两虚型肺源性心脏病的辅助治疗。

七味糖脉舒胶囊：补气滋阴，生津止渴。用于气阴不足所致的消渴，症见口渴消瘦、疲乏无力；2型糖尿病见上述证候者。

益阴消渴胶囊：滋阴固肾。用于肾虚引起的尿频量多，兼有口渴心烦、腰酸乏力、舌红易干、脉沉细数。

复方阿胶补血颗粒：补气养血。用于气血两虚所致的倦怠乏力、面色无华、头晕目眩、失眠多梦、心悸气短等症，以及缺铁性贫血见上述证候者。

养血补肾丸：补肝肾，生精血。用于肝肾两亏，腰膝不利，头昏目眩，须发早白。

天麻醒脑胶囊：滋补肝肾，平肝息风，通络止痛。用于肝肾不足、肝风上扰所致头痛、头晕、记忆力减退、失眠、反应迟钝、耳鸣、腰酸等症。

散风活络丸：祛风化痰，舒筋活络。用于风痰阻络引起的中风瘫痪，口眼歪斜，半身不遂，腰腿疼痛，手足麻木，筋脉拘挛，行步艰难。

龙金通淋胶囊：清热利湿，化瘀通淋。用于湿热瘀阻所致的淋证，症见尿急、尿频、尿痛；前列腺炎、前列腺增生症见上述证候者。

调经祛斑胶囊：养血调经，祛瘀消斑。用于营血不足，气滞血瘀，月经过多，黄褐斑。

银菊清咽颗粒：生津止渴，清凉解热。用于虚火上炎所致的暑热烦渴、咽喉肿痛。

养肝还睛丸：平肝息风，养肝明目。用于阴虚肝旺所致的视物模糊、畏光流泪、瞳仁散大。

紫花烧伤软膏：清热凉血，化瘀解毒，止痛生肌。用于Ⅰ、Ⅱ度以下烧伤、烫伤。

维血宁合剂：滋阴养血，清热凉血。用于阴虚血热所致的出血，血小板减少症见上述证候者。

参乌健脑胶囊：补肾填精，益气养血，强身健脑。用于肾精不足、肝气血亏所引致的精神疲惫、失眠多梦、头晕目眩、体乏无力、记忆力减退。

更年安丸：滋阴清热，除烦安神。用于肾阴虚所致的绝经前后诸证，症见烦热出汗、眩晕耳鸣、手足心热、烦躁不安；围绝经期综合征见上述证候者。

宫瘤清片：活血逐瘀，消癥破积。用于瘀血内停所致的妇女癥瘕，症见小腹胀痛、经色紫暗有块、经行不爽；子宫肌瘤见上述证候者。

乙肝养阴活血颗粒：滋补肝肾，活血化瘀。用于肝肾阴虚型慢性肝炎，症见面色晦暗、头晕耳鸣、五心烦热、腰腿酸软、齿鼻衄血、胁下痞块、赤缕红斑、舌质红少苔、脉沉弦细涩。

【现代临床应用】

临床上鲜地黄治疗化脓性中耳炎。干地黄治疗席汉综合征、风湿性关节炎、类风湿性关节炎、脊柱肥大症。

玄参

Scrophularia ningpoensis Hemsl.

玄参科（Scrophulariaceae）玄参属多年生高大草本。

叶形多变，多为卵形，有时上部的为卵状披针形至披针形，边缘具细锯齿，稀为不规则的细重锯齿。花序为疏散的大圆锥花序，由顶生和腋生的聚伞圆锥花序合成，聚伞花序常2～4回复出；花褐紫色，花萼长2～3mm；花冠长8～10mm，花冠筒多少球形；雄蕊稍短于下唇。蒴果卵圆形。花期6～10月，果期9～11月。

大别山各县市均有分布，生于海拔1700m以下的竹林、溪旁、丛林及高草丛中。

玄参，《说文解字》："黑而有赤色者为玄。"其根圆柱形与人参相仿，干后色黑，故名玄参。清代避康熙帝玄烨讳，改称元参。重台，《本草经考注》："直茎数尺，两两叶相对，叶间出花重重成层，故名重台。"馥草，《开宝本草》："合香用之，俗呼为馥草。"

玄参始载于《神农本草经》，列为中品。《本草经集注》："根甚黑。"《开宝本草》："玄参茎方大，高四五尺，紫赤色而有细毛，叶如掌大而尖长。根生青白，干即紫黑。"《本草图经》："二月生苗。叶似脂麻，又如槐柳，细茎青紫色。七月开花青碧色，八月结子黑色。亦有白花，茎方大，紫赤色而有细毛。有节若竹者，高五六尺……一根可生五七枚。"《本草纲目》："花有紫白二种。"

【入药部位及性味功效】

玄参，又称重台、正马、玄台、鹿肠、鬼藏、端、咸、逐马、馥草、黑参、野脂麻、元参、山当归、水萝卜，为植物玄参及北玄参的根。栽种1年，在10～11月当茎叶枯萎时收获。挖起全株，摘下块根晒或炕到半干时，堆积盖草压实，经反复堆晒待块根内部变黑，再晒（炕）至全干。味甘、苦、咸，性微寒。归肺、胃、肾经。清热凉血，滋阴降火，解毒散结。主治温热病热入营血，身热，烦渴，舌绛，发斑，骨蒸劳嗽，虚烦不寐，津伤便秘，目涩昏花，咽喉肿痛，瘰疬痰核，痈疽疮毒。

【经方验方应用例证】

解诸热，消疮毒：玄参、生地黄各一两，大黄（煨）五钱。上为末，炼蜜丸，灯心草、淡竹叶汤下，或入砂糖少许亦可。（《补要袖珍小儿方论》）

治鼻中生疮：用玄参，水渍软，塞鼻中，或为末涂之。（《卫生易简方》）

玄妙散：养阴清心，化痰止咳。治心阴不足，咳嗽痰少，心烦，夜不成寐。（《医醇剩义》卷三）

玄冬汤：滋阴养心。治心阴不足，遇事或多言而烦心者。（《辨证录》卷四）

玄参饮：治肺脏积热，白睛肿胀，遮盖瞳神，开张不得，赤涩疼痛。（《审视瑶函》卷三）

玄参丸：滋阴降火。治阴虚火旺，口舌生疮，延久不愈者。（《圣济总录》卷一一八）

玄参升麻汤：清热解毒，祛风宣肺。治风热上攻，咽喉中妨闷，会厌后肿，舌赤者。（《卫生宝鉴》卷八）

玄参散：清热解毒，凉血消肿。主治心脾壅热。（《太平圣惠方》（宋·王怀隐））

玄参莲枣饮：滋阴降火，养心安神。治心阴不足，唾干津燥，口舌生疮，渴欲思饮，久则形容枯槁，心头汗出者。（《辨证录》卷八）

玄参解毒汤：养阴生津，清热利咽。治咽喉肿痛，已经吐下，饮食不利，及余肿不消。（《外科正宗》卷二）

【中成药应用例证】

强力天麻杜仲丸：散风活血，舒筋止痛。用于中风引起的筋脉挛痛，肢体麻木，行走不便，腰腿酸痛，头痛头昏。

三宝片：填精益肾，养心安神。用于肾阳不足所致腰酸腿软、阳痿遗精、头晕眼花、耳鸣耳聋、心悸失眠、食欲不振。

安神足液：清热除烦，养心安神。用于心血亏虚、心火上炎所引起的失眠症，症见失眠、多梦、易醒、心烦等。

咽舒胶囊：清咽利喉，止咳化痰。用于风热证或痰热证引起的咽喉肿痛，咳嗽、痰多、发热、口苦；急慢性咽炎、扁桃体炎。

活血风寒膏：活血化瘀，祛风散寒。用于风寒麻木，筋骨疼痛，跌打损伤，闪腰岔气。

小儿清毒糖浆：清热解毒。用于儿童感冒发热等症。

清热祛毒丸：清热，凉血，解毒。用于小儿热毒蕴积，头面生疮，皮肤溃烂，口舌生疮，心热烦渴，痘疹余毒不清。

清肺散结丸：清肺散结，活血止痛，解毒化痰。用于肺癌的辅助治疗。

摩罗口服液：和胃降逆，健脾消胀，通络定痛。用于慢性萎缩性胃炎及胃痛、胀满、痞闷、纳呆、嗳气、烧心等症。

葛芪胶囊：益气养阴，生津止渴。用于气阴两虚所致消渴病，症见倦怠乏力、气短懒言、烦热多汗、口渴喜饮、小便清长、耳鸣腰酸，以及2型糖尿病见以上症状者。

益气生津降糖胶囊：润肺清胃，滋肾，益气生津。用于气阴两虚糖尿病的辅助治疗。

补肾益脑丸：补肾生精，益气养血。用于肾虚精亏、气血两虚所致的心悸、气短、失眠、健忘、遗精、盗汗、腰腿酸软、耳鸣耳聋。

醒脑安神片：清热解毒，清脑安神。用于头身高热、头昏脑晕、狂躁，舌干眼花，咽喉肿痛，小儿内热惊风抽搐。对高血压、神经症、神经性头痛、失眠等皆有清脑镇静作用。

消乳散结胶囊：疏肝解郁，化痰散结，活血止痛。用于肝郁气滞、痰瘀凝聚所致的乳腺增生、乳房胀痛。

银菊清咽颗粒：生津止渴，清凉解热。用于虚火上炎所致的暑热烦渴、咽喉肿痛。

通乐颗粒：滋阴补肾，润肠通便。用于阴虚便秘，症见大便秘结、口干、咽燥、烦热，以及习惯性、功能性便秘见于上述证候者。

消银片：清热凉血，养血润肤，祛风止痒。用于血热风燥型白疕和血虚风燥型白疕，症见皮疹为点滴状、基底鲜红色、表面覆有银白色鳞屑，或皮疹表面覆有较厚的银白色鳞屑、较干燥、基底淡红色、瘙痒较甚。

益心通脉颗粒：益气养阴，活血通络。用于气阴两虚、瘀血阻络所致的胸痹，症见胸闷心痛、心悸气短、倦怠汗出、咽喉干燥；冠心病心绞痛见上述证候者。

养阴生血合剂：养阴清热，益气生血。用于阴虚内热、气血不足所致的口干咽燥、食欲减退、倦怠无力；有助于减轻肿瘤患者白细胞下降，改善免疫功能，用于肿瘤患者放疗时见上述证候者。

乳癖消胶囊：软坚散结，活血消痈，清热解毒。用于痰热互结所致的乳癖、乳痈，症见乳房结节、数目不等、大小形态不一、质地柔软，或产后乳房结块、红热疼痛；乳腺增生、乳腺炎早期见上述证候者。

金嗓开音颗粒：清热解毒，疏风利咽。用于风热邪毒所致的咽喉肿痛、声音嘶哑；急性咽炎、亚急性咽炎、喉炎见上述证候者。

更年安片：滋阴清热，除烦安神。用于肾阴虚所致的绝经前后诸证，症见烦热出汗、眩晕耳鸣、手足心热、烦躁不安；围绝经期综合征见上述证候者。

瓜霜退热灵胶囊：清热解毒，开窍镇惊。用于热病热入心包、肝风内动证，症见高热、惊厥、抽搐、咽喉肿痛。

养阴清肺口服液：养阴润肺，清肺利咽。用于阴虚肺燥，咽喉干痛，干咳少痰，或痰中带血。

长瓣马铃苣苔

Oreocharis auricula（S. Moore）Clarke

苦苣苔科（Gesneriaceae）马铃苣苔属多年生草本。

叶片长圆状椭圆形，上面被贴伏短柔毛；叶柄长2～4cm，密被褐色绢状绵毛。聚伞花序2次分枝；花蓝紫色，喉部缢缩；雄蕊分生，花药宽长圆形。花期6～7月，果期8月。

大别山各县市均有分布，生于山谷、沟边及林下潮湿岩石上。

长瓣马铃苣苔出自《全国中草药汇编》。《植物名实图考》石草类载有岩白菜，云："岩白菜生山石有溜处。铺生如白菜，面绿，背黄，有毛茸茸，治吐血有效。"

【入药部位及性味功效】

长瓣马铃苣苔，又称岩白菜、岩桐草、皱皮草，为植物长瓣马铃苣苔的全草。全年均可采收，鲜用或晒干。味苦，性凉。凉血止血，清热解毒。主治各种出血，湿热带下，痈疽疮疖。

【经方验方应用例证】

治肺热咳血：长瓣马铃苣苔全草30g，侧柏叶60g，水煎服。（《湖南药物志》）

治湿热白带：长瓣马铃苣苔全草60g，水煎服。（《湖南药物志》）

旋蒴苣苔

Dorcoceras hygrometricum Bunge

苦苣苔科（Gesneriaceae）旋蒴苣苔属多年生无茎草本。

叶基生，莲座状，无柄，近圆形、圆卵形或卵形，被毛，边缘具牙齿或波状浅齿。聚伞花序伞状，2～5条，每花序具2～5花；花序梗被淡褐色短柔毛和腺状柔毛；苞片极小或不明显。花梗与花萼、子房均被短柔毛；花冠淡蓝紫色；子房卵状长圆形。蒴果长圆形。花期7～8月，果期9月。

麻城、罗田、英山等地均有分布，生于海拔200～1350m的山坡路旁岩石上。

旋蒴苣苔又名猫耳朵。牛耳草载于《植物名实图考》："牛耳草生山石间，辅生，叶如葵而不圆，多深齿而有直纹隆起。细根成簇，夏抽葶开花，治跌打损伤。"

【入药部位及性味功效】

牛耳草，又称翻魂草、铁鹃子、石花子、八宝茶、猫爪七、菜蝴蝶、猫耳草、牛舌头、小号病毒草、四瓣草、地虎皮、地膏药、还魂草，为植物旋蒴苣苔的全草。全年均可采，鲜用或晒干。味苦，性平。散瘀止血，清热解毒，化痰止咳。主治吐血，便血，外伤出血，跌打损伤，聍耳，咳嗽痰多。

【经方验方应用例证】

治中耳炎耳痛：鲜牛耳草适量，捣汁，滴耳。（《山西中草药》）

创伤出血、跌打损伤：鲜品捣烂敷或干品研粉撒患处。（摘自《全国中草药汇编》）

【现代临床应用】

治疗慢性支气管炎，总有效率96.84%。

绞股蓝

Gynostemma pentaphyllum（Thunb.）Makino

葫芦科（Cucurbitaceae）绞股蓝属多年生草质藤本。

茎柔弱，有短柔毛或无毛。卷须分2叉或稀不分叉；叶鸟足状5～7（9）小叶，叶柄有柔毛；小叶片卵状矩圆形或矩圆状披针形，中间者较长，边缘有锯齿。雌雄异株；雌雄花序均圆锥状；花小，花梗短；苞片钻形；花萼裂片三角形；花冠裂片披针形。果实球形。花期3～11月，果期4～12月。

大别山各县市均有分布，生于山谷密林、山坡疏林、灌丛或路旁草丛中。

"北有长白参，南有绞股蓝"，号称"南方人参"，说明绞股蓝与人参功效相仿。古时民间把它作为神奇的"不老长寿药草"广泛使用，明代称之"神仙草"，也被国外称为"东方神草""绿色金子""福音草""百病克星"等。

绞股蓝始载于《救荒本草》，云："绞股蓝，生田野中，延蔓而生，叶似小蓝叶，短小较薄，边有锯齿，又似痢见草，叶亦软，淡绿，五叶攒生一处，开小花，黄色，亦有开白花者，结子如豌豆大，生则青色，熟则紫黑色，叶味甜。"

【入药部位及性味功效】

绞股蓝，又称七叶胆、小苦药、公罗锅底、落地生、遍地生根，为植物绞股蓝的全草。每年夏、秋两季可采收3～4次，洗净、晒干。味苦、微甘，性凉。归肺、脾、肾经。清热，补虚，解毒。主治体虚乏力，虚劳失精，白细胞减少症，高脂血症，病毒性肝炎，慢性胃肠炎，慢性气管炎。

【经方验方应用例证】

治慢性支气管炎：绞股蓝晒干研粉，每次3～6g，吞服，每日3次。(《浙江药用植物志》)

治劳伤虚损，遗精：绞股蓝15～30g，水煎服，每日1剂。(《浙江民间常用草药》)

【中成药应用例证】

脂欣康颗粒：清热祛痰。用于痰热内阻引起的高脂血症，症见头胀、眩晕、身困、体胖。

血脂平胶囊：活血祛痰。用于痰瘀互阻引起的高脂血症，症见胸闷、气短、乏力、心悸、头晕等。

银丹心脑通软胶囊：活血化瘀，行气止痛，消食化滞。用于气滞血瘀引起的胸痹，症见胸痛、胸闷、气短、心悸等；冠心病心绞痛、高脂血症、脑动脉硬化、中风、中风后遗症见上述症状者。

葛兰心宁软胶囊：活血化瘀，通络止痛。用于瘀血闭阻所致的冠心病、心绞痛。

复生康胶囊：活血化瘀，健脾消积。用于胃癌、肝癌能增强放疗、化疗的疗效，增强机体免疫功能；能改善肝癌患者临床症状。

清肺散结丸：清肺散结，活血止痛，解毒化痰。用于肺癌的辅助治疗。

复方金蒲片：活血祛瘀，行气止痛。用于气滞血瘀证之肝癌的辅助治疗。

平溃散：健脾和胃，清热化湿，理气。主治由脾胃湿热所致的消化性溃疡，慢性胃炎及反流性食管炎属脾虚湿热证者。

通脉降糖胶囊：养阴清热，清热活血。用于气阴两虚、脉络瘀阻所致的消渴病（糖尿病），症见神疲乏力、肢麻疼痛、头晕耳鸣、自汗等。

养正消积胶囊：健脾益肾，化瘀解毒。适用于不宜手术的脾肾两虚、瘀毒内阻型原发性肝癌辅助治疗，与肝内动脉介入灌注加栓塞化疗合用，有助于提高介入化疗疗效，减轻对白细胞、肝功能、血红蛋白的毒性作用，改善患者生存质量，改善脘腹胀满、纳呆食少、神疲乏力、腰膝酸软、溲赤便溏、疼痛。

甘海胃康胶囊：健脾和胃，收敛止痛。用于脾虚气滞所致的胃及十二指肠溃疡，慢性胃炎，反流性食管炎。

绞股蓝总苷胶囊：养心健脾，益气和血，除痰化瘀，降血脂。适用于高脂血症，见有心悸气短，胸闷肢麻，眩晕头痛，健忘耳鸣，自汗乏力，或脘腹胀满等心脾气虚，痰阻血瘀者。

【现代临床应用】

临床上绞股蓝治疗虚证，总有效率92.6%；治疗萎缩性胃炎，总有效率56.26%；治疗白细胞减少症；治疗高脂血症；治疗恶性肿瘤，总有效率89.47%；治疗手足癣，对浅部真菌性皮肤病均有确切疗效。

木鳖子

Momordica cochinchinensis（Lour.）Spreng.

葫芦科（Cucurbitaceae）苦瓜属多年生草质大藤本。

块根粗壮，近无毛。叶3～5中裂至深裂。花白色稍带黄色，雌雄异株；苞片兜状，圆肾形；雄花短总状花序或单生，雄蕊3枚，2枚2室，1枚1室；雌花单生叶腋。果实卵形，密被刺状凸起。花期6～8月，果期8～10月。

大别山各县市均有分布，生于海拔400～1100m的山坡沟边林下，也有栽培。

本品为木质藤本植物的种子，形状与鳖颇相类，故名木鳖子。其种子外有坚硬外壳，故又称壳木鳖。

木鳖子始载于《日华子》。《开宝本草》："藤生，叶有五花，状如薯蓣叶，青色，面光，花黄，其子似栝楼而极大，生青熟红，肉上有刺，其核似鳖，故以为名。"《本草纲目》载其："每一实其核三四十枚，八月、九月采，岭南人取嫩实及苗叶作茹蒸食之。"

【入药部位及性味功效】

木鳖子，又称木蟹、土木鳖、壳木鳖、漏苓子、地桐子、藤桐子、鸭屎瓜子、木鳖瓜，为植物木鳖子的种子。冬初采集果实，沤烂果肉，洗净种子，晒干备用。味苦、微甘，性温，有毒。归肝、脾、胃经。消肿散结，解毒，追风止痛。主治痈肿，疔疮，无名肿毒，痔疮，癣疮，粉刺，乳腺炎，淋巴结结核，痢疾，风湿痹痛，筋脉拘挛，牙龈肿痛。

木鳖子根，为植物木鳖子的块根。夏、秋季采挖块根，洗净泥土，切段，鲜用或晒干。味苦、微甘，性寒。解毒，消肿，止痛。主治痈疮疔毒，无名肿毒，淋巴结炎。

【经方验方应用例证】

治痈疮疔毒，无名肿毒，淋巴结炎，乳腺炎，粉刺，雀斑：木鳖鲜根，加盐少许捣烂外敷。（《广西本草选编》）

拔毒散：攻毒止痛化脓。主治一切痈疽肿毒。（《痈疽神秘验方》卷一）

必效散：主治风湿疥疮，年久顽癣。（《古今医鉴》卷十五）

陈氏咳喘膏：主治多年咳嗽气喘。（《温氏经验良方》）

代针散：主治恶疮肿毒，日久不出头。（《疡医大全》卷八）

定痛丸：常服轻身壮骨。主治风虚走注疼痛。（《准绳•类方》卷四）

二子散：木鳖子，五倍子各等份。上药共研细末。主治痔疮肛门热肿。（《疡科选粹》卷五）

黄膏：主治咽喉颈外肿痛。（《太平圣惠方》卷七十五）

千金封脐膏：治男子下元虚冷，遗精尿频，小肠疝气，单腹胀满，一切腰腿骨节疼痛，半身不遂；妇人子宫久冷，赤白带下，久不坐胎（不孕）。（《寿世保元》卷四）

【中成药应用例证】

保真膏：温经益肾，暖宫散寒。用于肾气不固所致梦遗滑精，肾寒精冷，遗淋白浊，腰酸腹痛，妇女子宫寒冷，经血不调，经期腹痛。

筋痛消酊：活血化瘀，消肿止痛。用于治疗急性闭合性软组织损伤。

中华跌打丸：消肿止痛，舒筋活络，止血生肌，活血祛瘀。用于挫伤筋骨，新旧瘀痛，创伤出血，风湿瘀痛。

郁金银屑片：疏通气血，软坚消积，清热解毒，燥湿杀虫。用于银屑病（牛皮癣）。

拔毒丸：清热解毒，活血消肿。用于热毒瘀滞肌肤所致的疮疡，症见肌肤红、肿、热、痛，或已成脓。

京万红软膏：清热解毒，凉血化瘀，消肿止痛，祛腐生肌。用于水、火、电灼烫伤，疮疡肿痛，皮肤损伤，创面溃烂。

小金胶囊：散结消肿，化瘀止痛。用于阴疽初起、皮色不变、肿硬作痛，多发性脓肿，瘿瘤，瘰疬，乳岩，乳癖。

散结乳癖膏：行气活血，散结消肿。用于气滞血瘀所致的乳癖，症见乳房内肿块，伴乳房疼痛，多为胀痛、窜痛或刺痛，胸胁胀满，随月经周期及情绪变化而增减，舌质暗红或有瘀斑，脉弦或脉涩；乳腺囊性增生见上述证候者。

【现代临床应用】

木鳖子治疗面神经麻痹、脱肛；治疗神经性皮炎，有效率达96%。

南赤爬

Thladiantha nudiflora Hemsl. ex Forbes et Hemsl.

葫芦科（Cucurbitaceae）赤爬属多年生攀援草本。

全株密生柔毛状硬毛。叶卵状心形，不分裂。雄花序总状，花梗纤细；雌花子房狭长圆形，密被淡黄色柔毛状硬毛。果实长圆形，干后红色或红褐色。花期5～8月，果期8～11月。

大别山各县市均有分布，生于海拔400m以上的沟边、林缘或山坡灌丛中。

南赤爬出自《湖南药物志》，又名裸花赤爬。

【入药部位及性味功效】

南赤飑，又称野冬瓜、球子莲、地黄瓜、麻皮栝楼、野瓜蒌、乌瓜、苦瓜蒌、秦岭赤飑、野丝瓜、丝瓜南，为植物南赤飑的根或叶。春、夏季采叶，鲜用或晒干。秋后采根，鲜用或切片晒干。味苦，性凉。清热解毒，消食化滞。主治痢疾，肠炎，消化不良，脘腹胀闷，毒蛇咬伤。

【经方验方应用例证】

治肠炎、细菌性痢疾：南赤飑叶18g，人苋、水蓼各9g，水煎服。(《湖南药物志》)

治消化不良、脘腹胀闷：南赤飑鲜叶120g，水煎服。(《浙江药用植物志》)

栝楼

Trichosanthes kirilowii Maxim.

葫芦科（Cucurbitaceae）栝楼属多年生攀援草质藤本。

块根圆柱状，淡黄褐色。茎多分枝，被伸展柔毛。叶纸质，近圆形，叶3～7浅裂或中裂，稀深裂或不裂而仅有粗齿，裂片菱状倒卵形，边缘常再分裂；叶柄被长柔毛。雌雄异株；雄总状花序单生，或与单花并存，顶端具5～8花；萼筒筒状，裂片披针形，全缘；花冠白色，具丝状流苏。果椭圆形或圆形。花期5～8月，果期8～10月。

大别山各县市均有分布，生于山坡草地、林缘及路边，也见有栽培。

《本草纲目》："蓏与蓏同。许慎云：木上曰果，地下曰蓏。此物蔓生附木，故得兼名。栝楼即果蓏二字音转也……后人又转为瓜蒌，愈转愈失其真矣。古者瓜、姑同音，故有泽姑之名。齐人谓之天瓜，象形也。"天圆子名义同此。王菩之名出自《吕氏春秋》。高诱注："菩或作瓜"，则其名当为王瓜，音转为黄瓜。而其王菩又音转为王白。泽巨、泽冶者，"巨""冶"与"姑"古音叠韵，当时泽姑音近之名。《本草纲目》:"其根作粉,洁白如雪,故谓之天花粉。"白药、瑞雪义并近也。

栝楼始载于《神农本草经》,栝楼子、栝楼皮出自《雷公炮炙论》,天花粉出自《本草图经》。《本草图经》:"栝楼生洪农山谷及山阴地,今所在有之。皮黄肉白,三四月内生苗,引藤蔓,叶如甜瓜叶,作叉,有细毛。七月开花,似葫芦花,浅黄色。实在花下,大如拳,生青,至九月熟,赤黄色。其实有正圆者,有锐而长者,功用皆同。"《本草纲目》:"其根直下生,年久者长数尺,秋后掘者,结实有粉,夏月掘者,有筋无粉,不堪用。其实圆长,青时如瓜,黄时如熟柿,山家小儿亦食之。内有扁子,大如丝瓜子,壳色褐,仁色绿,多脂,作青气。"

【入药部位及性味功效】

栝楼,又称果赢、王菩、地楼、泽巨、泽治、王白、天瓜、瓜蒌、泽姑、黄瓜、天圆子、柿瓜、狗使瓜、野苦瓜、杜瓜、大肚瓜、药瓜、鸭屎瓜、山金匏、大圆瓜、吊瓜,为植物栝楼及中华栝楼的果实。按成熟情况,成熟一批采摘一批。采时,用剪刀在距果实15cm处,连茎剪下,悬挂通风干燥处晾干,即成全瓜蒌。味甘、微苦,性寒。归肺、胃、大肠经。清热化痰,宽胸散结,润燥滑肠。主治肺热咳嗽,胸痹,消渴,便秘,痈肿疮毒。

栝楼子,又称瓜蒌仁、栝楼仁、瓜米,为植物栝楼及中华栝楼的种子。秋季分批采摘成熟果实,将果实纵剖,瓜瓤和种子放入盆内,加木灰复搓洗,取种子冲洗干净后晒干。味甘、微苦,性寒。归肺、胃、大肠经。清肺化痰,滑肠通便。主治痰热咳嗽,肺虚燥咳,肠燥便秘,痈疮肿毒。

栝楼皮,又称栝楼壳、瓜壳、瓜蒌皮,为植物栝楼及中华栝楼的果皮。取成熟的栝楼果产,用刀切成2～4瓣至瓜蒂处,将种子和瓤一起取出,平放晒干或用绳子吊起晒干。味甘、微苦,性寒。归肺、胃经。清肺化痰,利气宽胸散结。主治肺热咳嗽,胸胁痞痛,咽喉肿痛,乳癖乳痈。

天花粉,又称栝楼根、白药、瑞雪、天瓜粉、花粉、屎瓜根、栝蒌粉、蒌粉,为植物栝楼及中华栝楼的根。春、秋季均可采挖,以秋季采者为佳。挖出后,洗净泥土,刮去粗皮,切成10～20cm长段,粗大者可再切对开,晒干。用硫黄熏白。味甘、微苦,性微寒。归肺、胃经。清热生津,润肺化痰,消肿排脓。主治热病口渴,消渴多饮,肺热燥咳,疮疡肿毒。

【经方验方应用例证】

双解汤:内清外解。主治急慢性结膜炎。(《庞赞襄中医眼科经验》)

眼珠灌脓方:泻火,解毒,活血。主治眼病凝脂翳属三焦火盛、阳明腑实者。(《中医眼科学讲义》)

仙方活命饮:清热解毒,消肿溃坚,活血止痛。主治阳证痈疡肿毒初起。症见红肿灼痛,或身热凛寒,苔薄白或黄,脉数有力。本方常用于治疗化脓性炎症,如蜂窝织炎、化脓性扁桃体炎、乳腺炎、脓疱疮、疖肿、深部脓肿等属阳证、实证者。(《校注妇人良方》)

养血润肤饮:补中益气,养血止血,美肤益颜。主治面游风,初起面目浮肿,燥痒起皮,如白屑风状,渐渐痒极,延及耳项,有时痛如针刺,现用于皮肤瘙痒症、牛皮癣静止期(血虚风燥型)、红皮症等病久血虚风燥而见皮肤干燥脱屑、瘙痒、舌质红者。(《外科证治》)

白散子:主治小儿咳嗽。(《圣济总录》卷一七五)

半夏栝楼丸：主治远近痰嗽，烦喘不止者。（《宣明论》卷九）

柴胡栝楼汤：主治肺素有热，气盛于身，厥逆上冲，中气实而不外泄，其气内藏于心，外舍于分肉之间，而致痎疟，间日发热，发必数次，头痛拘倦，消烁脱肉，其脉弦大而数。（《全生指迷方》卷二）

柴胡去半夏加栝楼汤：主治疟病发渴，亦治劳疟。（《金匮要略》卷上）

柴芩栝楼芍药汤：主治少阳疹病，目眩耳聋，口苦咽干，胸痛胁痞。（《四圣悬枢》卷四）

桂枝栝楼根汤：主治伤风汗下不解，郁于经络，随气涌泄，衄出清血，或清气道闭，流入胃管，吐出清血，遇寒泣之，色必瘀黑者。（《三因》卷九）

栝楼根煎剂：养阴清热，生津止渴。治糖尿病。（《常见病的中医治疗研究》）

栝楼乳香散：主治产后乳疽、乳痈。（《梅氏验方新编》卷四）

【中成药应用例证】

手掌参三十七味丸：补肾壮阳，温中散寒。用于脾肾虚寒，腰酸腿痛，遗精阳痿，脘腹气痛，纳差便溏。

清热祛毒丸：清热，凉血，解毒。用于小儿热毒蕴积，头面生疮，皮肤溃烂，口舌生疮，心热烦渴，痘疹余毒不清。

牙痛宁滴丸：清热解毒，消肿止痛。用于胃火内盛所致牙痛、齿龈肿痛，口疮；龋齿、牙周炎、口腔溃疡见上述证候者。

复方鹿仙草颗粒：疏肝解郁，活血解毒。用于肝郁气滞、毒瘀互阻所致的原发性肝癌。

天芝草胶囊：活血祛瘀，解毒消肿，益气养血。用于血瘀证之鼻咽癌、肝癌的辅助治疗。

葛芪胶囊：益气养阴，生津止渴。用于气阴两虚所致消渴病，症见倦怠乏力、气短懒言、烦热多汗、口渴喜饮、小便清长、耳鸣腰酸，以及2型糖尿病见以上症状者。

十味降糖颗粒：益气养阴，生津止渴。用于2型糖尿病中气阴两虚证者，表现为倦怠乏力，自汗盗汗，气短懒言，口渴喜饮，五心烦热，心悸失眠，溲赤便秘，舌红少津，舌体胖大，苔薄或花剥，脉弦细或细数。

降糖通脉胶囊：益气养阴，活血化瘀，通经活络。用于气阴不足、瘀血阻络所致消渴，症见多饮、多食、多尿、消瘦、乏力，以及2型糖尿病见上述证候者。

博性康药膜：清热解毒，燥湿杀虫，祛风止痒。用于带下病（滴虫性阴道炎、霉菌性阴道炎、急慢性宫颈炎）。

清瘟解毒丸：清瘟解毒。用于外感时疫，憎寒壮热，头痛无汗，口渴咽干，疟腮，大头瘟。

渴乐宁胶囊：益气养阴，生津止渴。用于气阴两虚所致的消渴病，症见口渴多饮、五心烦热、乏力多汗、心慌气短；2型糖尿病见上述证候者。

【现代临床应用】

临床上栝蒌治疗冠心病。栝蒌皮治疗喘息型气管炎及肺源性心脏病哮喘，总有效率82.5%。天花粉用于引产（中期妊娠引产、死胎引产和抗早孕）；治疗恶性滋养细胞肿瘤；用于异位妊娠。

四叶葎

Galium bungei Steud.

茜草科（Rubiaceae）拉拉藤属多年生丛生近直立草本。

茎通常无毛或节上被微毛。叶4片轮生，近无柄，卵状矩圆形至披针状长圆形，顶端稍钝，中脉和边缘有刺状硬毛。聚伞花序顶生和腋生，稠密或稍疏散；花小，黄绿色，有短梗；花冠无毛。果爿近球状，通常双生，有小鳞片。花期4～9月，果期5月至次年1月。

大别山各县市均有分布，生于山坡、田埂、草地、沟边、旷地上。

【入药部位及性味功效】

四叶草，又称拉拉藤、冷水丹、风车草、四方草、四叶葎、四角金、蛇舌癀、小锯子草、四棱香草、地胡椒、四叶蛇舌草、天良草，为植物四叶葎或细四叶葎的全草。夏季花期采收，晒干或鲜用。味甘、苦，性平。清热，利尿，解毒，消肿。主治尿路感染，赤白带下，痢疾，跌打损伤，咳血，小儿疳积，痈肿疔毒，毒蛇咬伤。

【经方验方应用例证】

治尿路感染，赤白带下：鲜四叶葎30g，煎服。（苏州医学院《中草药手册》）

治痢疾：四叶葎15～30g，水煎服，红糖为引，每日1剂。（《江西草药》）

治食管炎：四叶葎、狭叶韩信草、积雪草、酢浆草各15g，水煎服。（《福建药物志》）

治跌打损伤：四叶葎根30g，水煎，水酒兑服，每日1剂。（《江西草药》）

治蛇头疔：鲜四叶葎适量，捣烂外敷。（《江西草药》）

拉拉藤

Galium spurium L.

茜草科（Rubiaceae）拉拉藤属多年生丛生近直立草本。

茎蔓生或攀援性，有倒生小刺毛。叶纸质或近膜质，6～8片轮生带状倒披针形或长圆状倒披针形。聚伞花序腋生或顶生，少至多花，花小，4数，有纤细的花梗；花萼被钩毛，萼檐近截平；花冠黄绿色或白色。果干燥，1～2个分果爿，密被钩毛。花期3～7月，果期4～11月。

大别山各县市广泛分布，生于山坡、路边、田埂、沟边、旷野中。

【入药部位及性味功效】

锯锯藤，又称猪殃殃，为植物拉拉藤的全草。春、夏季采收，鲜用或切段晒干。味甘、辛、微苦，性平。清热解毒，活血通络，止血通淋。主治淋证，尿血，阑尾炎，甲沟炎，跌打损伤，筋骨疼痛。

【中成药应用例证】

平眩胶囊：滋补肝肾，平肝潜阳。用于肝肾不足、肝阳上扰所致眩晕、头昏、心悸、耳鸣、失眠多梦、腰膝酸软。

铁帚清浊丸：清热解毒，利湿去浊。用于慢性前列腺炎属下焦湿热证者。

日本蛇根草
Ophiorrhiza japonica Bl.

茜草科（Rubiaceae）蛇根草属多年生直立、近无毛草本。

幼枝具棱，老枝圆柱形。叶对生，膜质，卵形或卵状椭圆形，柔弱；叶柄纤细；托叶短小，早落。聚伞花序顶生，二歧分枝，分枝短，有花5～10朵；花5数，具短梗；萼筒宽陀螺状球形，裂片三角形，开展；花冠漏斗状，稍具脉，裂片开展，短尖，里面被微柔毛；雄蕊内藏。蒴果菱形。花期冬春，果期春夏。

大别山各县市均有分布，生密林下或溪畔、沟旁岩石上。

【入药部位及性味功效】

蛇根草，又称岩泽兰、天青地红、自来血、血经草、四季花、雪里开花、雪里梅、活血丹、阴蛇风、血贯肠、小枇杷、死后红、血和散、红灵仙、地红草、佩玉英、白丁香、蛇足草、荷包草、向日红、散血草、钻地风，为植物日本蛇根草的全草。夏、秋季采收，晒干或鲜用。味淡，性平。祛痰止咳，活血调经。主治咳嗽，吐血，大便下血，妇女痛经，月经不调，筋骨疼痛，扭挫伤。

【经方验方应用例证】

治虚劳咳嗽：四季花12～30g，煎服。(《浙江民间草药》)

治伤筋和扭伤脱臼：蛇根草30g，水煎冲黄酒服。另取部分加醋共捣烂外敷。(《浙江民间常用草药》)

治流火：蛇根草、珍珠菜各15g，水煎服。(《浙江民间常用草药》)

治月经不调：蛇根草10～15g，水煎服。(《湖南药物志》)

【现代临床应用】

蛇根草治疗慢性支气管炎，有效率达84%。

鸡屎藤

Paederia foetida L.

茜草科（Rubiaceae）鸡屎藤属多年生草质藤本，无毛或近无毛。

叶对生，纸质或近革质，形状变化很大，两面无毛或近无毛，有时下面脉腋内有束毛。圆锥花序式的聚伞花序腋生和顶生，扩展，分枝对生，末次分枝上着生的花常呈蝎尾状排列；小苞片披针形；花具短梗或无；萼管陀螺形，萼檐裂片 5，裂片三角形；花冠浅紫色。小坚果无翅，浅黑色。花期 5～7 月。

大别山各县市均有分布，生于海拔 1700m 以下的山坡、林中、林缘、沟谷边灌丛中或缠绕在灌木上。

《本草纲目拾遗》："搓其叶嗅之，有臭气，未知正名何物，人因其臭，故名为臭藤。"鸡屎藤及诸"臭""屎"之名皆得义于其臭气。又名甜藤、香藤、五香藤，皆反其义而用之。鸟类喜食其果实而名斑鸠饭。清风藤，源于其善治风湿痹痛。"皆治"当为"鸡屎"之音转。

鸡屎藤出自《生草药性备要》。《本草纲目拾遗》载有"皆治藤"："蔓延墙壁间，长丈余，叶似泥藤。"又引《草宝》云：此草二月发苗，蔓延地上，不在树间，系草藤也。叶对生，与臭梧桐叶相似。六、七月开花，粉红色，绝类牵牛花，但口不甚放开。搓其叶嗅之，有臭气……其根入药。《本草纲目拾遗》并引《李氏草秘》：臭藤一名却节，对叶延蔓，极臭。《植物名实图考》载有牛皮冻和鸡矢藤："牛皮冻，湖南园圃林薄极多。蔓生绿茎，长叶如蜡梅花叶，浓绿光亮。叶间秋开白筒子花，小瓣五出，微卷向外，黄紫色。结青实有汁。""鸡矢藤产南安。蔓生，黄绿茎。叶长寸余，后宽前尖，细纹无齿。藤梢秋结青黄实，硬壳有光，圆如绿豆稍大，气臭。"

【入药部位及性味功效】

鸡屎藤，又称斑鸠饭、女青、主屎藤、却节、皆治藤、臭藤根、牛皮冻、鸡矢藤、臭藤、毛葫芦、甜藤、五香藤、臭狗藤、香藤、母狗藤、白毛藤、狗屁藤、清风藤、臭屎藤、鸡脚藤、解暑藤、玉明砂、鸡厨藤、雀儿藤，为植物鸡屎藤的全草或根。在栽后9～10月除留种的外，每年都可割取地上部分，晒或晾干即成。或秋季挖根，洗净，切片，晒干。味甘、微苦，性平。祛风除湿，消食化积，解毒消肿，活血止痛。主治风湿痹痛，食积腹胀，小儿疳积，腹泻，痢疾，中暑，黄疸，肝炎，肝脾肿大，咳嗽，瘰疬，肠痈，无名肿毒，脚湿肿烂，烫火伤，湿疹，皮炎，跌打损伤，蛇咬蝎螫。

鸡屎藤果，为植物鸡屎藤的果实。9～10月采摘，鲜用或晒干。解毒生肌。主治毒虫螫伤，冻伤。

【经方验方应用例证】

治风湿性关节痛：鸡屎藤、络石藤各30g，水煎服。（《福建药物志》）

治慢性气管炎：鸡矢藤30g，百部15g，枇杷叶10g，水煎，加盐少许内服。（《全国中草药汇编》）

治阑尾炎：鸡矢藤鲜根或鲜茎叶30～60g，水煎服。（《福建中草药》）

治神经性皮炎：鲜鸡矢藤叶揉烂搽患处。（《安徽中草药》）

治有机磷农药中毒：鸡屎藤三两，绿豆一两。水煎成三大杯，先服一大杯，二至三小时服一次。药后有呕吐腹泻反应。（《单方验方调查资料选编》）

治跌打损伤：鸡屎藤根、藤各30g。酒水煎服。（《福建中草药》）

【中成药应用例证】

通迪胶囊：本方具有活血行气，散瘀止痛的功能。用于气滞血瘀、经络阻滞所致的癌症疼痛，术后疼痛，跌打伤痛，肩颈痹痛以及胃脘疼痛、头痛、痛经等。

肠舒止泻胶囊：益气健脾，清热化湿。用于脾虚湿热所致的急慢性肠炎。

绿及咳喘颗粒：养阴润肺，清热解毒，化瘀止血。用于热燥犯肺引起的咳嗽、潮热、盗汗等症。

利胆解毒胶囊：清热解毒，理气止痛。用于胆囊炎属肝胆湿热证者。

暖胃舒乐颗粒：温中补虚，调和肝脾，行气活血，止痛生肌。用于脾胃虚寒及肝脾不和型胃溃疡，十二指肠溃疡，慢性胃炎，症见脘腹疼痛、腹脘喜温、反酸嗳气。

鸡矢藤注射液：祛风止痛。用于风湿痹阻、瘀血阻滞所致的筋骨痛，外伤和手术后疼痛，腹痛等。

消乳癖胶囊：疏肝理气，软坚散结，化瘀止痛。用于气滞血瘀所致乳腺小叶增生。

复方夏天无片：祛风逐湿，舒筋活络，行血止痛。用于风湿瘀血阻滞、经络不通引起的关节肿痛、肢体麻木、屈伸不利、步履艰难；风湿性关节炎、坐骨神经痛、脑血栓形成后遗症及脊髓灰质炎后遗症见上述证候者。

【现代临床应用】

鸡屎藤治疗痛证、软组织损伤、慢性骨髓炎、电光性结膜炎、瘤型麻风反应。

茜草

Rubia cordifolia L.

茜草科（Rubiaceae）茜草属多年生草质攀援藤本。

根丛生，紫红色或橙红色。茎4棱；叶4片轮生，卵形，基出脉3条。聚伞花序腋生和顶生，多4分枝，有花十余朵至数十朵，花序梗和分枝有小皮刺；花冠淡黄色，干后淡褐色，裂片近卵形，微伸展，长1.3～1.5mm，无毛。果球形，成熟时橘黄色。花期8～9月，果期10～11月。

大别山各县市均有分布，生于低海拔至中海拔的山地林下、林缘、灌丛中或草地。

茜草出自《本草经集注》。《本草纲目》："陶隐居本草言东方有而少，不如西方多，则西草为茜。"西天王草、四岳近阳草，皆为茜草之隐称也。茜，亦作蒨，《玉篇·草部》："蒨，青葱之貌。"谓其草盛。陶弘景言此草"丰贱"，故"蒨"，当由长势茂盛得名。蒐，《说文解字》："蒐，茅蒐，茹藘（一作藘），人血所生，可以染绛。""人血所生"乃古人虚妄之说。段玉裁注："云人血所生者，释此字所以从鬼也。从艹鬼，会意。茅蒐、茹藘皆叠韵也。"茹藘，《说文解字》作"茹藘"，按《说文解字》："茹，饲马也。"《尔雅义疏》："今田家名驴馓子，驴喜啖之也。"此名因饲驴而得，字因义类，从"艹"作"藘"，因此茹藘本当为茹藘。血见愁及诸"破血""活血"等名皆由化瘀止血之功。其根色紫赤，可用以染绛，故有地血、染绯草、红根草诸名。过山龙、九龙根、牛蔓等，皆因攀援蔓生而命名。叶四片轮生，故有四轮草、风车草之名。《本草纲目》："数寸一节，每节五叶"（《中华本草》认为此观察有误），故称五爪龙、五叶藤。因茎叶有倒刺，而有拉拉秧子、锯锯草、粘蔓草诸名。

《黄帝内经》载有"四乌贼骨一藘茹丸"，这是茜草入药的最早记载。《神农本草经》则载有"茜根"，明确了药用部分为根。《名医别录》指出茜根"可以染绛……生乔山川谷。"《本草经集注》："此则今染绛茜草也。东间诸处乃有而少，不如西多。"《蜀本草》："染绯草叶似枣叶，头尖下阔，茎叶俱涩，四五叶对生节间，蔓延草木上，根紫赤色。今所在有，八月采根。"《本草纲目》："茜草十二月生苗，蔓延数尺。方茎中空有筋，外有细刺，数寸一节。每节五叶，叶如乌药叶而糙涩，面青背绿。七、八月开花，结实如小椒大，中有细子。"

【入药部位及性味功效】

茜草，又称茹藘、茹卢本、茅蒐、蒐茹、蒐、茜根、蒨草、地血、牛蔓、芦茹、血见愁、过山龙、地苏木、活血丹、红龙须根、沙茜秧根、五爪龙、满江红、九龙根、红棵子根、拉拉秧子根、小活血龙、土丹参、四方红根子、红茜根、入骨丹、红内消，为植物茜草的根。栽后2～3年，于11月挖取根部，洗净，晒干。味苦，性寒。归肝、心经。凉血止血，活血化瘀。主治血热咯血，吐血，衄血，尿血，便血，崩漏，经闭，产后瘀阻腹痛，跌打损伤，风湿痹痛，黄疸，疮痈，痔肿。

茜草藤，为植物茜草的地上部分。夏、秋季采集，切段，鲜用或晒干。味苦，性凉。止血，行瘀。主治吐血，血崩，跌打损伤，风痹，腰痛，痈毒，疔肿。

【经方验方应用例证】

治咯血、尿血：茜草9g，白茅根30g，水煎服。(《河南中草药手册》)

治肾炎：茜草根30g，牛膝、木瓜各15g，水煎备用。另取童子鸡1只，去肠杂，蒸出鸡汤后，取汤一半同上药调服，剩下鸡肉和汤同米炖吃。(《福建药物志》)

治乳痈：茜草、枸橘叶各9g，水煎，酌加黄酒服。外用鲜茜草茎叶捣烂敷患处。(《河南中草药手册》)

治时行瘟毒，痘疮正发：煎茜草根汁，入酒饮。(《奇效良方》)

治疔疮：茜草鲜嫩叶略加食盐，捣烂，敷疔疮疮头。(《现代实用中药》)

治痈肿：鲜茜草茎叶适量，捣烂外敷。(《上海常用中草药》)

茜根散：滋阴降火，宁络止血。主治阴虚火旺证，症见鼻衄不止，心神烦闷。(《景岳全书》)

凉血五根汤：凉血活血，解毒化斑。主治血热发斑、热毒阻络所引起的皮肤病。(《赵炳南临床经验集》)

冠心通络丸：活血通络，理气宽胸，宣痹止痛，定悸安神。主治冠状动脉硬化，心肌供血不足，胸闷气短，心悸心痛等。(《古今名方》引谭日强经验方)

茜草通脉汤：通络利湿，活血化瘀。主治湿壅经络，瘀毒内阻，血脉不利。(翁恭方)

【中成药应用例证】

复方肾炎片：活血化瘀，利尿消肿。用于湿热蕴结所致急慢性肾炎水肿、血尿、蛋白尿。

七味沙参汤散：清肺，止咳，祛痰。用于肺热咳嗽，气喘，痰多，急、慢性支气管炎。

致康胶囊：清热凉血，化瘀止血。用于崩漏、呕血及便血等。

风湿塞隆胶囊：祛风，散寒，除湿。用于类风湿性关节炎引起的四肢关节疼痛、肿胀、屈伸不利，肌肤麻木，腰膝酸软。

红花如意丸：祛风镇痛，调经血，祛斑。用于妇女血症、风症、阴道炎、宫颈糜烂、心烦血虚、月经不调、痛经、下肢关节疼痛、筋骨肿胀、晨僵、麻木、小腹冷痛及寒湿性痹证。

鼻渊胶囊：清热毒，通鼻窍。用于慢性鼻炎及鼻窦炎。

茜草丸：清肾热，消炎止痛。用于肾病，胯腰疼痛。

除湿白带丸：健脾益气，除湿止带。用于脾虚湿盛所致带下病，症见带下量多、色白质稀、纳少、腹胀、便溏。

【现代临床应用】

临床上茜草治疗软组织损伤、拔牙出血、龋齿疼痛、慢性气管炎。

白接骨

Asystasia neesiana（Wall.）Nees

爵床科（Acanthaceae）十万错属多年生草本。

根具白色，富黏液，竹节形根状茎。茎略呈4棱形。叶卵形至椭圆状矩圆形，基部下延成柄，叶片纸质。总状花序或基部有分枝，顶生；花单生或对生；苞片2，微小；花萼裂片5，主花轴和花萼被有柄腺毛；花冠淡紫红色，漏斗状，外疏生腺毛，花冠筒细长，裂片5；雄蕊2强。蒴果。

大别山各县市均有分布，生于林下或溪边。

本品地下茎色白如玉，功善续骨疗伤，故有白接骨、玉接骨诸名。玉龙盘，以地下茎形色得名。血见愁者，以其止血佳也。叶似苎麻，而有无骨苎麻之称。

白接骨出自《浙江民间草药》，以玉龙盘之名始载于《百草镜》，云："玉龙盘，一名无骨苎麻。叶类苎麻而薄小，背不白，茎如箸，色明透，至九月，茎白明如水晶，上有细红点子，十月萎……一名玉梗半枝莲，捣之有白浆稠滑。"《本草纲目拾遗》："无骨苎麻，叶小圆，根如水芹。生阴湿处，立夏时发苗，逢节则粗，叶尖长，根蔓延，色白多粗节，类竹根，捣之汁粘，高者尺许。松土种之，极易繁衍。"

【入药部位及性味功效】

白接骨，又称玉龙盘、无骨苎麻、玉梗半枝莲、玉接骨、血见愁、玉钱草、麒麟草、玉连环、接骨丹、接骨草、猢狲节根、金不换、橡皮草、华阿西达、小阿西达、蛀木虫，为植物白接骨的全草。夏、秋季采收，晒干或鲜用。味苦、淡，性凉。归肺经。化瘀止血，续筋接骨，利尿消肿，清热解毒。主治吐血，便血，外伤出血，跌打瘀肿，扭伤骨折，风湿肢肿，腹水，疮疡溃烂，疖肿，咽喉肿痛。

【经方验方应用例证】

治扭伤：白接骨根茎、黄栀子、麦粉各等量，加食盐捣烂，包敷伤处。或白接骨根加蒴藋根等量，捣烂外敷，每天换一次。(《浙江民间常用草药》)

治上消化道出血：白接骨根茎或全草研末冲服。(江西《中草药学》)

断指再植：鲜白接骨全草，加食盐捣烂外敷，再包扎固定，每日换药1次。(《浙江民间常用草药》)

治腹水：鲜白接骨根30g，水煎服。(《浙江民间常用草药》)

治糖尿病：白接骨全草30g，元宝草、马蹄金、爵床各15g。水煎服，连服十余剂。(《浙江民间常用草药》)

治肺结核：鲜白接骨根茎60g，水煎服。(《浙江民间常用草药》)

治咽喉肿痛：白接骨根茎、野玄参各30g，用木器捣烂，绞汁漱咽喉服，连服2~3次。(《浙江民间常用草药》)

九头狮子草

Peristrophe japonica（Thunb.）Bremek.

爵床科（Acanthaceae）观音草属多年生草本。

叶常卵状矩圆形，顶端渐尖。花序由2～8（10）聚伞花序组成，每个聚伞花序下托以2枚总苞状苞片，内有1至少数花，苞片椭圆形至卵状矩圆形，2枚略不相等；花萼裂片5，钻形；花冠粉红色至微紫色，外疏生短柔毛，2唇形，下唇微3裂；雄蕊2。蒴果，疏生短柔毛，开裂时胎座不弹起。

麻城、英山、红安、罗田等县市均有分布，生于低海拔地区，路边、草地或林下。

本品聚伞花序生于叶腋，花常多簇同生，每花有2片叶状苞相托，蓬茸，团集，以形状之，称为九头狮子草。"九"言其多也。《植物名实图考》："俚医以其根似细辛，遂呼土细辛。"其茎叶均深绿，故有诸"青"名。其叶与辣椒叶相类，又有辣叶青药之名。功能化痰止咳镇惊，化痰青、咳风尘、尖惊药等，均源于此。

九头狮子草始载于《植物名实图考》，云："九头狮子草产湖南岳麓山坡间，江西庐山亦有之。丛生数十本为族，附茎对叶如凤仙花叶稍阔，色浓绿无齿，茎有节如牛膝，秋时梢头节间先发两片绿苞，宛如榆钱，大如指甲，攒簇极密，旋从苞中吐出两瓣红花……上小下大，中有细红须一二缕，花落苞存……"。

【入药部位及性味功效】

九头狮子草，又称接骨草、土细辛、万年青、铁焊椒、绿豆青、王灵仁、辣叶青药、尖惊药、天青菜、金钗草、项开口、蛇舌草、化痰青、四季青、三面青、菜豆青、铁脚万年青、九节篱、咳风尘、晕病药、红丝线草、野青仔、肺痨草、狮子草、小青草、竹叶青、尖叶青药、大叶青药、小青药，为植物九头狮子草的全草。夏、秋季采收，鲜用或晒干。味辛、微苦、甘，性凉。祛风清热，凉肝定惊，散瘀解毒。主治感冒发热，肺热咳喘，肝热目赤，小儿惊风，咽喉肿痛，痈肿疔毒，乳痈，聤耳，瘰疬，痔疮，蛇虫咬伤，跌打损伤。

【经方验方应用例证】

治肺热咳嗽：鲜九头狮子草全草30g，加冰糖适量，水煎服。（《福建中草药》）

治肺炎：鲜九头狮子草60～90g，捣烂绞汁，调少许食盐服。（《福建中草药》）

治流行性感冒，麻疹：辣叶青药15g，煎水服。（《贵州民间药物》）

治肝热眼目红肿、疼痛、流泪：九头狮子草全草15～30g，水煎服。（江西《战备草药手册》）

治小儿高热抽搐：鲜九头狮子草、鲜聚花过路黄各9～15g，同捣烂，酌加凉开水，擂汁服。（江西《战备草药手册》）

治喉痛：九头狮子草全草15～30g，水煎服；或研末开水冲服。（《湖南药物志》）

治中耳炎：鲜九头狮子草全草适量，加食盐少许，捣烂取汁滴耳。（《浙江药用植物志》）

治痔疮：①尖惊药、槐树根、折耳根各60g，炖猪大肠头（肛口那一节），吃5次。（《贵阳民间药草》）②鲜九头狮子草全草一握，水煎熏洗，每日2次。（《福建民间草药》）

治小儿吐奶并泄青：尖惊药五钱（根叶并用），煎水服。（《贵阳民间药草》）

治尿路感染：九头狮子草全草、车前草各15g，水煎服。（《浙江药用植物志》）

治阴道炎：尖惊药、铁扫帚各60g，煎水，每日3次分服。（贵州药检所《常用民间草药手册》）

治跌打损伤：①九头狮子草全草15g，捣汁兑酒服。（《湖南药物志》）②九头狮子草15～30g，甜酒清水各半煎服，药渣捣烂外敷。（江西《战备草药手册》）

新制消结汤：祛痰、疏气、消炎、行瘀、开窍、败毒、通络。主治痰凝气聚，瘀热阻遏，经络不通。（刘静庵方）

【中成药应用例证】

咽喉清喉片：疏风解表，清热解毒，清利咽喉。用于咽痛、咽干、声音嘶哑，或有发热恶风、咳嗽等症状者。

爵床

Justicia procumbens Linnaeus

爵床科（Acanthaceae）爵床属多年生细弱草本。

茎基部匍匐，通常有短硬毛。叶椭圆形至椭圆状矩圆形，顶端尖或钝，常生短硬毛。穗状花序顶生或生上部叶腋；苞片1，小苞片2，均披针形，有睫毛；花萼裂片4，条形，约与苞片等长，有膜质边缘和睫毛；花冠粉红色，2唇形，下唇3浅裂。蒴果状；种子表面有瘤状皱纹。

大别山各县市均有分布，生于山坡林间草丛中，为习见野草。

《本草纲目》："爵床不可解。按《吴氏本草》作爵麻，甚通。"《说文通训定声》："爵，假借为雀。"则爵麻即"雀麻"，本品种子细小色黑如麻，雀喜啄食，或以此得名。爵床，则为爵麻形近致讹。或谓《神农本草经》描述其"主腰脊痛不得着床"。"着床"音转而为爵床。爵卿，为爵床之音转。《本草经考注》描述其"揉叶嗅之始有微香""开花如苏穗"，故名香苏。《本草纲目拾遗》谓其"与大青同，但细小耳"，故又称小青草。穗状花序色红似鼠尾，而得名鼠尾红。茎方或有六棱，因有"六角""六方"之称。茎曲折，节膨大，形似而称蚱蜢腿。能治小儿疳积，而名"疳积草"。

爵床始载于《神农本草经》，列为中品。《名医别录》："爵床生汉中及田野。"《新修本草》曰其形态"似香薷（薷），叶长而大，或如荏且细"。《本草纲目》："爵床，原野甚多，方茎对节，与大叶香薷一样，但香薷搓之香气，而爵床搓之不香，微臭，以此为别。"

【入药部位及性味功效】

爵床，又称爵卿、香苏、赤眼老母草、赤眼、小青草、蜻蜓草、苍蝇翅、鼠尾红、瓦子草、五累草、六角仙、观音草、肝火草、倒花草、四季青、蚱蜢腿、野万年青、毛泽兰、屈胶仔、麦穗红、山苏麻、焦梅术、假辣椒、狗尾草、细路边青、六角英、六方疳积草、麦穗癀、蛇食草、水竹笋、阴牛郎、节节寒草、癞子草，为植物爵床的全草。8～9月盛花期采收，割取地上部分，晒干。味苦、咸、辛，性寒。归肺、肝、膀胱经。清热解毒，利湿消积，活血止痛。主治感冒发热，咳嗽，咽喉肿痛，目赤肿痛，疳积，湿热泻痢，疟疾，黄疸，浮肿，小便淋浊，筋肌疼痛，跌打损伤，痈疽疔疮，湿疹。

【经方验方应用例证】

治感冒发热，咳嗽，喉痛：爵床15～30g，水煎服。(《上海常用中草药》)

治目赤肿痛（结膜炎）：爵床21g，豆腐2块，水煎，服汤食豆腐。(《江西草药》)

治肝硬化腹水：小青草15g，加猪肝或羊肝同煎服。(《浙江民间草药》)

治雀目：鸡肝或羊肝一具（不落水），小青草五钱。安碗内，加酒浆蒸熟，去草吃肝，三服即愈。加明雄黄五分尤妙。(《百草镜》)

治肾盂肾炎：爵床9g，地菍、凤尾草、海金沙各15g，艾棉桃（寄生艾叶上的虫蛀球）10个。水煎服，每日1剂。(《江西草药》)

治钩端螺旋体病：爵床（鲜）250g，捣烂，敷腓肠肌。(《云南中草药》)

治急性阑尾炎：鲜爵床全草、鲜败酱草、鲜白花蛇舌草各60g，冬瓜子15g，水煎服，日1剂。(《常用青草药选编》)

治疟疾：爵床一两。煎汁，于疟疾发作前三至四小时服下。(《上海常用中草药》)

治酒毒血痢，肠红：小青草、秦艽各三钱，陈皮、甘草各一钱。水煎服。(《本草汇言》)

治黄疸，劳疟发热，翳障初起：小青草五钱，煮豆腐食。(《百草镜》)

治筋骨疼痛：爵床一两，水煎服。(《湖南药物志》)

治疳积：小青草煮牛肉、田鸡、鸡肝食之。(《本草纲目拾遗》)

治口舌生疮：爵床一两，水煎服。(《湖南药物志》)

治痈疽疮疖：小青草捣烂敷。(《本草汇言》)

治瘰疬：爵床三钱，夏枯草五钱。水煎服，每日一剂。(《江西民间草药》)

治跌打损伤：爵床鲜草适量，洗净，捣敷患处。(《上海常用中草药》)

爵床红枣汤：鲜爵床草100g（干者减半），红枣30g。将爵床草洗净切碎，同红枣一起加水1000g，煎至400g左右。利水解毒。适用于前列腺炎。(《民间方》)

【中成药应用例证】

妇肤康喷雾剂：清热解毒，活血止痛，杀虫止痒。用于霉菌性阴道炎、滴虫性阴道炎、细菌性阴道病、外阴炎、皮肤瘙痒等。

健儿糖浆：补气益精，消疳化积。用于小儿疳积。

清热通淋胶囊：清热，利湿，通淋。用于下焦湿热所致热淋。症见小便频急、尿道刺痛、尿液混浊、口干苦等，以及急性泌尿系感染见于上述证候者。

【现代临床应用】

爵床可治疗疟疾、泌尿系感染性疾病、结核性肛瘘、毒蛇咬伤。

桔梗

Platycodon grandiflorus（Jacq.）A. DC.

桔梗科（Campanulaceae）桔梗属多年生草本。

有白色乳汁。根粗壮，胡萝卜形。叶轮生至互生，叶无柄或有极短柄，无毛；叶片卵形至披针形，边缘有不整齐锯齿。花冠蓝紫色，宽钟状，雄蕊5。蒴果倒卵圆形。花期8～10月，果期10～11月。

大别山各县市均有分布，生于海拔300～1200m的向阳山坡灌丛或草丛中。

桔梗，《说文解字》："桔，直木。"《尔雅》："梗，直也。"《新修本草》谓其"一茎直上"。《本草纲目》："此草之根结实而梗直，故名。"梗草，名义同此。其根入药，色黄白，故名白药。本品与荠苨为近缘植物，形态颇相类，故亦混称为荠苨。

桔梗始载于《神农本草经》，列为下品。《名医别录》："生嵩高山谷及冤句。二、八月采根，暴干。"

《本草经集注》：“桔梗，近道处处有，叶名隐忍，二、三月生，可煮食之。俗方用此，乃名荠苨。今别有荠苨，能解药毒，所谓乱人参者便是，非此桔梗，而叶甚相似，但荠苨叶下光明滑泽无毛为异，叶生又不如人参相对者尔。”《新修本草》：“人参苗似五加阔短，茎圆，有三四桠，桠头有五叶。陶引荠苨乱人参，谬矣。且荠苨、桔梗，又有叶差互者，亦有叶三四对者，皆一茎直上，叶既相乱，惟以根有心无心为别尔。”《本草图经》：“今在处有之，根如小指大，黄白色，春生苗，茎高尺余，叶似杏叶而长椭，四叶相对而生，嫩时亦可煮食之，夏开花紫碧色，颇似牵牛子花，秋后结子，八月采根……其根有心，无心者乃荠苨也。”《植物名实图考》：“桔梗处处有之，三四叶攒生一处，花未开时如僧帽，开时有尖瓣，不钝，似牵牛花。”

英山县位于大别山南麓，桔梗栽培历史悠久，是桔梗之乡。所产桔梗质量好，与罗田苍术齐名，市场上素有“英桔罗苍”之说。英山桔梗的特点是，收缩均匀，比重大，横断面花纹呈菊花状，尤以草盘区红花乡紫檀山的“英紫桔”为佳。1938年，英山桔梗曾在巴拿马万国特产品博览会上获金质奖章。2012年11月23日，国家质量监督检验检疫总局批准对“英山桔梗”实施地理标志产品保护，产地范围为湖北省英山县温泉镇、孔家坊乡、石头咀镇、陶家河乡、草盘地镇、杨柳湾镇6个乡镇现辖行政区域。

【入药部位及性味功效】

桔梗，又称符蔰、白药、利如、梗草、卢茹、房图、荠苨、苦梗、苦桔梗、大药、苦菜根，为植物桔梗的根。播种两年或栽培当年秋季采挖，割去茎叶，挖出全根，洗净泥土，乘鲜用碗片或重型片刮去外皮，放清水中浸2～3小时，捞起，晒干；或去芦切片，晒干。味苦、辛，性平。归肺、胃经。宣肺，祛痰，利咽，排脓。主治咳嗽痰多，咽喉肿痛，肺痈吐脓，胀满胁痛，痢疾腹痛，癃闭。

【经方验方应用例证】

止嗽散：宣利肺气，疏风止咳。主治风邪犯肺证。咳嗽咽痒，咳痰不爽，或微有恶风发热，舌苔薄白，脉浮缓。本方常用于上呼吸道感染、支气管炎、百日咳等属表邪未尽，肺气失宣者。(《医学心悟》)

加味桔梗汤：清肺排脓解毒。主治肺痈溃脓期。(《医学心悟》)

解肌透痧汤：辛凉宣透，清热利咽。主治痧麻初起，恶寒发热，咽喉肿痛，妨于咽饮，遍体酸痛，烦闷呕恶。(《丁氏医案》)

柴胡达原饮：宣湿化痰，透达膜原。主治痰疟，痰湿阻于膜原，胸膈痞满，心烦懊恼，头眩口腻，咳痰不爽，间日疟发，舌苔粗如积粉，扪之糙涩者。(《重订通俗伤寒论》)

桔梗汤：宣肺止咳，祛痰排脓。主治肺痈。咳而胸痛，振寒，脉数，咽干不渴，时出浊唾腥臭，久久吐脓如米粥者。(《金匮要略方论》)

桔梗杏仁煎：润肺止咳。主治咳嗽吐脓，痰中带血，或胸膈隐痛，将成肺痈者。(《景岳全书》)

安肺桔梗汤：利气疏痰，降火排脓。主治肺痈。(《类证治裁》卷二)

百合桔梗鸡子汤：主治失声，音哑。(《四圣心源》卷九)

半夏桔梗汤：主治脾肺寒热劳咳，痰盛呕哕。（《圣济总录》卷六十五）

保和防毒饮：保和元气，活血解毒，助痘成浆，易痂易落。主治血热痘疹，见点3日后，不易长大粗肌者。（《麻疹全书》卷三）

【中成药应用例证】

天王补心片：滋阴养血，补心安神。用于心阴不足，心悸健忘，失眠多梦，大便干燥。

通宣理肺颗粒：解表散寒，宣肺止嗽。用于感冒咳嗽，发热恶寒，鼻塞流涕，头痛无汗，肢体酸痛。

咽舒胶囊：清咽利喉，止咳化痰。用于风热证或痰热证引起的咽喉肿痛、咳嗽、痰多、发热、口苦；急慢性咽炎、扁桃体炎。

小儿和胃丸：健脾和胃，解热止呕。用于小儿外感夹滞，腹胀腹泻，发热呕吐。

京制牛黄解毒丸：清热解毒，散风止痛。本品用于肺胃蕴热引起的头目眩晕，口鼻生疮，风火牙痛，咽喉疼痛，耳鸣肿痛，大便秘结，皮肤刺痒。

银胡感冒散：辛凉解表，清热解毒。用于风热感冒所致的恶寒、发热、鼻塞、喷嚏、咳嗽、头痛、全身不适等。

百贝益肺胶囊：滋阴活血，止咳化痰。用于治疗肺阴不足之久咳，以及支气管炎，肺痨久咳。

益康补元颗粒：益气活血，健脾补肾。用于气虚血瘀、脾肾亏虚引起的神疲乏力、呼吸气短、失眠、腰膝酸软、食少健忘等症。

内消瘰疬丸：软坚散结。用于瘰疬痰核或肿或痛。

黄连上清胶囊：清热通便，散风止痛。用于上焦风热，头晕脑涨，牙龈肿痛，口舌生疮，咽喉红肿，耳痛耳鸣，暴发火眼，大便干燥，小便黄赤。

止咳喘颗粒：止咳，平喘，祛痰。用于支气管炎，咳喘，痰多，痰稠，感冒咳嗽，肺痈吐脓，胸满胁痛。

杏叶沙参

Adenophora petiolata subsp. *hunanensis*（Nannfeldt）D. Y. Hong & S. Ge

桔梗科（Campanulaceae）沙参属多年生草本。

根粗壮。茎生叶互生，下部的有短柄，中部以上的无柄；叶片宽卵形、狭卵形至线状披针形，边缘有不整齐的锯齿。花序圆锥状，长达50cm，狭长，下部有分枝；花萼，卵形或狭卵形，先端稍钝；花冠淡紫蓝色，钟形，外面无毛，5浅裂；雄蕊5。花期8～9月。

大别山各县市均有分布，生于海拔200～1300m处的山坡草丛中。

《本草纲目》："沙参白色，宜于沙地，故名。其根多白汁，俚人呼为羊婆奶，《名医别录》有名未用羊乳，即此也。此物无心味淡，而《名医别录》一名苦心，又与知母同名，不知所谓也。铃儿草，象花形也。"按：弘景谓五参"主疗颇同"，非也，实因其根皆为锥形与人参相类也。时珍列沙参为山草类，并谓"沙参处处山原有之"，而又谓其"宜于沙地"，所释乃望文生义。《吴普本草》："沙参，一名白参，实白如芥，根大，白如芜菁。"《广雅疏证》："案'沙'之言斯，白也。"《诗·小雅·瓠叶》："'斯'，白也。今俗语斯白字作'鲜'，齐鲁之声近斯。斯、沙古音相近。实与根皆白，故谓之'白参'，又谓之'沙参'"。"沙参"与"白参"同义。《广雅疏证》："《神农本草》云：'沙参一名知母，味苦，此苦心之所以名也。'"《本草经考注》："沙参、知母，古误混同……知母下地参、水参、水须三名盖为沙参一名。沙参下黑字一名虎须亦是知母条错简欤。"

本品始载于《神农本草经》，列为上品。《吴普本草》："三月生如葵，叶青，实白如芥，根大，白如芜菁。三月采。"《蜀本草》："花白色，根苦葵根。"《本草纲目》："沙参处处山原有之。二月生苗，叶如初生小葵叶而团扁不光。八、九月抽茎，高一二尺。茎上之叶则尖长如枸杞叶而小，有细齿。秋月叶间开小紫花，长二三分，状如铃铎，五出，白蕊，亦有白花者。并结实，大加冬青实，中有细子。霜后苗枯。其根生沙地者长尺余，大一虎口，黄土地者则短而小。根、茎皆有白汁。八、九月采者，白而实；春月采者，微黄而虚。小人亦往往蒸压实以乱人参，但体轻松，味淡而短耳。"

【入药部位及性味功效】

沙参，又称知母、白沙参、苦心、识美、虎须、白参、志取、文虎、文希、羊婆奶、南沙参、铃儿参、泡参、桔参、山沙参、沙獭子，为植物沙参、杏叶沙参、轮叶沙参、云南沙参、泡沙参及其同属数种植物的根。播种后2～3年采收，秋季挖取根部，除去茎叶及须根，洗净泥土，趁新鲜时用竹片刮去外皮，切片，晒干。味甘、微苦，性微寒。归肺、胃经。养阴清热，润肺化痰，益胃生津。主治阴虚久咳，痨嗽痰血，燥咳痰少，虚热喉痹，津伤口渴。

【经方验方应用例证】

治产后无乳：杏叶沙参根12g，煮猪肉食。（《湖南药物志》）

治睾丸肿痛：轮叶沙参60g，猪肚1个，炖服，也可加豆腐同煮服。（《福建药物志》）

治诸虚之症：沙参一两，嫩鸡一只去肠，入沙参在鸡腹内，用砂锅水煎烂食之。（《滇南本草》）

八物汤：补气益血。主治失血之后，不知节劳慎色，以致内热烦渴，目中生花见火，耳内蛙聒蝉鸣，口舌糜烂，食不知味，鼻中干燥，呼吸不利，怠惰嗜卧。（《辨证录》卷八）

白蒺藜散：主治肺脏中风，项强头旋，中如虫行，腹胁胀满，语声不出，四肢顽痹，大肠不利。（《太平圣惠方》卷六）

白薇汤：主治阴虚。（《医级》卷七）

保精汤：主治阴虚火动，夜梦遗精，虚劳发热。（《古今医鉴》卷八）

必孕汤：调经种子。主治经期准而不孕。（《仙拈集》卷三）

参柏糊：主治男妇九窍血如泉涌。（《医学入门》卷七）

【中成药应用例证】

小儿和胃消食片：消食化滞。用于小儿乳食积滞。

沙梅消渴胶囊：养阴润燥，生津止渴。用于阴虚内热所致的消渴，以及2型糖尿病见上述证候者。

咳嗽糖浆：止咳祛痰。用于咳嗽多痰、支气管炎等症。

金果含片：养阴生津，清热利咽。用于肺热阴伤所致的咽部红肿、咽痛、口干咽燥；急、慢性咽炎见上述证候者。

百合更年安颗粒：滋养肝肾，宁心安神。用于围绝经期综合征属阴虚肝旺证，症见烘热汗出，头晕耳鸣，失眠多梦，五心烦热，腰背酸痛，大便干燥，心烦易怒，舌红少苔，脉弦细或弦细数。

消炎止咳胶囊：消炎，镇咳，化痰，定喘。用于咳嗽痰多，胸满气逆，气管炎。

肺心片：温肾活血，益气养阴。用于慢性肺源性心脏病缓解期及阻塞性肺气肿属肺肾两虚、瘀血阻络证的辅助治疗。

黄精养阴糖浆：润肺益胃，养阴生津。用于肺胃阴虚引起的咽干咳嗽，纳差便秘，神疲乏力。

化痰平喘片：清热化痰，止咳平喘。用于急、慢性气管炎，肺气肿，咳嗽痰多，胸满气喘。

沙参

Adenophora stricta Miq.

桔梗科（Campanulaceae）沙参属多年生草本。

根粗壮。茎不分枝，常被短硬毛。基生叶心形，大而具长柄；茎生叶无柄，椭圆形、狭卵形，边缘有不整齐的锯齿。花萼常被短硬毛，筒部常倒卵状，多钻形；花冠宽钟状，蓝色或紫色，被短硬毛；花盘短筒状无毛。蒴果椭圆状球形。花期8～10月。

大别山各县市均有分布，生于低山草丛中和岩石缝中。

【入药部位及性味功效】

参见杏叶沙参。

【经方验方应用例证】

参见杏叶沙参。

【中成药应用例证】

参见杏叶沙参。

轮叶沙参

Adenophora tetraphylla（Thunb.）Fisch.

桔梗科（Campanulaceae）沙参属多年生草本。

根粗壮。茎生叶3~6枚轮生，无柄或有不明显叶柄，叶片卵圆形至条状披针形，边缘锯齿，两面疏生短柔毛。花序狭圆锥状，花序分枝（聚伞花序）多轮生；花萼裂片短小；花冠细小，筒状细钟形，口部稍缢缩，蓝色、蓝紫色，花盘细管状。花期7～9月。

大别山各县市均有分布，生于草地和灌丛中。

【入药部位及性味功效】

参见杏叶沙参。

【经方验方应用例证】

参见杏叶沙参。

【中成药应用例证】

参见杏叶沙参。

羊乳

Codonopsis lanceolata（Sieb. et Zucc.）Trautv.

桔梗科（Campanulaceae）党参属多年生草质缠绕藤本。

根胡萝卜状，长达30cm，常在中部分枝。茎分枝，无毛。叶互生，叶片卵形或狭卵形，边缘有波状钝齿。花1～3朵生于分枝顶端；花萼裂片5，狭长圆形或长圆形披针形；花冠淡黄绿色，宽钟状5浅裂。蒴果3瓣裂，花萼宿存。花果期7～10月。

大别山各县市均有分布，生于林边或灌丛中。

山海螺之名出自《本草纲目拾遗》，以羊乳、地黄之名始载于《名医别录》。《本草纲目拾遗》："其根皮有皱旋纹，与海螺相似，而生于山，故名。"其根形如参、如萝卜，叶多四片簇生，故又称四叶参、山胡萝卜、土党参。白河车、牛奶参、奶参诸名，皆因其根茎多白汁也。

《本草拾遗》："羊乳根如荠苨而圆，大小如拳，上有角节，折之有白汁，苗作蔓，折之有白汁。"《本草拾遗》引《百草镜》："生土山，二月采，绝似狼毒，惟皮疙瘩，掐破有白浆为异。其叶四瓣，枝梗蔓延，秋后结子如鼻盘球，旁有四叶承之。"又引汪连仕《采药书》："苗蔓生，根如萝卜，味多臭，治杨梅恶疮神效。"《植物名实图考》："奶树……土呼山海螺。"

【入药部位及性味功效】

山海螺，又称地黄、白河车、牛附子、乳夫人、奶树、四叶参、白蟒肉、山胡萝卜、土党参、奶参、乳薯、通乳草、奶奶头、老奶头、野菜头、奶葫芦、奶茵陈、奶党、羊乳参、白马肉、牛奶参、角参、洋参、蛤蟆党、狗头党、狗参、狗头参，为植物羊乳的根。7～8月采挖，洗净，鲜用或切片晒干。味甘、辛，性平。归脾、肺经。益气养阴，解毒消肿，排脓，通乳。主治神疲乏力，头晕头痛，肺痈，乳痈，肠痈，疮疖肿毒，喉蛾，瘰疬，产后乳少，白带，毒蛇咬伤。

【经方验方应用例证】

治身体虚弱，头晕头痛：奶党60g，水煎取汁，用汁煮鸡蛋2个，食蛋服汤。（《湖北中草药志》）

治病后气血虚弱：四叶参、熟地黄各15g，煎服。（《安徽中草药》）

治肺痈，肠痈，喉蛾：山海螺、蒲公英各15g，煎服。(《浙江民间草药》)

治各种痈疽肿毒及乳痈、瘰疬：山海螺鲜根120g，水煎服，连服3～7天。(《浙江民间常用草药》)

通乳：山海螺60g，通草、木通各9g，煮肉食。(《湖南药物志》)

治阴虚头痛，妇人白带：羊乳45g，用猪瘦肉120g，炖汤，以汤煎药服。(《江西民间草药》)

复方桑椹膏：滋阴补血，调补肝肾。主治血虚阴亏，神经衰弱，头目昏晕，腰背酸痛。(《浙江省药品标准》)

【中成药应用例证】

疗肺宁片：润肺，清热，止血。用于肺结核。可与其他抗结核药物合并使用。

母乳多颗粒：益气，下乳。用于产后乳汁不下或稀少。

半边莲

Lobelia chinensis Lour.

桔梗科（Campanulaceae）半边莲属多年生草本。

全体无毛，茎匍匐，节上生根，分枝直立。叶互生，无柄或近无柄，椭圆状披针形或线形。花通常1朵，生分枝的上部叶腋；花萼筒倒长锥状；花冠粉红或白色，喉部以下生白色柔毛。蒴果棍棒状，种子赤褐色，宽卵珠状，扁。花期6～8月，果期9～10月。

大别山各县市广泛分布，生于山区田边或平地湿处。

半边莲始载于《滇南本草》，云："半边莲，生水边湿处，软枝绿叶，开水红小莲花半朵。"《本草纲目》："秋开小花，淡红紫色，止（只）有半边，如莲花状，故名。"急解索者，因其能疗蛇伤也。《本草求原》："谚云：识得半边莲，不怕共蛇眠。白花者良。"叶形狭长，而名蛇舌草。南方一带讳"蚀"，因将其同音字改为"利"，故亦称为蛇利草。鱼尾花，以花形相类而得名。

《本草纲目》："半边莲，小草也。生阴湿塍堑边。就地细梗引蔓，节节而生细叶。"《植物名实图考》："其花如马兰，只有半边。"半边莲因花冠形状而得名。

【入药部位及性味功效】

半边莲，又称急解索、蛇利草、细米草、蛇舌草、鱼尾花、半边菊、半边旗、奶儿草、半边花、箭豆草、顺风旗、单片芽、小莲花草、绵蜂草、吹血草、腹水草、疳积草、白腊滑草、金菊草、金鸡舌、片花莲、偏莲、瓜仁草、蛇啄草、长虫草，为植物半边莲的带根全草。栽种后可连续收获多年。夏秋季生长茂盛时，选晴天，带根拔起，洗净，晒干。鲜用则随采随用。味甘，性平。归心、肺、小肠经。清热解毒，利水消肿。主治毒蛇咬伤，痈肿疔疮，扁桃体炎，湿疹，足癣，跌打损伤，湿热黄疸，阑尾炎，肠炎，肾炎，肝硬化腹水及多种癌症。

【经方验方应用例证】

治疗疮，一切阳性肿毒：鲜半边莲适量，加食盐数粒同捣烂，敷患处，有黄水渗出，渐愈。（《江西民间草药验方》）

治喉蛾：鲜半边莲如鸡蛋大一团，放在瓷碗内，加好烧酒90g，同擂极烂，绞取药汁，分3次口含，每次含约10～20分钟吐出。（《江西民间草药验方》）

治急性中耳炎：半边莲擂烂绞汁，和酒少许滴耳。（《岭南草药志》）

治乳腺炎：鲜半边莲适量，捣烂敷患处。（《福建中草药》）

治无名肿毒：半边莲叶捣烂加酒敷患处。（《岭南草药志》）

治黄疸，水肿，小便不利：半边莲30g，白茅根30g。水煎，分2次用白糖调服。（《江西民间草药验方》）

治湿疹（包括香港脚）：半边莲、蛇总管、蛇退步、秋苦瓜各等份。共研细末，用茶油或白醋调搽患处。（《岭南草药志》）

治肾炎：半边莲60g，六月雪根、虎刺根、乌豆各30g，水煎服，忌盐，每日1剂。（《江西草药》）

治单腹臌胀：半边莲、金钱草各三钱，大黄四钱，枳实六钱。水煎，连服五天，每天一剂；以后加重半边莲、金钱草二味，将原方去大黄，加神曲、麦芽、砂仁，连服十天；最后将此方做成小丸，每服五钱，连服半个月。在治疗中少食盐。（《岭南草药志》）

治肝癌：①半边莲、半枝莲、黄毛耳草、薏苡仁各30g，天胡萝60g，水煎服。也作肌内注射（每毫升含生药3g），每日1～2次，每次3～4mL。（《中医方剂手册新编》）②半边莲、半枝莲、石见穿、石打穿各30g，水煎服。（《抗癌中草药制剂》）

治鼻腔癌：半边莲60g，鲜老鹳草60g，水煎服。（《武汉草医展览汇编》）

祛毒散：清热解毒，凉血止血。主治毒蛇咬伤之火毒证。（《经验方》）

【中成药应用例证】

解毒通淋丸：清热，利湿，通淋。用于下焦湿热所致的非淋菌性尿道炎，症见尿频、尿痛、尿急。

清肝败毒丸：清热利湿解毒。用于急、慢性肝炎属肝胆湿热证者。

蟾酥镇痛巴布膏：消肿散结，消肿止痛。适用于各种肿块的止痛消散，也用于肌肉劳损、骨刺、关节炎等引起的疼痛。

红草止鼾颗粒：宣肺利咽，畅通气道。用于肺气不宣、气道阻塞所致睡眠呼吸暂停综合征。

复方半边莲注射液：清热解毒，消肿止痛。用于多发性疖肿、扁桃体炎、乳腺炎等。

二丁颗粒：清热解毒。用于火热毒盛所致的热疖痈毒、咽喉肿痛、风热火眼。

中华跌打丸：消肿止痛，舒筋活络，止血生肌，活血祛瘀。用于挫伤筋骨，新旧瘀痛，创伤出血，风湿瘀痛。

京万红软膏：清热解毒，凉血化瘀，消肿止痛，祛腐生肌。用于水、火、电灼烫伤，疮疡肿痛，皮肤损伤，创面溃烂。

【现代临床应用】

半边莲可用于治疗蛇咬伤、急性蜂窝织炎、隐翅虫皮炎、带状疱疹、晚期血吸虫病肝硬化腹水。

江南山梗菜

Lobelia davidii Franch.

桔梗科（Campanulaceae）半边莲属多年生草本。

茎分枝或不分枝。叶螺旋状排列，卵状椭圆形或长披针形；叶柄有翅。总状花序顶生；苞片卵状披针形或披针形。花梗有极短的毛和很小的小苞片1或2枚；花萼筒倒卵状；花冠紫红或红紫色，近二唇形。蒴果球状。花果期8～10月。

大别山各县市均有分布，生于山坡上及沟边草丛中。

【入药部位及性味功效】

大种半边莲，又称大半边莲、野靛、穿耳草、偏秆草、江南大将军、白苋菜，为植物江南山梗菜的根或全草。夏、秋季采收，洗净，鲜用或晒干。味辛、甘，性平，有小毒。归肺、肾经。宣肺化痰，清热解毒，利尿消肿。主治咳嗽痰多，水肿，痈肿疮毒，下肢溃烂，蛇虫咬伤。

【经方验方应用例证】

治痈肿疔毒：鲜山梗菜根适量，白糖、熟盐少许，捣烂外敷。（《江西草药》）

治下肢溃烂：山梗菜500～1000g，煎水，外洗患处。（《湖北中草药志》）

蓝花参

Wahlenbergia marginata（Thunb.）A. DC.

桔梗科（Campanulaceae）蓝花参属多年生草本。

有白色乳汁。茎常自基部分枝，近直立，下部疏被柔毛。基生叶及下部叶匙形至狭倒披针形，上部叶小型。花有长梗，于茎上部数朵着生；花托陀螺形，萼片狭三角形果时宿存；花冠宽钟状，无毛；雄蕊5，边缘有柔毛；花柱3裂。蒴果直立，陀螺形。花期4～6月，果期5～10月。

大别山各县市均有分布，生于800m以下的草地、路旁或地边草丛中。

蓝花参又名牛奶草、毛鸡腿。兰花参始载于《滇南本草》。《滇南本草图谱》："兰花参当作蓝花参，兰、蓝音同致误，蓝花盖指其花色，参则指其功效耳。易门（县）土名蓝花草是证。"

【入药部位及性味功效】

兰花参，又称土参、细叶沙参、金线吊葫芦、娃儿草、乳浆草、拐棍参、罐罐草、蛇须草、沙参草、破石珠、鼓捶草、金线草、天蓬草、葫芦草、寒草、霸王草、一窝鸡、小绿细辛，为植物蓝花参的根或全草。夏、秋季采收，洗净，鲜用或晒干。味甘、微苦，性平。归脾、肺经。益气健脾，止咳祛痰，止血。主治虚损劳伤，自汗，盗汗，小儿疳积，妇女白带，感冒，咳嗽，衄血，疟疾，瘰疬。

【经方验方应用例证】

治产后失血过多，虚损劳伤，烦热，自汗，盗汗，妇人白带：兰花参15g，笋鸡一只，去肠，将药入鸡腹内煮。共合一处，煮烂食之。(《滇南本草》)

治疳积：鲜兰花参15～30g（干品9～15g），炖肉或鸡蛋吃，日服1剂。(《全国中草药汇编》)

治气虚脾虚白带：兰花参60g，阳雀花根30g，三白草15g，水煎服。或加海螵蛸粉12g，分3次服。(《四川中药志》1979年)

治肺燥咳血：兰花参根、百部各500g，水煎去渣后，加入蜂蜜500g熬制成膏，每日早晚各服15～20g。(《浙江药用植物志》)

治百日咳：蓝花参30g，石胡荽6g，百合15g，水煎服。(《福建药物志》)

治虚火牙痛：兰花参全草15g，鸡蛋1个，冰糖15g，加水适量炖服。(《闽南本草》)

【中成药应用例证】

玉兰降糖胶囊：清热养阴，生津止渴。用于阴虚内热所致的消渴病，2型糖尿病及并发症的改善。

肥儿疳积颗粒：健脾和胃，平肝杀虫。用于脾弱肝滞，面黄肌瘦，消化不良。

感冒解毒颗粒：祛风，清热，解毒。用于伤风感冒，恶寒发热，头痛咳嗽，咽喉疼痛。

接骨草

Sambucus javanica Blume

五福花科（Adoxaceae）接骨木属多年生高大草本或半灌木。

茎有8棱条，髓部白色。羽状复叶；顶生小叶有时与第一对小叶相连。复伞形花序顶生；花冠白色，花药黄色或紫色，花序具由不孕花变成的黄色杯状腺体。花期4～5月，果熟期8～9月。

大别山各县市均有分布，生于山坡、林下、沟边和草丛中。

《神农本草经》所载陆英与《名医别录》所载蒴藋的异同问题，历代本草争议颇多。《政和本草》引《新修本草》："此即蒴藋是也，后人不识，浪出蒴藋条。"《本草纲目》："陶苏本草、甄权药性论，皆言陆英即蒴藋，必有所据。马志、寇宗奭虽破其说，而无的据，仍当是一物，分根茎花叶用，如苏颂所云也。"《本草图经》："生田野，今所在有之。春抽苗，茎有节，节间生枝，叶大似水芹及接骨"。

【入药部位及性味功效】

陆英，又称蒴藋、接骨草、排风藤、铁篱笆、臭草、苛草、英雄草、走马箭、排风草、八棱麻、大臭草、七叶麻、马鞭三七、落得打、珍珠连、秧心草、乌鸡腿、小接骨丹、水马桑、七叶根、水椿皮、七爪阳姜、屎缸杖、掌落根、散血椒、梭草、七叶莲、七叶黄香，为植物接骨草的茎叶。夏、秋季采收，切段，鲜用或晒干。味甘、微苦，性平。祛风，利湿，舒筋，活血。主治风湿痹痛，腰腿痛，水肿，黄疸，跌打损伤，产后恶露不行，风疹瘙痒，丹毒，疮肿。

陆英根，又称蒴藋根，为植物接骨草的根。秋后采根，鲜用或切片晒干。味甘、酸，性平。祛风，利湿，活血，散瘀，止血。主治风湿疼痛，头风，腰腿痛，水肿，淋证，白带，跌打损伤，骨折，癥积，咯血，吐血，风疹瘙痒，疮肿。

陆英果实，又称蒴藋赤子，为植物接骨草的果实。9～10月采收，鲜用。主治蚀疣。

【经方验方应用例证】

治风湿性关节炎：顺筋枝茎枝15～30g，水煎服。（《青岛中草药手册》）

治肾炎水肿：陆英全草30～60g，水煎服。（《全国中草药汇编》）

治慢性支气管炎：鲜陆英茎、叶120g，水煎3次，浓缩为1天量，分3次服，10天为1个疗程。（《全国中草药汇编》）

治手足忽生疣目：蒴藋赤子，挼，使坏疣目上，亦令以涂之，即去。（《外台秘要》引张文仲方）

治坐骨神经痛：陆英根18g，草菝葜根、多花勾儿茶、丹参、上牛膝、骨碎补各15g，水煎服。（《福建药物志》）

厚朴温肺散：主治久患上气，胸胁支满。（《圣济总录》卷六十七）

接骨草散：主治从高坠损，骨折筋伤。（《太平圣惠方》卷六十七）

【中成药应用例证】

陆英颗粒：疏肝健脾，活血化瘀，消肿止痛。用于急性病毒性肝炎以及风湿痹证、跌打损伤引起的疼痛。

【现代临床应用】

陆英治疗急性病毒性肝炎、急性化脓性扁桃体炎、急性细菌性痢疾、多发性疖肿；治疗各种术后疼痛、牙痛、腹痛等多种疼痛，有效率达92%。陆英根治疗骨折。

败酱

Patrinia scabiosifolia Link

忍冬科（Caprifoliaceae）败酱属多年生草本。

基生叶丛生，花时枯落，卵形至椭圆状披针形，不分裂或羽状裂，具粗锯齿，无柄。聚散花序组成大型伞房花序顶生，花序梗仅上方一侧被开展的白色粗糙毛；花小，黄色，花冠裂片卵形。瘦果长圆形，具三棱，向两侧延展成窄边。花期7～9月。

大别山各县市均有分布，生长在林缘、灌丛及路边、田埂等地。

败酱始载于《神农本草经》，列为中品。《本草经集注》："出近道，叶似豨莶，根形似柴胡，气如败豆酱，故以为名。"《本草纲目》："南人采嫩者，暴蒸作菜食，味微苦而有陈酱气，故又名苦菜……亦名苦蘵。"豆豉草、豆渣草等皆以其味而名。

《名医别录》："败酱，生江夏（今湖北省境内）川谷，八月采根。"《新修本草》："此药不出近道，多生岗岭间，叶似水莨及薇衔，丛生，花黄，根紫，作陈酱色，其叶殊不似豨莶也。"《本草纲目》："处处原野有之，俗名苦菜……初时叶布地生，似莴菜叶而狭长，有锯齿，绿色，面深背浅……颠顶开白花成簇，如芹花、蛇床子花状。结小实成簇。其根白紫，颇似柴胡。"

【入药部位及性味功效】

败酱，又称鹿肠、鹿首、马草、泽败、鹿酱、酸益、败酱草、苦菜、野苦菜、苦斋公、豆豇草、豆渣草、观音菜、白苦爹、苦苣、苦叶菜、萌菜、女郎花，为植物败酱和白花败酱的全草。野生者夏、秋季采挖，栽培者可在当年开花前采收。洗净，晒干。味辛、苦，性微寒。归胃、大肠、肝经。清热解毒，活血排脓。主治肠痈、肺痈、痈肿、痢疾、产后瘀滞腹痛。

【经方验方应用例证】

治无名肿毒：鲜败酱全草30～60g，酒水各半煎服，渣捣烂敷患处。(《闽东本草》)

治肋间神经痛：败酱草60g，水煎服。(《浙江药用植物志》)

薏苡附子败酱散：排脓消肿。主治肠痈内已成脓，身无热，肌肤甲错，腹皮急，如肿状，按之软，脉数。(《金匮要略》)

马齿苋合剂：清热解毒。主治热毒蕴结证。(《中医外科学》)

败酱草膏：鲜败酱草(洗净)10斤。上用净水80斤煮，煎至3小时后过滤，再煎煮浓缩成膏50两，加蜜等量贮存备用。解毒清热，除湿消肿。主治毛囊炎、疖等化脓性皮肤病。(《赵炳南临床经验集》)

除疣汤：平肝软坚，清热解毒。主治怒动肝火、气血凝滞于肌肤。(何同国方)

肝炎冲剂：疏肝解郁，清热解毒。主传染性无黄疸性肝炎。(《常见病的中医治疗研究》)

除热蒺藜丸：主治妇人乳肿痛。(《备急千金要方》卷二十三)

【中成药应用例证】

白酱感冒颗粒：清热解毒，疏散风热。用于风热感冒，发热咽痛。

金马肝泰颗粒：清热解毒，健脾利湿，活血化瘀。用于肝胆湿热、气滞血瘀所致的急、慢性肝炎。

前列平胶囊：清热利湿，化瘀止痛。用于湿热瘀阻所致的急、慢性前列腺炎。

妇平胶囊：清热解毒，化瘀消肿。用于下焦湿热、瘀毒所致之白带量多，色黄质黏，或赤白相兼，或如脓样，有异臭，少腹坠胀疼痛，腰部酸痛，尿黄便干，舌红苔黄腻，脉数；盆腔炎、附件炎等见上述证候者。

止痛化癥胶囊：活血调经，化癥止痛，软坚散结。用于癥瘕积聚、痛经闭经，赤白带下及慢性盆腔炎等。

男康片：补肾益精，活血化瘀，利湿解毒。用于治疗肾精亏损、瘀血阻滞、湿热蕴结引起的慢性前列腺炎。

前列欣胶囊：活血化瘀，清热利湿。用于瘀血凝聚、湿热下注所致的淋证，症见尿急、尿痛、排尿不畅、滴沥不净；慢性前列腺炎、前列腺增生见上述证候者。

热炎宁片：清热解毒。用于外感风热、内郁化火所致的风热感冒、发热、咽喉肿痛、口苦咽干、咳嗽痰黄、尿黄便结；化脓性扁桃体炎、急性咽炎、急性支气管炎、单纯性肺炎见上述证候者。

癃清片：清热解毒，凉血通淋。用于下焦湿热所致的热淋，症见尿频、尿急、尿痛、腰痛、小腹坠胀；亦用于慢性前列腺炎属湿热蕴结兼瘀血证，症见小便频急、尿后余沥不尽、尿道灼热、会阴及少腹腰骶部疼痛或不适等。

【现代临床应用】

败酱全草治疗急性化脓性扁桃体炎、肺炎、急性阑尾炎、胆道感染和急性胰腺炎，总有效率88.1%；白花败酱治疗流行性感冒、流行性腮腺炎。黄花败酱治疗神经衰弱失眠症，总有效率80%。

缬草

Valeriana officinalis L.

忍冬科（Caprifoliaceae）缬草属多年生草本。

根状茎粗短头状；茎中空，有纵棱，被粗毛；匍枝叶、基出叶花期常凋落，茎生叶两面及柄轴多少被毛；花小；瘦果长卵形，基部近平截。花期5～7月，果期6～10月。

大别山各县市均有分布，生于山坡草地、林下、沟边等。

缬草出自《科学的民间药草》。我国最开始应用缬草是在唐代。公元659年，唐朝颁布了世界上第一部国家药典《新修本草》，其中就收录了缬草。《本草纲目》中记载缬草"安神、行气血"。欧洲人誉为"睡神草"。

【入药部位及性味功效】

缬草，又称穿心排草、鹿子草、甘松、猫食菜、满山香、抓地虎、拔地麻、七里香、大救驾、小救驾、香草、蜘蛛香、满坡香、五里香，为植物缬草、黑水缬草、宽叶缬草的根及根茎。9～10月间采挖，去掉茎叶及泥土，晒干。味辛、苦，性温。归心、肝经。安心神，祛风湿，行气血，止痛。主治心神不安，心悸失眠，癫狂，脏躁，风湿痹痛，脘腹胀痛，痛经，经闭，跌打损伤。

【经方验方应用例证】

治神经衰弱，心悸：缬草6g，水煎服。或缬草30g，浸白酒150mL，48小时后分服（本方为1周量）。(《陕甘宁青中草药选》)

治神经衰弱，失眠：缬草9g，煎服。或缬草、合欢皮、石菖蒲各9g，煎服。(《安徽中草药》)

治胃神经症：缬草、木香、吴茱萸各6g，煎服。(《安徽中草药》)

治风湿性关节炎：缬草、独活、防风、当归各9g，桂枝6g，水煎服。(《青海常用中草药手册》)

治腰痛，腿痛，腹痛，跌打损伤，心悸，神经衰弱：缬草一钱，研为细末，水冲服，或加童便冲服。(《新疆中草药手册》)

【中成药应用例证】

祛风息痛丸：祛风散寒除湿，活血通络止痛。用于风寒湿痹，四肢麻木，周身疼痛，腰膝酸痛。

癫痫宁片：豁痰开窍，息风安神。用于风痰上扰癫痫病，发作时症见突然昏倒，不省人事，四肢抽搐，喉中痰鸣，口吐涎沫或眼目上视，少顷清醒等症。或用于癔症、失眠等。

盘龙七片：活血化瘀，祛风除湿，消肿止痛。用于风湿性关节炎，腰肌劳损，骨折及软组织损伤。

散寒药茶：调节寒性气质，养胃，助食，爽神。用于湿寒所致的消化不良、关节骨痛、腰腿痛、头痛神疲等。

川续断

Dipsacus asper Wallich ex Candolle

忍冬科（Caprifoliaceae）川续断属多年生草本。

茎棱上疏具下弯粗硬刺。茎生叶常为3～5裂或羽状裂；叶面被白色刺毛或乳头状刺毛，背面沿脉密被刺毛。头状花序，花淡黄色或白色，花冠漏斗状，长9～11mm。花期7～9月，果期9～11月成熟。

大别山各县市均有分布，生于沟边、草丛、林缘和田野路旁。

《本草纲目》："续断、属折、接骨，皆以功命名也。"鼓锤草、和尚头等，因其花序球形而得名。

续断之名首见于《神农本草经》。《滇南本草图说》："鼓锤草，独苗对叶，苗上开花似槌。"《植物名实图考》："今所用皆川中产。""今滇中生一续断，极似芥菜，亦多刺，与大蓟微类。梢端夏出一苞，黑刺如球，大如千日红花，苞开花白，宛如葱花，茎劲，经冬不折。"

【入药部位及性味功效】

续断，又称龙豆、属折、接骨、南草、接骨草、鼓锤草、和尚头、川断、川萝卜根、马蓟、黑老鸦头、小续断、山萝卜，为植物川续断的根。秋播第3年采收，春播第2年收获，在霜冻前采挖，将全根挖起，除去泥土，用火烘烤或晒干，也可将鲜根置沸水或蒸笼中蒸或烫至根稍软时取出，堆起，用稻草覆盖任其发酵至草上发生水珠时，再摊开晒干或烤至全干，去掉须根、泥土。味苦、辛，性微温。归肝、肾经。补肝肾，强筋骨，调血脉，止崩漏。主治腰背酸痛，肢节痿痹，跌扑创伤、损筋折骨、胎动漏红、血崩、遗精、带下、痈疽疮肿。

【经方验方应用例证】

治胃痛：续断9～15g，水煎服。忌酸辣食物。(《广西民族药简编》)

长发：用续断汁沐头。(《普济方》)

保阴煎：养阴清热，凉血止血。主治阴虚血热之带下淋浊，血崩便血，月经提前。(《景岳全书》)

安冲汤：补气养血，固冲止血。主治妇人月经过多，过期不止，或不时漏下。(《医学衷中参西录》)

生血补髓汤：生血补髓。主治上骱后，气血两虚者。(《伤科补要》)

泰山磐石散：益气健脾，养血安胎。主治气血虚弱所致的堕胎、滑胎。症见胎动不安，或屡有堕胎宿疾，面色淡白，倦怠乏力，不思饮食，舌淡苔薄白，脉滑无力。(《古今医统大全》)

寿胎丸：补肾安胎。主治肾虚滑胎，及妊娠下血，胎动不安，胎萎不长者。(《医学衷中参西录》)

壮筋续骨丹：补肝肾，强筋骨。主治骨折、脱臼、伤筋等复位之后。(《伤科大成》)

补肾固冲丸：补肾健脾，固冲安胎。主治脾肾亏虚之胎动不安、滑胎等。(《中医学新编》)

新伤续断汤：活血化瘀，止痛接骨。主治骨损伤初、中期。(《中医伤科学讲义》)

三痹汤：祛风除痹。主治血气不足，手足拘挛，风痹，气痹。(《妇人良方》)

【中成药应用例证】

三清胶囊：清热利湿，凉血止血。用于下焦湿热所致急、慢性肾盂肾炎，泌尿系感染引起的小便不利，恶寒发热，尿频、尿急，少腹痛疼等。

田七镇痛膏：活血化瘀，祛风除湿，温经通络。用于跌打损伤，风湿性关节痛，肩臂腰腿痛。

壮筋续骨丸：补气活血，强壮筋骨。用于跌打损伤属气虚血瘀、肝肾不足证者。

骨折再生丸：接骨续筋。用于骨折中期。

骨愈灵胶囊：活血化瘀，消肿止痛，强筋壮骨。用于骨质疏松症。

强腰壮骨膏：壮腰固肾，温经通络。用于肾虚腰痛、腰肌劳损以及陈旧性软组织损伤。

人参卫生丸：补肝肾，益气血。用于肝肾不足，气血亏损，体质虚弱，遗尿遗精，阳痿早泄。

消瘀康胶囊：活血化瘀，消肿止痛。用于治疗颅内血肿吸收期。

风湿筋骨片：祛风散寒，通络止痛。用于痹证，腰腿痛，肌肉关节疼痛，屈伸不利，以及风湿性关节炎、类风湿性关节炎见以上证候者。

骨刺祛痛膏：祛风除湿，通络止痛。主要用于骨质增生、风寒湿痹引起的疼痛。

艾附暖宫丸：理气养血，暖宫调经。用于血虚气滞、下焦虚寒所致的月经不调、痛经，症见行经后错、经量少、有血块、小腹疼痛、经行小腹冷痛喜热、腰膝酸痛。

孕康颗粒：健脾固肾，养血安胎。用于肾虚型和气血虚弱型先兆流产和习惯性流产。

壮骨关节丸：补益肝肾，养血活血，舒筋活络，理气止痛。用于肝肾不足、血瘀气滞、脉络痹阻所致的骨性关节炎、腰肌劳损，症见关节肿胀、疼痛、麻木、活动受限。

妇宝颗粒：益肾和血，理气止痛。用于肾虚夹瘀所致的腰酸腿软、小腹胀痛、白带、经漏；慢性盆腔炎、附件炎见上述证候者。

尪痹片：补肝肾，强筋骨，祛风湿，通经络。用于肝肾不足、风湿阻络所致的尪痹，症见肌肉、关节疼痛，局部肿大，僵硬畸形，屈伸不利，腰膝酸软，畏寒乏力；类风湿性关节炎见上述证候者。

八角莲

Dysosma versipellis（Hance）M. Cheng ex Ying

小檗科（Berberidaceae）鬼臼属多年生草本。

根状茎粗短而横生，多须根；茎直立，茎不分枝。茎生叶2枚，薄纸质，互生，盾状，近圆形，4～9掌状浅裂。花深红色，5～8朵簇生；花瓣勺状倒卵形；花柱短，柱头盾状。浆果椭圆形。种子多数。花期3～6月，果期5～9月。

罗田、英山等地均有分布，生于山坡林下、溪旁阴湿处。

其根茎如数臼相连，故称鬼臼、九臼等。《本草纲目》："此物有毒，而臼如马眼，故名马目毒公。杀蛊解毒，故有犀名。其叶如镜、如盘、如荷，而新苗生则旧苗死，故有镜、盘、荷、莲、害母诸名。"

八角莲以鬼臼之名始载于《神农本草经》。《名医别录》："鬼臼生九真（今湖北汉阳）山谷及冤句（今山东菏泽）。"《本草图经》："江宁府、滁、舒、商、齐、杭、襄、峡州、荆门军亦有之（今江苏、安徽、陕西、山东、浙江杭州及湖北襄阳、宜昌等地）。""花红紫如荔枝，正在叶下，常为叶所蔽。"

【入药部位及性味功效】

八角莲，又称鬼臼、爵犀、马目毒公、九臼、天臼、解毒、害母草、独脚莲、独荷草、羞天花、术律草、琼田草、山荷叶、旱荷、八角盘、金星八角、独叶一枝花、金魁莲、八角乌、白八角莲、金边七，为植物八角莲、六角莲和川八角莲的根及根茎。全年均可采，秋末为佳。全株挖起，除去茎叶。洗净泥沙，晒干或烘干备用，切忌受潮。鲜用亦可。味苦、辛，性凉，有毒。归肺、肝经。化痰散结，祛瘀止痛，清热解毒。主治咳嗽，咽喉肿痛，瘰疬，瘿瘤，痈肿，疔疮，毒蛇咬伤，跌打损伤，痹证。

八角莲叶，又称鬼臼叶，为植物八角莲、六角莲和川八角莲的叶。夏秋采收，鲜用或晒干。味苦、辛，性平。归肺经。清热解毒，止咳平喘。主治痈肿疔疮，喘咳。

【经方验方应用例证】

治痰咳：八角莲12g，猪肺100～120g，糖适量，煲服。（《广西中药志》）

治淋巴结炎，腮腺炎：八角莲，以烧酒磨汁，外敷患处。（南药《中草药选》）

治无名肿毒：白八角莲、野葵、蒲公英各等份，捣烂，敷患处。（《贵州草药》）

治带状疱疹，单纯性疱疹：八角莲根研末，醋调涂患处。（《广西中草药》）

治乳腺癌：八角莲、黄杜鹃各15g，紫背天葵30g，加白酒500g，浸泡7天后，内服外搽。每服9g，每日2～3次。（《全国中草药汇编》）

治体虚气弱，神经衰弱，痨伤咳嗽，虚汗盗汗：八角莲9g，蒸鸽子或炖鸡、炖猪肉250g服。（《贵阳民间草药》）

治哮喘：八角莲鲜叶30g，柿饼2个，水煎，调红糖服。（《福建中草药》）

【中成药应用例证】

解毒通淋丸：清热，利湿，通淋。用于下焦湿热所致的非淋菌性尿道炎，症见尿频、尿痛、尿急。

肿痛搽剂：消肿镇痛，活血化瘀，舒筋活络，化痞散结。用于跌打损伤，风湿性关节痛，肩周炎，痛风性关节炎，乳腺小叶增生。

消乳癖胶囊：疏肝理气，软坚散结，化瘀止痛。用于气滞血瘀所致乳腺小叶增生。

红金消结片：疏肝理气，软坚散结，活血化瘀，消肿止痛。用于气滞血瘀所致乳腺小叶增生，子宫肌瘤，卵巢囊肿。

【现代临床应用】

八角莲治疗腮腺炎、流行性乙型脑炎。

三枝九叶草

Epimedium sagittatum（Sieb. et Zucc.）Maxim.

小檗科（Berberidaceae）淫羊藿属多年生草本。

一回三出复叶；小叶革质，叶缘具刺齿，卵状披针形，顶端急尖或渐尖，基部心形。花茎具2枚对生叶；圆锥花序具200朵花；花序轴、花梗无毛；花较小，白色。蓇葖果卵圆形。花期4～5月，果期5～7月。

大别山各县市均有分布，生于山坡草丛中、林下。

陶弘景："服此使人好为阴阳。西川北部有淫羊，一日百遍合，盖食藿所致，故名淫羊藿。"《本草纲目》："豆叶曰藿，此叶似之，故亦名藿。"

淫羊藿之名始见于《神农本草经》，列为中品。淫羊藿根出自《本草图经》。《本草图经》："今江东、陕西、泰山、汉中、湖湘间皆有之。叶青似杏叶，上有刺。茎如粟秆。根紫色，有须。四月开花，白色，亦有紫色碎小独头子。五月采叶晒干。""湖湘出者，叶如小豆，枝茎紧细，经冬不凋，根似黄连，关中俗呼三枝九叶草，苗高一二尺许，根叶俱堪使。"《救荒本草》："今密县山野中亦有，苗高二尺许，茎似小豆茎，极细紧。叶似杏叶，颇长，近蒂皆有一缺。又似绿豆叶，亦长而光。梢间开花，白色，亦有紫色花。"《质问本草》："四月开白花，亦有紫花者，高一二尺，一茎三桠、一桠三叶……"。因此，我国古代药用淫羊藿应为淫羊藿属的多种植物。

【入药部位及性味功效】

淫羊藿，又称刚前、仙灵脾、仙灵毗、黄连祖、放杖草、弃杖草、三叉风、桂鱼风、铁铧口、铁耙头、鲫鱼风、羊藿叶、羊角风、三角莲、乏力草、千两金、干鸡筋、鸡爪莲、三枝九叶草、牛角花、铜丝草、铁打杵、三叉骨、肺经草、铁菱角，为植物淫羊藿、箭叶淫羊藿（三枝九叶草）、巫山淫羊藿、朝鲜淫羊藿、柔毛淫羊藿等的茎、叶。夏、秋采收，割取茎叶，除去杂质，晒干。味辛、甘，性温。归肝、肾经。补肾壮阳，强筋健骨，祛风除湿。主治阳痿遗精，虚冷不育，尿频不禁，肾虚喘咳，半身不遂，腰膝酸软，风湿痹痛，四肢不仁。

淫羊藿根，又称羊藿根、仙灵脾根，为植物淫羊藿、箭叶淫羊藿（三枝九叶草）、巫山淫羊藿、朝鲜淫羊藿、柔毛淫羊藿等的根及根茎。味辛、甘，性温。归肝、肾经。补肾壮阳，祛风除湿。主治肾虚阳痿，小便淋沥，喘咳，风湿痹痛。

【经方验方应用例证】

治阳痿：箭叶淫羊藿9g，土丁桂24g，鲜黄花远志30g，鲜金樱子60g，水煎服。（《福建药物志》）

治偏风手足不遂，皮肤不仁：仙灵脾一斤，细锉，以生绢袋盛，于不津器中，用无灰酒二斗浸之，以厚纸重重密封，不得通气，春夏三日，秋冬五日后旋开。每日随性暖饮之，常令醺醺，不得大醉。（《太平圣惠方》）

治妇女围绝经期综合征，眩晕，高血压以及其他慢性疾病见有冲任不调证候者：仙茅6～15g，仙灵脾9～15g，当归、巴戟天各9g，黄柏、知母各6～9g，水煎服。（上海中医学院《方剂学》）

治痈疽成脓不溃：淫羊藿干根30g，水煎，调酒和红糖服。（《福建中草药》）

二仙汤：温肾阳，补肾精，泻肾火，调冲任。主治围绝经期综合征、高血压病、闭经以及其他慢性病见有肾阴阳两虚、虚火上扰者。（《中医方剂临床手册》）

万灵膏：活血化瘀，消肿止痛。主治痞积，并未溃肿毒，瘰疬痰核，跌打闪挫，及心腹疼痛、泻痢、风气、杖疮。（《万氏家抄方》）

补肾强身片：补肾强身，收敛固涩。主治腰酸足软，头晕眼花，耳鸣心悸，阳痿遗精。（《上海市药品标准》）

阳虚黄褐斑方：补阳祛斑。主治肾阳不足。（《美容护肤中医八法》）

【中成药应用例证】

生精胶囊：补肾益精，滋阴壮阳。用于肾阳不足所致腰膝酸软，头晕耳鸣，神疲乏力，男子无精、少精、弱精、精液不液化等症。

前列癃闭通胶囊：益气温阳，活血利水。用于肾虚血瘀所致癃闭，症见尿频，排尿延缓、费力，尿后余沥，腰膝酸软；前列腺增生见上述证候者。

千斤肾安宁胶囊：补肾健脾，利尿降浊。用于慢性肾炎普通型（脾肾两虚证），氮质血症期慢性肾功能不全。

蚕蛹补肾胶囊：温肾助阳，生精益髓。用于肾阳虚衰者，症见阳痿、早泄、遗精、腰膝酸软、四肢乏力等。

益气补肾胶囊：补肾健脾，益气宁神。用于脾肾两虚所致的神疲乏力，心悸失眠；神经衰弱及围绝经期综合征见以上证候者。

仙灵脾片：补肾强心，壮阳通痹。用于阳痿遗精，筋骨痿软，胸闷头晕，气短乏力，风湿痹痛等（也用于性功能减退的阳痿遗精，也可用于冠心病、围绝经期高血压、胸闷气短及风湿症）。

明藿降脂颗粒：降脂通络。适用于痰瘀血结证之高脂血症。

消咳平喘口服液：止咳，祛痰，平喘。用于感冒咳嗽，急、慢性支气管炎。

仙灵骨葆胶囊：滋补肝肾，活血通络，强筋壮骨。用于肝肾不足、瘀血阻络所致骨质疏松症。

康艾扶正胶囊：益气解毒，散结消肿，和胃安神。用于肿瘤放化疗引起的白细胞下降，血小板减少，免疫功能降低所致的体虚乏力、食欲不振、呕吐、失眠等症的辅助治疗。

艾愈胶囊：解毒散结，补气养血。用于中晚期癌症的辅助治疗以及癌症放化疗引起的白细胞减少症属气血两虚者。

肺心片：温肾活血，益气养阴。用于慢性肺源性心脏病缓解期及阻塞性肺气肿属肺肾两虚、瘀血阻络证的辅助治疗。

葛芪胶囊：益气养阴，生津止渴。用于气阴两虚所致消渴病，症见倦怠乏力、气短懒言、烦热多汗、口渴喜饮、小便清长、耳鸣腰酸，以及2型糖尿病见以上症状者。

骨力胶囊：强筋骨，祛风湿，活血化瘀，通络定痛。用于风寒湿痹、腰腿酸痛、肢体麻木，骨质疏松等症。

更辰胶囊：益气温阳补肾。用于肾阳虚证及肾阳虚引起的围绝经期综合征，症见腰膝酸软、心悸失眠、忧郁健忘、夜尿频多等。

肤舒止痒膏：清热燥湿，养血止痒。用于血热风燥所致的皮肤瘙痒症。

甜梦口服液（甜梦合剂）：益气补肾，健脾和胃，养心安神。用于头晕耳鸣，视减听衰，失眠健忘，食欲不振，腰膝酸软，心慌气短，中风后遗症；对脑功能减退，冠状血管疾患，脑血管栓塞及脱发也有一定作用。

羊藿三七胶囊：温阳通脉，化瘀止痛。用于阳虚血瘀所致的胸痹，症见胸痛、胸闷、心悸、乏力、气短等；冠心病、心绞痛属上述证候者。

软脉灵口服液：滋补肝肾，益气活血。用于肝肾阴虚、气虚血瘀所致的头晕、失眠、胸闷、胸痛、心悸、气短、乏力；早期脑动脉硬化、冠心病、心肌炎、中风后遗症见上述证候者。

固本统血颗粒：温肾健脾，填精益气。用于阳气虚损、血失固摄所致的紫斑，症见畏寒肢冷，腰酸乏力，尿清便溏，皮下紫斑，其色淡暗。亦可用于轻型原发性血小板减少性紫癜见上述证候者。

乳核散结片：疏肝活血，祛痰软坚。用于肝郁气滞、痰瘀互结所致的乳癖，症见乳房肿块或结节、数目不等、大小不一，质软或中等硬，或乳房胀痛、经前疼痛加剧；乳腺增生症见上述证候者。

糖脉康颗粒：养阴清热，活血化瘀，益气固肾。用于糖尿病气阴两虚兼血瘀所致的倦怠乏力、气短懒言、自汗、盗汗、五心烦热、口渴喜饮、胸中闷痛、肢体麻木或刺痛、便秘、舌质红少津、舌体胖大、苔薄或花剥，或舌暗有瘀斑、脉弦细或细数，或沉涩等症及2型糖尿病并发症见上述证候者。

【现代临床应用】

临床上，淫羊藿治疗神经衰弱、脊髓灰质炎、慢性气管炎、高血压病、冠心病、白细胞减少症。

　　三枝九叶草

杏香兔儿风

Ainsliaea fragrans Champ.

菊科（Asteraceae）兔儿风属多年生草本。

茎直立，单一，不分枝，花葶状，被褐色长柔毛。叶片厚纸质，卵形至卵状长圆形，基部心形。花白色，开放时具杏仁香气。瘦果棒状，栗褐色；冠毛棕黄色羽毛状。花果期11月。

大别山各县市均有分布，生于海拔900m以下的山坡灌木林下或路旁、沟边草丛中。

本品叶形似兔耳，叶下长绒毛衬于叶缘似金边，故名金边兔耳。花葶一支直上，以形似而有一枝箭、一枝香等名。月下红或为叶下红之讹，以叶背或为紫红色。

金边兔耳始载于《本草纲目拾遗》，云："形如兔耳草，贴地生，叶上面淡绿，下面微白，有筋脉，绿边黄毛，茸茸作金色。初生时叶稍卷如兔耳形。沙土山上最多。""兔耳一支箭，生阴山脚下。立夏时发苗，叶布地生，类兔耳形，叶厚，边有黄毛软刺，茎背俱有黄毛，寒露时抽心，高五寸许，上有倒刺而软，即花也。每枝只一花，故名一枝箭。入药用棉裹煎，恐有毛戟射肺，令人咳。"

【入药部位及性味功效】

金边兔耳，又称兔耳草，兔耳箭，金茶匙，小鹿衔、银茶匙、忍冬草、月下红、兔耳一枝箭、一枝箭、扑地金钟、天青地白、肺形草、毛马香、牛眼珠草、橡皮草、一枝香、倒拔千金、猪心草、通天草、毛鹿含草、兔耳金边草、朝天一炷香、大种巴地香、兔耳一支香、四叶一支香、兔儿风，为植物杏香兔儿风的全草。春、夏季采收，拣去杂质，用水洗净，鲜用或切段晒干。味甘、微苦，性凉。归肺、肝经。清热补虚，凉血止血，利湿解毒。主治虚劳骨蒸，肺痨咯血，妇女崩漏，湿热黄疸，水肿，痈疽肿毒，瘰疬结核，跌打损伤，毒蛇咬伤。

【经方验方应用例证】

治肺痨咯血，口腔炎：杏香兔儿风30g，水煎服。(《湖北中草药志》)

治血崩：鲜杏香兔儿风120g，水煎，冲百草霜3g服。(《福建药物志》)

治水肿：鲜杏香兔儿风根，加食盐捣烂，敷肚脐上。(《浙江民间常用草药》)

治急性骨髓炎：杏香兔儿风60g，朱砂根、雪见草各30g，水煎服，渣外敷；慢性者加黄堇、筋骨草、蒲公英各30g，同煎服。(《浙江药用植物志》)

治疖肿：鲜杏香兔儿风适量，捣烂，敷患处。(《湖北中草药志》)

治肠痈，肺痈：兔耳草60g，白石楠叶嫩脑12个，好酒煎服。(《慈航活人书》)

治九子疡：大种巴地香，捣绒敷患处。(《贵州草药》)

治中耳炎：鲜杏香兔儿风捣烂绞汁滴入耳内，每日3～4次。外耳有肿时，用鲜杏香兔儿风捣烂外敷。(《浙江药用植物志》)

治刀伤，蛇咬伤：杏香兔儿风，捣烂外敷。(《湖南药物志》)

【中成药应用例证】

祁门蛇药片：解蛇毒。用于五步蛇、蝮蛇、竹叶青蛇咬伤，亦可用于眼镜蛇、金（银）环蛇咬伤。

艾

Artemisia argyi Lévl. et Van.

菊科（Asteraceae）蒿属多年生草本或稍亚灌木状。

茎有明显纵棱，褐色。茎中部叶一回羽状深裂、浅裂或半裂，每侧裂片1～3枚；叶厚纸质；羽状深裂；上面被灰白色短柔毛，并有白色小腺点，背面密被灰白色蛛丝状密绒毛。头状花序直径2.5～3（3.5）mm，成小型穗状花序，再组成狭窄圆锥花序；花冠紫色。花果期7～10月。

大别山各县市广泛分布，生于中低海拔地区的荒地、河边及山坡等地。

《诗·采葛》传："艾所以疗疾。"《孟子》："求三年之艾也。"艾可内服外灸，很早就广泛应用于治病。故《名医别录》谓之"医草"，《埤雅》又有"灸草"。艾之为名，取于治病。艾，从艹，乂声，通乂。《诗经》毛传："艾，治也。"《释名疏证补》："艾，乂也，乂，治也。"艾与乂古音相同，均属疑纽月部。

《埤雅》:"《博物志》曰削冰令圆,举以向日,以艾承其影,则得火。艾曰冰台,其以此乎?"郝懿行《尔雅义疏》谓《埤雅》"妄生异说。不知冰古凝字,艾从乂声,台古读如题,是冰台即艾之合声。"又艾有久义,如"夜未艾""方兴未艾"。毛传:"艾,久也。"是艾字亦训"久",以艾治病,"久而弥善",故灸病之草名"艾"。《本草纲目》:"自成化以来,则以蕲州者为胜,用充方物,日下重之,谓之蕲艾。"茎叶类蒿,故名艾蒿。干后色黄,而名黄草。五月艾者,乃由采收时月得名。

艾叶入药始载于《名医别录》,曰:"艾叶,生田野。三月三日采,暴干。作煎,勿令见风。"《本草图经》:"艾叶,旧不著所出州土,但云生田野。今处处有之,以复道者为佳,云此种灸百病尤胜,初春布地生苗,茎类蒿而叶背白,以苗短者为佳,三月三日,五月五日,采叶暴干,经陈久方可用。"《本草纲目》:"艾叶,本草不著土产,但云生田野。宋时以汤阴复道者为佳,四明者图形。近代唯汤阴者谓之北艾,四明者谓之海艾。自成化以来,则以蕲州者为胜,用充方物,天下重之,谓之蕲艾。相传他处艾灸酒坛不能透,蕲艾一灸则直透彻为异也。此草多生山原。二月宿根生苗成丛。其茎直生,白色,高四五尺。其叶四布,状如蒿,分为五尖,桠上复有小尖,面青背白,有茸而柔厚。七八月叶间出穗如车前穗,细花,结实累累盈枝,中有细子,霜后始枯。皆以五月五日连茎刈取,暴干收叶。"

蕲艾,湖北省蕲春县特产,2010年12月,国家质量监督检验检疫总局批准对"蕲艾"实施地理标志产品保护,保护产地范围为湖北省蕲春县现辖行政区域。

【入药部位及性味功效】

艾叶,为植物艾的叶。培育当年9月、第2年6月花未开时割取地上部分,摘取叶片嫩梢,晒干。味辛、苦,性温。归肝、脾、肾经。温经止血,散寒止痛,祛湿止痒。主治吐血,衄血,咯血,便血,尿血,崩漏,妊娠下血,月经不调,痛经,胎动不安,心腹冷痛,泄泻久痢,霍乱转筋,带下,湿疹,疥癣,痔疮,痈疡。

艾实,又称艾子,为植物艾的果实。9～10月,果实成熟后采收。味苦、辛,性温。温肾壮阳。主治肾虚腰酸,阳虚内寒。

【经方验方应用例证】

醋艾炭(艾叶炭):取净艾叶,在锅内炒至大部分成焦黑色,喷米醋,拌匀后取出稍筛,也可喷洒清水扑灭火星,取出晾干,防止复燃。每100kg艾叶,用醋15kg。温经止血。(《全国中草药汇编》)

治肠炎、急性尿道感染、膀胱炎:艾叶二钱,辣蓼二钱,车前一两六钱。水煎服,每天一剂,早晚各服一次。(江苏徐州《单方验方新医疗法选编》)

治鼻血不止:艾灰吹之,亦可以艾叶煎服。(《太平圣惠方》)

治功能性子宫出血,产后出血:艾叶炭一两,蒲黄、蒲公英各五钱。每日一剂,煎服二次。(内蒙古《中草药新医疗法资料选编》)

治产后腹痛欲死,因感寒起者:陈蕲艾二斤,焙干,捣铺脐上,以绢覆住,熨斗熨之,待口中艾气出,则痛自止。(《杨诚经验方》)

治膝风:陈艾、菊花。二味作护膝内,久自除患。(《万病回春》)

治偏头痛：蕲艾四两，白菊花四两。小袋盛，放枕内，睡久不发。（《续回生集》）

治癣：醋煎艾涂之。（《备急千金要方》）

长胎白术散：温阳散寒，养血育胎。主治血寒宫冷证。（《叶氏女科证治》）

补肾安胎饮：固肾安胎。主治肾虚胎动不安。（《中医妇科治疗学》）

艾附暖宫丸：温经养血暖宫。主治血虚气滞、下焦虚寒所致的月经不调、痛经。（《沈氏尊生书》）

胶艾汤：养血止血，调经安胎。主治妇人冲任虚损，血虚有寒证。症见崩漏下血，月经过多，淋漓不止，产后或流产损伤冲任，下血不绝；或妊娠胞阻，胎漏下血，腹中疼痛。（《金匮要略》）

四生丸：凉血止血。主治血热妄行，吐血、衄血，血色鲜红，口干咽燥，舌红或绛，脉弦数。（《妇人良方》）

【中成药应用例证】

艾叶油胶囊：止咳，祛痰。用于慢性支气管炎的咳嗽痰多。

康肾颗粒：补脾益肾，化湿降浊。用于脾肾两虚所致的水肿、头痛而晕、恶心呕吐、畏寒肢倦；轻度尿毒症见上述证候者。

川郁风寒熨剂：祛风散寒，活血止痛。用于风寒湿引起的腰腿痛，慢性软组织损伤。

药用灸条：温经散寒，祛风除湿，通络止痛。用于风寒湿邪痹阻所致关节疼痛、脘腹冷痛等症。

抗妇炎胶囊：活血化瘀，清热燥湿。用于湿热下注型盆腔炎、阴道炎、慢性宫颈炎，症见赤白带下、阴痒、出血、痛经等症。

孕康合剂（孕康口服液）：健脾固肾，养血安胎。用于肾虚型和气血虚弱型先兆流产和习惯性流产。

艾附暖宫丸：理气养血，暖宫调经。用于血虚气滞、下焦虚寒所致的月经不调、痛经，症见行经后错、经量少、有血块、小腹疼痛、经行小腹冷痛喜热、腰膝酸痛。

乳增宁胶囊：疏肝解郁，调理冲任。用于冲任失调、气郁痰凝所致乳癖，症见乳房结节、一个或多个、大小形状不一、质柔软，或经前胀痛，或腰酸乏力、经少色淡；乳腺增生症见上述证候者。

妇科养荣胶囊：补养气血，疏肝解郁，祛瘀调经。用于气血不足，肝郁不舒，月经不调，头晕目眩，血漏血崩，贫血身弱及不孕症。

【现代临床应用】

艾叶治疗肝炎、肝硬化；治疗慢性气管炎；治疗肺结核喘息症；治疗急性细菌性痢疾；治疗间日疟；治疗钩蚴皮炎；治疗寻常疣，鲜艾叶搽局部，每日数次，3～10天自行脱落；治疗妇女白带，艾叶5%煎汤去渣，鸡蛋1个放入汤内煮，吃蛋喝汤，连服5天。

茵陈蒿
Artemisia capillaris Thunb.

菊科（Asteraceae）蒿属多年生亚灌木状草本。

茎直立，多分枝；当年枝顶端有叶丛，被密绢毛；花茎初有毛，后近无毛，有多少开展的分枝。叶二次羽状分裂。头状花序极多数，在枝端排列成复总状，有短梗及线形苞叶；总苞球形，无毛；总苞片3～4层，卵形，顶端尖，边缘膜质，背面稍绿色，无毛；花黄色，外层雌性，6～10个，能育，内层较少，不育。瘦果矩圆形，花果期7～10月。

大别山各县市均有分布，分布于低海拔地区河岸附近的湿润沙地、路旁及低山坡地区。

《本草拾遗》："虽蒿类，苗细，经冬不死，更因旧苗而生，故名因陈，后加蒿字也。"因尘，乃同音假借字。药用幼苗，枝叶细柔，密被白绵毛，故又称绵茵陈、绒蒿。

茵陈蒿始载于《神农本草经》，列为上品。《名医别录》："生太山及丘陵坡岸上。"《本草经集注》："今处处有，似蓬蒿而叶紧细，茎（经）冬不死，春又生。"《蜀本草》："《图经》云：叶似青蒿而背白。"

【入药部位及性味功效】

茵陈蒿，又称因尘、马先、茵陈蒿、茵陈、因陈蒿、绵茵陈、绒蒿、臭蒿、安吕草、婆婆蒿、野兰蒿、黄蒿、狼尾蒿、西茵陈，为植物猪毛蒿或茵陈蒿的地上部分。春采的去根幼苗，习稀"绵茵陈"，夏割的地上部分称"茵陈蒿"。栽后第2年3～4月即可采收嫩梢，连续收获 3 ～ 4 年。味微苦、微辛，性微寒。归脾、胃、膀胱经。清热利湿，退黄。主治黄疸，小便不利，湿疮瘙痒。

【经方验方应用例证】

治一切胆囊感染：茵陈 30g，蒲公英 12g，忍冬藤 30g，川军 10g，水煎服。(《青岛中草药手册》)

茵陈蒿汤：清热，利湿，退黄。主治湿热黄疸，一身面目俱黄，色鲜明如橘子，腹微满口中渴，小便不利，舌苔黄腻，脉沉实或滑数。(《伤寒论》)

茵陈五苓散：利湿退黄。主治湿热黄疸，湿重于热，小便不利者。(《金匮要略》)

大茵陈汤：主治谷疸发寒热，不可食，食即头眩，心中不安。(《医心方》卷十引《深师方》)

苓甘栀子茵陈汤：主治湿证，便涩，腹中胀满。(《医学金针》卷二)

茵陈地黄汤：治小儿初诞，面与浑身黄如金色，此为胎中受湿热。(《幼幼集成》卷二)

茵陈蒿大黄汤：治伤寒发黄，面目悉黄，小便赤，宜服。(《奇效良方》)

【中成药应用例证】

脂可清胶囊：宣通导滞，通络散结，消痰渗湿。用于痰湿证引起的眩晕、四肢沉重、神疲少气、肢麻、胸闷、舌苔黄腻或白腻等症，临床见于高脂血症。

【现代临床应用】

茵陈治疗传染性肝炎、高脂血症、口腔溃疡。

马兰

Aster indicus L.

菊科（Asteraceae）紫菀属多年生草本。

茎直立。叶互生，薄质，倒披针形或倒卵状矩圆形。头状花序单生于枝顶排成疏伞房状；总苞片2～3层，倒披针形或倒披针状矩圆形，上部草质，有疏短毛，边缘膜质，有睫毛；舌状花1层，舌片淡紫色；筒状花多数，筒部被短毛。瘦果倒卵状矩圆形，极扁。花果期5～10月。

大别山各县市均有分布，生于山坡、林缘、灌丛、路旁。

《本草纲目》："其叶似兰而大，其花似菊而紫，故名。俗称物之大者为马也。"故有马兰、紫菊之名。因其常生田埂边及路边，故又有阶前菊、田边菊、路边菊等名。马兰始载于《本草拾遗》，云："马兰，生泽旁。如泽兰，气臭。北人见其花呼为紫菊，以其花似菊而紫也。"《本草纲目》："马兰，湖泽卑湿处

【入药部位及性味功效】

马兰，又称紫菊、阶前菊、鸡儿肠、马兰头、竹节草、马兰菊、蟛蜞菊、鱼鳅串、红梗菜、田边菊、田菊、毛蜞菜、红马兰、马兰青、路边菊、螃蜞头草、襄头莲、灯盏细辛、红管药、鸡油儿、田蒿子、剪刀草、田茶菊、泥鳅串，为植物马兰的全草或根。夏、秋季采收，鲜用或晒干。味辛，性凉。归肺、肝、胃、大肠经。凉血止血，清热利湿，解毒消肿。主治吐血，衄血，血痢，崩漏，创伤出血，黄疸，水肿，淋浊，感冒，咳嗽，咽痛喉痹，痔疮，痈肿，丹毒，小儿疳积。

【经方验方应用例证】

治紫癜症：马兰、地锦草各15g，煎服。（《安徽中草药》）

治传染性肝炎：鸡儿肠鲜全草30g，酢浆草、地耳草、兖州卷柏各鲜全草15～30g，水煎服。（《福建中草药》）

治口腔炎：海金沙全草、鸡儿肠各30g，水煎服。（《福建中草药处方》）

治急性结膜炎：马兰鲜嫩叶60g，捣烂，拌茶油少许同服。（《常用青草药选编》）

治中耳炎：路边菊鲜根捣烂，取汁加冰片或酸醋少许，滴耳。（《广西本草选编》）

治疔疮：鲜马兰根及叶适量，捣烂，稍加食盐少许捣匀，敷于患处。另用此药30～60g，水煎服。并治一切阳性肿毒。（《战备草药手册》）

治急性支气管炎：马兰根60～120g，豆腐1～2块，放盐煮食。（《浙江药用植物志》）

治胃、十二指肠溃疡：鲜马兰30g，石菖蒲6g，野鸦椿15g，水煎服。（《福建药物志》）

马兰汤：马兰（切）5升，以水1斗5升，煮取8升，淋肿处。主治风毒攻肌肉，皮肤浮肿。（《圣济总录》卷一三六）

【中成药应用例证】

小儿宣肺止咳颗粒：宣肺解表，清热化痰。用于小儿外感咳嗽，痰热壅肺所致的咳嗽痰多、痰黄黏稠、咳痰不爽。

【现代临床应用】

马兰治疗慢性气管炎，总有效率72.9%；治疗急性黄疸性肝炎；治疗急性乳腺炎；治疗睾丸肿大。

东风菜

Aster scaber Thunb.

菊科（Asteraceae）紫菀属多年生直立草本。

根状茎粗壮，茎被微毛。叶互生，基部叶在花期枯萎，叶片心形；中部以上的叶常有楔形具宽翅的柄。舌状花约10个。总苞片不等长，瘦果无毛。花果期6～10月。

大别山各县市均有分布，生于山谷坡地、草地和灌丛中。

东风菜始载于《开宝本草》，云："生岭南平泽。茎高三二尺，叶似杏叶而长，极厚软，上有细毛。"《开宝本草》："先春而生，故有东风之号。"《本草纲目》："一作冬风，言得冬气也。"《植物名释札记》："此菜岭南为冬生之植物无疑，其名曰东风者，恐有所讹。""'东风菜'或作'冬风菜'。案：作'冬'合理，而'冬风'则无所取义。'风'当也是讹字。疑其名作或'冬葑'或'冬蕻'，因音近而皆可讹为'东风'。葑者，菜名，可申引为菜义。蕻者，一义为水草，与荭同，一义为菜，如冬食之菜曰'雪里蕻'，即用其后一义。"

【入药部位及性味功效】

东风菜，又称仙白草、山蛤蒿、盘龙草、白云草、尖叶苦荬、山白菜、小叶青、菊花暗消、胃药、山蛤芦、雌雄剑、冷水丹、燉菜、野芋头、钻山狗、疙瘩药、草三七、土白前，为植物东风菜和短冠东风菜的根茎及全草。秋季采挖根茎，夏、秋季采收全草，洗净，鲜用或晒干。味辛、甘，性寒。清热解毒，明目，利咽。主治风热感冒，头痛目眩，目赤肿痛，咽喉红肿，急性肾炎，肺病吐血，跌打损伤，痈肿疔疮，蛇咬伤。

【经方验方应用例证】

治急性肾炎：东风菜鲜根状茎60g，捣烂，放酒杯内扣于脐上，用布包扎，每日换1次。（《浙江药用植物志》）

治腰痛：东风菜根15g，水煎服。（《湖南药物志》）

治蕲蛇咬伤：鲜东风菜全草适量捣烂，取汁一小杯，内服；渣外敷伤口周围。（《全国中草药汇编》）

三脉紫菀

Aster ageratoides Turcz.

菊科（Asteraceae）紫菀属多年生草本。

茎直立，被柔毛或粗毛。下部叶宽卵形，中部叶椭圆形或长圆状披针形，有离基三出脉，侧脉 3 ~ 4 对。头状花序排列成伞房状或圆锥伞房状；总苞倒锥状或半球形，舌状花 10 多个，筒状花黄色，舌状花紫色或红色。瘦果冠毛浅红褐色或污白色。花果期 8 ~ 11 月。

大别山各县市均有分布，生于山坡草丛、沼泽地或沟边。

【入药部位及性味功效】

山白菊，又称野白菊、小雪花、白升麻、山马兰、三脉叶马兰、消食花、常年青、白花千里光、八月霜、八月白、白马兰、马兰、红管药，为植物三脉紫菀的全草或银。夏、秋季采收，洗净，鲜用或扎把晾干。味苦、辛，性凉。清热解毒，祛痰镇咳，凉血止血。主治感冒发热，扁桃体炎，支气管炎，肝炎，肠炎，痢疾，热淋，血热吐衄，痈肿疔毒，蛇虫咬伤。

【经方验方应用例证】

治感冒发热：山白菊根、一枝黄花各 9g，煎水服。（《浙江民间常用草药》）

治支气管炎，扁桃体炎：山白菊 30g，水煎服。（《浙江民间常用草药》）

治热淋，黄疸及无黄疸性肝炎：马兰 90g，水煎服。（《河南中草药手册》）

治肿毒，疔疮，扭伤，刀伤，蜂蜇：马兰嫩叶适量，加食盐少许，捣烂，敷患处。（《河南中草药手册》）

治乳腺炎、腮腺炎：鲜马兰 60 ~ 90g，水煎服；药渣捣烂外敷。（《内蒙古中草药》）

治蕲蛇、蝮蛇咬伤：小槐花鲜根、山白菊鲜根各 30g，捣烂绞汁服。另取上药捣烂外敷伤口，每日 2 次。（《浙江民间常用草药》）

苍术

Atractylodes lancea（Thunb.）DC.

菊科（Asteraceae）苍术属多年生草本。

茎直立。全部叶边缘或裂片边缘有针刺状锯齿。头状花序单生茎枝顶端，小花白色。瘦果倒卵圆状，被稠密的顺向贴伏的白色长直毛；冠毛羽毛状，基部连合成环。花期8～9月，果期10月。

大别山各县市均有分布，生于山坡草地、林下、灌丛及岩缝隙中。罗田、英山等地将其作为药用经济植物栽培。

苍术与白术皆作"术"，后分苍、白二种。《本草纲目》谓其根"苍黑色"，且药材断面有红黄色油腺点，习称"朱砂点"，苍术、赤术之名当得于此。仙术，《本草纲目》：《异术》言术者山之精也，服之令人长生辟谷，致神仙，故有山精、仙术之号。"

苍术之名出自《本草衍义》。古本草文献中苍术与白术常不分，统称为术，始见于《神农本草经》，列为上品。据明《本草崇源》载："《本经》未分苍白，而仲祖（指张仲景）《伤寒》方中皆用白术，《金匮》方中又用赤术，至《名医别录》则分为二，须知赤、白之分，始于仲祖，非弘景分之也。"《本草衍义》："苍术其长如大小指，肥实，皮色褐，气味辛烈。"《本草图经》："术今处处有之，以嵩山、茅山者为佳。春生苗，青色无桠，一名山蓟，以其叶似蓟也。茎作蒿秆状，青赤色，长三二尺以来，夏开花，紫碧色，亦似刺蓟花，或有黄白色者。入伏后结子，至秋而苗枯。根似姜而傍有细根，皮黑，心黄白色，中有膏液，紫色。"《本草纲目》："苍术，山蓟也。处处山中有之，苗高二三尺，其叶抱茎而生，梢间叶似棠梨叶，其脚下叶有三五叉，皆有锯齿小刺。根如老姜之状，苍黑色，肉白有油膏。"

苍术是罗田县著名特产之一，素有"罗苍"之称，香味浓郁，横断面有橙黄色或棕红色油点，俗称"朱砂点"。罗田苍术多产于县北山区一带，大部分为野生，亦有少量人工种植。

2011年11月30日，国家质量监督检验检疫总局批准对"罗田苍术"实施地理标志产品保护，地域保护范围为湖北省罗田县胜利镇、河铺镇、九资河镇、白庙河乡、大崎乡、平湖乡、三里畈镇、匡河乡、凤山镇、大河岸镇10个乡镇，天堂寨、薄刀锋、青苔关、黄狮寨4个国有林场现辖行政区域，以九资河的三省垴、胜利镇的乱石河和薄刀峰所产苍术质量为佳，有个大、质坚、香气浓郁等特点，堪称"罗苍"之最。

【入药部位及性味功效】

苍术，又称山精、赤术、马蓟、青术、仙术，为植物苍术（茅苍术）、北苍术、关苍术的根茎。栽培2~3年后，9月上旬至11月上旬或翌年2~3月，挖掘根茎，除净残茎，抖掉泥土，晒干，去除根须或晒至九成干后用火燎掉须根，再晒至全干。味辛、苦，性温。归脾、胃、肝经。燥湿健脾，祛风湿，明目。主治湿困脾胃，倦怠嗜卧，胸痞腹胀，食欲不振，呕吐泄泻，痰饮，湿肿，表证夹湿，头身重痛，痹证湿盛，肢节酸痛重着，痿躄，夜盲。

【经方验方应用例证】

四妙丸：清热利湿，通筋利痹。主治湿热下注，两足麻木，筋骨酸痛等。用于治疗丹毒，急慢性肾炎，湿疹，骨髓炎，关节炎等。（《成方便读》）

除湿胃苓汤：健脾利湿。主治缠腰火丹，水疱大小不等，其色黄白，破烂流水，痛甚。（《医宗金鉴》）

除湿蠲痛汤：除湿蠲痛。主治风湿外客，周身骨节沉重酸痛，天阴即发。（《证治准绳》）

安和散：主治邪正交争，气血不顺，一切腹痛。（《女科指南》）

八味平胃散：主治疹后脾胃两伤，吐泻交作。（《治疹全书》卷下）

白疕丸：祛风攻毒，除湿止痒。主治牛皮癣（白疕风），神经性皮炎（顽癣），慢性湿疹（顽湿疡）。（《赵炳南临床经验集》）

白带丹：主治妊娠白带。（《准绳·女科》）

白虎加苍术汤：主治清热祛湿。湿温病，身热胸痞，多汗，舌红苔白腻。现用于风湿热、夏季热等。（《类证活人书》卷十八）

半夏苍术汤：祛风化痰。主治素有风证，目涩，头疼眩晕，胸中有痰，兀兀欲吐，如居暖室，则微汗出，其证乃减，见风其证复作，当先风一日痛甚者。（《张氏医通》卷十四）

避秽丹：熏解秽恶。主痘疹。（《普济方》卷四〇三）

【中成药应用例证】

救急行军散：通关消积，止痛止泻。用于中暑伤风，发热恶寒，头眩身酸，心胃气痛。

小儿和胃丸：健脾和胃，解热止呕。用于小儿外感夹滞，腹胀腹泻，发热呕吐。

藿香正气丸：解表退热，和中理气。用于外感风寒，内伤饮食，憎寒壮热，头痛呕吐，胸膈满闷，中暑霍乱。

益康补元颗粒：益气活血，健脾补肾。用于气虚血瘀、脾肾亏虚引起的神疲乏力、呼吸气短、失眠、腰膝酸软、食少健忘等症。

湿热片：清热燥湿，涩肠止痢。用于腹痛、泄泻、血痢属大肠湿热证者。

通脉降糖胶囊：养阴清热，清热活血。用于气阴两虚、脉络瘀阻所致的消渴病（糖尿病），症见神疲乏力、肢麻疼痛、头晕耳鸣、自汗等。

化风丹：息风镇痉，豁痰开窍。用于风痰闭阻、中风偏瘫，癫痫，面神经麻痹，口眼歪斜。

康妇炎胶囊：清热解毒，化瘀行滞，除湿止带。用于月经不调，痛经，附件炎、子宫内膜炎及盆腔炎等妇科炎症。

桃红清血丸：调和气血，化瘀消斑。用于气血不和、经络瘀滞所致的白癜风。

腰痛宁胶囊：消肿止痛，疏散寒邪，温经通络。用于寒湿瘀阻经络所致的腰椎间盘突出症、坐骨神经痛、腰肌劳损、腰肌纤维炎、风湿性关节痛，症见腰腿痛、关节痛及肢体活动受限者。

【现代临床应用】

临床上，苍术用于预防感冒；治疗结膜干燥症；治疗原因不明性流泪（苍术、菊花各10g，以300～500mL沸水浸泡，待药水温热后洗眼，每日2次，连用3～5天，趁热气熏眼效果更好）；治疗佝偻病，总有效率87.5%。

白术

Atractylodes macrocephala Koidz.

菊科（Asteraceae）苍术属多年生草本。

茎直立，全部光滑无毛。叶片常3～5羽状全裂。头状花序单生茎枝顶端，全部苞片顶端钝，边缘有白色蛛丝毛；小花紫红色。瘦果倒圆锥状，密生柔毛；冠毛羽状。花果期8～10月。

大别山各县市均有分布，生于海拔850m以上的山谷向阳田地上或阴凉地方。

白术，原作术，《本草纲目》："按六书本义，术子篆文，象其根干枝叶之形。"则"术"似为象形字。《尔雅》郭璞注："术似蓟而生山中。"故一名山蓟。根味似姜、芥，故有山芥、山姜诸名。"天"上古音透纽真韵，"山"上古音山纽元韵，透、山邻纽，真、元旁转，故天蓟为山蓟之音转。"术"又为古人服饵之品，隐名山精。《广雅疏证》："《神农药经》云：'必欲长生，常服山精。'此方术家语耳。"杨袍蓟，

"袍"亦作"桴",《本草纲目》："扬州之域多种白术,其状如桴,故有杨桴及桴蓟之名,今人谓之吴术是也。桴乃鼓槌之名。"郝懿行认为:"陶(弘景)言白术即山蓟,赤术即杨袍蓟。《尔雅》下文赤袍蓟,即上抱蓟,此陶所本。"然则杨袍蓟应指苍术。本品早期与苍术不分,陶弘景始分为二,与苍术相比,本品色略淡白,故名之为白术。乞力伽为希腊语Teyaka或拉丁语Theriaca的音译,本为古代西方的一种复方丸药,谓能治百病,可致长生。《南方草木状》不识,以为乞力伽即术,遂使唐宋以后本草方书有以乞力伽为白术之异名者。

术,始载于《神农本草经》,列为上品,原无苍术、白术之分,后来才逐渐分开。白术之名出自《本草经集注》,曰:"术乃有两种,白术叶大有毛而作桠,根甜而少膏,可作丸散用。"《本草图经》:"今白术生杭、越、舒、宣州高山岗上……凡古方云术者,乃白术也。"《本草崇原》:"赤白二种,《神农本草经》未分,而汉时仲祖汤方,始有赤术、白术之分。"《本草纲目》:"白术,桴蓟也,吴越有之。人多取其根栽莳,一年即稠。嫩苗可茹,叶稍大而有毛。根如指大,状如鼓槌,亦有大如拳者。"《杭州府志》:"白术以产于谱(今浙江省临安境内)者佳,称于术。"

【入药部位及性味功效】

白术,又称山蓟、杨袍蓟、术、山芥、天蓟、山姜、山连、山精、乞力伽、冬白术,为植物白术的根茎。10月下旬至11月中旬待地上部分枯萎后,选晴天,挖掘根部,除去泥土,剪去茎秆,将根茎烘干,烘温开始用100℃,待表皮发热时,温度减至60～70℃,4～6小时上、下翻动一遍,半干时搓去须根,再烘至八成干,取出,堆放5～6天,使表皮变软,再烘至全干。亦可晒干,需用15～20天,晒至全干。味苦、甘,性温。归脾、胃经。健脾益气,燥湿利水,止汗,安胎。主治脾气虚弱,神疲乏力,食少腹胀,大便溏薄,水饮内停,小便不利,水肿,痰饮眩晕,湿痹酸痛,气虚自汗,胎动不安。

【经方验方应用例证】

麻黄加术汤:发汗解表,散寒祛湿。主治风寒夹湿痹证。身体烦疼,无汗等。(《金匮要略》)

越婢加术汤:疏风泄热,发汗利水。主治皮水,一身面目悉肿,发热恶风,小便不利,苔白脉沉者。(《金匮要略》)

逍遥散:疏肝解郁,健脾和营。主治肝郁血虚,而致两胁作痛,寒热往来,头痛目眩,口燥咽干,神疲食少,月经不调,乳房作胀,脉弦而虚者。(《太平惠民和剂局方》)

痛泻要方(原名白术芍药散):补脾柔肝,祛湿止泻。主治脾虚肝旺之痛泻。症见肠鸣腹痛,大便泄泻,泻必腹痛,泻后痛缓(或泻后仍腹痛),舌苔薄白,脉两关不调,左弦而右缓者。本方常用于急性肠炎、慢性结肠炎、肠易激综合征等属肝旺脾虚者。(《景岳全书》引刘草窗方、《丹溪心法》)

茵陈术附汤:健脾温中,化湿。主治阴黄身冷,脉沉细,身如熏黄,小便自利者。(《医学心悟》)

长胎白术散:温阳散寒,养血育胎。主治血寒宫冷证。(《叶氏女科证治》)

参苓白术散：益气健脾，渗湿止泻。主治脾虚湿盛证。症见饮食不化，胸脘痞闷，肠鸣泄泻，四肢乏力，形体消瘦，面色萎黄，舌淡苔白腻，脉虚缓。本方常用于慢性胃肠炎、贫血、慢性支气管炎、慢性肾炎以及妇女带下病等属脾虚湿盛者。(《太平惠民和剂局方》)

【中成药应用例证】

三清胶囊：清热利湿，凉血止血。用于下焦湿热所致急、慢性肾盂肾炎，泌尿系感染引起的小便不利，恶寒发热，尿频、尿急，少腹痛等。

补肾助阳丸：滋阴壮阳，补肾益精。用于肾虚体弱，腰膝无力，梦遗阳痿。

止眩安神颗粒：补肝肾，益气血，安心神。用于肝肾不足、气血亏损所致的眩晕、耳鸣、失眠、心悸。

祖师麻风湿膏：追风散寒，舒筋活血。用于筋骨疼痛，四肢麻木，腰膝疼痛，风湿性关节肿痛及筋骨劳损，跌打后痛、麻、胀诸症。

参术儿康糖浆：健脾和胃，益气养血。用于小儿疳积，脾胃虚弱，食欲不振，睡眠不安，多汗及营养不良性贫血。

和胃疗疳颗粒：健脾和胃，化食消积。用于脾胃失和所致的不思饮食，消化不良，面黄肌瘦，虫积腹痛等。

艾愈胶囊：解毒散结，补气养血。用于中晚期癌症的辅助治疗以及癌症放化疗引起的白细胞减少症属气血两虚者。

宫瘤消胶囊：活血化瘀，软坚散结。用于子宫肌瘤属气滞血瘀证，症见月经量多，夹有大小血块，经期延长，或有腹痛，舌暗红，或边有紫点、瘀斑，脉细弦或细涩。

健脾润肺丸：滋阴润肺，止咳化痰，健脾开胃。用于痨瘵，肺阴亏耗，潮热盗汗，咳嗽咯血，食欲减退，气短无力，肌肉瘦削等肺痨诸症。并可辅助治疗抗痨药物引起的肝功能损害。

红花逍遥胶囊：疏肝，理气，活血。用于肝气不舒，胸胁胀痛，头晕目眩，食欲减退，月经不调，乳房胀痛或伴见颜面黄褐斑。

痹欣片：祛风除湿，活血止痛。用于风湿阻络引起的肌肉关节疼痛等症。

乐孕宁口服液：健脾养血，补肾安胎。用于脾肾两虚所致的先兆流产、习惯性流产。

丹黄祛瘀胶囊：活血止痛，软坚散结。用于气虚血瘀、痰湿凝滞引起的慢性盆腔炎，症见白带增多者。

止痛化癥胶囊：活血调经，化癥止痛，软坚散结。用于癥瘕积聚、痛经闭经、赤白带下及慢性盆腔炎等。

【现代临床应用】

临床上，白术治疗便秘、慢性腰腿痛。

天名精

Carpesium abrotanoides L.

菊科（Asteraceae）天名精属多年生粗壮草本。

茎上部密被短柔毛。下部叶基部楔形，边缘具不规整的钝齿，齿端有腺体状胼胝体。头状花序生茎端及沿茎、枝生于叶腋，呈穗状花序式排列；雌花狭筒状，两性花筒状。花期6～9月，果期9～10月。

大别山各县市均有分布，生于村旁、路边荒地、溪边及林缘，垂直分布可达海拔1500m。

《本草纲目》："其气如豕彘，故有豕首、彘颅之名。"又谓其"炒熟则香"，《新修本草》："香气如兰，故名蟾蜍兰。""其味甘、辛，故有姜称。"形与蔓菁、菘菜相似，故有地菘、天蔓菁之名。天名精、天芜菁，并天蔓菁之讹。叶凹凸不平，似蟾蜍皮，《新修本草》："状如蓝，故名虾蟆蓝。"《本草纲目》："状如蓝，而蛤蟆好居其下，故名蛤蟆蓝。"恐非原义。《名医别录》称"觐"，乃"蘵"之讹，《尔雅义疏》："觐、蘵，声形俱近，故致伪矣。"又据《异苑》：宋元嘉中刘懂射一獐，剖五脏以此草塞之，蹶然而起。后因名之刘懂草、鹿活草等。本品花淡黄白色如鹤羽，而瘦果细小暗褐如虱，故名鹤虱。鹄即天鹅，为白色鸟类，则鹄虱名义同鹤虱。其形诡异，而称鬼虱。

天名精始载于《神农本草经》，列为上品。《名医别录》："生平原川泽，五月采。"陶弘景认为天名精即是豨莶。《新修本草》："其豨莶苦而臭，名精乃辛而香，全不相类也。"《梦溪笔谈》："地菘即天名精也，世人既不识天名精，又妄认地菘为火蔹（指豨莶），本草又出鹤虱一条，都成纷乱。今按地菘即天名精，盖其叶似菘，又似蔓菁，故有二名。鹤虱即其实也。"《本草纲目》："天名精嫩苗绿色，似皱叶菘芥，微有狐气。淘净炸之，亦可食。长则起茎，开小黄花，如小野菊花。结实如同蒿，子亦相似，最粘人衣，狐气尤甚，炒熟则香，故诸家皆云辛而香……其根白色，如短牛膝。"朱瑞章《集验方》云："余牙痛大作，一人以草药一捻，汤泡少时，以手蘸汤挹痛处即定。因求其方，用之治人多效，乃皱面地菘草也，俗人讹为地葱。沈存中专辨地菘，其子名鹤虱，正此物也。"

鹤虱始载于唐代《新修本草》，云："出西戎。"《开宝本草》："出波斯者为胜。"《本草图经》："鹤虱生西戎，今江淮衡湘皆有之。春生苗，叶皱似紫苏，大而尖长，不光。茎高二尺许。七月生黄白花，似菊。八月结实，子极尖细，干即黄黑色，采无时。杀虫方中此为最要。"《梦溪笔谈》称"地菘即天名精也""鹤虱即其实也"。《中华人民共和国药典》（2010年版，一部）以天名精果实为正品鹤虱。

【入药部位及性味功效】

天名精，又称茢薽、豕首、麦句姜、虾蟆蓝、刘懵草、天芜菁、天门精、玉门精、彘颅、蟾蜍兰、觐、地菘、天蔓菁、葵松、鹿活草、杜牛膝、皱面草、皱面地菘草、鹤虱草、母猪芥、蚵蚾草、土牛膝、鸡踝子草、野烟、山烟、野叶子烟、癞格宝草、癞蜥草、挖耳草、癞头草、癞蛤蟆草、臭草，为植物天名精的全草。7～8月采收，洗净，鲜用或晒干。味苦、辛，性寒。归肝、肺经。清热，化痰，解毒，杀虫，破瘀，止血。主治乳蛾、喉痹、急慢惊风、牙痛、疗疮肿毒、痔瘘、皮肤痒疹、毒蛇咬伤、虫积、血瘕、吐血、衄血、血淋、创伤出血。

鹤虱，又称鹄虱、鬼虱、北鹤虱，为植物天名精的果实。9～10月果实成熟时割取地上部分，晒干，打下果实，扬净。味苦、辛，性平，有小毒。归脾、胃、大肠经。杀虫消积。主治蛔虫病，绦虫病，蛲虫病，钩虫病，小儿疳积。

【经方验方应用例证】

治咽喉肿塞，痰涎壅滞，喉肿水不可下者：地菘捣汁。鹅翎扫入，去痰最妙。（《伤寒蕴要》）

治黄疸性肝炎：鲜天名精全草120g，生姜3g，水煎服。（《浙江药用植物志》）

治产后口渴气喘，面赤有斑，大便泄，小便闭，用行血利水药不效：天名精根叶，浓煎膏饮。下血，小便通而愈。（《本草从新》）

治发背初起：地菘，杵汁一升，日再服，瘥乃止。（《伤寒类要》）

治恶疮：捣地菘汁服之，每日两三服。（孟诜《必效方》）

碧雪丹：主治一切风痹蛾癣，时行诸症。（《喉科紫珍集》卷上）

安虫散：主治小儿虫痛。（《田氏保婴集》）

槟榔鹤虱散：主治诸虫心痛，无问冷热，蛔虫心痛。（《外台秘要》卷七引《广济方》）

补金散：主治腹中诸虫。（《卫生宝鉴》卷十四）

虫牙漱方：主治虫牙。（《证治宝鉴》卷十）

当归鹤虱散：主治九种心痛，蛔虫冷气，先从两肋，胸背撮痛，欲变吐。(《外台秘要》卷七引《广济方》)

【中成药应用例证】

喉咽清口服液：清热解毒，利咽止痛。用于肺胃实热所致的咽部红肿、咽痛、发热、口渴、便秘；急性扁桃体炎、急性咽炎见上述证候者。

化虫丸：杀虫消积。用于虫积腹痛，蛔虫、绦虫、蛲虫等寄生虫病。

杀虫丸：杀虫导滞。用于肠道虫积引起的虫积腹痛，停食停乳，饮食少进，大便燥结。

化积口服液：健脾导滞，化积除疳。用于脾胃虚弱所致的疳积，症见面黄肌瘦、腹胀腹痛、厌食或食欲不振、大便失调。

【现代临床应用】

临床上，天名精治疗急性乳腺炎；用于皮肤消毒；治疗急性黄疸性传染性肝炎；治疗急性肾炎；治疗慢性下肢溃疡。鹤虱治疗钩虫病。

野菊

Chrysanthemum indicum Linnaeus

菊科（Asteraceae）菊属多年生草本。

茎枝被稀疏的毛。基生叶和下部叶花期脱落，茎生叶羽状深裂；叶柄基部无耳或有分裂的叶耳。头状花序在枝顶排成复伞花序或不规则伞房花序。舌状花多黄色，或白色。花期6～11月。

大别山各县市广泛分布，生于山坡草地、灌丛、河边水湿地、田边及路旁。

野菊味苦，"薏"为莲子心，味甚苦。苦薏者谓苦如薏也。

野菊花出自《本草正》。《本草经集注》："菊有两种，一种茎紫，气香而味甘，叶可作羹食者，为真；一种青茎而大，作蒿艾气，味苦不堪食者，名苦薏，非真，其华正相似，惟以甘、苦别之尔。"《本草拾遗》："苦薏，花如菊，茎似马兰，生泽畔，似菊。菊甘而薏苦，语曰：苦如薏是也。"《日华子》载野菊名，谓："菊有两种，花大气香茎紫者为甘菊，花小气烈茎青小者名野菊。"《本草纲目》："苦薏，处处原野极多，与菊无异，但叶薄小而多尖，花小而蕊多，如蜂窠状，气味苦辛惨烈。"

【入药部位及性味功效】

野菊花，又称苦薏、野菊、山菊花、千层菊、黄菊花，为植物野菊和岩香菊的花。秋季开花盛期，分批采收，鲜用或晒干。味苦、辛，性平。归肺、肝经。清热解毒，疏风平肝。

主治疔疮，痈疽，丹毒，湿疹，皮炎，风热感冒，咽喉肿痛，高血压病。

野菊，又称野菊花、土菊花、草菊，为植物野菊或岩香菊的根或全草。夏、秋间采收，鲜用或晒干。味苦、辛，性寒。清热解毒。主治感冒，气管炎，肝炎，高血压病，痢疾，痈肿，疔疮，目赤肿痛，瘰疬，湿疹。

【经方验方应用例证】

治疔疮：野菊花和黄糖捣烂贴患处。如生于发际，加梅片、生地龙同敷。（《岭南草药志》）

治一切痈疽脓疡，耳鼻咽喉口腔诸阳证脓肿：野菊花48g，蒲公英48g，紫花地丁30g，连翘30g，石斛30g。水煎，一日3次分服。（《本草推陈》）

治急性乳腺炎：野菊花15g，蒲公英30g，煎服；另用鲜野菊叶捣烂敷患处，干则更换。（《安徽中草药》）

治头癣、湿疹、天疱疮：野菊花、苦楝根皮、苦参根各适量，水煎外洗。（《江西草药》）

预防流行性感冒：野菊花30g，水煎服；或野菊花、鱼腥草、金银花藤各30g，水煎服。（《四川中药志》1982年）

预防脑膜炎：野菊花30g，大青30g，银花藤15g，土牛膝15g，水煎服，连服2～3天。（《湖南药物志》）

治泌尿系统感染：野菊花、海金沙各30g。水煎服，每日2剂。（《江西草药》）

治扩散型肺结核：野菊花45g，地胆草30g，兰香草60g。水煎服，每日1剂。（《江西草药》）

治肾炎：野菊花、金钱草、车前草各3g，水煎服。（《陕甘宁青中草药选》）

治肝热型高血压：①野菊花、夏枯草、草决明各15g，水煎服。（《四川中药志》1982年）②野菊花、黄芩、夏枯草各9g，水煎服。（《内蒙古中草药》）

治疔疮：野菊花根、菖蒲根、生姜各一两。水煎，水酒兑服。（《医钞类编》）

治痈疽疔肿，一切无名肿毒：①野菊花，连茎捣烂，酒煎，热服取汗，以渣敷之。（《孙天仁集效方》）②野菊花茎叶、苍耳草各一握，共捣，入酒一碗，绞汁服，取汗，以滓敷之。（《卫生易简方》）

治妇人乳痈：路边菊叶加黄糖捣烂，敷患处。（《岭南草药志》）

治蜈蚣咬伤：野菊花根，研末或捣烂敷伤口周围。（《岭南草药志》）

治白喉：①野菊一两，和醋糟少许，捣汁，冲开水漱口。②野菊叶和醋半匙，将野菊叶捣烂后，加白醋调匀涂在喉头。（《贵州中医验方》）

五味消毒饮合大黄牡丹汤：清热解毒，化瘀散结，利湿排脓。主治热毒炽盛之疔疮痈肿。（《医宗金鉴》《金匮要略》）

苦参汤：清热燥湿止痒。主治疥癣，疯癞，疮疡。（《中医大辞典》）

连翘野菊散：主治发颐生痈初起。（《洞天奥旨》卷五）

野菊煎剂：清热，凉血，解毒。治春夏季节，因食灰菜、苋菜、野艾、紫云英、野木耳、番瓜叶、麻芥菜、委陵菜（翻白草）等，又经烈日曝晒，颜面、手足背发痒刺痛，随即高度浮肿，颜面肿大，眼合成线，唇口外翻，指不能屈，皮肤暗红发亮，起瘀斑浆疱，低热倦怠者。（《中医皮肤病学简编》）

【中成药应用例证】

舒泌通胶囊：清热解毒，利尿通淋，软坚散结。用于湿热蕴结所致癃闭，小便量少，热赤不爽；前列腺肥大见上述证候者。

罗己降压片：平肝，清热，降压。适用于高血压病。

馥感啉口服液：清热解毒，止咳平喘，益气疏表。用于小儿气虚感冒所引起的发热、咳嗽、气喘、咽喉肿痛。

复方忍冬野菊感冒片：清热解毒，疏风利咽。用于风热感冒，咽喉肿痛，发热。

舒络片：清肝泻火，凉血降压。适用于高血压病。

野菊花颗粒：清热解毒。用于疔疮肿痛，目赤肿痛，头痛眩晕。

鼻渊胶囊：清热毒，通鼻窍。用于慢性鼻炎及鼻窦炎。

脂溢性皮炎散：清热燥湿，祛风解毒。用于湿热互阻所致的头皮脂溢过多。

男康片：补肾益精，活血化瘀，利湿解毒。用于治疗肾精亏损、瘀血阻滞、湿热蕴结引起的慢性前列腺炎。

双虎清肝颗粒：清热利湿，化痰宽中，理气活血。用于湿热内蕴所致的胃脘痞闷、口干不欲饮、恶心厌油、食少纳差、胁肋隐痛、腹部胀满、大便黏滞不爽或臭秽，或身目发黄，舌质暗、边红，舌苔厚腻或黄腻，脉弦滑或弦数者；慢性乙型肝炎见上述证候者。

补肾固齿丸：补肾固齿，活血解毒。用于肾虚火旺所致的牙齿酸软、咀嚼无力、松动移位、龈肿齿衄；慢性牙周炎见上述证候者。

复方瓜子金颗粒：清热利咽，散结止痛，祛痰止咳。用于风热袭肺或痰热壅肺所致的咽部红肿、咽痛、发热、咳嗽；急性咽炎、慢性咽炎急性发作及上呼吸道感染见上述证候者。

复方益肝丸：清热利湿，疏肝理脾，化瘀散结。用于湿热毒蕴所致的胁肋胀痛、黄疸、口干口苦、苔黄脉弦；急、慢性肝炎见上述证候者。

野菊花栓：抗菌消炎。用于前列腺炎及慢性盆腔炎等疾病。

银蒲解毒片：清热解毒。用于风热型急性咽炎，症见咽痛、充血，咽干或具灼热感，舌苔薄黄；湿热型肾盂肾炎，症见尿频短急、尿道灼热疼痛、头身疼痛、小腹坠胀、肾区叩击痛。

鼻炎康片：清热解毒，宣肺通窍，消肿止痛。用于风邪蕴肺所致的急、慢性鼻炎，过敏性鼻炎。

【现代临床应用】

临床上，野菊花治疗感冒流行性腮腺炎、呼吸道炎症、慢性盆腔炎、宫颈糜烂、颈淋巴结结核、慢性肠炎、急性痢疾、前列腺炎等；预防流行性感冒。野菊治疗感冒。

菊花

Chrysanthemum morifolium Ramat.

菊科（Asteraceae）菊属多年生草本。

茎枝被稀疏的毛。基生叶和下部叶花期脱落，茎生叶羽状深裂；叶柄基部无耳或有分裂的叶耳。头状花序在枝顶排成复伞花序或不规则伞房花序。舌状花多黄色，或白色。花期6～11月。

大别山各县市均有栽培，生于山坡草地、灌丛、河边水湿地、田边及路旁。

《说文解字》："菊，大菊蘧麦也。"《尔雅》："大菊，蘧麦。"郭璞注："即瞿麦。"非指今之菊花。"菊"，古作"蘜"。《说文解字》："蘜，日精也，以秋华。"菊、蘜本一字二体。《本草纲目》："按陆佃《埤雅》云：菊本作蘜，从鞠。鞠，穷也。《月令》：九月，菊有黄华。华事至此而穷尽，故谓之蘜。节花之名，亦取其应节候也。"《名医别录》一名傅延年。《太平御览》引《神农本草经》："菊一名傅公，一名延年。"据汉代《风俗通》记载，东汉时，相传郦县有甘谷，谷水甘美，因得大菊之滋液，服之多益。一时风尚，遍及朝中三公，太傅袁隗、胡广，皆其辈。"傅公"出典，殆以此。"延年"之名因其能益寿。《名医别录》夺一"公"字，遂误为"傅延年"。

菊花，《神农本草经》列为上品。菊花苗出自《得配本草》，菊花叶出自《名医别录》，菊花根出自《本草正》。《本草经集注》："菊有两种，一种茎紫，气香而味甘，叶可作羹食者，为真；一种青茎而大，作蒿艾气，味苦不堪食者，名苦薏，非真，其华正相似，惟以甘、苦别之尔。南阳郦县最多。今近道处处有，取种之便得。又有白菊，茎叶都相似，唯花白，五月取。"所述"味甘之菊"和"白菊"即今之药用菊花。《本草衍义》："菊花，近世有二十余种，惟单叶花小而黄绿，叶色深小而薄，应候而开者是也。《月令》所谓菊有黄花者也。又邓州白菊，单叶者亦入菊。"《本草纲目》："菊之品凡百种，宿根自生，茎叶花色品品不同……其茎有株、蔓、紫、赤、青、绿之殊，其叶有大、小、厚、薄、尖、秃之异，其花有千叶单叶、有心无心、有子无子、黄白红紫、间色深浅、大小之别，其味有甘、苦、辛之辨，又有夏菊、秋菊、冬菊之分。大抵惟以单叶味甘者入药，《菊谱》所载甘菊、邓州黄、邓州白者是矣。甘菊始生于山野，今则人皆栽植之。其花细碎，品不甚高。蕊如蜂窠，中有细子，亦可捺种。"

【入药部位及性味功效】

菊花，又称节华、日精、女节、女华、女茎、更生、周盈、傅延年、阴成、甘菊、真菊、金精、金蕊、馒头菊、簪头菊、甜菊花、药菊，为植物菊的头状花序。11月初开花时，待花瓣平展，由黄转白而心略带黄时，选晴天露水干后或午后分批采收，这时采的花水分少，易干燥，色泽好，品质好。采下鲜花，切忌堆放，需及时干燥或薄摊于通风处。加工方法因各地产的药材品种而不同；阴干，适用于小面积生产，待花大部开放，选晴天，割下花枝，捆成小把，悬吊通风处，经30～40天，待花干燥后摘下，略晒；晒干，将鲜菊花薄铺蒸笼内，厚度不超过3朵花，待水沸后，将蒸笼置锅上蒸3～4分钟，倒至晒具内晒干，不宜翻动；烘干，将鲜菊铺于烘筛上，厚度不超过3cm，用60℃炕干。味甘、苦，性微寒。归肺、肝经。疏风清热，平肝明目，解毒消肿。主治外感风热或风温初起，发热头痛，眩晕，目赤肿痛，疔疮肿毒。

菊花根，又称长生，为植物菊的根。秋、冬季采挖根，洗净，鲜用或晒干。味苦、甘，性寒。利小便，清热解毒。主治癃闭，咽喉肿痛，痈肿疔毒。

菊花苗，又称玉英，为植物菊的幼嫩茎叶。春季或夏初采收，阴干或鲜用。味甘、微苦，性凉。清肝明目。主治头风眩晕，目生翳膜。

菊花叶，又称容成，为植物菊的叶。夏、秋季采摘，洗净，鲜用或晒干。味辛、甘，性平。清肝明目，解毒消肿。主治头风，目眩，疔疮，痈肿。

【经方验方应用例证】

治风热头痛：菊花、石膏、川芎各三钱。为末。每服一钱半，茶调下。（《简便单方》）

治太阴风温，但咳，身不甚热，微渴者：杏仁二钱，连翘一钱五分，薄荷八分，桑叶二钱五分，菊花一钱，苦桔梗二钱，甘草八分，苇根二钱。水二杯，煮取一杯，日三服。（《温病条辨》桑菊饮）

治热毒风上攻，目赤头旋，眼花面肿：菊花（焙）、排风子（焙）、甘草（炮）各一两。上三味，捣罗为散。夜卧时温水调下三钱匕。（《圣济总录》菊花散）

治肝肾不足，虚火上炎，目赤肿痛，久视昏暗，迎风流泪，怕日羞明，头晕盗汗，潮热足软：枸杞子、甘菊花、熟地黄、山萸肉、怀山药、白茯苓、牡丹皮、泽泻，炼蜜为丸。（《医级》杞菊地黄丸）

治肝肾不足，眼目昏暗：甘菊花四两，巴戟（去心）一两，苁蓉（酒浸，去皮，炒，切，焙）二两，枸杞子三两。上为细末，炼蜜丸，如梧桐子大。每服三十丸至五十丸，温酒或盐汤下，空心食前服。（《局方》菊睛丸）

治病后生翳：白菊花、蝉蜕等份。为散。每用二、三钱，入蜜少许，水煎服。（《救急方》）

治疔：白菊花四两，甘草四钱。水煎，顿服，渣再煎服。（《外科十法》菊花甘草汤）

治膝风：陈艾、菊花。作护膝，久用。（《扶寿精方》）

治高血压：白菊花15g，红枣3粒，水煎服。（《福建药物志》）

清目宁心：甘菊新长嫩头丛生叶，摘来洗净，细切，入盐同米煮粥，食之。（《遵生八笺》菊苗粥）

治女人阴肿：甘菊苗捣烂煎汤，先熏后洗。（《世医得效方》）

治红丝疔：白菊花叶（无白者，别菊亦可，冬月无叶，取根），加雄黄钱许，蜓蚰二条，共捣极烂，从头敷至丝尽处为止，用绢条裹紧。（《本草纲目拾遗》）

治小便闭：白菊花根捣烂取汁半茶盅。用热酒冲汁服，或滚水加酒一小杯冲亦可。（《不知医必要》）

治吹乳：甘菊花根、叶杵烂。酒酿冲服，渣敷患处。（《鳣溪单方选》）

菊花决明散：疏风清热，祛翳明目。治风热上攻，目中白睛微变青色，黑睛稍带白色，黑白之间，赤环如带，谓之抱轮红，视物不明，睛白高低不平，甚无光泽，口干舌苦，眵多羞涩。（《原机启微》）

地参菊花汤：补阴，清热，止痛。主治阴虚胃热牙痛。（《古今名方》）

【中成药应用例证】

三宝片：填精益肾，养心安神。用于肾阳不足所致腰酸腿软，阳痿遗精，头晕眼花，耳鸣耳聋，心悸失眠，食欲不振。

三七脂肝丸：健脾化浊，祛痰软坚。用于脂肪肝、高脂血症属肝郁脾虚证者。

长春红药胶囊：活血化瘀，消肿止痛。用于跌打损伤，瘀血作痛。

口洁含漱液：清热解毒。用于口舌生疮，牙龈、咽喉肿痛。

京制牛黄解毒丸：清热解毒，散风止痛。本品用于肺胃蕴热引起的头目眩晕，口鼻生疮，风火牙痛，咽喉疼痛，耳鸣肿痛，大便秘结，皮肤刺痒。

降浊健美颗粒：消积导滞，利湿降浊，活血祛瘀。用于湿浊瘀阻，消化不良，身体肥胖，疲劳神倦。

五加芪菊颗粒：益气健脾，消食导滞。用于脾虚食滞所致的高脂血症。

丹珍头痛胶囊：平肝息风，散瘀通络，解痉止痛。用于肝阳上亢、瘀血阻络所致的头痛，背痛颈酸，烦躁易怒。

九味痔疮胶囊：清热解毒，燥湿消肿，凉血止血。用于湿热蕴结所致内痔出血、外痔肿痛。

双辛鼻窦炎颗粒：清热解毒，宣肺通窍。用于肺经郁热引起的鼻窦炎。

银菊清咽颗粒：生津止渴，清凉解热。用于虚火上炎所致的暑热烦渴、咽喉肿痛。

益肾生发丸：滋补肝肾，养血生发。用于肝肾不足、精血亏虚、头发失养而引起的斑秃。

山菊降压片：平肝潜阳。用于阴虚阳亢所致的头痛眩晕、耳鸣健忘、腰膝酸软、五心烦热、心悸失眠；高血压病见上述证候者。

参乌健脑胶囊：补肾填精，益气养血，强身健脑。用于肾精不足、肝气血亏所引致的精神疲惫、失眠多梦、头晕目眩、体乏无力、记忆力减退。

芎菊上清片：清热解表，散风止痛。用于外感风邪引起的恶风身热、偏正头痛、鼻流清涕、牙疼喉痛。

【现代临床应用】

临床上，菊花治疗高血压、动脉硬化症、冠心病。

刺儿菜

Cirsium arvense var. *integrifolium* C. Wimm. et Grabowski

菊科（Asteraceae）蓟属多年生草本。

根状茎长；茎直立，无毛或被蛛丝状毛。叶椭圆形或长椭圆状披针形，顶端钝尖，基部狭或钝圆，全缘或有齿裂，有刺，两面被疏或密蛛丝状毛，无柄。头状花序，单生于茎端，雌雄异株，雄株头状花序较小，雌株头状花序较大；小花紫红色或白色。瘦果淡黄色，压扁。花果期5～9月。

大别山各县市广泛分布，生于山坡、河旁、荒地、田间。

《本草乘雅半偈》："与大蓟根苗相似，但不若大蓟之肥大耳。"故称为小蓟。《医学衷中参西录》："小蓟，山东俗名萋萋菜，萋字当为蓟字之转音；奉天俗名枪刀菜，因其多刺如枪刀也。"枪刀菜也或因其有止血之功而得名。

小蓟始载于《名医别录》，与大蓟同条。《本草图经》："小蓟根，《本经》不著所出州土，今处处有之，俗名青刺蓟。苗高尺余，叶多刺，心中出花头，如红蓝花而青紫色。北人呼为千针草。当二月苗初生二三寸时，并根作茹，食之甚美。"《本草衍义》："大、小蓟皆相似，花如髻。但大蓟高三四尺，叶皱；小蓟高一尺许，叶不皱，以此为异。小蓟，山野人取为蔬，甚适用。虽有微芒，亦不能害人。"

【入药部位及性味功效】

小蓟，又称猫蓟、青刺蓟、千针草、刺蓟菜、刺儿菜、青青菜、萋萋菜、枪刀菜、野红

花、刺角菜、木刺艾、刺杆菜、刺刺芽、刺杀草、荠荠毛、小恶鸡婆、刺萝卜、小蓟姆、刺儿草、牛戳刺、刺尖头草、小刺盖，为植物刺儿菜的全草或根。5～6月盛开期，割取全草晒干或鲜用。可连续收获3～4年。味甘、微苦，性凉。归肝、脾经。凉血止血，清热消肿。主治咳血，吐血，衄血，尿血，血淋，便血，血痢，崩中漏下，外伤出血，痈疽肿毒。

【经方验方应用例证】

治九窍出血：用小蓟一握，捣汁，水半盏和顿服。如无青者，以干蓟末，冷水调三钱匕服。(《卫生易简方》)

治妇人阴痒不止：小蓟，不拘多少，水煎汤，热洗，日洗三次。(《妇人良方》)

治妊娠胎堕后出血不止：小蓟根叶(锉碎)、益母草(去根，切碎)各五两。以水三大碗，煮二味烂熟去滓至一大碗，将药于铜器中煎至一盏，分作二服，日内服尽。(《圣济总录》小蓟饮)

治高血压：小蓟、夏枯草各15g，煎水代茶饮。(《安徽中草药》)

治急性肾炎、泌尿系感染、浮肿：小蓟15g，生地9g，茅根60g，水煎服。(《天津中草药》)

治传染性肝炎，肝肿大：鲜小蓟根60g，水煎服，10天为1个疗程。(《常用中草药图谱》)

小蓟饮子：凉血止血，利水通淋。主治热结下焦之血淋、尿血。(《济生方》)

【中成药应用例证】

血尿安胶囊：清热利湿，凉血止血。用于湿热蕴结所致的尿血、尿频、尿急、尿痛；泌尿系感染见上述证候者。

长春红药胶囊：活血化瘀，消肿止痛。用于跌打损伤，瘀血作痛。

白柏胶囊：补气固冲，清热止血。适用于气虚血热型月经过多。

山菊降压片：平肝潜阳。用于阴虚阳亢所致的头痛眩晕、耳鸣健忘、腰膝酸软、五心烦热、心悸失眠；高血压病见上述证候者。

荡石胶囊：清热利尿，通淋排石。用于肾结石，输尿管、膀胱等泌尿系统结石。

【现代临床应用】

小蓟治疗麻风性鼻衄、产后子宫收缩不全及血痢、疮疡、传染性肝炎；预防细菌性痢疾。

蓟

Cirsium japonicum Fisch. ex DC.

菊科（Asteraceae）蓟属多年生草本。

茎被长毛，茎端头状花序下部灰白色，被绒毛及长毛。基生叶卵形、长倒卵形、椭圆形或长椭圆形，羽状深裂或几全裂，基部渐窄成翼柄，柄翼边缘有针刺及刺齿，侧裂片6～12对，卵状披针形，有小锯齿，或二回状分裂；基部向上的茎生叶渐小，与基生叶同形并等样分裂，两面绿色，基部半抱茎。头状花序直立，顶生；总苞钟状，总苞片约6层，覆瓦状排列；小花红或紫色。瘦果。花果期4～11月。

大别山各县市均有分布，生长在海拔400m以上的山坡林中、林缘、灌丛中、草地、荒地、田间、路旁或溪旁。

大蓟始载于《名医别录》。头状花序顶生，总苞球形如发髻。《本草纲目》："蓟犹髻也。曰虎、曰猫，因其苗状狰狞也。曰马者，大也。牛蒡，因其根似牛蒡根也。鸡项，因其茎似鸡之项也。"但名虎蓟者，或如《本草经集注》所言"大蓟是虎蓟，小蓟是猫蓟。"以"虎"状大蓟之大，以"猫"状小蓟之小。刺亦作"茨"。方言又称作"芐"，老虎脷即"老虎芐"之音转。鼓椎者，"椎"通作"槌"，因花枝形似而得名。牛不嗅、鸟不扑等因其叶之多刺也。

【入药部位及性味功效】

大蓟,又称马蓟、虎蓟、刺蓟、山牛蒡、鸡项草、鸡脚刺、野红花、茨芥、牛触嘴、鼓椎、鸡姆刺、恶鸡婆、大牛喳口、山萝卜、猪姆刺、六月霜、蚁姆刺、牛口刺、老虎脷、刺萝卜、驴扎嘴、牛口舌、老虎刺、草鞋刺、刷把头、土红花、野刺菜、牛不嗅、猪妈菜、牛刺笋菜、笋菜、鸟不扑,为植物蓟的地上部分或根。栽种第3年,秋季挖掘根部,除去泥土、残茎,洗净,晒干。夏、秋季盛花时割取地上部分,鲜用或晒干。味甘、微苦,性凉。归心、肝经。凉血止血,行瘀消肿。主治吐血,咯血,衄血,便血,尿血,妇女崩漏,外伤出血,疮疡肿痛,瘰疬,湿疹,肝炎,肾炎。

【经方验方应用例证】

治外伤出血:大蓟根,研极细末,敷患处。(《浙江民间常用草药》)

治肺痈:鲜大蓟120g,煎汤,早晚饭后服。(《闽东本草》)

治疗疖疮疡,灼热赤肿:大蓟鲜根,和冬蜜捣匀,贴患处,日换两次。(《福建民间草药》)

治汤火烫伤:大蓟鲜根,以冷开水洗净后,捣烂,包麻布炖热,绞汁,涂抹,日二三次。(《福建民间草药》)

治带状疱疹:大蓟、小蓟、鲜牛奶各适量。将大小蓟放在鲜牛奶中,泡软后,捣成膏,外敷。(内蒙古《中草药新医疗法资料汇编》)

治鼻窦炎:鲜大蓟根90g,鸡蛋2～3个,二味同煎,吃蛋喝汤。忌辛辣等刺激性食物。(《全国中草药新医疗法展览会技术资料选编》)

治牙痛,口腔糜烂:大蓟根30g,频频含漱。(《战备草药手册》)

治乳糜尿:大蓟根30g,水煎服。(《浙江民间常用草药》)

大蓟根散:主治热结瘰疬。(《圣济总录》卷一二七)

大蓟饮:主治吐呕血。(《奇效良方》卷五十)

十灰散:祛瘀生新,止血。治暴吐血或吐血而兼有瘀血者。(《医学心悟》卷三)

【中成药应用例证】

舒络片:清肝泻火,凉血降压。适用于高血压病。

白柏胶囊:补气固冲,清热止血。适用于气虚血热型月经过多。

鼻康片:清热解毒,疏风消肿,利咽通窍。用于风热所致的急慢性鼻炎、鼻窦炎及咽炎。

荷叶丸:凉血止血。用于血热所致的咯血、衄血、尿血、便血、崩漏。

血见宁散:止血。用于消化道出血,肺咯血。

【现代临床应用】

大蓟治疗乳腺炎、肺结核;治疗高血压病,有效率86.1%。

白头婆

Eupatorium japonicum Thunb.

菊科（Asteraceae）泽兰属多年生草本。

茎直立，被柔毛，通常不分枝。叶对生，有长短不等的叶柄，椭圆形或矩椭圆形。头状花序多数，在茎顶或分枝顶端排成伞房状；总苞钟状；总苞片顶端钝；头状花序含5个两性筒状花；冠毛与花冠等长。瘦果有腺点及柔毛。花果期5～12月。

大别山各县市分布广泛，生于山谷阴处水湿地、林下湿地或草原上。

本品茎枝挺直而坚，散生紫色斑点，有如秤杆，故名秤杆草。头状花序顶生，白花稠密，故有"白头"之称。

山佩兰出自《浙南本草新编》。白头婆又名单叶佩兰。《植物名实图考》："生长沙山坡间，细茎直上，高二三尺，长叶对生，疏纹细齿，上下叶相距甚疏。梢头发葶，开小长白花，攒簇稠密，一望如雪，故有白头之名。"

【入药部位及性味功效】

山佩兰，又称白头婆、佩兰、南佩兰、秤杆草、搬倒甑、野升麻、麻秤杆、秤杆升麻、红升麻、土升麻、泽兰、血升麻、细黑升麻、佩兰，为植物白头婆的全草。夏、秋季采收，洗净，鲜用或晒干。味辛、苦，性平。祛暑发表，化湿和中，理气活血，解毒。主治夏伤暑湿，发热头痛，胸闷腹胀，消化不良，胃肠炎，感冒，咳嗽，咽喉炎，扁桃体炎，月经不调，跌打损伤，痈肿，蛇咬伤。

【经方验方应用例证】

治中暑发热，头痛头胀：南佩兰、青蒿、菊花各9g，绿豆衣12g，水煎服。(《山东中草药手册》)

治急性胃肠炎：佩兰、藿香、苍术、茯苓、三颗针各9g，水煎服。(《浙江药用植物志》)

治胃痛：佩兰根15g，水煎，加红糖、黄酒服。(《浙江药用植物志》)

治消化不良，腹泻：山佩兰带根全草15～30g，水煎服。(《浙南本草新编》)

治感冒、流行性感冒：山佩兰全草、一枝黄花各15g，水煎服。(《浙南本草新编》)

治咽喉炎，扁桃体炎：泽兰根15g，水煎服。(《浙江民间常用草药》)

治痛经、闭经：泽兰、香附子各9g，丹参12g，水煎服。(《河南中草药手册》)

大吴风草

Farfugium japonicum （L. f.） Kitam.

菊科（Asteraceae）大吴风草属多年生莛状草本。

具粗壮根茎。叶互生，基生叶有长柄，肾形，边缘有具小尖的细齿，或近全缘。头状花序，小花黄色，瘦果圆柱状，有纵纹和短毛；冠毛棕褐色。花果期8～11月。

大别山各县市均有分布，生于低海拔的林下、山地、山谷、溪边草丛。亦作为林下观赏植物栽培。

【入药部位及性味功效】

莲蓬草，又称橐吾、独脚莲、荷叶术、荷叶三七、岩红、独足莲、铁铜盘、野金瓜、八角乌、铁冬苋、大马蹄、马蹄当归、一叶莲、活血莲、大马蹄香、熊掌七，为植物大吴风草的全草。夏、秋季采收，鲜用或晒干。味辛、甘，微苦，性凉。清热解毒，凉血止血，消肿散结。主治感冒，咽喉肿痛，咳嗽咯血，便血，尿血，月经不调，乳腺炎，瘰疬，痈疖肿毒，痈疮湿疹，跌打损伤，蛇咬伤。

【经方验方应用例证】

治感冒，流行性感冒：大吴风草15g。水煎服。（《浙江民间常用草药》）

治咽喉炎，扁桃体炎：大吴风草根6～9g，水煎服。(《浙江民间常用草药》)

治妇人乳痈初起：独脚莲鲜草洗净，加红糖，共捣烂，加热敷贴。(《福建民间草药》)

治疔疮溃疡：独脚莲鲜全叶，用银针密密刺孔，以米汤或开水泡软，敷贴疮口，日换二至三次。(《福建民间草药》)

治瘰疬：独脚莲鲜根60～90g，或加夏枯草30g。酌加黄酒和水各半，煎取半碗。饭后服，日两次。或取叶炒鸡蛋服。(《福建民间草药》)

治跌打损伤：鲜大吴风草根捣烂敷伤处；或根6～9g切片嚼碎，黄酒冲服，一日2次，重伤者连服8～9天。(《浙江民间常用草药》)

【中成药应用例证】

神农药酒：祛风散寒，活血化瘀，舒筋活络。用于风寒湿痹，关节肿痛，肌肉劳损。

菊三七

Gynura japonica（Thunb.） Juel.

菊科（Asteraceae）菊三七属多年生高大草本。

根粗大成块状。茎直立，绿色或带紫色。叶常密集于茎基部，莲座状，叶片倒卵形、匙形或椭圆形，羽状深裂，上面绿色，下面绿色或变紫色。疏伞房状花序顶生；小花黄色至红色。花果期8～10月。

大别山各县市均有分布，生于山坡沙质地、林缘或路旁。

土三七之名始见于《滇南本草》。叶似菊而叶背色紫，肉质多汁，有三七之功，故有土三七、菊叶三七、水三七、紫背三七诸名。散瘀止血，功似当归，故又称血当归、破血丹等。

《本草纲目》："近传一种草，春生苗，夏高三四尺，叶似菊艾而劲厚有歧尖，茎有赤棱。夏秋开花，花蕊如金丝，盘纽可爱，而气不香。花干则吐絮，如苦荬絮。根叶味甘，治金疮折伤出血，及上下血病甚效。云是三七，而根大如牛蒡、刘寄奴之属，甚易繁衍。"《植物名实图考》："土三七亦有数种，治血衄、跌损有速效者，皆以三七名之。"

【入药部位及性味功效】

土三七，又称见肿消、乳香草、奶草、泽兰、叶下红、散血草、和血丹、天青地红、破血丹、血牡丹、三七草、九头狮子草、白田七草、血当归、红背三七、散血丹、血三七、菊叶三七、水三七、紫背三七、狗头三七，为植物菊三七的根或全草。7～8月间生长茂盛时采，或随用随采。味甘、微苦，性温。止血，散瘀，消肿止痛，清热解毒。主治吐血，衄血，咯血，便血，崩漏，外伤出血，痛经，产后瘀滞腹痛，跌打损伤，风湿痛，疮痈疽疔，虫蛇咬伤。

【经方验方应用例证】

治产后瘀血腹痛：土三七根 15g，水煎服。(《江西草药》)

治吐血，衄血，便血：破血丹 9g，水煎服。(《陕西中草药》)

治跌打损伤，瘀滞肿痛：破血丹、追风七、透骨草各 9g，铁棒锤 1.5g，加酒和醋共捣烂外敷；或破血丹适量，加酒和醋捣烂外敷亦可。(《陕西中草药》)

治骨折，脱臼：鲜土三七根适量，甜酒糟少许，捣烂外敷，隔日换药 1 次。(《江西草药》)

治大骨节病：鲜菊叶三七 6～12g，水煎服，每 30 天为 1 个疗程，服 1 个疗程后，隔 7 天再服 1 个疗程。(《全国中草药汇编》)

治淋巴结炎、乳腺炎初期：水三七、蒲公英、四叶草、苦马草各适量。冲碎兑蜜和酒炒热外敷。并用上方水煎服。(《曲靖专区中草药手册》)

治手、足癣：土三七叶捣烂外搽。(《广西实用中草药新述》)

治毒虫咬伤：土三七鲜叶捣烂外敷。(《浙江民间常用草药》)

立止吐血膏：引血下行，止血逐瘀。主治伤寒夹血，呕血吐血，表邪虽解，血尚不止者。(《重订通俗伤寒论》)

【中成药应用例证】

跌打止痛片：活血祛瘀，消肿止痛。用于跌打损伤，闪腰岔气。

【现代临床应用】

菊三七治疗急性扭挫伤、大骨节病。

旋覆花

Inula japonica Thunb.

菊科（Asteraceae）旋覆花属多年生草本。

茎被长伏毛。叶狭椭圆形，基部渐狭或有半抱茎的小耳，无叶柄，边缘有小尖头的疏齿或全缘，下面有疏伏毛和腺点。头状花序，多或少数排成疏散伞房状，梗细；总苞片5层，条状披针形，仅最外层披针形而较长；舌状花黄色，顶端有3小齿；筒状花长约5mm。瘦果长圆柱形。花期6～10月，果期9～11月。

大别山各县市均有分布，生于海拔150m以上的山坡、湿润草地、河岸。

旋覆花入药始载于《神农本草经》，列为下品。《本草衍义》："花淡黄绿繁茂，圆而覆下。"李时珍认为此即旋覆得名之由。《本草纲目》："诸名皆因花状而命也。《尔雅》云：'復，盗庚'也。盖庚者金也，谓其夏开黄花，盗窃金气也。"盛椹，《本草经考注》："椹，即粗讹，粗即糁字，其花蕊堆起如盛糁之状，故名盛椹。"

金沸草出自《神农本草经》，旋覆花根出自《名医别录》。《本草经集注》："出近道下湿地。似菊花而大。"《本草图经》："今所在有之。二月以后生苗，多近水傍，大似红蓝而无刺，长一二尺已来，叶如柳，茎细，六月开花如菊花，小铜钱大，深黄色。"其叶长圆状披针形、基部渐窄。《救荒本草》："苗长二三尺已来。叶似柳叶，稍宽大。茎细如蒿秆。开花似菊花，如铜钱大，深黄色。"

【入药部位及性味功效】

旋覆花，又称覆、盗庚、盛椹、戴椹、飞天蕊、金钱花、野油花、滴滴金、夏菊、金

钱菊、艾菊、迭罗黄、满天星、六月菊、黄熟花、水葵花、金盏花、复花、小黄花、猫耳朵花、驴耳朵花、金沸花、伏花、全福花，为植物旋覆花或欧亚旋覆花的花序。7～10月分批采收花序，晒干。味苦、辛、咸，性微温。归肺、胃、大肠经。消痰行水，降气止呕。主治咳喘痰黏，呕吐嗳气，胸痞胁痛。

金沸草，又称金佛草、白芷胡、旋覆梗、黄花草、毛柴胡、黄柴胡，为植物旋覆花、欧亚旋覆花和线叶旋覆花的干燥地上部分。9～10月采收，晒干。味咸，性温。归肺、大肠经。散风寒，化痰饮，消肿毒，祛风湿。主治风寒咳嗽，伏饮痰喘，胁下胀痛，疔疮肿毒，风湿疼痛。

旋覆花根，为植物旋覆花、欧亚旋覆花的根。秋季采挖，洗净，晒干。味咸，性温。祛风湿，平喘咳，解毒生肌。主治风湿痹痛，喘咳，疔疮。

【经方验方应用例证】

治唾如胶漆稠黏，咽喉不利：旋覆花为末，每服二三钱，水煎，时时呷服。(《卫生易简方》)

治湿痰咳嗽：金沸草15g，葶苈子15g，生姜9g，大枣5枚，水煎服。(《内蒙古中草药》)

治咳嗽痰喘胸闷：金沸草、前胡、制半夏、枳壳各9g，水煎服。(《宁夏中草药手册》)

治咳嗽吐痰，鼻塞声重：金沸草9g，麻黄6g，荆芥9g，生姜9g，水煎服。(《甘肃中草药手册》)

金沸草散：发散风寒，降气化痰。主治伤风咳嗽。恶寒发热，咳嗽痰多，鼻塞流涕，舌苔白腻，脉浮。(《博济方》)

旋覆代赭汤：降逆化痰，益气和胃。主治胃虚痰阻气逆证。(《伤寒论》)

石决明散：治障膜。(《证治准绳•类方》)

【中成药应用例证】

京制牛黄解毒丸：清热解毒，散风止痛。本品用于肺胃蕴热引起的头目眩晕，口鼻生疮，风火牙痛，咽喉疼痛，耳鸣肿痛，大便秘结，皮肤刺痒。

黄连上清胶囊：清热通便，散风止痛。用于上焦风热，头晕脑涨，牙龈肿痛，口舌生疮，咽喉红肿，耳痛耳鸣，暴发火眼，大便干燥，小便黄赤。

黄连上清颗粒：散风清热，泻火止痛。用于风热上攻、肺胃热盛所致的头晕目眩、暴发火眼、牙齿疼痛、口舌生疮、咽喉肿痛、耳痛耳鸣、大便秘结、小便短赤。

润肺化痰丸：润肺止嗽，化痰定喘。用于肺经燥热引起的咳嗽痰黏，痰中带血，气喘胸满，口燥咽干。

翁沥通胶囊：清热利湿，散结祛瘀。用于证属湿热蕴结、痰瘀交阻之前列腺增生症，症见尿频、尿急，或尿细，排尿困难等。

鹿蹄橐吾

Ligularia hodgsonii Hook.

菊科（Asteraceae）橐吾属多年生草本。

茎上部被白色蛛丝状柔毛和黄色柔毛。丛生叶与茎下部叶肾形或心状肾形，具三角状齿或圆齿，两面光滑，叶脉掌状，基部具窄鞘；茎中上部叶较小，鞘膨大。头状花序辐射状，单生或多数排成伞房状或复伞房状花序；苞片舟形；小苞片线状钻形；总苞宽钟形，总苞片8～9，2层，排列紧密；舌状花黄色，舌片长圆形；管状花多数，冠毛红褐色。瘦果。花果期7～10月。

罗田、英山均有分布，生长在海拔800m以上的河边、山坡草地及林中。

山紫菀出自《山西中草药》。橐吾属（Ligularia）植物在我国有30种以上，其中有部分种的根及根茎作为药材山紫菀，在部分地区已使用多年，但多自产自销。鹿蹄橐吾，即本植物，为四川产山紫菀的原植物之一，为川西主流品种，其带根茎的根，商品上习称"毛紫菀"。

【入药部位及性味功效】

山紫菀，又称葫芦七、大救驾、荷叶七、马蹄紫菀、土紫菀、硬紫菀、蹄叶紫菀，为植物蹄叶橐吾、鹿蹄橐吾的根及根茎。夏、秋季采挖，除去茎叶，洗净，晾干。味辛，性微温。祛痰，止咳，理气活血，止痛。主治咳嗽，痰多气喘，百日咳，腰腿痛，劳伤，跌打损伤。

【经方验方应用例证】

治腰腿痛：葫芦七60g，研粉，每次4g，每日2次，凉开水冲服。（《陕西中草药》）

治咳嗽，痰中带血：蹄叶橐吾200g，五味子100g，做蜜丸。每次口含化服15g，每日2次。（《东北药用植物》）

窄头橐吾

Ligularia stenocephala（Maxim.）Matsum. et Koidz.

菊科（Asteraceae）橐吾属多年生草本。

茎上部被蛛丝状毛。基生叶有长柄，基部稍抱茎，叶片心状或肾状戟形，边缘有细齿；中部叶渐小，有下部鞘状抱茎的短柄；上部叶渐变为披针形或条形。头状花序辐射状；小苞片线形；舌状花1～3个，舌片黄色，矩圆形。瘦果圆柱形，冠毛污白色。花果期7～12月。

大别山各县市均有分布，生于山坡、水边、林中及岩石下。

狭头橐吾出自《全国中草药汇编》。窄头橐吾又名戟叶橐吾。

【入药部位及性味功效】

狭头橐吾，又称山紫菀，为植物窄头橐吾的根。夏、秋季采挖，除去茎叶，洗净，晒干。味苦、辛，性平。清热，解毒，散结，利尿。主治乳痈，水肿，瘰疬，河豚中毒。

【经方验方应用例证】

治乳痈：窄头橐吾鲜全草1株，洗净，加红糖捣烂烘热，外敷患处。（《浙江药用植物志》）

治水肿胀满：鲜根适量，加烧酒捣烂，烘热敷脐部（忌食酸辣、芋艿）。（《浙江药用植物志》）

治瘰疬：鲜根60g，夏枯草30g，酒水各半煎服。（《浙江药用植物志》）

治河豚中毒：鲜叶30～60g，水煎服或捣汁服。（《浙江药用植物志》）

千里光

Senecio scandens Buch.-Ham. ex D. Don

菊科（Asteraceae）千里光属多年生攀援草本。

茎攀援多分枝。叶有短柄，叶片长三角形。头状花序多数，在茎及枝端排列成复总状的伞房花序。舌状花黄色，约8~9个，长约10mm；筒状花多数。瘦果圆柱形，有纵沟，被短毛；冠毛白色。花期8月至翌年4月。

大别山各县市广泛分布，生于森林、灌丛中，攀援于灌木、岩石溪边。

千里光以千里及之名始载于《本草拾遗》。《滇南本草图谱》："'光''明'义同，'千''九'音近，而'及''急''芨'并从一声转讹，以'及'为正，喻其恢复目力，可及千里也。"本种多生山坡灌丛，秋日远望，开黄花成片，因有黄花草之名。

《本草图经》："千里急，生天台山中。春生苗，秋有花。土人采花叶入眼药。又筠州（今江西高安）有千里光，生浅山及路旁。叶似菊叶而长，背有毛，枝干圆而青。春生苗，秋有黄花，不结实。采茎叶入眼药，名黄花演，盖一物也。"《本草纲目拾遗》："千里光为外科圣药，俗谚云：有人识得千里光，全家一世不生疮。"又引《百草镜》："此草生山土，立夏后生苗，一茎直上，高数尺，叶类菊，不对生。"《植物名实图考》："千里及，《本草拾遗》始著录。《图经》千里光、千里及，形状如一，李时珍并之，良是。"

【入药部位及性味功效】

千里光，又称千里及、千里急、黄花演、眼明草、九里光、金钗草、九里明、黄花草、九岭光、一扫光、九龙光、千里明、百花草、九龙明、黄花母、七里光、黄花枝草、粗糠花、野菊花、天青红、白苏秆、箭草、青龙梗、木莲草、软藤黄花草、光明草、千家药，为植物千里光的全草。9～10月收割全草，晒干或鲜用。味苦、辛，性寒。清热解毒，明目退翳，杀虫止痒。主治流行性感冒，上呼吸道感染，肺炎，急性扁桃体炎，腮腺炎，急性肠炎，细菌性痢疾，黄疸性肝炎，胆囊炎，急性尿路感染，目赤肿痛翳障，痈肿疔毒，丹毒，湿疹，干湿癣疮，滴虫性阴道炎，烧烫伤。

【经方验方应用例证】

治痈疖、蜂窝织炎、丹毒等急性感染：千里光、三叉苦、六耳铃各5份，土荆芥2份，共研粉，加适量米酒拌成湿粉状，再加适量凡士林调匀，涂患处。（《全国中草药汇编》）

治梅毒：九里光30g，土茯苓60g，水煎浓缩成膏，外搽。（《恩施中草药手册》）

治急性泌尿系感染：千里光、穿心莲各30g，煎服。（《安徽中草药》）

治痔疮：九里关、青鱼胆草各250g，加水煎成浓汁，搽患处。（《湖南农村常用中草药手册》）

治慢性湿疹：千里光、杉树叶、黄菊花、金银花各适量，煎水内服并外洗。（江西《草药手册》）

治冻疮：千里光、艾叶各适量，煎水浸泡患部。如已溃破，用千里光叶1份，煅蛤粉2份，共研末，撒敷或麻油调搽。（《安徽中草药》）

治鹅掌风、头癣、干湿癣疮：千里光、苍耳草全草各等份。煎汁浓缩成膏，搽或擦患处。（《江西民间草药》）

花叶洗剂：野菊花1500g，千里光1000g，土荆芥500g，食盐30g，水加至药面，煎出1/3～1/2药液，用作湿敷。主治湿润糜烂性皮肤病。（《中医皮肤病学简编》）

【中成药应用例证】

咳喘清片：燥湿化痰，止咳平喘。用于治疗慢性支气管炎。

黄萱益肝散：清热解毒，疏肝利胆。用于肝胆湿热所致的慢性乙型肝炎。

棘豆消痒洗剂：清热解毒，护肤止痒。用于皮肤瘙痒症。

润伊容胶囊：疏风清热解毒。用于风热上逆所致的痤疮。

千柏鼻炎片：清热解毒，活血祛风，宣肺通窍。用于风热犯肺、内郁化火、凝滞气血所致的鼻塞、鼻痒气热、流涕黄稠，或持续鼻塞、嗅觉迟钝；急慢性鼻炎、急慢性鼻窦炎见上述证候者。

千喜胶囊：清热解毒，消炎止痛，止泻止痢。用于热毒蕴结所致肠炎、结肠炎，细菌性痢疾和鼻窦炎。

清热散结胶囊：消炎解毒，散结止痛。用于急性结膜炎，急性咽喉炎，急性扁桃体炎，急性肠炎，急性细菌性痢疾，淋巴结炎，疮疖疼痛，中耳炎，皮炎湿疹。

【现代临床应用】

千里光治疗皮肤病及各种炎症。

一枝黄花
Solidago decurrens Lour.

菊科（Asteraceae）一枝黄花属多年生草本。

茎单生或丛生。中部茎生叶椭圆形、长椭圆形、卵形或宽披针形，下部楔形渐窄，叶柄具翅，仅中部以上边缘具齿或全缘；叶柄具长翅；叶两面有柔毛或下面无毛。头状花序，多数在茎上部排成长总状花序或伞房圆锥花序，稀成复头状花序；舌状花舌片椭圆形。瘦果无毛。花果期4～11月。

罗田、英山、麻城等地均有分布，生长在海拔500m以上的阔叶林缘、林下、灌丛中及山坡草地上。

本品其茎直立，多无分桠，花黄聚于茎上部，故名一枝黄花。花开季节，山坡片片黄色，因有满山黄之喻。

一枝黄花始载于《植物名实图考》，云："一枝黄花，江西山坡极多。独茎直上，高尺许，间有歧出者。叶如柳叶而宽，秋开黄花，如单瓣寒菊而小。花枝俱发，茸密无隙，望之如穗。"

【入药部位及性味功效】

一枝黄花，又称野黄菊、山边半枝香、洒金花、黄花细辛、黄花一枝香、千根癀、土泽兰、百条根、铁金拐、荟子草、小白龙须、黄花马兰、大败毒、红柴胡、黄花仔、红胶苦菜、一枝香、大叶七星剑、蛇头王、金锁匙、满山黄、黄花儿、金柴胡、肺痈草、黄花草，为植物一枝黄花的全草或根。播种当年开花，9～10月开花盛期，割取地上部分，或挖取根部，洗净，鲜用或晒干。味辛、苦，性凉。疏风泄热，解毒消肿。主治风热感冒，头痛，咽喉肿痛，肺热咳嗽，黄疸，泄泻，热淋，痈肿疮疖，毒蛇咬伤。

【经方验方应用例证】

预防感冒：一枝黄花、忍冬藤、一点红各适量，水煎服。（《福建药物志》）

治风热感冒：一枝黄花根9g，醉鱼草根6g，水煎服，每日1剂。（《江西草药》）

治急性扁桃体炎：一枝黄花、白毛鹿茸草各30g，水煎服。（《全国中草药汇编》）

治肺痈：一枝黄花根15g，猪肺1具，水炖，服汤食肺，每日1剂。（《江西草药》）

治肺结核咯血：一枝黄花60g，冰糖适量。水煎服，每日1剂，分2次服。（《全国中草药汇编》）

治中暑性吐泻：一枝黄花15g，樟叶3片，水煎服。（《福建药物志》）

治急性肾炎：一枝黄花30g，木通12g，葎草15g，水煎，加茶油1汤匙服；另用一枝黄花捣烂，酒炒敷于肚脐，每日1次。（《福建药物志》）

治黄疸：一枝黄花45g，水丁香15g，水煎，1次服。（《闽东本草》）

治头风：一枝黄花根9g，水煎服。（《湖南药物志》）

治小儿急惊风：鲜一枝黄花30g，生姜1片，同捣烂取汁，开水冲服。（《闽东本草》）

治乳腺炎：一枝黄花、马兰各15g，鲜香附30g，葱头7个，捣烂外敷。（《福建药物志》）

治盆腔炎：一枝黄花、白英、白花蛇舌草各30g，贯众15g，水煎服。（《福建药物志》）

治鹅掌风，灰指甲，脚癣：一枝黄花，每天用30～60g，煎浓汁，浸洗患部，每次30分钟，每日1～2次，7天为1个疗程。（《上海常用中草药》）

【中成药应用例证】

穿黄消炎片：清热解毒。用于急性上呼吸道感染、急性扁桃体炎、咽喉炎等热毒壅盛者。

感冒炎咳灵片：解毒解热，消炎止咳。用于感冒，流行性感冒，腮腺炎，咽喉炎，扁桃体炎，支气管炎。

妇平胶囊：清热解毒，化瘀消肿。用于下焦湿热、瘀毒所致之白带量多，色黄质黏，或赤白相兼，或如脓样，有异臭，少腹坠胀疼痛，腰部酸痛，尿黄便干，舌红苔黄腻，脉数；盆腔炎、附件炎等见上述证候者。

复方一枝黄花喷雾剂：清热解毒，宣散风热，清利咽喉。用于上呼吸道感染，急、慢性咽喉炎，口腔炎，牙龈肿痛，口臭。

鼻宁喷雾剂：疏风解表，清热通窍。用于急性鼻炎（伤风鼻塞），慢性单纯性鼻炎，过敏性鼻炎。

感冒解毒颗粒：祛风，清热，解毒。用于伤风感冒，恶寒发热，头痛咳嗽，咽喉疼痛。

清热感冒颗粒：清热解表，宣肺止咳。用于伤风感冒引起的头痛、发热咳嗽。

七味姜黄搽剂（姜黄消痤搽剂）：清热祛湿，散风止痒，活血消痤。用于湿热郁肤所致的粉刺（痤疮）、油面风（脂溢性皮炎）。

【现代临床应用】

临床上用于治疗流行性感冒；治疗急性扁桃体炎，退热快、止痛佳、疗效佳；治疗真菌性阴道炎，有效率88%，与制霉菌素疗效相当；治疗手足癣；治疗外伤出血；治疗慢性支气管炎；用作清热消炎剂，治疗上呼吸道感染、扁桃体炎、咽喉炎、乳腺炎、淋巴管炎、疮疖肿毒、外科手术后预防感染及其他急性炎症等。

兔儿伞

Syneilesis aconitifolia（Bunge）Maxim.

菊科（Asteraceae）兔儿伞属多年生粗壮草本。

茎直立，紫褐色，无毛，不分枝。基生叶1，叶盾状圆形，掌状深裂，小裂片线状披针形，被密蛛丝状绒毛；叶柄长。头状花序在茎端密集成复伞房状，具数枚线形小苞片；小花花冠淡粉白色。瘦果圆柱形，无毛，具肋；冠毛污白至红色，糙毛状。花果期6～10月。

大别山各县市广泛分布，生于山坡荒地林缘或路旁。

兔儿伞始载于《救荒本草》，云："兔儿伞，生荥阳塔儿山荒野中。其苗高二三尺许，每科初生一茎。茎端生叶，一层有七八叶，每叶分作四叉排生，如伞盖状，故以为名。后于叶间撺生茎叉，上开淡红白花。根似牛膝而疏短。"

【入药部位及性味功效】

兔儿伞，又称七里麻、一把伞、伞把草、南天扇、雨伞菜、帽头菜、兔打伞、雪里伞、龙头七、贴骨伞、伞草、破阳伞、铁凉伞、雨伞草，为植物兔儿伞的根全草。春、夏季采收，鲜用或切段晒干。味辛、苦，性微温，有毒。祛风除湿，舒筋活血，解毒消肿。主治风湿麻木，肢体疼痛，跌打损伤，月经不调，痛经，痈疽肿毒，瘰疬，痔疮。

【经方验方应用例证】

治风湿麻木，全身骨痛：一把伞12g，刺五茄根12g，白龙须9g，小血藤9g，木瓜根9g。泡酒1kg。每日服2次，每次30～45g。（《贵州民间药物》）

治痔疮：兔儿伞适量，水煎熏洗患处；另用根茎磨汁或捣烂涂患处。（《福建药物志》）

治肾虚腰痛：一把伞根，泡酒服。（《贵州民间药物》）

治痈疽：兔儿伞全草，捣烂，鸡蛋白调敷。（《湖南药物志》）

治颈部淋巴结结核：兔儿伞根、蛇莓各30g，香茶菜根15g，水煎服。另以鲜八角莲根捣烂，敷患处。（《浙江药用植物志》）

治跌打损伤：兔儿伞全草或根捣烂，加烧酒或75％酒精适量，外敷伤处。（《浙江民间常用草药》）

治中暑：兔儿伞根60g，水煎服。（《江西草药》）

蒲公英

Taraxacum mongolicum Hand.-Mazz.

菊科（Asteraceae）蒲公英属多年生草本。

根垂直。叶莲座状平展，矩圆状倒披针形或倒披针形，羽状深裂，或仅具波状齿，基部狭成短叶柄。花葶数个，与叶多少等长。总苞淡绿色，外层总苞片卵状披针形至披针形，内层条状披针形；舌状花黄色。瘦果褐色；冠毛白色。花期4～9月，果期5～10月。

大别山各县市广泛分布，生于中、低海拔山坡草地、田野或河滩。

《本草纲目》谓蒲公英"名义未详"。《医学入门》："蒲公用此草治痈肿得效，故名。"然缺乏依据，似为附会之说。凫公英、仆公罂、白鼓丁、鹁鸪英等，均为蒲公英之音转。孛孛、婆婆等，皆由"蒲"之音转并重叠而来。其全株富含白色乳汁，故有狗乳草、奶汁草诸名。《本草纲目》引《土宿本草》："金簪草一名地丁，花如金簪头，独脚如丁，故以名之。"其叶塌地而生，茎直立如丁，花黄，因又有地丁、黄花地丁之称。

蒲公英被称为"天然下火草""草药皇后""天然抗生素"，其本草记载始见于《新修本草》，原名蒲公草，云："叶似苦苣，花黄，断有白汁，人皆啖之。"蒲公英之名出自《本草图经》，云："蒲公草旧不著所出州土，今处处平泽田园中皆有之，春初生苗叶如苦苣，有细刺，中心抽一茎，茎端出一花，色黄如金钱，断其茎有白汁出，人亦啖之。俗呼为蒲公英。"《本草衍义》："蒲公草今地丁也，四时常有花，花罢飞絮，絮中有子，落处即生。所以庭院间亦有者，盖因风而来也。"《本草纲目》："地丁，江之南北颇多，他处亦有之，岭南绝无。小科布地，四散而生，茎、叶、花、絮并似苦苣，但小耳。嫩苗可食。"

【入药部位及性味功效】

蒲公英，又称凫公英、蒲公草、耩耨草、仆公英、仆公罂、地丁、金簪草、孛孛丁菜、黄花苗、黄花郎、鹁鸪英、婆婆丁、白鼓丁、黄花地丁、蒲公丁、耳瘢草、狗乳草、奶汁草、残飞坠、黄狗头、卜地蜈蚣、鬼灯笼、羊奶奶草、双英卜地、黄花草、古古丁，为植物蒲公英、碱地蒲公英、东北蒲公英、异苞蒲公英、亚洲蒲公英、红梗蒲公英等同属多种植物的全草。4～5月开花前或刚开花时连根挖取，除去泥土，晒干。味苦、甘，性寒。归肝、胃经。清热解毒，消痈散结。主治乳痈，肺痈，肠痈，疔腮，疔毒疮肿，目赤肿痛，感冒发热，咳嗽，咽喉肿痛，胃炎，肠炎，痢疾，肝炎，胆囊炎，尿路感染，蛇虫咬伤。

【经方验方应用例证】

治急性结膜炎：蒲公英30g，菊花9g，薄荷6g（后下），车前子12g（布包），煎服。(《安徽中草药》)

治肝炎：蒲公英干根18g，茵陈蒿12g，柴胡、生山栀、郁金、茯苓各9g，煎服，或用干根、天名精各30g，煎服。(《南京地区常用中草药》)

治急性阑尾炎：蒲公英30g，地耳草、半边莲各15g，泽兰、青木香各9g，水煎服。(《全国中草药汇编》)

治肺脓疡：蒲公英、冬瓜子各15g，鱼腥草、鲜芦根各30g，桃仁9g，水煎服。(《湖北中草药志》)

治慢性胃炎，胃溃疡：①蒲公英干根、地榆根各等份，研末，每服6g，每日3次，生姜汤送服。(《南京地区常用中草药》)②蒲公英根90g，青藤香、白及、鸡蛋壳各30g，研末，每次3g，开水吞服。(《贵州草药》)

治尿道炎：蒲公英、车前草、瞿麦各15g，忍冬藤、石韦各9g，水煎服。(《青岛中草药手册》)

双解汤：内清外解。主治急慢性结膜炎。(《庞赞襄中医眼科经验》)

阑尾清化汤：清热解毒，行气活血。主治急性阑尾炎蕴热期，或脓肿早期，或轻型腹膜炎。症见低热，或午后发热，口干渴，腹痛，便秘，尿黄。(《新急腹症学》)

清胆汤：清泻肝胆之火，行气止痛。主治急性胆道感染、急性梗阻性化脓性胆管炎、胆石症属郁结型者。(《中医内科学》)

【中成药应用例证】

桂蒲肾清胶囊：清热利湿解毒，化瘀通淋止痛。用于湿热下注、毒瘀互阻所致尿频、尿急、尿痛、尿血，腰疼乏力等症；尿路感染、急慢性肾盂肾炎、非淋菌性尿道炎见上述证候者。

复方杜鹃片：止咳，祛痰，平喘，扶正补气。用于慢性气管炎。

长春红药胶囊：活血化瘀，消肿止痛。用于跌打损伤，瘀血作痛。

天芝草胶囊：活血祛瘀，解毒消肿，益气养血。用于血瘀证之鼻咽癌、肝癌的辅助治疗。

黄英咳喘糖浆：止咳定喘。用于咳嗽、气喘、支气管炎。

肝爽颗粒：疏肝健脾，清热散瘀，保肝护肝，软坚散结。用于急、慢性肝炎，肝硬化，肝功能损害。

胰胆舒颗粒：散瘀行气，活血止痛。用于急、慢性胰腺炎或胆囊炎属气滞血瘀、热毒内盛者。

复方降脂片：清热，散结，降脂。用于郁热浊阻所致的高脂血症。

醒脑安神片：清热解毒，清脑安神。用于头身高热、头昏脑晕、狂躁，舌干眼花，咽喉肿痛，小儿内热惊风抽搐。对高血压、神经症、神经性头痛、失眠等皆有清脑镇静作用。

清浊祛毒丸：清热解毒，利湿去浊。用于湿热下注所致尿频、尿急、尿痛等。

妇炎舒胶囊：清热凉血，活血止痛。用于妇女盆腔炎症等引起的带下量多、腹痛。

蓝蒲解毒片：清热解毒。用于肺胃蕴热引起的咽喉肿痛。

润伊容胶囊：疏风清热解毒。用于风热上逆所致的痤疮。

【现代临床应用】

临床上，蒲公英治疗小儿流行性腮腺炎；治疗急性扁桃体炎；治疗小面积灼伤合并感染；治疗急性黄疸性肝炎；治疗小儿龟头炎；治疗肺炎、传染性肝炎、泌尿系感染、各种外科疾患、五官科炎症、骨科炎症、皮肤科炎症等多种感染性疾病。

款冬

Tussilago farfara L.

菊科（Asteraceae）款冬属多年生葶状草本。

根茎横生。先叶开花，早春抽出花葶，密被白色茸毛，有互生淡紫色鳞状苞叶。基生叶卵形或三角状心形，后出基生叶宽心形，边缘波状，叶柄被白色棉毛。头状花序单生花葶顶端，初直立，花后下垂；总苞钟状，总苞片1～2层，披针形或线形，常带紫色，被白色柔毛；边缘有多层雌花，花冠舌状，黄色；中央两性花少数，花冠管状，不结实。瘦果圆柱形。花果期1～4月。

罗田、英山等地均有分布，生于山谷湿地或林下。

颜师古注《急就篇》："款东，即款冬也，亦曰款冻，以其凌寒叩冰而生，故为此名也。"《本草纲目》："按《述征记》云：洛水至岁末凝厉时，款冬生于草冰之中，则颗冻之名以此而得。后人讹为款冬，乃款冻尔。款者至也，至冬而花也。"《说文解字》："氏，至也。"则氏冬之名义与款冬同。《本草衍义》："百草中惟此不顾冰雪，最先春也。世又谓之钻冻。"《尔雅义疏》："此花冬荣，忍冻而生，故有款冬、苦萃诸名。"以上诸家均从"冬、冻"训释。《尔雅·释草》："兔奚，颗冻。"颗东有象形之意。本品先花后叶，花未开时，蕾在土中，呈短小圆柱状，颗东之义，殆出于此。故《本草经考注》称颗东乃"谓其花未开，其状颗东然。"并认为，"颗东，亦与骨董、骨突疙瘩同，原无定字，以音假字。"按款与颗、冬与冻、东并为双声。橐吾，《本草经考注》："橐吾之急言为徒，徒与筒、洞等字古相通。则徒，空也，为中通之义。苦茎（指花葶）中通，故名橐吾。"虎须，其花蕾撕开后可见白色丝状绵毛，即陶弘景所云"腹里有丝"，虎须之名，谓此丝耳。菟奚，《说文解字》："奚，大腹也。"《本草经考注》："兔奚者，款冬花未开之际，颗东然似兔之大腹，故名。"兔从艹则为菟。九九花，因其入冬孕蕾，至春盛开，历经数九寒天而得名。《广雅》："艾，至也。"艾冬花亦与款冬花名义同。

款冬之名见于《楚辞》，入药始载于《神农本草经》，列为中品。《名医别录》："生常山山谷及上党水傍。"《本草经集注》："款冬花，第一出河北，其形如宿莼，未舒者佳，其腹里有丝。次出高丽、百济，其花乃似大菊花。次亦出蜀北部宕昌，而并不如。其冬月在冰下生，十二月、正月旦取之。"《本草图经》："款冬花，今关中亦有之。根紫色，茎青紫，叶似萆薢，十二月开黄花，青紫萼，去土一二寸，初出如菊花，萼通直而肥实，无子，则陶隐居所谓出高丽、百济者，近此类也。"《本草衍义》："款冬花，春时，人或采以代蔬，入药须微见花者良。如已芬芳，则都无力也。今人又多使如筋头者，恐未有花尔。"《救荒本草》："茎青，微带紫色。叶似葵，叶甚大而丛生开黄花，根紫色。"

【入药部位及性味功效】

款冬花，又称冬花、款花、看灯花、艾冬花、九九花、菟奚、颗东、颗冻、款东、橐吾、虎须、款冻、苦萃、氐冬、钻冻，为植物款冬的花蕾。在12月花尚未出土时挖取花蕾，不宜用手摸或水洗，以免变色，放通风处阴干，待半干时筛去泥土，去花梗，再晾至全干备用。不宜日晒及用手翻动，并防止雨雪冰冻，否则变色发黑。味辛、微甘，性温。归肺经。润肺下气，化痰止咳。主治新久咳嗽，气喘，痨嗽咳血。

【经方验方应用例证】

射干麻黄汤：宣肺祛痰，下气止咳。主治痰饮郁结，气逆喘咳证。症见咳而上气，喉中有水鸡声者。(《金匮要略》)

九仙散：敛肺止咳，益气养阴。主治久嗽气血两虚者。(《卫生宝鉴》)

定喘汤：宣肺降气，清热化痰。主治风寒外束，痰热壅肺，哮喘咳嗽，痰稠色黄，胸闷气喘，喉中有哮鸣声，或有恶寒发热，舌苔薄黄，脉滑数。(《摄生众妙方》)

安眠散：主治上喘咳嗽，久而不愈。(《御药院方》卷五)

八味款冬花散：主治肺寒热不调，涎嗽不已。(《御药院方》卷五)

百花膏：治喘嗽不已，或痰中带血。(《重订严氏济生方》)

补肺款冬花散：主治肺脏气虚无力，手脚颤掉，吃食减少。(《医方类聚》卷十引《神巧万全方》)

补虚款冬花汤：主治肺痨痰嗽，日渐羸瘦。(《圣济总录》卷八十六)

桂枝黄芪白薇款冬花散：主治肺疟。(《疟疾论疏》)

【中成药应用例证】

参贝止咳颗粒：清肺，化痰，止咳。用于急性支气管炎及慢性单纯型支气管炎急性发作之咳嗽。

半夏露糖浆：止咳化痰。用于咳嗽多痰，支气管炎。

小儿肺咳颗粒：健脾益肺，止咳平喘。用于肺脾不足、痰湿内壅所致咳嗽或痰多稠黄，咳吐不爽，气短，喘促，动辄汗出，食少纳呆，周身乏力，舌红苔厚；小儿支气管炎见以上证候者。

复方咳喘胶囊：降气祛痰，泻肺平喘。用于治疗支气管炎，哮喘。

二母安嗽丸：清肺化痰，止嗽定喘。用于虚劳久咳，咳嗽痰喘，骨蒸潮热，音哑声重，口燥舌干，痰涎壅盛。

润肺止嗽丸：润肺定喘，止嗽化痰。用于肺气虚弱所致的咳嗽喘促、痰涎壅盛、久嗽声哑。

橘红胶囊：清肺，化痰，止咳。用于痰热咳嗽，痰多，色黄黏稠，胸闷口干。

【现代临床应用】

款冬花治疗慢性骨髓炎、哮喘、慢性气管炎。

大白茅

Imperata cylindrica var. *major* （Nees） C. E. Hubbard

禾本科（Poaceae）白茅属多年生草本植物。

秆直立，节无毛。叶鞘聚集于秆基，叶舌干膜质，秆生叶片窄线形，通常内卷，顶端渐尖呈刺状，下部渐窄，质硬，基部上面具柔毛。圆锥花序稠密，第一外稃卵状披针形，第二外稃与其内稃近相等，卵圆形，顶端具齿裂及纤毛；花柱细长，紫黑色。颖果椭圆形，花果期4~6月。

大别山各县市广泛分布。生于路旁、山坡和荒芜田野。

　　白茅根始载于《本草经集注》。《说文解字》："茅，菅也。"段玉裁注："统言则茅、菅是一，析言则茅与菅殊。许茅菅互训，从此统言也。"《本草纲目》："茅叶如矛，故谓之茅。其根牵连，故谓之茹。《易》曰，拔茅连茹，是也。《名医别录》谓茅根，根状如筋，可通名地筋。"根有节，味微甘，故名地节根、甜草根。

　　白茅花出自《日华子》，白茅针出自《本草拾遗》。《本草图经》："茅根，今处处有之。春生苗，布地如针，俗间谓之茅针，亦可啖，甚益小儿。夏生白花，茸茸然，至秋而枯，其根至洁白，亦甚甘美，六月采根用。"《本草纲目》："茅有白茅、菅茅、黄茅、香茅、芭茅等数种，叶皆相似。白茅短小，三、四月开白花成穗，结细实，其根甚长，白软如筋而有节，味甘，俗呼丝茅。"《植物名实图考》："白茅，本经中品，其芽曰茅针，白嫩可啖，小儿嗜之。河南谓之茅荑，湖南通呼为丝茅，其根为血症要药。"

【入药部位及性味功效】

白茅根，又称茅根、兰根、茹根、地菅、地筋、兼杜、白茅菅、白花茅根、丝茅、万根草、茅草根、地节根、坚草根、甜草根、丝毛草根、寒草根，为植物白茅、大白茅的根茎。春、秋季采挖，除去地上部分和鳞片状的叶鞘，洗净，鲜用或扎把晒干。味甘，性寒。归肺、胃、心、膀胱经。凉血止血，清热生津，利尿通淋。主治血热出血，热病烦渴，胃热呕逆，肺热喘咳，小便淋沥涩痛，水肿，黄疸。

白茅针，又称茅苗、茅笋、茅针、茅锥、茅蜜、茅荑、茅揠、茅芽，为植物白茅、大白茅的初生未放花序。4～5月采摘未开放的花序，鲜用或晒干。味甘，性平。止血，解毒。主治衄血，尿血，大便下血，外伤出血，疮痈肿毒。

白茅花，又称菅花、茅花、茅盍花、茅针花，为植物白茅、大白茅的花穗。4～5月花盛开前采收，摘下带茎的花穗，晒干。味甘，性温。止血，定痛。主治吐血，衄血，刀伤。

茅草叶，为植物白茅、大白茅的叶。全年可采。味辛，微苦，性平。祛风除湿。主治风湿痹痛，皮肤风疹。

【经方验方应用例证】

治吐血不止：白茅根一握，水煎服。(《千金翼方》)

治喘：茅根一握(生用旋采)，桑白皮等份。水二盏，煎至一盏，去滓温服，食后。(《圣惠方》如神汤)

治肾炎：白茅根一两，一枝黄花一两，葫芦壳五钱，白酒药一钱。水煎，分二次服，每日一剂，忌盐。(《单方验方调查资料选编》)

解曼陀罗中毒：白茅根一两，甘蔗一斤。捣烂，榨汁，用一个椰子水煎服。(《南方主要有毒植物》)

治肾炎，浮肿：鲜茅根30g，西瓜皮20g，赤豆40g，玉蜀黍蕊10g。水600mL，煎至200mL，1天3次分服。(《现代实用中药》)

治妇女产后风湿痛：老茅草叶、石菖蒲、陈艾各适量。水煎外洗。(《重庆草药》)

治发风丹：茅草叶、南木叶、糠壳(炒)各30g。以水煎服。(《重庆草药》)

凉血五根汤：凉血活血，解毒化斑。主治血热发斑、热毒阻络所引起的皮肤病。(《赵炳南临床经验集》)

宁血汤：清火，凉血，止血。主治内眼出血初期，仍有出血倾向，属血热妄行者。(《中医眼科学》)

白茅根汤：主治热淋，小便赤涩不通。(《圣济总录》卷九十八)

【中成药应用例证】

血尿安胶囊：清热利湿，凉血止血。用于湿热蕴结所致的尿血、尿频、尿急、尿痛；泌尿系感染见上述证候者。

泌淋清胶囊：清热解毒，利尿通淋。用于湿热蕴结所致的小便不利、淋漓涩痛、尿血；

急性非特异性尿路感染、前列腺炎见上述证候者。

复方肾炎片：活血化瘀，利尿消肿。用于湿热蕴结所致急、慢性肾炎水肿，血尿，蛋白尿。

十二味齿龈康散：清胃祛火，凉血解毒。用于胃火炽盛所致的牙龈肿痛出血，口臭；牙周炎见上述证候者。

麦芪降糖丸：益气养阴，生津除烦。用于糖尿病气阴两虚证。

肾炎康复片：益气养阴，补肾健脾，清除余毒。主治慢性肾小球肾炎属于气阴两虚证者、脾肾不足、毒热未清证者，表现为神疲乏力、腰酸腿软、面浮脚肿、头晕耳鸣、蛋白尿、血尿等。

肾炎舒片：益肾健脾，利水消肿。用于脾肾阳虚、水湿内停所致的水肿，症见浮肿、腰痛、乏力、怕冷、夜尿多；慢性肾炎见上述证候者。

肾炎解热片：疏风解热，宣肺利水。用于风热犯肺所致的水肿，症见发热恶寒、头面浮肿、咽喉干痛、肢体酸痛、小便短赤、舌苔薄黄、脉浮数；急性肾炎见上述证候者。

【现代临床应用】

临床上，白茅根治疗急性肾炎、急性传染性肝炎。

淡竹叶

Lophatherum gracile Brongn.

禾本科（Poaceae）淡竹叶属多年生草本植物。

具木质根头。秆直立，疏丛生。叶舌质硬，褐色。圆锥花序分枝斜升或开展；小穗线状披针形，具极短柄；内稃后具小穗轴。颖果长椭圆形。花果期6～9月。

大别山各县市广泛分布。生于山坡、林地或林缘、道旁荫蔽处。

淡竹叶始载于《滇南本草》。《本草纲目》："竹叶，象形。""碎骨，言其下胎也。"以叶象竹而味淡，故名淡竹叶。淡竹叶块根呈纺锤形，如麦冬而细小，质坚，故有竹叶麦冬、野麦冬、土麦冬诸名。

《本草纲目》："处处原野有之，春生苗，高数寸，细茎绿叶，俨如竹米落地所生细竹之茎叶。其根一窠数十须，须上结子，与麦门冬一样，但坚硬尔。随时采之。八、九月抽茎，结小长穗。俚人采其根苗，捣汁和米作酒曲，甚芳烈。"

【入药部位及性味功效】

淡竹叶，又称竹叶门冬青、迷身草、山鸡米、金竹叶、长竹叶、山冬、地竹、淡竹米、林下竹，为植物淡竹叶或中华淡竹叶的全草。栽后3～4年开始采收。在6～7月将开花时，除留种以外，其余一律在离地2～5cm处割起地上部分，晒干，理顺扎成小把即成。但在晒时，不能间断，以免脱节，夜间不能露天堆放，以免黄叶。可连续收获几年。味甘、淡，性寒。归心、胃、小肠经。清热，除烦，利尿。主治烦热口渴，口舌生疮，牙龈肿痛，小儿惊啼，小便赤涩，淋浊。

碎骨子，又称竹叶麦冬、野麦冬、山冬、土麦冬，为植物淡竹叶的根茎及块根。夏、秋采收，晒干。味甘，性寒。清热利尿。主治发热，口渴，心烦，小便不利。

【经方验方应用例证】

治口腔炎，牙周炎，扁桃体炎：淡竹叶30～60g，犁头草、夏枯草各15g，薄荷9g，水煎服。(《浙江民间常用中草药手册》)

治肺炎：鲜淡竹叶30g，三桠苦9g，麦冬15g，水煎服。(《福州中草药临床手册》)

预防流行性乙型脑炎：淡竹叶、荷叶、冬瓜皮、茅根各9g，水煎服。每周1～2次。(江西《草药手册》)

治肾炎：淡竹叶根、地苍各15g，水煎服。(《江西草药》)

宣毒发表汤：辛凉透表，清宣肺卫。主治麻疹透发不出，发热咳嗽，烦躁口渴，小便赤者。(《医宗金鉴》)

凉膈散：泻火通便，清上泄下。主治上、中二焦积热，烦躁多渴，面热头昏，唇焦咽燥，舌肿喉闭，目赤鼻衄，颔颊结硬，口舌生疮，涕唾稠黏，睡卧不宁，谵语狂妄，大便秘结，小便热赤，以及小儿惊风，舌红苔黄脉滑数。(《太平惠民和剂局方》)

清瘟败毒饮：清热解毒，凉血泻火。主治瘟疫热毒，充斥内外，气血两燔证。(《疫疹一得》)

三仁汤：宣畅气机，清利湿热。主治湿温初起，头痛恶寒，身重疼痛，舌白不渴，脉弦细而濡，面色淡黄，胸闷不饥，午后身热，状若阴虚，病难速已。(《温病条辨》)

【中成药应用例证】

肾安胶囊：清热解毒，利尿通淋。用于湿热蕴结所致淋证，症见小便不利、淋沥涩痛；下尿路感染见上述证候者。

口炎颗粒：清热解毒。用于胃火上炎所致的口舌生疮、牙龈肿痛。

维C银翘颗粒：辛凉解表，清热解毒。用于流行性感冒引起的发热头痛、咳嗽、口干、咽喉疼痛。

胆胃康胶囊：疏肝利胆，清利湿热。用于肝胆湿热所致的胁痛、黄疸，以及胆汁反流性胃炎、胆囊炎见上述症状者。

小儿退热颗粒：疏风解表，解毒利咽。用于小儿外感风热所致的感冒，症见发热恶风、头痛目赤、咽喉肿痛；上呼吸道感染见上述证候者。

癫痫康胶囊：镇惊息风，化痰开窍。用于癫痫风痰闭阻，痰火扰心，神昏抽搐，口吐涎沫者。

清瘟解毒丸：清瘟解毒。用于外感时疫，憎寒壮热，头痛无汗，口渴咽干，痄腮，大头瘟。

狼尾草

Pennisetum alopecuroides（L.）Spreng.

禾本科（Poaceae）狼尾草属多年生草本。

秆直立，丛生。叶鞘光滑，两侧压扁，主脉呈脊，秆上部者长于节间，叶舌具纤毛，叶片线形，先端长渐尖。圆锥花序直立，刚毛状小枝常呈紫色，小穗通常单生，偶有双生，线状披针形；雄蕊3，花柱基部联合。颖果长圆形。花果期夏秋季。

大别山各县市均有分布，常生于海拔1700m以下的田岸、荒地、道旁及小山坡上。

狼尾草，《尔雅》谓之孟、狼尾。《本草拾遗》始著录。"狼尾"，谓其穗之象形也。《尔雅义疏》："《史记集解》引《汉书音义》云：莨，莨尾草也，是莨尾，即狼尾……按今狼尾似茅而高，人以苫屋，俗名芦秆莛。"《尔雅翼》《本草纲目》均误以为稂为狼尾草，按稂为禾粟之不实者，即说文所云："䅣，禾粟之秀，生而不成者。"狗尾草、狗仔尾、老鼠根、小芒草等皆因其穗形得名。《植物名实图考》："生冈阜，秋抽茎，开花如莠而色赤，芒针长柔似白茅而大，其叶织履，颇韧。"

【入药部位及性味功效】

狼尾草，又称稂、童粱、孟、狼尾、守田、宿田翁、狼茅、芦秆莛、蒗草、小芒草、狗尾草、老鼠根、狗仔尾、大狗尾草、黑狗尾草、光明草、狗尾巴草、芮草，为植物狼尾草的全草。夏、秋季采收，洗净，晒干。味甘，性平。清肺止咳，凉血明目。主治肺热咳嗽，目赤肿痛。

狼尾草根，为植物狼尾草的根及根茎。全年可采收，洗净，晒干或鲜用。味甘，性平。清肺止咳，解毒。主治肺热咳嗽，疮毒。

芦苇

Phragmites australis （Cav.）Trin. ex Steud.

禾本科（Poaceae）芦苇属多年生高大草本植物。

秆具20多节，节下被蜡粉。叶鞘下部者短于上部者，长于节间；叶舌边缘密生一圈纤毛，易脱落；叶片长。圆锥花序，分枝多数，着生稠密下垂的小穗；小穗具4花；外稃基盘延长被等长于外稃的柔毛。颖果与稃体分离。花果期7～11月。

大别山沿江县市广泛分布。生于山坡道旁、河边、池塘沟渠沿岸和低湿处。

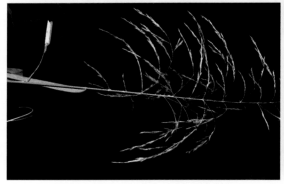

"蒹葭苍苍，白露为霜。所谓伊人，在水一方。""蒹葭"便是中药芦根的全株，即芦苇。《本草纲目》记载，芦苇初生时为"蒹"，开花前为"葭"，花后结果实则为"苇"。苇，中空而高大，《说文解字》："苇，大葭也。"《淮南子》高诱注："未秀曰芦，已秀曰苇。"后世多合称芦苇。《说文解字》："葭，苇之未秀者。"《尔雅·释草》："葭，华。"郭注"即今芦也。"说明芦和葭是同一物在不同时代的名称，先秦多用葭，汉以后多用芦。《尔雅义疏》："葭古读如姑，与芦叠韵。"箬，竹皮，即笋壳。须剥择而下，故名箬。草蓬乱为茸，芦花蓬松细软故曰茸，蓬与茸一声之转。

芦根始载于《名医别录》，列为下品。芦笋出自《本草图经》，芦茎、芦叶、芦花出自《新修本草》，芦竹箨出自《药对》。《新修本草》："生下湿地。茎叶似竹，花若荻花。二月、八月采根，日干用之。"《本草图经》："芦根，旧不载所出州土，今在处有之。生下湿陂泽中。其状都似竹而叶抱茎生，无枝。花白作穗，若茅花。根亦若竹根而节疏。"

【入药部位及性味功效】

芦根，又称芦茅根、苇根、芦菇根、顺江龙、水蓈蓈、芦柴根、芦通、苇子根、芦芽根、甜梗子、芦头，为植物芦苇的根茎。栽后2年即可采挖。一般在夏、秋季挖起地下茎，除掉泥土，剪去须根，切段，晒干或鲜用。味甘，性寒。归肺、胃、膀胱经。清热生津，除烦止呕，利尿，透疹。主治热病烦渴，胃热呕哕，肺热咳嗽，肺痈吐脓，热淋，麻疹，解河豚毒。

芦笋，又称芦尖，为植物芦苇的嫩苗。春、夏季采挖，洗净，晒干或鲜用。味甘，性寒。清热生津，利水通淋。主治热病口渴心烦，肺痈，肺痿，淋证，小便不利，并解食鱼、肉中毒。

芦茎，又称苇茎、嫩芦梗，为植物芦苇的嫩茎。夏、秋季采收，晒干或鲜用。味甘，性寒。归心、肺经。清肺解毒，止咳排脓。主治肺痈吐脓，肺热咳嗽，痈疽。

芦叶，又称芦箬，为植物芦苇的叶。春、夏、秋三季均可采收。味甘，性寒。归肺、胃经。清热辟秽，止血，解毒。主治霍乱吐泻，吐血，衄血，肺痈。

芦花，又称葭花、芦蓬蕽、蓬蕽、蓬茸、水芦花，为植物芦苇的花。秋后采收，晒干。味甘，性寒。止泻，止血，解毒。主治吐泻，衄血，血崩，外伤出血，鱼蟹中毒。

芦竹箨，又称芦荻外皮，为植物芦苇的箨叶。春、夏、秋三季均可采收。味甘，性寒。生肌敛疮，止血。主治金疮，吐血。

【经方验方应用例证】

治大叶性肺炎，高热烦渴，喘咳：芦根30g，麻黄3g，甘草6g，杏仁9g，石膏15g，水煎服。（《宁夏中草药手册》）

治肺痈吐血：鲜芦根1000g，炖猪心肺服。（《重庆草药》）

霍乱烦闷：芦根三钱，麦门冬一钱。水煎服。（《千金方》）

治牙龈出血：芦根水煎，代茶饮。（《湖南药物志》）

治白带：干芦根15g，五指毛桃根30g，煎服。（《广东省惠阳地区中草药》）

治河豚中毒：①芦根120g，煎服。（《广东省惠阳地区中草药》）②芦根150g，蜀葵根60g，捣烂冲水内服。（《青岛中草药手册》）

治肺热出血：芦笋500g，捣汁加糖服。（《东北药用植物》）

治刀伤出血：芦花适量敷伤口。（江西《草药手册》）

银翘散：辛凉透表，清热解毒。主治温病初起。症见发热无汗，或有汗不畅，微恶风寒，头痛口渴，咳嗽咽痛，舌尖红，苔薄白或薄黄，脉浮数。（《温病条辨》）

连朴饮：清热化湿，理气和中。主治湿热蕴伏，霍乱吐利，胸脘痞闷，口渴心烦，小便

短赤，舌苔黄腻。(《霍乱论》)

芦笋粥：辛凉解表。适用于小儿疹出不畅，症见发热、烦躁、喘咳、呕吐等。(《粥谱》)

芦叶汤：主治霍乱吐泻，烦渴心躁。(方出《太平圣惠方》卷四十七，名见《普济方》卷二〇二)

【中成药应用例证】

复方肾炎片：活血化瘀，利尿消肿。用于湿热蕴结所致急、慢性肾炎水肿，血尿，蛋白尿。

芦根枇杷叶颗粒：润肺化痰，止咳定喘。用于伤风咳嗽、支气管炎。

维C银翘颗粒：辛凉解表，清热解毒。用于流行性感冒引起的发热头痛、咳嗽、口干、咽喉疼痛。

抗病毒口服液：清热祛湿，凉血解毒。用于风热感冒，温病发热及上呼吸道感染，流行性感冒、腮腺炎病毒感染疾患。

银翘藿朴退热合剂（新冠2号）：为临床治疗"风热夹湿证"的银翘散合藿朴夏苓汤加减。(四川省新型冠状病毒感染的肺炎中医药防控技术指南)

荆防藿朴解毒合剂（新冠3号）：为临床治疗"风寒夹湿证"的荆防败毒散合藿朴夏苓汤加减。(四川省新型冠状病毒感染的肺炎中医药防控技术指南)

益肺解毒颗粒：在传统名方"玉屏风散"与"银翘解毒散"基础上研制而成。(陕西省防治新冠肺炎中医药治疗方案（第二版）推荐方)

芦笋胶囊：益气生津。用于癌症的辅助治疗及放、化疗后口干舌燥，食欲不振，全身倦怠患者。

【现代临床应用】

临床上，芦根治疗便秘。

菰

Zizania latifolia（Griseb.）Stapf

禾本科（Poaceae）菰属多年生高大草本。

须根粗壮。秆具数节，基部节上生不定根。叶鞘长于节间，肥厚，有小横脉；叶片宽大。圆锥花序分枝多数簇生，果期开展；雄小穗带紫色。颖果圆柱形。

大别山各县市均有分布。生于湖沼、池塘等水湿地。常见栽培。

菰又名蒋草、菰蒋草、茭草。菰根、菰米出自《本草经集注》，云："菰根，亦如芦根，冷利复甚也。"《名医别录》始载"菰根"。茭白出自《本草图经》，云："其中心如小儿臂者，名菰手。作菰首者，非矣。"茭白以白茎为用，故名为茭。《尔雅疏证》："有首者谓之绿节，绿节即蘧蔬矣。方俗呼菰为茭，故名茭白。"夏玮英谓茭即皎，与"白"同义复用。《本草纲目》："菰本作苽，茭草也。其中生菌如瓜形，可食，故谓之苽。其米须霜雕时采之，故谓之凋菰。或讹为雕胡。"其米褐色，故名黑米。

《本草拾遗》："菰菜，生江东池泽。菰首，生菰蒋草心，至秋如小儿臂，故云菰首。"《本草图经》："菰根，旧不著所出州土，今江湖陂泽中皆有之，即江南人呼为茭草者。生水中，叶如蒲苇辈。刈以秣马，甚肥。春亦生笋，甜美堪啖，即菰菜也。又谓之茭白……《尔雅》所谓蘧蔬，注云，似土菌，生菰草中，正谓此也。故南方人至今谓菌为菰，亦缘此义也。"蘧，古代音义同"蕖"，即芙蕖，荷花是也。古人赞荷花，性本高洁，出淤泥而不染。茭白生水中，茭白白而嫩，也有荷花的高洁品性，故名蘧蔬。土菌，即是蘑菇等菌类植物。生土中，故名。茭白是菰草受菰黑粉菌浸染生成的，跟菌类植物的形成是同一个原理，故说它似土菌。《救荒本草》："茭笋，生江东池泽水中及岸际，今随处水泽边皆有之。苗高二三尺。叶似蔗荻，又似茅叶而长、阔、厚。叶间撺葶，开花如苇。结实青子。根肥，剥取嫩白笋可啖。"

茭白以其丰富的营养价值被誉为"水中参"。古人称茭白为"菰"。在唐代以前，茭白被当作粮食作物栽培，它的种子叫菰米或雕胡，是"六谷"（稌、黍、稷、粱、麦、菰）之一。

【入药部位及性味功效】

茭白，又称出隧、蓬蔬、绿节、菰菜、茭首、菰首、菰蒋节、菰笋、菰手、茭苴、茭笋、茭粑、茭瓜、茭耳菜，为植物菰的嫩茎秆被菰黑粉菌 Yenia esculenta（P. Henn.）Liou 刺激而形成的纺锤形肥大部分。秋季采收，鲜用或晒干。味甘，性寒。归肝、脾、肺经。解热毒，除烦渴，利二便。主治烦热，消渴，二便不通，黄疸，痢疾，热淋，目赤，乳汁不下，疮疡。

菰根，又称茈葑、菰蒋根，为植物菰的根茎及根。秋季采挖，洗净，鲜用或晒干。味甘，性寒。除烦止渴，清热解毒。主治消渴，心烦，小便不利，小儿麻疹高热不退，黄疸，鼻衄，烧烫伤。

菰米，又称雁膳、菰粱、安胡、蒋实、茭米、黑米、雕胡米、凋苽、雕菰、茭白子、菰实，为植物菰的果实。9～10月，果实成熟后采收，搓去外皮，扬净，晒干。味甘，性寒。归胃、大肠经。除烦止渴，和胃理肠。主治心烦，口渴，大便不通，小便不利，小儿泄泻。

【经方验方应用例证】

治便秘，心胸烦热，高血压：鲜茭白60g，旱芹菜30g，水煎服。（《食物与治病》）

催乳：茭白15～30g，通草9g，猪脚煮食。（《湖南药物志》）

治酒渣鼻：生茭白捣烂，每晚敷患部，次日洗去，另取生茭白30～60g，煎服。（《浙江药用植物志》）

治小儿赤游丹：茭白烧存性，研细末，撒布患部，或以麻油调涂。（《食物中药与便方》）

治暑热腹痛：鲜菰根60～90g，水煎服。（《湖南药物志》）

治小儿烦渴，泄利，小便不利：①茭白鲜根，芦茅根各30g，水煎服。②茭白子、大麦芽各15g，炒焦，水煎去渣，1日分2～3次饮服。（《食物中药与便方》）

治高血压，小便不利：菰鲜根30～60g，水煎服。（《浙江药用植物志》）

治湿热黄疸，小便不利：鲜茭白根30～60g，水煎服。（《食物中药与便方》）

治小儿肝热、麻疹高热不退：茭笋根茎、白茅根、芦根各30g，水煎，代茶饮。（《福建药物志》）

治大便不通，小便不利：菰实适量，捣汁，每次3匙，日服2次。（《吉林中草药》）

立止咳血膏：降气泻火，补络填窍。主治咳血妄行，或久病损肺咳血。（《重订通俗伤寒论》）

金钱蒲

Acorus gramineus Soland.

菖蒲科（Acoraceae）菖蒲属多年生草本。

根状茎粗壮，匍匐，芳香。叶基对折，两侧膜质叶鞘棕色，脱落；叶片质较厚，线形，绿色，无中肋，平行脉多数。花序柄长2.5～10cm；叶状佛焰苞长3～9cm，为肉穗花序长的1～2倍；肉穗花序黄绿色，圆柱形。果黄绿色。花期5～6月，果期7～8月。

罗田、英山偶见分布，生于海拔1700m以下的水边湿地或岩石上。各地常栽培。

本种金钱蒲与石菖蒲功用相同，叶片质地厚，较窄小，芳香，手触摸之后香气长时不散，因谓"随手香"，一般用鲜品，亦称鲜菖蒲。

《本草纲目》："菖蒲，乃蒲类之昌盛者，故曰菖蒲。《吕氏春秋》云：冬至后五十七日，菖始生。菖者，百草之先生者。于是始耕，则菖蒲、昌阳又取此义也。《典术》云：尧时天降精于庭为韭，感百阴之气为菖蒲，故曰尧韭。方士隐为水剑，因叶形也。"其叶自根而生，昂然直上，故名卬。卬即仰之古文。从艹而作苚。苚茅者，直上又有斜者也。叶呈剑形，故名剑草、剑叶菖蒲。又喻其根形为石蜈蚣、水蜈蚣。

菖蒲始载于《神农本草经》，列为上品。《名医别录》："菖蒲生上洛池泽及蜀郡严道，一寸九节者良。"陶弘景："上洛郡属梁州，严道县在蜀郡，今乃处处有。生石碛上，概节为好。在下湿地，大根者名昌阳，不堪服食。"

石菖蒲之名首见于《本草图经》，云："亦有一寸十二节，采之初虚软，曝干方坚实，折之中心色微赤，嚼之辛香少滓，人多植于干燥砂石土中，腊月移之尤易活。""黔蜀人亦常将随行，以治卒患心痛，生蛮谷者尤佳，人家移种者亦堪用，此即医方所用之石菖蒲也。"《本草别说》："菖蒲今阳羡山中生水石间者，其叶逆水而生，根须略无，少泥土，根叶紧细，一寸不啻九节，入药极佳。今二浙人家以瓦石器种之，旦暮易水则茂，水浊及有泥滓则萎，近方多称用石菖蒲，必此类也。"

【入药部位及性味功效】

石菖蒲，又称昌本、菖蒲、昌阳、茚、茚荝、昌草、尧时薤、尧韭、卬、木蜡、阳春雪、望见消、水剑草、苦菖蒲、粉菖、剑草、剑叶、山菖蒲、溪菖、石蜈蚣、野韭菜、水蜈蚣、香草，为植物石菖蒲（金钱蒲）的根茎。栽后3～4年收获。早春或冬末挖出根茎，剪去叶片和须根，洗净晒干，撞去毛须即成。味辛、苦，性微温。归心、肝、脾经。化痰开窍，化湿行气，祛风利痹，消肿止痛。主治热病神昏，痰厥，健忘，耳鸣，耳聋，脘腹胀痛，噤口痢，风湿痹痛，跌打损伤，痈疽疥癣。

【经方验方应用例证】

清神散：祛风痰，清头目，开耳窍。主治头目不清，耳聋作痛，脉浮数者。（《类编朱氏集验方》）

神犀丹：清热开窍，凉血解毒。主治温热暑疫，邪入营血证。高热昏谵，斑疹色紫，口咽糜烂，目赤烦躁，舌紫绛等。（《温热经纬》引叶天士方）

栀子清肝汤：清泻肝火。主治聤耳。因风热搏于耳中津液，结硬成块，壅塞耳窍，气脉不通，致疼痛不止。（《杂病源流犀烛》）

补肾明目丸：滋补肝肾。主治诸内障，欲变五风，变化视物不明。（《银海精微》）

解语丹：祛风除痰，宣窍通络。主治心脾中风，痰阻廉泉，舌强不语，半身不遂。（《医学心悟》）

连朴饮：清热化湿，理气和中。主治湿热蕴伏，霍乱吐利，胸脘痞闷，口渴心烦，小便短赤，舌苔黄腻。（《霍乱论》）

定痫丸：涤痰息风，开窍安神。主治痫证，突然发作，晕扑在地，喉中痰鸣，发出类似猪、羊叫声，甚则抽搐目斜，亦治癫狂。（《医学心悟》）

【中成药应用例证】

康肾颗粒：补脾益肾，化湿降浊。用于脾肾两虚所致的水肿、头痛而晕、恶心呕吐、畏寒肢倦；轻度尿毒症见上述证候者。

安神补心片：养心安神。用于阴血不足引起的心悸失眠、头晕耳鸣。

石椒草咳喘颗粒：清热化痰，止咳平喘。用于肺热引起的咳嗽痰稠、口干咽痒，以及急慢性支气管炎引起的痰湿咳喘。

祛风骨痛巴布膏：祛风散寒，舒筋活血，消肿止痛。用于风寒湿痹引起的疼痛。

长春红药胶囊：活血化瘀，消肿止痛。用于跌打损伤，瘀血作痛。

胃得康片：行气止痛。用于气滞证胃痛，以及胃及十二指肠溃疡见以上症状者。

天麻醒脑胶囊：滋补肝肾，平肝息风，通络止痛。用于肝肾不足、肝风上扰所致头痛、头晕、记忆力减退、失眠、反应迟钝、耳鸣、腰酸等症。

痫愈胶囊：豁痰开窍，安神定惊，息风解痉。用于风痰闭阻所致的癫痫抽搐、小儿惊风、面肌痉挛。

宁心安神颗粒：镇惊安神，宽胸宁心。用于妇女脏躁引起的心悸、胸闷、烦躁不安、失眠多梦、头昏目眩、潮热自汗等症。

复方决明片：养肝益气，开窍明目。用于气阴两虚证的青少年假性近视。

【现代临床应用】

临床上，石菖蒲治疗癫痫大发作、肺性脑病。

灯台莲

Arisaema bockii Engler

天南星科（Araceae）天南星属多年生草本。

叶片鸟足状5裂，全缘，中裂片具长柄，侧裂片具短柄或无；外侧裂片无柄，较小，不等侧。佛焰苞具淡紫色条纹；肉穗花序单性，雄花序圆柱形，花疏，近无柄；雌花序近圆锥形；附属器明显具细柄，直立，粗壮。果序圆锥状，浆果黄色。花期5月，果8～9月成熟。

大别山各县市广泛分布。生于山坡林下或沟谷岩石上。

灯台莲出自《中药志》，又名粗齿灯台莲。

【入药部位及性味功效】

灯台莲，又称蛇根头、蛇包谷、老蛇包谷，为植物灯台莲或全缘灯台莲的块茎。夏、秋季采挖，除去茎叶及须根，洗净，鲜用或切片晒干。味苦、辛，性温，有毒。燥湿化痰，息风止痉，消肿止痛。主治痰湿咳嗽，风痰眩晕，癫痫，中风，口眼歪斜，破伤风，痈肿，毒蛇咬伤。

一把伞南星

Arisaema erubescens （Wall.） Schott

天南星科（Araceae）天南星属多年生草本。

块茎扁球形。叶片辐射状分裂，小叶7～20片，披针形、线形、长圆形至椭圆形，有线状长尾，小叶无柄。肉穗花序单性；各附属器棒状，下部有中性花。浆果红色。花期5～6月，果期6～8月。

大别山各县市广泛分布。生于海拔1700m以下的林下、灌丛、草坡、荒地沟边林下腐土上。

《神农本草经》载有虎掌，列为下品。《新修本草》："（虎掌）根大者如拳，小者如鸡卵，都似扁柿，四畔有圆牙，看似虎掌，故有此名。"《本草纲目》："虎掌因叶形似之，非根也。南星因根圆白，形如老人星状，故名南星，即虎掌也。"花序若蛇头状，故有蛇芋、蛇包谷之名。

《名医别录》："生汉中（今陕西）山谷及冤句（今山东菏泽），二月、八月采，阴干。"《本草经集注》："近道亦有，形似半夏但皆大，四边有子如虎掌。"《本草图经》："今河北州郡亦有之。初生根如豆大，渐长大似半夏而扁，累年者其根圆及寸，大者如鸡卵，周围生圆芽二三枚或五六枚。三月、四月生苗，高尺余，独茎，上有叶如爪，五六出分布，尖而圆。一窠生七八茎，时出一茎作穗，直上如鼠尾，中生一叶如匙，裹茎作房，旁开一口，上下尖中有花，微青褐色，结实如麻子大，熟即白色。"

天南星始载于《本草拾遗》，云："生安东（今辽宁丹东）山谷，叶如荷，独茎，用根最良。"《开宝本草》："生平泽，处处有之。叶似蒟蒻，根如芋。二月、八月采之。"《本草图经》："二月生苗似荷梗，茎高一尺以来。叶如蒟蒻，两枝相抱。五月开花似蛇头，黄色。七月结子作穗似石榴子，红色。根似芋而圆。"《本草图经》："古方多用虎掌，不言天南星。天南星近出唐世，中风痰毒方中多用之。""今冀州人菜园中种之，亦呼为天南星。"因此，最初虎掌、天南星为二种药物，因其形态、功效相近而逐渐相混。

《本草蒙筌》："天南星，《本经》载虎掌草即此，后人以天南星改称。"据《中华本草》记载，《本草纲目》也将虎掌、天南星并为一条，认为虎掌与天南星是一物，并将其原植物混为一谈，以至虎掌之名渐渐湮没，虎掌仅作为天南星的品种之一在临床药用。

【入药部位及性味功效】

天南星，又称半夏精、南星、虎膏、蛇芋、野芋头、蛇木芋、山苞米、蛇包谷、山棒子，为植物虎掌、天南星、一把伞南星及东北天南星的块茎。10月挖出块茎，去掉泥土及茎叶、须根，装入撞兜内撞搓，撞去表皮，倒出用水清洗，对未撞净的表皮再用竹刀刮净，最后用硫黄熏制，使之色白，晒干。本品有毒，加工操作时应戴手套、口罩或手上擦菜油，可预防皮肤发痒红肿。味苦、辛，性温，有毒。归肺、肝、脾经。祛风止痉，化痰散结。主治中风痰壅，口眼歪斜，半身不遂，手足麻痹，风痰眩晕，癫痫，惊风，破伤风，咳嗽多痰，痈肿，瘰疬，跌打损伤，毒蛇咬伤。

胆星，又称胆南星，为制天南星细粉与牛、羊或猪胆汁拌制或生天南星细粉与牛、羊或猪胆汁经发酵而制成的加工品。味苦、微辛，性凉。归肝、胆、肺经。清火化痰，息风定惊。主治中风，惊风，癫痫，头痛，眩晕，喘嗽。

【经方验方应用例证】

安神丸：主治小儿惊痄，病后肌肤消瘦，精神昏愦。（《育婴秘诀》卷二）

白附饮：主治顿嗽。小儿咳即呛顿，连声不已，嗽则脸红，吐即嗽止，嗽久不已，眼肿而目中白珠起有红丝者。（《观聚方要补》卷十引《儿科方要》）

保生锭子：主治急惊风，痰涎壅盛或抽搦。（《痘疹金镜录》卷上）

抱龙丸：主治急惊癫痫，痰涎壅盛，胎惊内钓，咳嗽喘息，搦搐惊悸。（《卫生鸿宝》卷三引计元让方）

大红丸：坚筋固骨，滋血生力。主治扑损伤折，骨碎筋断，疼痛痹冷，内外俱损，瘀血留滞，外肿内痛，肢节痛倦。（《仙授理伤续断秘方》）

玉真散：祛风化痰，定搐止痉。主治破伤风，牙关紧急，角弓反张，甚则咬牙缩舌，亦治疯犬咬伤，外治跌打损伤，金疮出血。（《外科正宗》）

青洲白丸子：祛风痰，通经络。主治风痰入络，手足麻木，半身不遂，口眼歪斜，痰涎壅塞，以及小儿惊风，大人头风，妇人血风。（《太平惠民和剂局方》）

苍附导痰丸：燥湿化痰，行滞调经。主治形盛多痰，气虚，至数月而经始行；形肥痰盛经闭；肥人气虚生痰多下白带。（《叶天士女科诊治秘方》）

阳毒内消散：活血，止痛，消肿，化痰，解毒。主治一切阳证肿疡。（《药蔹启秘》）

【中成药应用例证】

香冰祛痛气雾剂：活血散瘀，消肿止痛。用于跌打扭伤、软组织损伤。

通络骨质宁膏：祛风除湿，活血化瘀。用于骨质增生、关节痹痛。

化风丹：息风镇痉，豁痰开窍。用于风痰闭阻、中风偏瘫、癫痫，面神经麻痹，口眼歪斜。

强筋健骨片：祛风散寒，化痰通络。用于痹证，筋骨疼痛，风湿麻木，腰膝酸软。

筋痛消酊：活血化瘀，消肿止痛。用于治疗急性闭合性软组织损伤。

心脑静片：平肝潜阳，清心安神。用于肝阳上亢所致的眩晕及中风，症见头晕目眩、烦躁不宁、言语不清、手足不遂。也可用于高血压肝阳上亢证。

伤疖膏：清热解毒，消肿止痛。用于热毒蕴结肌肤所致的疮疡，症见皮肤红、肿、热、痛、未溃破。亦用于乳腺炎、静脉炎及其他皮肤创伤。

祛伤消肿酊：活血化瘀，消肿止痛。用于跌打损伤，皮肤青紫瘀斑，肿胀疼痛，关节屈伸不利；急性扭挫伤见上述证候者。

婴儿平胶囊：消食化积，健脾止泻。用于发热咳嗽，口臭舌干，消化不良，呕吐腹泻，腹胀腹痛，大便秘结。

【现代临床应用】

天南星治疗冠心病，总有效率71%；治疗子宫颈癌，Ⅰ期患者有效率96.67%，Ⅱ期74.66%，Ⅲ期74.24%。

天南星

Arisaema heterophyllum Blume

天南星科（Araceae）天南星属多年生草本。

叶片鸟足状分裂，裂片13～19；中裂片倒披针形、长圆形、狭长圆形，侧裂片向外渐小，排成蝎尾状。佛焰苞管部圆柱形，里面绿白色。肉穗花序两性和雄性单生，雄花稀疏，各附属器基部粗向上细狭，弓曲状上升。浆果黄红色、红色。花期4～5月，果期7～9月。

大别山各县市广泛分布。生于林中湿处或沟边。

天南星始载于《本草拾遗》，云："生安东（今辽宁丹东）山谷，叶如荷，独茎，用根最良。"《开宝本草》："生平泽，处处有之。叶似蒟叶，根如芋。二月、八月采之。"《本草图经》："二月生苗似荷梗，茎高一尺以来。叶如蒟蒻，两枝相抱。五月开花似蛇头，黄色。七月结子作穗似石榴子，红色。根似芋而圆。"

其他参见一把伞南星。

【入药部位及性味功效】

参见一把伞南星。

【经方验方应用例证】

参见一把伞南星。

【中成药应用例证】

参见一把伞南星。

【现代临床应用】

参见一把伞南星。

滴水珠

Pinellia cordata N. E. Brown

天南星科（Araceae）半夏属多年生草本。

块茎球形、卵球形或长圆形。叶1片，叶片心状全缘，叶柄常紫色或绿色具紫斑，几无鞘，下部及顶尖各有株芽1枚。佛焰苞绿色、淡黄带紫色或青紫色，肉穗花序附属器青绿色，渐狭为线形，略呈之字形上升。花期3～6月，果期8～9月成熟。

大别山各县市广泛分布。生于海拔800m以下的林下沟边、潮湿草地、岩石边、岩隙中。

【入药部位及性味功效】

滴水珠，又称水半夏、深山半夏、石半夏、独叶一枝花、一粒珠、石里开、一滴珠、水滴珠、岩芋、天灵芋、岩珠、蛇珠、独龙珠、单叶半夏、制蛇子、心叶半夏、石蜘蛛、地金莲、夏无影、岩隙子，为植物滴水珠的块茎。春、夏季采挖，洗净，鲜用或晒干。味辛，性温，有小毒。解毒消肿，散瘀止痛。主治毒蛇咬伤，乳痈，肿毒，深部脓肿，瘰疬，头痛，胃痛，腰痛，跌打损伤。

【经方验方应用例证】

治急性胃痛：滴水珠根一至二个。捣烂，温开水送服。（《江西草药》）

治腰痛：滴水珠（完整不破损的）鲜根一钱，整粒用温开水吞服（不可嚼碎）。另以滴水珠鲜根加食盐或白糖捣烂，敷患处。（《浙江民间常用草药》）

治跌打损伤：滴水珠鲜根，捣烂敷患处。（《浙江民间常用草药》）

治挫伤：滴水珠鲜根二个，石胡荽（鲜）适量，甜酒少许。捣烂外敷。（《江西草药》）

治乳痈，肿毒：滴水珠根与蓖麻子等量。捣烂和凡士林或猪油调匀，外敷患部。（《浙江民间常用草药》）

治颈淋巴结结核，乳腺炎：滴水珠、紫背天葵各等份，共研末，以猪油调匀，外敷患处。（《全国中草药汇编》）

半夏

Pinellia ternata （Thunb.） Breit.

天南星科（Araceae）半夏属多年生草本。

块茎圆球形。叶2～5枚，有时1枚；幼苗叶片卵状心形或戟形，全缘单叶；老株叶片3全裂，裂片绿色；叶柄基部有鞘，鞘内、鞘部以上或叶柄顶头有株芽。佛焰苞绿色或绿白色，管部狭圆柱形，檐部长圆形，绿色，有时边缘青紫色；附属器绿色变青紫色。浆果卵圆形，黄绿色。花期5～7月，果熟期8月。

大别山各县市广泛分布。生于路边灌丛中、草坡上、田边或疏林中。常栽培于林下。

半夏，始载于《神农本草经》，列为下品。《本草纲目》："《礼记·月令》五月半夏生，盖当夏之半也，故名。守田会意，水玉因形。"其块茎小圆，故名羊眼、地珠、地巴豆等。

《名医别录》："生槐里川谷。五八月采根暴干。"《新修本草》："生平泽中者，名羊眼半夏，圆白为胜。"《蜀本草》："苗一茎，茎端三叶，有二根相重，上小下大，五月采虚小，八月采实大。"《本草图经》："半夏，以齐州者为佳。二月生苗，一茎，茎端出三叶，浅绿色，颇似竹叶而光。"

【入药部位及性味功效】

半夏，又称水玉、地文、和姑、守田、示姑、羊眼半夏、地珠半夏、麻芋果、三步跳、泛石子、老和尚头、老鸹头、地巴豆、无心菜根、老鸹眼、地雷公、狗芋头，为植物半夏的块茎。种子繁殖培育在第3年，珠芽繁殖培育在第2年，块茎繁殖春栽在当年9月下旬至11月收获。挖取块茎，筛去泥土，按大、中、小分开，放筐内，于流水下用棍棒捣脱皮，也可用半夏脱皮机去皮，洗净，晒干或烘干。味辛，性温，有毒。归脾、胃、肺经。燥湿化痰，降逆止呕，消痞散结。主治咳喘痰多，呕吐反胃，胸脘痞满，头痛眩晕，夜卧不安，瘿瘤痰核，痈疽肿毒。

【经方验方应用例证】

小青龙汤：解表散寒，温肺化饮。主治外寒里饮证。症见恶寒发热，头身疼痛，无汗，喘咳，痰涎清稀而量多，胸痞，或干呕，或痰饮喘咳，不得平卧，或身体疼重，头面四肢浮肿，舌苔白滑，脉浮。本方常用于支气管炎、支气管哮喘、肺炎、百日咳、肺源性心脏病、过敏性鼻炎、卡他性眼炎、卡他性中耳炎等属于外寒里饮证者。（《伤寒论》）

金沸草散：发散风寒，降气化痰。主治伤风咳嗽。症见恶寒发热，咳嗽痰多，鼻塞流涕，舌苔白腻，脉浮。（《博济方》）

越婢加半夏汤：宣肺泄热，降逆化痰。主治肺胀，咳嗽上气，胸满气喘，目如脱状，脉浮大者。（《金匮要略》）

参苏饮：益气解表，理气化痰。主治气虚外感风寒，内有痰湿证。症见恶寒发热，无汗，头痛，鼻塞，咳嗽痰白，胸脘满闷，倦怠无力，气短懒言，苔白脉弱。本方常用于感冒、上呼吸道感染等属气虚外感风寒兼有痰湿者。（《太平惠民和剂局方》）

蒿芩清胆汤：清胆利湿，和胃化痰。主治少阳湿热痰浊证。症见寒热如疟，寒轻热重，口苦膈闷，吐酸苦水或呕黄涎而黏，胸胁胀痛，舌红苔白腻，脉濡数。现用于感受暑湿、疟疾、急性黄疸性肝炎等证属湿热偏重者。（《重订通俗伤寒论》）

柴枳半夏汤：和解宣利。主治用于悬饮初期出现寒热往来、胸胁闷痛等。（《医学入门》）

半夏泻心汤：寒热平调，消痞散结。主治心下但满而不痛者，此为痞，柴胡不中与之，宜半夏泻心汤。（《伤寒论》）

瓜蒌薤白半夏汤：行气解郁，通阳散结，祛痰宽胸。主治痰盛瘀阻胸痹证。症见胸中满痛彻背，背痛彻胸，不能安卧者，短气，或痰多黏而白，舌质紫暗或有暗点，苔白或腻，脉浮。（《金匮要略》）

小半夏汤：化痰散饮，和胃降逆。主治痰饮内停，心下痞闷，呕吐不渴，及胃寒呕吐，痰饮咳嗽。（《摄生众妙方》）

大半夏汤：和胃降逆，益气润燥。主治胃反呕吐，朝食暮吐，或暮食朝吐。（《金匮要略》）

半夏汤：下气除热。主治肝劳实热，闷怒，精神不守，恐畏不能独卧，目视不明，气逆不下，胸中满塞。（《圣济总录》）

半夏白术天麻汤：化痰息风，健脾祛湿。主治痰饮上逆，头昏眩晕，恶心呕吐。（《医学心悟》）

【中成药应用例证】

二夏清心片：健脾祛痰，清心除烦。用于痰浊内阻所致的心悸、虚烦不眠、惊悸不宁、痰涎壅盛、神疲萎靡等，以及冠心病及神经症见上述症状者。

半夏露糖浆：止咳化痰。用于咳嗽多痰，支气管炎。

酸痛喷雾剂：舒筋活络，祛风定痛。用于扭伤、劳累损伤、筋骨酸痛等症。

回春散：清热定惊，祛风祛痰。用于小儿惊风，感冒发热，呕吐腹泻，咳嗽气喘。

小儿和胃丸：健脾和胃，解热止呕。用于小儿外感夹滞，腹胀腹泻，发热呕吐。

康艾扶正胶囊：益气解毒，散结消肿，和胃安神。用于肿瘤放化疗引起的白细胞下降、血小板减少，免疫功能降低所致的体虚乏力、食欲不振、呕吐、失眠等症的辅助治疗。

仙蟾片：化瘀散结，益气止痛。用于食管癌、胃癌、肺癌。

清肺散结丸：清肺散结，活血止痛，解毒化痰。用于肺癌的辅助治疗。

藿香正气丸：解表退热，和中理气。用于外感风寒，内伤饮食，憎寒壮热，头痛呕吐，胸膈满闷，中暑霍乱。

胃复舒胶囊：理气消胀，清热和胃。用于寒热错杂所致的胃脘痞满疼痛、嗳气吞酸、食欲减退；浅表性、糜烂性等慢性胃炎见上述证候者。

痰喘半夏颗粒：止咳，化痰，平喘。用于新老咳嗽，痰多气喘。

【现代临床应用】

临床上，半夏治疗食管、贲门癌梗阻；治疗冠心病；治疗宫颈糜烂；治疗寻常疣；治疗急性乳腺炎。

浮萍

Lemna minor L.

天南星科（Araceae）浮萍属多年生浮水小草本。

根1条，纤细，根鞘无附属物，根冠钝圆或截切状。叶状体对称，倒卵形、椭圆形或近圆形，两面平滑，绿色，不透明，具不显明的3脉纹。花单性，雌雄同株，生于叶状体边缘开裂处，佛焰苞囊状，内有雌花1朵，雄花2朵。果实圆形近陀螺状，无翅或具窄翅。花期6～7月。

大别山各县市广泛分布。生池沼、湖泊或静水中。

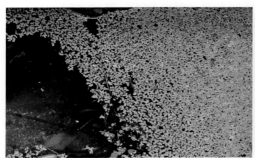 

浮萍药用始载于《神农本草经》，原名水萍，浮萍之名出自《新修本草》，云：“水萍者有三种，大者名蘋，水中又有荇菜，亦相似而叶圆，水上小浮萍主火疮。”《本草拾遗》：《本经》云水萍，应是小者。”《本草纲目》：“本草所用水萍，乃小浮萍，非大蘋也……浮萍处处池泽止水中甚多，季春始生……一叶经宿即生数叶。叶下有微须，即其根也。一种背面皆绿者。一种面青背紫赤若血者，谓之紫萍，入药为良，七月采之。”

【入药部位及性味功效】

浮萍，又称水萍、水花、藻、萍子草、小萍子、浮萍草、水藓、水帘、九子萍、萍、田萍，为植物紫萍或浮萍的全草。6～9月采收。捞出后去杂质，洗净，晒干。味辛，性寒。归肺、膀胱经。发汗解表，透疹止痒，利水消肿，清热解毒。主治风热表证，麻疹不透，瘾疹瘙痒，水肿，癃闭，疮癣，丹毒，烫伤。

【经方验方应用例证】

治急性肾炎：①浮萍草60g，黑豆30g。水煎服。（《全国中草药汇编》）②单用浮萍干品

9 ～ 12g，为末，白糖调服。（《浙南本草新编》）

治时行热病，发汗：浮萍草一两，麻黄（去节、根）、桂心、附子（炮裂，去脐、皮）各半两。四物捣细筛。每服二钱，以水一中盏，入生姜半分，煎至六分，不计时候，和滓热服。（《本草图经》）

治皮肤风热，遍身生瘾疹：牛蒡子、浮萍等份。以薄荷汤调下二钱，日二服。（《养生必用方》）

治身上虚痒：浮萍末一钱，黄芩一钱。同四物汤煎汤调下。（《丹溪纂要》）

解肌透痧汤：辛凉宣透，清热利咽。主治痧麻初起，恶寒发热，咽喉肿痛，妨于咽饮，遍体酸痛，烦闷呕恶。（《丁氏医案》）

浮萍当归汤：主治温疫，厥阴经证，烦满者；疹病，厥阴经证，烦满囊缩发斑者。（《四圣悬枢》卷二）

浮萍地黄汤：主治温疫，太阴经证，腹满嗌干者。（《四圣悬枢》卷二）

浮萍茯苓丸：浮萍一分，茯苓半分，上为末，炼蜜为丸，如梧桐子大。主治紫白癜风。（《外科大成》卷四）

浮萍葛根半夏汤：浮萍三钱，葛根三钱，石膏三钱，元参三钱，芍药三钱，半夏三钱，生姜三钱，甘草二钱。主治温疫，阳明经证，呕吐者。（《四圣悬枢》卷二）

浮萍葛根汤：主治温疫，阳明经证，目痛鼻干，烦渴不眠。（《治疫全书》卷五）

浮萍黑豆汤：捞取新鲜浮萍100g，淘洗干净；把50g黑豆洗后用冷水浸泡1 ～ 2小时，再与浮萍同放入小锅内，加水适量，煎沸后去渣取汤。祛风，行水，清热，解毒。适用于小儿急性肾炎。（《中草药新医疗法资料选编》）

浮萍黄芩汤：主治温疫身痛脉紧，烦躁无汗。（《治疫全书》卷五）

浮萍丸：紫背浮萍（取大者洗净，晒干），研细末，炼蜜为丸，如弹子大。祛风解毒。治风邪侵袭皮肤，气血失和，致生白驳风，初起自面及颈项出现白色斑点，并不痛痒，甚则延及遍身者。（《医宗金鉴》卷七十三）

【中成药应用例证】

小儿羚羊散：清热解毒，透疹止咳。用于麻疹隐伏，肺炎高热，嗜睡，咳嗽喘促，咽喉肿痛。

皮肤病血毒丸：清血解毒，消肿目痒。用于经络不和、温热血燥引起的风疹，湿疹，皮肤刺痒，雀斑粉刺，面赤鼻齄，疮疡肿毒，脚气疥癣，头目眩晕，大便燥结。

丹花口服液：祛风清热，除湿，散结。用于肺胃蕴热所致的粉刺（痤疮）。

五子降脂胶囊：补肾活血，祛瘀降脂。用于高脂血症属肾虚血瘀证者，症见腰膝酸软，耳鸣，倦怠乏力，气短懒言，胸闷刺痛，舌质暗淡或有瘀斑，脉沉涩。

小儿柴桂退热颗粒：发汗解表，清里退热。用于小儿外感发热。症见发热、头身痛、流涕、口渴、咽红、溲黄、便干。

紫萍

Spirodela polyrhiza（L.）Schleid

天南星科（Araceae）紫萍属多年生漂浮草本。

叶状体扁平，阔倒卵形，先端钝圆，表面绿色，背面紫色，具掌状脉5～11条，背面中央生5～11条根；根基附近的一侧囊内形成圆形新芽，萌发后的幼小叶状体渐从囊内浮出，由一细弱的柄与母体相连。花期6～7月。

大别山各县市广泛分布。生于池沼、湖泊或静水中。

　　紫萍，又名紫背浮萍、紫浮萍。《本草纲目》："浮萍处处池泽止水中甚多，季春始生……一叶经宿即生数叶。叶下有微须，即其根也。一种背面皆绿者。一种面青背紫赤若血者，谓之紫萍，入药为良，七月采之。"

　　其他参见浮萍。

【入药部位及性味功效】

参见浮萍。

【经方验方应用例证】

参见浮萍。

【中成药应用例证】

参见浮萍。

泽泻

Alisma plantago-aquatica L.

泽泻科（Alismataceae）泽泻属多年生水生或沼生草本。

沉水叶条形或披针形；挺水叶宽披针形、椭圆形至卵形。花序具3~8轮分枝，每轮分枝3～9枚；花两性；外花被片宽卵形，内轮花被片近圆形，边缘具粗齿，白色、粉色或浅紫色；心皮排列整齐。瘦果椭圆形，背部具1～2条浅沟，果喙膜质。花果期5～10月。

大别山各县市广泛分布。生于湖泊、河湾、溪流、水塘的浅水带，沼泽、沟渠及低洼湿地亦有生长。

泽泻始载于《神农本草经》，列为上品。《医学入门》："生汝南池泽，性能泻水。"故称泽泻。水泻与泽泻同义。《毛传》作"水蕮"，泻与蕮同，取义于去水的功能。《本草纲目》："禹能治水，故曰禹孙。"《尔雅义疏》："按此即今河芋头也，花、叶悉如《图经》所说，根似芋子，故本草有芒芋之名。"泽芝、天鹅蛋、天秃名义同。

《名医别录》："生汝南池泽，五月、六月、八月采根，阴干。"《本草图经》："今山东、河、陕、江、淮亦有之，以汉中者为佳，春生苗，多在浅水中，叶似牛舌草，独茎而长，秋时开白花作丛，似谷精草……今人秋末采，暴干。"

【入药部位及性味功效】

泽泻，又称水泻、芒芋、鹄泻、泽芝、及泻、天鹅蛋、天秃、禹孙，为植物泽泻的块茎。于移栽当年12月下旬，大部分叶片枯黄时收获，挖出块茎，除去泥土、茎叶，留下中心小叶，以免干燥时流出黑汁液，用无烟煤火炕干，趁热放在筐内，撞掉须根和粗皮。味甘、淡，性寒。归肾、膀胱经。利水渗湿，泄热通淋。主治小便不利，热淋涩痛，水肿胀满，泄泻，痰饮眩晕，遗精。

泽泻实，为植物泽泻的果实。夏、秋季果实成熟后分批采收。用刀割下果序，扎成小束，挂于空气流通处，脱粒，晒干。味甘，性平。祛风湿，益肾气。主治风痹，肾亏体虚，消渴。

泽泻叶，为植物泽泻的叶。夏季采收，晒干或鲜用。味微咸，性平。益肾，止咳，通脉，下乳。主治虚劳，咳喘，乳汁不下，疮肿。

【经方验方应用例证】

葛根芩连汤合升阳除湿汤：清热除湿，升阳固脱。主治湿热下注、清阳不升之泄泻、脱肛证。（《伤寒论》《兰室秘藏》）

济川煎：温肾益精，润肠通便。主治老年肾虚之肾阳虚弱，精津不足证。症见大便秘结，小便清长，腰膝酸软，头目眩晕，舌淡苔白，脉沉迟。本方常用于习惯性便秘、老年性便秘、产后便秘等属于肾虚精亏肠燥者。（《景岳全书》）

桂苓甘露散：清暑解热，化气利湿。主治中暑受湿，头痛发热，烦渴引饮，小便不利，以及霍乱吐泻、小儿吐泻惊风等。（《黄帝素问宣明方论》）

泽泻汤：蠲饮利湿。主素有痰饮内停，清阳不得上升所致，即梅尼综合征。（《金匮要略》）

白术泽泻散：主治痰病化为水气，传变水鼓，不能食。（《医统》卷三十一引《医林方》）

苍术泽泻丸：主治痔疮，五虫。（《洁古家珍》）

柴胡泽泻汤：主治小肠热胀，口疮。（《千金》卷十四）

大泽泻汤：主治肾热。症见好怒好忘，耳听无闻，四肢满急，腰背转动强直。（方出《千金》卷十九，名见《圣济总录》卷五十一）

【中成药应用例证】

桂蒲肾清胶囊：清热利湿解毒，化瘀通淋止痛。用于湿热下注、毒瘀互阻所致尿频、尿急、尿痛、尿血，腰疼乏力等症；尿路感染、急慢性肾盂肾炎、非淋菌性尿道炎见上述证候者。

补肾助阳丸：滋阴壮阳，补肾益精。用于肾虚体弱，腰膝无力，梦遗阳痿。

降脂宁胶囊：降血脂，软化血管。用于增强冠状动脉血液循环，抗心律不齐及高脂血症。

明藿降脂颗粒：降脂通络。适用于痰瘀血结高脂血症。

健脾消疳丸：健脾消疳。用于脾胃气虚所致小儿疳积，脾胃虚弱。

胆胃康胶囊：疏肝利胆，清利湿热。用于肝胆湿热所致的胁痛、黄疸，以及胆汁反流性胃炎、胆囊炎见上述症状者。

痛风舒胶囊：清热，利湿，解毒。用于湿热瘀阻所致的痛风。

前列舒通胶囊：清热利湿，化瘀散结。用于慢性前列腺炎、前列腺增生属湿热瘀阻证，症见尿频、尿急、尿淋沥，会阴、下腹或腰骶部坠胀或疼痛，阴囊潮湿等。

明目地黄片：滋肾，养肝，明目。用于肝肾阴虚，目涩畏光，视物模糊，迎风流泪。

【现代临床应用】

临床上，泽泻治疗高脂血症；治疗内耳眩晕症，总有效率91.3%。泽泻全草治疗慢性气管炎，总有效率89%。

野慈姑

Sagittaria trifolia L.

泽泻科（Alismataceae）慈姑属多年生水生或沼生草本。

植株高大，根状茎末端膨大或无。挺水叶箭形，叶片长、宽变异较大；叶柄基部鞘状。花葶直立，挺水；总状或圆锥花序具花多轮，每轮2～3花；花单性；雌花1～3轮生于下部，花梗短粗；雄花多轮，花药黄色。瘦果倒卵形，具不整齐背翅。花果期为5～10月。

大别山各县市广泛分布。生于湖泊、池塘、沼泽、沟渠、水田等水域。

慈姑出自《本草纲目》，慈姑叶出自《岭南采药录》，慈姑花出自《福建民间草药》。《本草纲目》："慈姑，一根岁生十二子，如慈姑之乳诸子，故以名之，作茨菰者，非矣。河凫茈、白地栗，所以别乌芋之凫茈、地栗也。剪刀、箭搭、槎丫、燕尾，并象叶形也。"槎丫音转作槎牙。

慈姑原名藉姑，始出《名医别录》，云："二月生叶，叶如芋。三月三日采根，晒干。"《本草经集注》："今藉姑生水田中，叶有桠，状如泽泻……其根黄，似芋子而小，煮之可啖。"《新修本草》："此草一名槎牙，一名茨菰……生水中，叶似铧箭镞，泽泻之类也。"《本草图经》："剪刀草，生江湖及京东近水河沟沙碛中。叶如剪刀形；茎干似嫩蒲，又似三棱；苗甚软，其色深青绿，每丛十余茎，内抽出一两茎，上分枝，开小白花，四瓣，蕊深黄色。根大者如杏，小者如杏核，色白而莹滑。"《本草纲目》："慈姑生浅水中，人亦种之，三月生苗，青茎中空，其外有棱，叶如燕尾，前尖后歧。霜后叶枯，根乃冻结，冬及春秋掘以为果。""乌芋、慈姑原是二物。慈姑有叶，其根散生；乌芋有茎无叶，其根下生。气味不同，主治亦异。而《名医别录》误以藉姑为乌芋，谓其叶如芋。陶、苏二氏因凫茨、慈姑字音相近，遂至混注，而诸家说者因之不明，今正其误。"

【 入药部位及性味功效 】

慈姑，又称藕姑、槎牙、茨菰、白地栗，为植物野慈姑或慈姑的球茎。秋季初霜后，茎叶黄枯，球茎充分成熟，自此至翌春发芽前，可随时采收。采收后，洗净，鲜用或晒干用。味甘、微苦、微辛，性微寒。归肝、肺、脾、膀胱经。活血凉血，止咳通淋，散结解毒。主治产后血闷，胎衣不下，带下，崩漏，衄血，呕血，咳嗽痰血，淋浊，疮肿，目赤肿痛，角膜白斑，瘰疬，睾丸炎，骨膜炎，毒蛇咬伤。

慈姑花，为植物野慈姑或慈姑的花。秋季花开时采收，鲜用。味微苦，性寒。清热解毒，利湿。主治疔肿，痔漏，湿热黄疸。

慈姑叶，又称剪刀草、密州剪刀草、水慈姑、慈姑苗，为植物野慈姑或慈姑的地上部分。夏、秋季采收，鲜用或切段晒干。味苦、微辛，性寒。清热解毒，凉血化瘀，利水消肿。主治咽喉肿痛，黄疸，水肿，恶疮肿毒，丹毒，瘰疬，湿疹，蛇虫咬伤。

【 经方验方应用例证 】

治产后胞衣不出：慈姑60～120g，洗净捣烂绞汁温服。（《福建民间草药》）

治崩漏带下：慈姑9g，生姜6g，煎汁半碗，日服2次。（《吉林中草药》）

治肺虚咳血：生慈姑数枚（去皮捣烂），蜂蜜二钱，米汤沫同拌匀，饭上蒸熟，热服效。（《滇南本草》）

治石淋：①鲜慈姑捣汁，每日1酒盅，日服2次。（《沙漠地区药用植物》）②鲜野慈姑球根30～90g，捣烂绞汁，开水冲服，每日2次。（安徽《单方草药选编》）

治淋浊：慈姑块根180g，加水适量煎服。（《湖南药物志》）

治无名肿毒，红肿热痛：鲜慈姑捣烂，加入生姜少许搅和，敷于患部，每日更换2次。（《全国中草药汇编》）

治赤眼肿痛：慈姑根去皮晒干，磨水，沉淀后用水点眼。（《湖南药物志》）

治乳腺结核：慈姑30g，核桃仁3粒，共捣烂，日分2次，白酒送服。（《福建药物志》）

治骨膜炎：慈姑、红糖各适量，捣烂敷患处。（《福建药物志》）

治睾丸炎：慈姑40g，酒水各半，炖后取汤煮鸡蛋服。（《福建药物志》）

治难产及胞衣不下：鲜野慈姑或茎叶洗净，切碎，捣烂绞汁1小杯，以温黄酒半杯和服。（《东北药用植物》）

治诸恶疮肿及小儿游瘤丹毒：鲜剪刀草茎叶捣如泥，冷水调如糊，以鸡羽扫上，肿便消退。（《本草图经》）

治淋巴结结核：慈姑叶捣烂敷患处。（《沙漠地区药用植物》）

治痱子：剪刀草调蛤粉敷之。（《是斋百一选方》）

治小儿湿疹，荨麻疹：鲜剪刀草捣烂外敷。（《红安中草药》）

治一切疔疮：慈姑花适量。用冷开水洗净，捣敷患处。（《福建民间草药》）

香蒲
Typha orientalis Presl

香蒲科（Typhaceae）香蒲属多年生水生或沼生草本。

穗状花序圆柱状；雌雄花序紧密连接，上部雄花序长 3 ～ 5cm，花序轴具白色弯曲柔毛，自基部向上具 1 ～ 3 枚叶状苞片；下部雌花序基部具 1 枚叶状苞片；雌花无小苞片，柱头匙形，丝状毛与柱头近等长。花果期 6 ～ 8 月。

大别山各县市广泛分布。生于池塘或河渠浅水处。

蒲黄始载于《神农本草经》，列为上品。蒲，《说文解字》云："从艹，浦声。"浦，水滨也。蒲为水草，故取浦声。本品为香蒲花上黄粉，因称浦黄。其果穗呈棒状，故又名蒲棒花粉。

《名医别录》："生河东池泽，四月采。"《本草经集注》："此即蒲厘花上黄粉也，伺其有便拂取之，甚疗血。"《本草图经》："蒲黄生河东池泽，香蒲，蒲黄苗也……而泰州者为良。春初生嫩叶，未出水时，红白色茸茸然……至夏抽梗于丛叶中，花抱梗端，如武士棒杵……花黄即花中蕊屑也，细若金粉，当其欲开时，有便取之。"《本草衍义》："蒲黄，处处有，即蒲槌中黄粉也。"《本草纲目》："蒲，丛生水际，似莞而褊，有脊而柔。"

【入药部位及性味功效】

蒲黄，又称蒲厘花粉、蒲花、蒲棒花粉、蒲草黄，为植物狭叶香蒲、宽叶香蒲、东方香蒲（香蒲）和长苞香蒲的花粉。栽后第二年开花增多，产量增加即可开始收获。6 ～ 7 月花期，待雄花花粉成熟，选晴天，用手把雄花勒下，晒干搓碎，用细筛筛去杂质即成。味甘、微辛，性平。归肝、心、脾经。止血，祛瘀，利尿。主治吐血，咯血，衄血，血痢，便血，崩漏，外伤出血，心腹疼痛，经闭腹痛，产后瘀痛，痛经，跌扑肿痛，血淋涩痛，带下，重舌，口疮，聤耳，阴下湿痒。

【经方验方应用例证】

失笑散：活血化瘀，散结止痛。主治小肠气及心腹痛，或产后恶露不行，或月经不调少腹急痛。（《太平惠民和剂局方》）

生蒲黄汤：滋阴降火，化瘀止血。主治肾阴亏损，虚火上炎，热迫血溢。（《中医眼科六经法要》）

棕蒲散：活血祛瘀，固冲调经。主治血瘀崩漏。（《陈素庵妇科补解》）

必胜散：凉血止血。主治齿衄。（《重订严氏济生方》）

吹喉散：主治三焦大热，口舌生疮，咽喉肿塞，神思昏闷。（《局方》卷七）

川芎蒲黄黑神散：主治胎死腹中，及衣带断者。（《普济方》三五七）

二神散：主治吐血，便血，尿血，及妇人血崩不止。（《普济方》卷一八八）

黑蒲黄散：主治妇人血崩。（《陈素庵妇科补解》卷一）

孔子练精神聪明不忘开心方：远志七分，菖蒲三分，人参五分，茯苓五分，龙骨五分，蒲黄五分。每服方寸匕，以井花水调下，1日2次。益智。（《医心方》卷二十六引《金匮录》）

蒲黄酒：活血利水。治脾虚水停，遍身水肿或暴肿。（《千金翼方》卷十九）

金钥匙散：主治产后大小便不通，腹胀。（《济阴纲目》卷十四）

蒲黄散：行气活血，凉血止血。治瘀热凝结膀胱，尿血不止。（《圣济总录》卷九十六）

蒲黄饮：治产后恶血攻心，腹痛胀满，头痛乏力。（《圣济总录》卷一六〇）

生蒲黄：治疗小儿流涎。（《外治方》）

止血蒲黄散：治伤寒温病，时气疫毒，及饮酒伤中，吐血不止，面黄干呕，心胸烦闷。（《太平圣惠方》卷十一）

【中成药应用例证】

复方肾炎片：活血化瘀，利尿消肿。用于湿热蕴结所致急、慢性肾炎水肿，血尿，蛋白尿。

酸痛喷雾剂：舒筋活络，祛风定痛。用于扭伤、劳累损伤、筋骨酸痛等症。

回生口服液：消癥化瘀。用于原发性肝癌、肺癌。

复肝能胶囊：益气活血，清热利湿。用于慢性肝炎属气虚血瘀、湿热停滞证者。

白蒲黄胶囊：清热凉血，解毒消炎。用于肠炎、痢疾等。

烧烫宁喷雾剂：清热解毒，活血化瘀，收敛生肌。用于Ⅰ度或Ⅱ度烧烫伤。

血平胶囊：清热化瘀，止血调经。用于因血热夹瘀所致的崩漏。症见月经周期紊乱，经血非时而下，经量增多，或淋漓不断，色深红，质黏稠，夹有血块，伴心烦口干、便秘。舌质红，脉滑数。

产复欣颗粒：益肾养血，补气滋阴，活血化瘀。用于产后子宫复旧不全引起的恶露不尽、产后出血、腰腹隐痛、气短多汗、大便难等症，并有助于产后体型恢复。

和血明目片：凉血止血，滋阴化瘀，养肝明目。用于阴虚肝旺、热伤络脉所引起的眼底出血。

十香止痛丸：疏气解郁，散寒止痛。用于气滞胃寒，两胁胀满，胃脘刺痛，腹部隐痛。

白蒲黄片：清热燥湿，解毒凉血。用于大肠湿热、热毒壅盛所致的痢疾、泄泻，症见里急后重、便下脓血；肠炎、痢疾见上述证候者。

庆余辟瘟丹：辟秽气，止吐泻。用于感受暑邪，时行痧气，头晕胸闷，腹痛吐泻。

舒心口服液：补益心气，活血化瘀。用于心气不足、瘀血内阻所致的胸痹，症见胸闷憋气、心前区刺痛、气短乏力；冠心病心绞痛见上述证候者。

脑栓通胶囊：活血通络，祛风化痰。用于风痰瘀血痹阻脉络引起的缺血性中风中经络急性期和恢复期。症见半身不遂，口舌歪斜，语言不利或失语，偏身麻木，气短乏力或眩晕耳鸣，舌质暗淡或暗红，苔薄白或白腻，脉沉细或弦细、弦滑。脑梗死见上述证候者。

芪参胶囊：益气活血，化瘀止痛。用于冠心病稳定型劳累型心绞痛Ⅰ、Ⅱ级，中医辨证属气虚血瘀证者，症见胸痛、胸闷、心悸气短、神疲乏力、面色紫暗、舌淡紫、脉弦而涩。

宫瘤清片：活血逐瘀，消癥破积。用于瘀血内停所致的妇女癥瘕，症见小腹胀痛、经色紫暗有块、经行不爽；子宫肌瘤见上述证候者。

【现代临床应用】

临床上蒲黄用于治疗冠心病，凡症状不多，单用蒲黄即可；治疗特发性溃疡性结肠炎，总有效率94.4%；治疗渗液性湿疹；用于产褥期子宫收缩。

水烛

Typha angustifolia L.

香蒲科（Typhaceae）香蒲属多年生草本。

穗状花序圆柱状；雌雄花序不连接，上部雄花序长10～30cm，具苞片，下部雌花序长10～30cm，小苞片比柱头短，柱头线形，丝状毛短于柱头。花果期6～8月。

大别山各县市广泛分布。生于池塘或河渠浅水处。

水烛，又名狭叶香蒲。其它参见香蒲。

【入药部位及性味功效】

参见香蒲。

【经方验方应用例证】

参见香蒲。

【中成药应用例证】

参见香蒲。

【现代临床应用】

参见香蒲。

香附子

Cyperus rotundus L.

莎草科（Cyperaceae）莎草属多年生草本。

具椭圆形块茎。秆稍细，锐三棱形。长侧枝聚伞花序简单或复出，具3～10个辐射枝；穗状花序轮廓为陀螺形，稍疏松；小穗轴具白色透明宽翅。鳞片中间绿色，两侧紫红色或红棕色。花果期5～11月。

大别山各县市广泛分布。生于山坡荒地草丛中或水边潮湿处。

《夏小正》云："正月缇缟。"传云："缟也者，莎随也；缇也者，其实也。"《尔雅》："薃侯""莎"均指今之莎草。《名医别录》用莎草根入药，即香附子。李时珍又以《尔雅》所说之"臺""夫须"为莎，这是偏从旧说致误。按"莎""臺"是一类二物，"臺"即今之莎草科薹属植物，茎叶供制笠及蓑用，正如《纂文》所云："臺即山莎，名蓑衣草。"所制之笠，古称"臺笠"《本草纲目》："其根相附连续而生，可以合香，故谓之香附子，上古谓之雀头香。按《江表传》云，魏文帝遣使于吴求雀头香，即此。"雷公头，由根棕褐色，形象比喻得名。

香附出自《本草纲目》，以莎草根之名始载于《名医别录》，列为中品。《新修本草》："（此草）茎叶都似三棱，根若附子，周匝多毛，交州者最胜，大者如枣，近道者如杏仁许。"《本草图经》："今处处有之……近道生者苗叶如薤而瘦，根如筋头大。"《本草衍义》："莎草，其根上如枣核者，又谓之香附子。"《本草纲目》："莎叶似老韭叶而硬，光泽有剑脊棱，五六月中抽一茎，三棱中空，茎端复出数叶，开青花成穗如黍，中有细子其根有须，须下结子一二枚，转相延生，子上有细黑毛，大者如羊枣而两头尖。采得燎去毛，暴干货之。"

【入药部位及性味功效】

莎草，又称莎随、蓫侯、莎、地毛、回头青、野韭菜、隔夜抽、地沟草、小三棱、米珠子、缩缩草、地贯草、猪鬃草、地糕草、吊马棕、土香草、猪毛青、三棱草，为植物香附子（莎草）的茎叶。春、夏季采收，洗净，鲜用或晒干。味苦、辛，性凉。行气开郁，祛风止痒，宽胸利痰。主治胸闷不舒，风疹瘙痒，痈疮肿毒。

香附，又称雀头香、莎草根、香附子、雷公头、香附米、地萌荠、三棱草根、苦羌头，为植物香附子（莎草）的根茎。春、秋季采挖根茎，用火燎去须根，晒干。味辛、甘、微苦，性平。归肝、三焦经。理气解郁，调经止痛，安胎。主治胁肋胀痛，乳房胀痛，疝气疼痛，月经不调，脘腹痞满疼痛，嗳气吞酸，呕恶，经行腹痛，崩漏带下，胎动不安。

【经方验方应用例证】

治痈疽肿毒：鲜莎草洗净，捣烂敷患处。（《泉州本草》）

治水肿、小便短少：鲜莎草捣烂，贴涌泉、关元穴。（《泉州本草》）

治皮肤瘙痒，遍体生风：去莎草苗一握，煎汤浴之，立效。（《履巉岩本草》）

莎草根散：治消渴累年不愈者。（《圣济总录》卷五十八）

莎草根丸：治风邪走注经络，周身疼痛，及腰膝苦疼。（《圣济总录》卷十）

香苏散：疏散风寒，理气和中。主治外感风寒，气郁不舒证。症见恶寒身热，头痛无汗，胸脘痞闷，不思饮食，舌苔薄白，脉浮。本方多用于胃肠型感冒属感受风寒兼气机郁滞者。（《太平惠民和剂局方》）

香苏葱豉汤：发汗解表，调气安胎。主治妊娠伤寒。症见恶寒发热，无汗，头身痛，胸脘痞闷，苔薄白，脉浮。（《重订通俗伤寒论》）

苏合香丸：芳香开窍，行气止痛。主治中风中气，猝然昏倒，牙关紧闭，不省人事，或中恶客忤，胸腹满痛，或突然昏迷，痰壅气闭，以及时疫霍乱，腹满胸痞，欲吐泻不得，甚则昏闭者。（《太平惠民和剂局方》）

艾附暖宫丸：温经养血暖宫。主治血虚气滞、下焦虚寒所致的月经不调、痛经。（《沈氏尊生书》）

苍附导痰丸：燥湿化痰，行滞调经。主治形盛多痰，气虚，至数月而经始行；形肥痰盛经闭；肥人气虚生痰多下白带。（《叶天士女科诊治秘方》）

香附旋覆花汤：治伏暑、湿温，胁痛，或咳或不咳，无寒，但潮热，或竟寒热如疟状。（《温病条辨》）

香附散：治目珠、眉棱骨及头半边痛。（《眼科阐微》卷三）

香附丹：治小儿牙齿不长。（《幼幼新书》卷六引张涣）

香附饼：治瘰疬流注肿块，或风寒袭于经络，结肿或痛。（《外科发挥》卷五）

【中成药应用例证】

心痛宁喷雾剂：温经活血，理气止痛。用于寒凝气滞、血瘀阻络引起的胸痹心痛，遇寒发作，舌暗或有瘀斑者。

颈通颗粒：补益气血，活血化瘀，散风利湿。用于颈椎病引起的颈项疼痛、活动艰难、肩痛、上肢麻木或肌肉萎缩等症。

宫瘤消胶囊：活血化瘀，软坚散结。用于子宫肌瘤属气滞血瘀证，症见月经量多，夹有大小血块，经期延长，或有腹痛，舌暗红，或边有紫点、瘀斑，脉细弦或细涩。

回生口服液：消癥化瘀。用于原发性肝癌、肺癌。

舒肝散：舒肝理气，散郁调经。用于肝气不舒的两胁疼痛，胸腹胀闷，月经不调，头痛目眩，心烦意乱，口苦咽干，以及肝郁气滞所致的面部黧黑斑（黄褐斑）等。

舒肝快胃丸：舒肝理气，化滞消胀。用于肝气不舒，两胁胀痛，胃脘刺痛，脘腹胀满，呕吐酸水，恶心嘈杂。

消瘀康胶囊：活血化瘀，消肿止痛。用于治疗颅内血肿吸收期。

康妇炎胶囊：清热解毒，化瘀行滞，除湿止带。用于月经不调，痛经，附件炎、子宫内膜炎及盆腔炎等妇科炎症。

香附调经止痛丸：开郁顺气，调经养血。用于气滞经闭，胸闷气郁，两胁胀痛，饮食减少，四肢无力，腹内作痛，湿寒白带。

香附丸（水丸）：舒肝健脾，养血调经。用于肝郁血虚、脾失健运所致的月经不调、月经前后诸症，症见经行前后不定期、经量或多或少、有血块，经前胸闷、心烦、双乳胀痛、食欲不振。

筋痛消酊：活血化瘀，消肿止痛。用于治疗急性闭合性软组织损伤。

七制香附丸：舒肝理气，养血调经。用于气滞血虚所致的痛经、月经量少、闭经，症见胸胁胀痛、经行量少、行经小腹胀痛、经前双乳胀痛、经水数月不行。

【现代临床应用】

临床上，香附治疗急性膀胱炎、扁平疣。

荸荠

Eleocharis dulcis（N. L. Burman） Trinius ex Henschel

莎草科（Cyperaceae）荸荠属多年生草本。

匍匐根状茎细长，顶端生块茎。秆多数，丛生，直立，圆柱状，干后现有节，内有隔膜，秆基部有2～3个叶鞘，鞘口斜。小穗圆柱状，比秆细；下位刚毛7条；柱头3；花柱基部具领状环。花果期5～10月。

团风县有分布，生于田野边缘，湖边缘，通常栽培。

《本草纲目》："乌芋，其根如芋而色乌也。凫喜食之，故《尔雅》名凫茈，后遂讹为凫茨，又讹为荸荠。盖《切韵》凫、荸同一字母，音相近也。三棱、地栗，皆形似也。"吴瑞："小者名凫茈，大者名地栗。"

荸荠之名始载于《日用本草》，通天草出自《饮片新参》。《本草纲目》："凫茨生浅水田中，其苗三月四月出土，一茎直上，无枝叶，状如龙须。肥田栽者，粗近葱蒲，高二三尺，其根白蒻，秋后结颗，大如山楂、栗子，而脐有聚毛，累累下生入泥底。野生者，黑而小，食之多滓。种出者，紫而大，食之多毛。吴人以沃田种之，三月下种，霜后苗枯，冬春掘收为果，生食煮食皆良。"

荸荠，有"地下雪梨"的美称，在北方更是被视为"江南人参"。团风是传统的荸荠种植之乡，尤以方高坪港口一带的荸荠品质最佳，皮薄、肉嫩、味鲜可口。2009年11月16日，国家质量监督检验检疫总局批准对"团风荸荠"实施地理标志产品保护，保护范围为湖北省团风县淋山河镇、方高坪镇、马曹庙镇等3个乡镇现辖行政区域。

【入药部位及性味功效】

荸荠，又称芍、凫茈、凫茨、葧菇、水芋、乌芋、乌茨、荸脐、黑三棱、地栗、铁荸脐、马蹄、红慈菇、马薯，为植物荸荠的球茎。冬季采挖，洗净泥土，鲜用或风干。味甘，性寒。归肺、胃经。清热生津，化痰，消积。主治温病口渴，咽喉肿痛，痰热咳嗽，目赤，消渴，痢疾，黄疸，热淋，食积，赘疣。

通天草，又称荸荠梗、地栗梗、荸荠苗，为植物荸荠的地上部分。7～8月间，将茎割下，捆成把，晒干或鲜用。味苦，性凉。清热解毒，利尿，降逆。主治热淋，小便不利，水肿，疔疮，呃逆。

【经方验方应用例证】

治黄疸湿热，小便不利：荸荠打碎，煎汤代茶，每次120g。（《泉州本草》）

治咽喉肿痛：荸荠绞汁冷服，每次120g。（《泉州本草》）

治高血压，慢性咳嗽，吐浓痰：荸荠、海蜇头（洗去盐分）各30～60g，每日2～3次分服。（《全国中草药汇编》）

治尿道炎：荸荠茎叶30g，土茯苓15g，木通6g，水煎服。（《福建药物志》）

治全身浮肿，小便不利：通天草（地上全草）30g（鲜品60～90g），鲜芦根30g，水煎服。（《全国中草药汇编》）

荸荠桵柳汤：荸荠90g，桵柳叶15g（鲜枝叶30g），一同水煎。温中益气，消风毒。适用于麻疹透发不快。每日分2次饮服。（《民间方》）

荸荠酒酿：酒酿100g，鲜荸荠10个（去皮，切片），加水少许，煮熟。清热，透疹。适用于小儿麻疹、小痘以及风热外感。吃荸荠饮汤。每日分2次服。（《良方集要》）

荸荠萝卜汁：鲜荸荠10个（削皮），鲜萝卜汁500g，一同煮开，加白糖适量。清热养阴，解毒消炎。适用于疹后伤阴咳嗽者。（《经验方》）

海蜇荸荠汤：海蜇皮50g，荸荠100g（去皮切片），煮汤。清热化痰，滋阴润肺，适用于阴虚阳亢的高血压患者。吃海蜇皮、荸荠，饮汤，每日2次。（《新中医》）

【中成药应用例证】

鹅毛管眼药：散风热，止痛痒。用于风火眼疾，红肿痛痒，干涩羞明，迎风流泪。

健脾消食丸：健脾，消食，化积。用于小儿脾胃不健引起的乳食停滞，脘腹胀满，食欲不振，面黄肌瘦，大便不调。

障翳散：行滞祛瘀，退障消翳。用于老年性白内障及角膜翳。

饭包草

Commelina benghalensis Linnaeus

鸭跖草科（Commelinaceae）鸭跖草属多年生披散草本。

茎披散，多分枝，被疏柔毛。叶鞘有疏而长的睫毛，叶有明显的叶柄，叶片卵形，近无毛。总苞片漏斗状，与叶对生，常数个集于枝顶，下部边缘合生，柄极短；花瓣圆形。蒴果椭圆状。花期夏秋。

大别山各县市广泛分布。生于河沟边、小溪旁阴湿处。

【入药部位及性味功效】

马耳草，又称竹菜、竹仔菜、竹竹菜、竹叶菜、火柴头、千日晒、大号日头舅、大叶兰花竹仔草、粉节草、大叶兰花草、竹节花，为植物饭包草的全草。夏、秋季采收，洗净，鲜用或晒干。味苦，性寒。清热解毒，利水消肿。主治热病发热，烦渴，咽喉肿痛，热痢，热淋，痔疮，疔疮痈肿，蛇虫咬伤。

【经方验方应用例证】

治小便不通，淋沥作痛：竹叶菜30～60g，酌加水煎，可代茶常饮。（《福建民间草药》）

治赤痢：鲜饭包草全草60～90g，水煎服。（《福建中草药》）

治疔疮肿毒，红肿疼痛：鲜竹叶菜全草一握，以冷开水洗净，和冬蜜捣匀敷贴，每日换2次。（《福建民间草药》）

治痔疮：饭包草适量，煎洗患处。（《河北中草药》）

鸭舌草

Monochoria vaginalis （Burm. F.） Presl ex Kunth

雨久花科（Pontederiaceae）雨久花属多年生沼泽或水生草本。

植株矮小。根状茎极短。叶基生或茎生，叶片心状宽卵形、长卵形至卵状披针形，基部圆形或浅心形。总状花序腋生，花序梗短，花通常3～5朵，蓝色，雄蕊6，其中1枚较大。蒴果卵形。花期8～9月，果期9～10月。

大别山各县市广泛分布。生于池塘、湖沼靠岸的浅水处和稻田中。

鸭舌草出自《植物名实图考》，原名薢草，始载于《新修本草》，云其："叶圆，似泽泻而小。花青白，亦堪啖，所在有之。"《植物名实图考》："鸭舌草，处处有之，因始呼为鸭儿嘴，生稻田中，高五六寸，微似茨菇叶末尖后圆，无歧，一叶一茎，中空。从茎中抽葶，破茎而出，开小蓝紫花，六瓣，大小相错；黄蕊数点，袅袅下垂，质极柔肥。"

【入药部位及性味功效】

鸭舌草，又称薢草、薢荣、接水葱、鸭儿嘴、鸭仔菜、鸭儿菜、香头草、猪耳菜、马皮瓜、肥猪草、黑菜、少花鸭舌草、合菜、水玉簪、鹅仔菜、湖菜、鸭娃草，为植物鸭舌草的全草。夏、秋采收，鲜用或切段晒干。味苦，性凉。清热，凉血，利尿，解毒。主治感冒高热，肺热咳喘，百日咳，咳血，吐血，崩漏，尿血，热淋，痢疾，肠炎，肠痈，丹毒，疮肿，咽喉肿痛，牙龈肿痛，风火赤眼，毒蛇咬伤，毒菇中毒。

【经方验方应用例证】

治小儿高热，小便不利：鲜少花鸭舌草30g，莲子草30g，水煎服。（《福州军区后勤部中草药手册》）

治咳血：鲜少花鸭舌草30～60g，捣烂绞汁，调蜜服。（《福建中草药》）

治吐血：鸭舌草30～60g，炖瘦猪肉服。（江西《草药手册》）

治热淋：鲜鸭儿菜60g，鲜车前草30g，水煎服。（《梧州地区中草药》）

治急性胃肠炎：鲜鸭舌草、旱莲草各30g，共捣汁，加白糖适量内服。（《湖北中草药志》）

治丹毒：鲜少花鸭舌草30～60g，捣烂敷患处。（《福建中草药》）

治小儿疖肿：鸭舌草15～30g，水煎服。（《红安中草药》）

治风火赤眼：鲜少花鸭舌草叶，捣烂外敷眼睑。（《福建中草药》）

治各种毒菰（菇）中毒：鲜少花鸭舌草250g，捣烂绞汁，拌白糖适量，灌服。或鲜少花鸭舌草500g（绞汁），冰糖60g，炖至冰糖溶化后服。（《常见青草药选编》）

【现代临床应用】

鲜鸭舌草治疗慢性气管炎，总有效率88.9%。

灯心草

Juncus effusus L.

灯心草科（Juncaceae）灯心草属多年生草本。

茎丛生，粗壮圆柱形，髓白色；叶生基部鞘状或鳞片状；顶端有细芒状小刺。聚伞花序假侧生；总苞片似茎的延伸，直立；花被片6枚，线状披针形，外轮稍长于内轮；雄蕊3枚，长约为花被片的2/3；子房3室。蒴果长圆形或卵形。花期4～7月，果期6～9月。

大别山各县市广泛分布。生于河边、池旁、水沟、稻田旁、草地及沼泽湿处。

本品茎髓可以燃灯，可裹烛心，故名灯心草。虎须、赤须、碧玉，皆以象形名之。

灯心草之名见于《开宝本草》，云："灯心草生江南泽地，丛生，茎圆细而长直，人将为席。"《本草衍义》："灯心草，陕西亦有。蒸熟，干则拆取中心穰燃灯者，是谓之熟草。又有不蒸，但生干剥取者，为生草。入药宜用生草。"《品汇精要》："灯心草，莳田泽中，圆细而长直，有干无叶。南人夏秋间采之，剥皮以为蓑衣。其心能燃灯，故名灯心草。"《本草纲目》："此即龙须之类，但龙须紧小而瓢实，此草稍粗而瓢虚白。"《植物名实图考》："江西泽畔极多。细茎绿润，夏从茎旁开花如穗，长不及寸，微似莎草花。"

【入药部位及性味功效】

灯心草，又称虎须草、赤须、灯心、灯草、碧玉草、水灯心、铁灯心、虎酒草、曲屎草、秧草，为植物灯心草的茎髓或全草。全草，秋季采割，晒干；茎髓，秋季采割下茎秆，顺茎划开皮部，剥出髓心，捆把晒干。味甘、淡，性微寒。归心、肺、小肠、膀胱经。利水通淋，清心降火。主治淋证，水肿，小便不利，湿热黄疸，心烦不寐，小儿夜啼，喉痹，口疮，创伤。

灯心草根，又称灯草根，为植物灯心草的根及根茎。夏、秋采挖，除去茎部，洗净，晒干。味甘，性寒。归心、膀胱经。利水通淋，清心安神。主治淋证，小便不利，湿热黄疸，心悸不安。

【经方验方应用例证】

治热淋：鲜灯心草、车前草、凤尾草各一两。淘米水煎服。(《河南中草药手册》)

治肾炎水肿：鲜灯心草一至二两，鲜车前草一两，鲜地胆草一两。水煎服。(《福建中草药》)

治失眠、心烦：灯心草18g，煎汤代茶常服。(《现代实用中药》)

治小儿热惊：灯心草一至二钱，车前草三株。酌冲开水炖服。(《福建民间草药》)

治小儿夜啼：①灯心草五钱。煎二次，分二次服。(江西《中草药学》)②用灯心草烧灰涂乳上与吃。(《宝庆本草折衷》)

治黄疸：①灯心草、天胡荽各一两。水煎，加甜酒少许调服。②灯心草五钱，鲜枸杞根一两，阴行草五钱。水煎，糖调服。(江西《中草药学》)

治湿热黄疸：①鲜灯心草一至二两，白英(鲜)一至二两。水煎服。(《福建中草药》)②灯草根四两，酒水各半，入瓶煮半日，温服。(《集玄方》)

治急性咽炎，咽部生颗粒或舌炎，口疮：灯心草一钱，麦门冬三钱，水煎服；亦可用灯心炭一钱，加冰片一分，同研，吹喉。(《河北中药手册》)

治膀胱炎、尿道炎、肾炎水肿：鲜灯心草一至二两，鲜车前二两，薏苡仁一两，海金沙一两。水煎服。(《河南中草药手册》)

治乳痈乳吹：水灯心一两，酒水各半煎服。(《中医药实验研究》)

治阴疳：灯心草(烧灰)，入轻粉、麝香(共研末涂敷)。(《本草纲目》)

治糖尿病：灯心草60g，豆腐1块，水炖服。(《福建药物志》)

治乳腺炎：灯心草30g，肉汤煎服，暖睡取汗。(《江西草药》)

五淋散：清热利湿，通淋化浊。主治膀胱有热，水道不通，尿少次频，脐腹急痛，作止有时，劳倦即发，或尿如豆汁，或尿有砂石，或尿淋如膏，或热淋尿血。(《太平惠民和剂局方》)

【中成药应用例证】

肾安胶囊：清热解毒，利尿通淋。用于湿热蕴结所致淋证，症见小便不利、淋沥涩痛；下尿路感染见上述证候者。

消咳平喘口服液：止咳，祛痰，平喘。用于感冒咳嗽，急、慢性支气管炎。

小儿夜啼颗粒：清热除烦，健胃消食。用于脾胃不和、食积化热所致小儿夜啼证。症见乳食少思，见食不贪或拒食、腹胀，时哭闹，烦躁不安，夜睡惊跳，舌质红，苔薄黄，脉滑数。

胆胃康胶囊：疏肝利胆，清利湿热。用于肝胆湿热所致的胁痛、黄疸，以及胆汁反流性胃炎、胆囊炎见上述症状者。

尿路康颗粒：清热利湿，健脾益肾。用于下焦湿热、脾肾两虚所致的淋证、小便不利、淋沥涩痛；非淋菌性尿道炎见上述证候者。

小儿清热片：清热解毒，祛风镇惊。用于小儿风热，烦躁抽搐，发热口疮，小便短赤，大便不利。

灯心止血胶囊：清热解毒，淡渗利湿，收敛止血。用于痔疮出血、鼻出血、消化道出血、产后恶露不净、计划生育术后阴道出血以及血小板减少等症。

百部

Stemona japonica（Bl.）Miq.

百部科（Stemonaceae）百部属多年生草本。

茎下部直立，上部攀援状。叶轮生，叶主脉两面均隆起，横脉细密而平行；叶柄细；花序柄贴生于叶片中脉下部；种子椭圆形，深紫褐色。花期5～7月，果期7～10月。

大别山各县市均有分布。生于山坡草丛、路旁和林下。

《本草纲目》："其根多者百十连属，如部伍然，故以名之。"按部与菩古字相通，作根解。《广雅疏证》："菩，菱声之转，根之名……《名医别录》有百部根，陶注云根数十相连。然则此草根多，因名百部。部与菩古字通"嗽药，言其功也。野天门冬、九虫根，言其膨大之根形。其余百条根、一窝虎、九十九条根、山百根等皆言其多根也。

《名医别录》始载有"百部根"。百部出自《本草经集注》，云："山野处处有，根数十相连，似天门冬而苦强。"《本草图经》："百部根旧不著所出州土，今江、湖、淮、陕、齐、鲁州郡皆有之。春生苗，作藤蔓，叶大而尖长，颇似竹叶，面青色而光，根下作撮如芋子，一撮乃十五六枚，黄白色。"

《名医别录》另载有白并，云："味苦，无毒。主肺咳上气，行五脏，令百病不起。一名玉箫，一名箭杆。叶如小竹，根黄皮白。生山陵，三月、四月采根暴干。"据《中华本草》记载，有学者从药名、功效、形态、采收加工等方面考证，认为白并就是百部的异名。

【入药部位及性味功效】

百部，又称百部根、白并、玉箫、箭杆、嗽药、百条根、野天门冬、百奶、九丛根、九虫根、一窝虎、九十九条根、山百根、牛虱鬼、药虱药，为植物直立百部、百部（蔓生百部）和对叶百部的根。移栽2～3年后采挖。于冬季地上部枯萎后或春季萌芽前，挖出块根，除去细根、泥土，在沸水中刚煮透时，取出晒干或烘干，也可鲜用。味苦、甘，性微温。归肺经。润肺止咳，杀虫灭虱。主治新久咳嗽，肺痨，百日咳，蛲虫病，体虱，癣疥。

【经方验方应用例证】

治小儿百日咳：蜜炙百部、夏枯草各9g，水煎服。（《青岛中草药手册》）

治三十年嗽：百部根二十斤，捣取汁，煎如饴，服一方寸匕，日三服。（《千金方》）

治卒得咳嗽：生姜汁，百部汁，和同合煎，服二合。（《肘后方》）

止嗽散：宣利肺气，疏风止咳。主治风邪犯肺证。症见咳嗽咽痒，咳痰不爽，或微有恶风发热，舌苔薄白，脉浮缓。本方常用于上呼吸道感染、支气管炎、百日咳等属表邪未尽、肺气失宣者。（《医学心悟》）

百部酊：百部40g，75％酒精或60度烧酒160mL，酒浸百部，三天后擦涂患处。祛风杀虫。治瘙痒性皮肤病以及头虱、阴虱、体虱。（《中医皮肤病学简编》）

百部根方：百部藤根二两，捣自然汁，和蜜等份，沸煎成膏子。治暴嗽。每日3服，粥饮调下。（《普济方》卷一五八引《鲍氏方》）

百部蜜糖茶：百部10g，将百部煎汤20g，加蜂蜜调味，对百日咳有显著疗效。亦适用于新久寒热咳嗽者。每天2次，顿服。但百部有小毒，故不宜久服。（《经验方》）

【中成药应用例证】

益肺止咳胶囊：养阴润肺，止咳祛痰。用于急慢性支气管炎咳痰、咯血；对肺结核、淋巴结结核有辅助治疗作用。

白杏片：化痰止咳。用于外感咳嗽，急、慢性支气管炎，咳嗽咳痰。

肺力咳合剂：清热解毒，镇咳祛痰。用于小儿痰热犯肺所引起的咳嗽痰黄；支气管哮喘，气管炎见上述证候者。

小儿牛黄清肺散：清热，化痰，止咳。用于内热咳嗽，支气管炎，百日咳，肺炎。

白百抗痨颗粒：敛肺止咳，养阴清热。用于肺痨引起的咳嗽、痰中带血。

百仙妇炎清栓：清热解毒，杀虫止痒，去瘀收敛。用于霉菌性、细菌性、滴虫性阴道炎和宫颈糜烂。

新肤螨软膏：杀螨止痒。用于治疗痤疮。

杏仁止咳糖浆：化痰止咳。用于痰浊阻肺，咳嗽痰多；急、慢性支气管炎见以上证候者。

小儿百部止咳糖浆：清肺，止咳、化痰。用于小儿痰热蕴肺所致的咳嗽、顿咳，症见咳嗽、痰多、痰黄黏稠、咳吐不爽，或痰咳不已、痰稠难出；百日咳见上述证候者。

妇必舒阴道泡腾片：清热燥湿，杀虫止痒。主要用于妇女湿热下注证所致的白带增多、阴部瘙痒。

【现代临床应用】

百部治疗百日咳、肺结核、慢性气管炎、蛲虫病、滴虫性阴道炎。

天门冬

Asparagus cochinchinensis （Lour.） Merr.

天门冬科（Asparagaceae）天门冬属多年生攀援草本。

根在中部或以下膨大成纺锤状块根。叶状枝3枚成簇，稍镰刀状；鳞片状叶基部为硬刺。花2朵，淡绿色；花梗长2～6mm。浆果具1颗种子。花期5～6月，果期8～10月。

大别山各县市广泛分布。生于山坡草丛或沟边灌丛中。

天门冬始载于《神农本草经》。《医学入门》："天，颠也，一名颠棘。《尔雅》名门冬，冬月作实也。"《本草纲目》："草之茂者为蘴，俗作门。此草蔓茂，而功同麦蘴冬，故曰天蘴冬，或曰天棘。《尔雅》云：髦，颠棘也。因其细叶如髦，有细棘也。颠、天，音相近也。按《救荒本草》云，俗名万岁藤，又名婆萝树。"又名颠勒，《尔雅义疏》："勒即棘也……勒、棘，字通。"《尔雅·释草》："蔷蘼蘴冬。"郭璞注云："门冬，一名满冬，本草云。"《义疏》："蘴、满声亦相转。"其茎柔弱，故《广雅》名女木。根茎长圆呈簇生状，故称多儿母、八百崽。浣草以可浣衣而名。《图经》引《博物志》："天门冬茎间有刺而叶滑者曰绦休，一名颠棘，根以浣缣素令白，越人名为浣草。似天门冬而非也。"《植物名实札记》认为，天门冬"天"为天然所生，门通"璊"，因外皮子赤而名，冬则指其生药之块根如金文"冬"字形，录此备考。

《名医别录》:"生奉高山谷。二月、三月、七月、八月采根，暴干。"《本草经集注》引《桐君药录》:"叶有刺，蔓生，五月花白，十月实黑，根连数十枚。"《新修本草》:"有二种，苗有刺而涩者，无刺而滑者，俱是门冬。"《本草图经》:"今处处有之。春生藤蔓，大如钗股，高至丈余。叶如茴香，极尖细而疏滑，有逆刺，亦有涩而无刺者，其叶如丝杉而细散，皆名天门冬。夏生白花，亦有黄色者，秋结黑子在其根枝傍。入伏后无花，暗结子。其根白或黄紫色，大如手指，长二三寸，大者为胜，颇与百部根相类，然圆实而长，一二十枚同撮。"

【入药部位及性味功效】

天门冬，又称虋冬、大当门根、天冬，为植物天门冬的块根。定植后2～3年即可采收，割去蔓茎，挖出块根，去掉泥土，用水煮或蒸至皮裂，捞出入清水中，趁热剥去外皮，烘干或用硫黄熏蒸。味甘、性寒。归肺、肾经。滋阴润燥，清肺降火。主治燥热咳嗽，阴虚劳嗽，热病伤阴，内热消渴，肠燥便秘，咽喉肿痛。

【经方验方应用例证】

治扁桃体炎，咽喉肿痛：天冬、麦冬、板蓝根、桔梗、山豆根各9g，甘草6g，水煎服。（《山东中草药手册》）

治夜盲：多儿母60g，水皂角30g，炖肉吃。（《贵州草药》）

治五淋痛甚久不愈：生天门冬捶汁半盅服。（《疑难急症简方》）

治女子白带：天门冬捣汁，井花水调服。（《普济方》）

催乳：天冬60g，炖肉服。（《云南中草药》）

二冬二母汤：养阴润肺，化痰止咳。主治内伤燥痰，咳嗽喘逆，时咳时止，痰不能出，连嗽不已，脉两尺沉数；或肺热身肿，燥咳烦闷，脉右寸洪数者。（《症因脉治》卷二）

二冬膏：清心润肺，降火消痰。主治虚劳阴虚火旺，咳嗽有痰，心烦口渴。（《摄生秘剖》卷四）

二冬清肺汤：痘后毒流于肺，肺叶焦枯，咳而气喘，连声不住，胸高肩耸，口鼻出血，面色或青或白或赤。（《痘麻绀珠》）

二门冬饮：主治肾虚咳血。肺伤，咯，嗽血。（《医统》卷四十二引《集成》）

天门冬方：补中益气，愈百病，白发变黑，齿落复生，延年益命。主治虚劳绝伤，年老衰损，羸瘦，偏枯不遂，风湿不仁，冷痹，心腹积聚，恶疮痈疽肿癞疾，重者周身脓坏，鼻柱败烂，阴痿耳聋，目暗。（《千金》卷二十七）

附子天门冬散：益气补不足，却老延年。（《圣济总录》卷一八五）

凉膈天门冬汤：主治眼风牵，脸硬睛疼，视物不正。（《圣济总录》卷一〇七）

天门冬饮：治妊娠外感风寒，咳嗽不已，谓之子嗽。（《医学正传》卷七）

紫石英天门冬丸：温养胞宫，滋血填精。治妇女子宫虚冷，经常流产，或素患心痛，月水都未曾来者。（《备急千金要方》卷四）

【中成药应用例证】

手掌参三十七味丸：补肾壮阳，温中散寒。用于脾肾虚寒，腰酸腿痛，遗精阳痿，脘腹气痛，纳差便溏。

五根油丸：补肾健脾，宁心安神。用于脾肾两虚所致虚劳，四肢无力，腰酸腿疼，头晕耳鸣，失眠多梦。

暖宫七味丸：调经养血，温暖子宫，祛寒止痛。用于心、肾脏"赫依"病，气滞腰痛，小腹冷痛，月经不调，白带过多。

【现代临床应用】

临床上，天门冬治疗乳腺小叶增生、恶性淋巴肉瘤，还可用于扩张宫颈。

开口箭

Rohdea chinensis （Baker） N.Tanaka

天门冬科（Asparagaceae）万年青属多年生草本。

根状茎圆柱形，绿色至黄色，有多节。叶狭，基生，4～8枚，倒披针形、条形或披针形；鞘叶2枚，披针形或矩圆形。苞片绿色；花短钟状；花被筒比裂片短。花期4～6月，果期9～11月。

罗田、英山等县市均有分布，常生于林下阴湿处、溪边或路旁。

【入药部位及性味功效】

开口箭，又称巴林麻、心不干、岩芪、大寒药、万年攀、竹根七、牛尾七、竹根参、包谷七、岩七、石凤丹、搜山虎、小万年青、开喉剑、老蛇莲、青龙胆、罗汉七，为植物开口箭及剑叶开口箭的根茎。全年均可采收，除去叶及须根，洗净，鲜用或切片晒干。味苦、辛，性寒，有毒。清热解毒，祛风除湿，散瘀止痛。主治白喉，咽喉肿痛，风湿痹痛，跌打损伤，胃痛，痈肿疮毒，毒蛇咬伤，狂犬咬伤。

【经方验方应用例证】

治胃痛，咽喉肿痛，扁桃体炎：开口箭鲜根状茎5g，捣烂加温开水擂汁，在1天内分多次含咽。（《湖南药物志》）

治肝硬化腹水：开口箭鲜根状茎3g，田基黄、马鞭草各30g，水煎服。（《湖南药物志》）

治胃痛、胆绞痛：心不干鲜根3g，生嚼吃；或干根9g，枳实6g，共研末，分3次开水送服。（《红河中草药》）

治疮疖肿毒，毒蛇咬伤：开口箭鲜根状茎捣烂敷或磨酒涂。蛇伤则敷伤口周围。（《湖南药物志》）

紫萼

Hosta ventricosa （Salisb.） Stearn

天门冬科（Asparagaceae）玉簪属多年生草本。

通常具粗短的根状茎。叶基生，成簇。具10～30朵花；苞片矩圆状披针形，白色，膜质；花单生，长4～5.8cm，盛开时从花被管向上骤然作近漏斗状扩大，紫红色；雄蕊伸出花被之外，完全离生。花期6～7月，果期7～9月。

大别山各县市广泛分布。生于海拔500m以上的林下、草坡或路旁。

紫玉簪始载于《汝南圃史》。花未开时如玉簪而色紫，故有紫鹤、紫萼之名。

《品汇精要》："一种茎叶花蕾与此无别，但短小深绿色而花紫，嗅之似有恶气，殊不堪食，谓之紫

【入药部位及性味功效】

紫玉簪，又称紫鹤、鸡骨丹、红玉簪、石玉簪，为植物紫萼的花。夏、秋间采收，晾干。味甘、苦，性凉。凉血止血，解毒。主治吐血，崩漏，湿热带下，咽喉肿痛。

紫玉簪根，又称红玉簪花头，为植物紫萼的根。全年可采，洗净，鲜用或晒干。味苦、微辛，性凉。清热解毒，散瘀止痛，止血，下骨鲠。主治咽喉肿痛，痈肿疮疡，跌打损伤，胃痛，牙痛，吐血，崩漏，骨鲠。

紫玉簪叶，为植物紫萼的叶。夏、秋季采收，洗净，鲜用。味苦、甘，性凉。凉血止血，解毒。主治崩漏，湿热带下，疮肿，溃疡。

【经方验方应用例证】

治白带，崩漏：紫玉簪叶30～60g，鸡蛋（去壳）1个。水煎服。（《江西草药》）

治顽固性溃疡：鲜紫玉簪叶洗净，用米汤或开水泡软，敷贴患处，日换3次。（《陕西草药》）

治胃痛：石玉簪根、红牛膝、牛毛细辛各二钱。煎酒服，每日早晚空腹时各服一次。（《贵州民间药物》）

治多骨痈：紫玉簪根捣烂敷上，其骨自出。（《串雅内编》）

治各种骨卡喉：鲜紫玉簪根6～9g。捣烂，温开水送服。（《江西草药》）

治跌打损伤：紫玉簪根60g，猪瘦肉60g，水炖，服汤食肉。（《江西草药》）

治红崩白带：紫玉簪根、二百根各1把。炖肉吃。（《陕西草药》）

山麦冬

Liriope spicata（Thunb.） Lour.

天门冬科（Asparagaceae）山麦冬属多年生草本。

根近末端常成肉质小块根；根状茎短，具地下走茎。花葶与叶近等长或长于叶；关节生于中部以上；花常3～5朵簇生；苞片披针形；花丝与花药近等长。花期5～7月，果期8～10月。

大别山各县市广泛分布。生于海拔1500m以下的山坡、山谷林下、路旁或湿地。

土麦冬出自南药《中草药学》。土麦冬在民间多作麦门冬药用。《陕西中草药》记载："（大叶麦门冬）产地、性味、功能与麦门冬同，都同等入药。但有认为其滋润性较差，清凉性较强。"

【入药部位及性味功效】

土麦冬，又称麦门冬，为植物山麦冬、阔叶山麦冬的块根。立夏或清明前后采挖剪下块根，洗净，晒干。味甘、微苦，性微寒。养阴生津。主治阴虚肺燥，咳嗽痰黏，胃阴不足，口燥咽干，肠燥便秘。

【中成药应用例证】

增液口服液：养阴生津，增液润燥。用于高热后，阴津亏损之便秘，兼见口渴咽干、口唇干燥、小便短赤、舌红少津等。

龙牡壮骨颗粒：强筋壮骨，和胃健脾。用于治疗和预防小儿佝偻病、软骨病；对小儿多汗、夜惊、食欲不振、消化不良、发育迟缓也有治疗作用。

健脾生血片：健脾和胃，养血安神。用于脾胃虚弱及心脾两虚所致的血虚证，症见面色萎黄或㿠白、食少纳呆、脘腹胀闷、大便不调、烦躁多汗、倦怠乏力、舌胖色淡、苔薄白、脉细弱；缺铁性贫血见上述证候者。

管花鹿药

Maianthemum henryi （Baker） LaFrankie

天门冬科（Asparagaceae）舞鹤草属多年生草本。

根状茎横走，近圆柱状。茎直立，不分枝，茎上部具粗伏毛。叶互生，具4～9叶；叶卵状椭圆形、椭圆形或矩圆形。圆锥花序具多花；花单生，白色；花被片分离或仅基部稍合生。花期5～6月，果期8～9月。

罗田、英山、麻城、红安等地有分布，生于海拔800m以上的林下阴湿处或岩缝中。

管花鹿药又名鄂西鹿药。

鹿药始载于《千金·食治》。《开宝本草》："鹿药生姑臧（甘肃西部）已西，苗根并似黄精，根鹿好食。"《本草纲目》："胡洽居士言鹿食九种解毒之草，此其一也。"

【入药部位及性味功效】

鹿药，又称九层楼、盘龙七、偏头七、螃蟹七、白窝儿七、狮子七、山糜子，为植物鹿药及管花鹿药的根茎及根。春、秋季采挖，洗净，鲜用或晒干。味甘、苦，性温。归肝、肾经。补肾壮阳，活血祛瘀，祛风止痛。主治肾虚阳痿，月经不调，偏、正头痛，风湿痹痛，痈肿疮毒，跌打损伤。

【经方验方应用例证】

治阳痿、劳伤：鹿药15～30g，泡酒服。（《华山药物志》）

治月经不调：偏头七12～15g，水煎服。（《陕西中草药》）

治头痛，偏头痛：偏头七、当归、川芎、升麻、连翘各6g。水煎，饭后服。（《华山药物志》）

跌打损伤，无名肿毒：偏头七，捣烂敷患处。（《陕甘宁青中草药选》）

治乳痈：鲜盘龙七、青菜叶各30g，共捣细，用布包好，放在开水里烫热后，取出熨乳部。（《贵州民间药物》）

麦冬

Ophiopogon japonicus （L. f.） Ker-Gawl.

天门冬科（Asparagaceae）沿阶草属多年生草本。

根较粗。地下走茎细长。叶基生成丛。花葶常比叶短得多；花1～2朵生于苞片腋内；花被片常稍下垂而不展开；花柱较粗，基部宽阔。花期5～8月，果期8～9月。

大别山各县市广泛分布。生于山坡阴湿处、林下或溪旁。

麦门冬始载于《神农本草经》，列为上品。《本草纲目》："麦须曰虋，此草根似麦，而有须，其叶如韭，凌冬不凋，故谓之麦虋冬。及有诸韭、忍冬诸名，俗作门冬，便于字也。可以服食断谷，故又有余粮、不死之称。"《植物名释札记》："麦门冬，'叶如韭'，韭叶与麦叶，本甚相似……麦冬属植物，未有不如麦者。"《名医别录》记载其喜生"堤坂肥土石间久废处"，故名阶前草、沿阶草、秀墩草、家边草。

《吴普本草》："生山谷肥地，叶如韭，肥泽，采无时，实青黄。"《本草拾遗》："出江宁小润，出新安大白。其大者苗如鹿葱，小者如韭叶，大小有三四种，功用相似，其子圆碧。"《本草图经》："今所在有之，叶青似莎草，长及尺余，四季不凋，根黄白色，有须根，作连珠形……四月开淡红花如红蓼花，实碧而圆如珠。江南出者，叶大者苗如鹿葱，小者如韭。大小有三四种，功能相似，或云吴地者尤胜。"《本草纲目》："古人惟用野生者，后世所用多是种莳而成……浙中来者甚良，其叶似韭而多纵纹且坚韧为异。"

【入药部位及性味功效】

麦门冬，又称虋冬、不死药、禹余粮，为植物麦冬或沿阶草的块根。四川在栽后第2年4月下旬收获，浙江在第3年或第4年收获。选晴天挖取麦冬，抖去泥土，切下块根和须根，洗净泥土，晒干水气后，揉搓，再晒，再搓，反复4～5次，直到去尽须根后，干燥即得。浙江是将洗净的块根晒3～5天，放在箩筐内闷放2～3天，再翻晒3～5天，剪去须根，晒干或鲜用。味甘、微苦，性微寒。归肺、胃、心经。滋阴润肺，益胃生津，清心除烦。主治肺燥干咳，肺痈，阴虚痨嗽，津伤口渴，消渴，心烦失眠，咽喉疼痛，肠燥便秘，血热吐衄。

【经方验方应用例证】

治中耳炎：鲜麦门冬块根捣烂取汁，滴耳。（《广西本草选编》）

生脉散：益气生津，敛阴止汗。主治：①温热、暑热，耗气伤阴证。症见汗多神疲，体倦乏力，气短懒言，咽干口渴，舌干红少苔，脉虚数。②久咳伤肺，气阴两虚证。症见干咳少痰，短气自汗，口干舌燥，脉虚细。本方常用于肺结核、慢性支气管炎、神经衰弱所致咳嗽和心烦失眠，以及心脏病心律不齐属气阴两虚者。生脉散经剂型改革后制成的生脉注射液，经药理研究证实，具有毒性小、安全度高的特点，临床常用于治疗急性心肌梗死、心源性休克、中毒性休克、失血性休克及冠心病、内分泌失调等病属气阴两虚者。（《医学启源》）

麦门冬汤：清养肺胃，降逆下气。主治肺痿，肺胃津伤，虚火上炎，咳唾涎沫，气逆而喘，咽干口燥，舌干红少苔，脉虚数者。（《金匮要略》）

门冬清肺饮：治脾胃虚弱，气促气弱，精神短少，衄血吐血。（《内外伤辨》卷中）

麦门冬粥：鲜麦冬汁50g，鲜生地汁50g，生姜10g，薏苡仁15g，粳米50～100g。先将薏苡仁、粳米及生姜煮熟，再下麦冬与生地汁，调匀，煮成稀粥。空腹食。每日2次。安胎，降逆，止呕。适用于妊娠恶阻、呕吐不下食。（《圣济总录》）

麦门冬丸：主治内障眼。一切病眼翳晕，昏涩痒痛。（《得效》卷十六）

麦门冬人参汤：主治产后虚渴引饮。（《圣济总录》卷一六三）

【中成药应用例证】

橘红片：清肺除湿，止嗽化痰。主治脾胃湿热引起的咳嗽痰多、呼吸气促、胸中结满、口苦咽干。

牛黄西羚丸：解热祛风，清心降火，宁志安神，舒气止嗽。用于心火上炎，头眩目赤，烦热口渴，痘疹火毒，牙龈肿痛。

芪药消渴胶囊：益气养阴，健脾补肾。用于非胰岛素依赖型糖尿病（属气阴不足、脾肾两虚证）的辅助治疗。症见气短乏力、腰膝酸软、口干咽燥、小便数多；或自汗、手足心热、头眩耳鸣、肌肉消瘦、舌红少苔或舌淡体胖等。

安眠补脑口服液：益气滋肾，养心安神，养阴。用于神经症或其他慢性疾病所引起的失眠、多梦、健忘、头昏、头痛、心慌等症。

余麦口咽合剂：滋阴降火。用于阴虚火旺、虚火上炎所致的口疮灼热、疼痛，局部红肿、心烦、口干，小便黄赤，以及复发性口腔溃疡见以上症状者。

解郁肝舒胶囊：健脾柔肝，益气解毒。用于肝郁脾虚所致的胸胁胀痛、脘腹胀痛；慢性肝炎见上述症状者。

固肾补气散：补肾填精，补益脑髓。用于肾亏阳弱，记忆力减退，腰酸腿软，气虚咳嗽，五更溏泻，食欲不振。

麦芪降糖丸：益气养阴，生津除烦。用于糖尿病气阴两虚证。

复方活脑舒胶囊：补气养血，健脑益智。用于健忘气血亏虚证，记忆减退，倦怠乏力，头晕心悸，以及老年性痴呆以上症状的改善。

【现代临床应用】

临床上，麦冬治疗冠心病、小儿夏季热。

多花黄精

Polygonatum cyrtonema Hua

天门冬科（Asparagaceae）黄精属多年生草本。

根状茎肥厚，常连珠状或结节成块。具10～15枚叶；叶互生，椭圆形至卵状披针形。花序具2～7花，总花梗长1～4cm；花被片长1.8～2.5cm。花期5～6月，果期8～10月。

大别山各县市广泛分布。生于海拔500m以上的林下、灌丛或山坡阴处。

参见黄精。

【入药部位及性味功效】

参见黄精。

【经方验方应用例证】

参见黄精。

【中成药应用例证】

参见黄精。

【现代临床应用】

参见黄精。

玉竹

Polygonatum odoratum （Mill.） Druce

天门冬科（Asparagaceae）黄精属多年生草本。

根状茎圆柱形。叶互生，椭圆形至卵状矩圆形，先端尖，下面带灰白色。花序具1～4花，总花梗无苞片或有条状披针形苞片；花被黄绿色至白色，花被筒较直。浆果蓝黑色。花期5～6月，果期7～9月。

大别山各县市有分布。生海拔500m以上的林下或山野阴坡。

玉竹出自《吴普本草》，以女萎之名始载于《神农本草经》，列为上品。《医学入门》："萎：委委，美貌；蕤，实也。女人用云去皯斑，美颜色，故名女萎。"《本草纲目》："按黄公绍《古今韵会》云，葳蕤，草木叶垂之貌，此草根长多须，如冠缨下垂之緌而有威仪，故以名之；凡羽盖旌旗之缨緌，皆象葳蕤，是矣。张氏《瑞应图》云：王者礼备，则萎蕤生于殿前，一名萎香。则威仪之义，于此可见。《名医别录》作葳蕤，省文也。《说文解字》作萎蕤，音相近也。《尔雅》作委萎，字相近也。其叶光莹而象竹，其根多节，故有荧及玉竹、地节诸名。《吴普本草》又有乌女、虫蝉之名，宋本一名马熏，即乌萎之讹者也。"《本草经集注》："茎干强直，似竹箭杆，有节。"故有玉竹之名。《尔雅义疏》："今玉竹野人呼笔管子。"同此理也。《义疏》："女委疑委萎之文省，乌萎即委萎之声转也。"《本草纲目》亦谓《尔雅》委萎"上古钞写讹为女萎尔。"

《尔雅》郭璞注："叶似竹，大者如箭杆，有节，叶狭长，而表白里青，根大如指，长一二尺，可啖。"《本草经集注》："其根似黄精而小异。"《本草图经》："生泰山山谷、丘陵。今滁州、岳州及汉中皆有之。叶狭而长，表白里青，亦类黄精，茎干强直似竹，箭干有节，根黄多须，大如指，长一二尺。或云可啖。三月开青花，结圆实。"《本草纲目》："其根横生似黄精，差小，黄白色，性柔多须，最难燥。其叶如竹，两两相值。"

【入药部位及性味功效】

玉竹，又称荧、委萎、女萎、萎蕤、葳蕤、王马、节地、虫蝉、乌萎、青粘、黄芝、地节、菱蕤、马熏、葳参、玉术、山玉竹、笔管子、十样错、竹七根、竹节黄、黄脚鸡、百解药、山姜、黄蔓菁、尾参、连竹、西竹，为植物玉竹的根茎。栽种3～4年后于8～9月收获，割去茎叶，挖取根茎，抖去泥沙，晒或炕到发软时，边搓揉边晒，反复数次，至柔软光滑、无硬心、色黄白时，晒干。有的产区则将鲜玉竹蒸透，边晒边搓，揉至软而透明时，晒干或鲜用。味甘，性平。归肺、胃经。滋阴润肺，养胃生津。主治燥咳，痨嗽，热病阴液耗伤之咽干口渴，内热消渴，阴虚外感，头昏眩晕，筋脉挛痛。

【经方验方应用例证】

治男妇虚证，肢体酸软，自汗，盗汗：葳参五钱，丹参二钱五分。不用引，水煎服。（《滇南本草》）

治赤眼涩痛：萎蕤、赤芍药、当归、黄连等份。煎汤熏洗。（《卫生家宝方》）

治虚咳：①玉竹15～30g。与猪肉同煮服。（《湖南药物志》）②玉竹12g，百合9g，水煎服。（《内蒙古中草药》）

治糖尿病：玉竹、生地、枸杞各500g，加水7.5kg，熬成膏。每服1匙，日3次。（《北方常用中草药手册》）

治梦遗，滑精：玉竹、莲须、金樱子各9g，五味子6g，煎服。（《安徽中草药》）

治白喉性心肌炎及末梢神经麻痹：玉竹、麦冬、百合、石斛各9g，水煎服。（《山西中草药》）

上下相资汤：养阴清热，固冲止血。主治血崩之后，口舌燥裂，不能饮食。（《石室秘录》）

加减玉竹饮子：气液双补，兼理余痰。主治秋燥状暑，津气两伤，液郁为痰，经治痰少咳减者。（《重订通俗伤寒论》）

玉竹钩藤汤：滋阴潜阳，开窍化痰。主治阴虚阳亢，肝阳化风，风痰阻窍。（李斯炽方）

玉竹饮子：治痰水痰涎壅盛，咳逆喘满。（《张氏医通》卷十五）

玉竹粥：玉竹15～20g(鲜品用30～60g)，粳米100g，冰糖少许。先将新鲜肥玉竹洗净，去掉根须，切碎煎取浓汁后去渣，或用干玉竹煎汤去渣，入粳米，加水适量煮为稀粥，粥成后放入冰糖，稍煮一二沸即成。每日2次，5～7天为1个疗程。滋阴润肺，生津止渴。适用于糖尿病或高热病后的烦渴、口干舌燥、阴虚低热不退；并可用于各种类型的心脏病、心功能不全的辅助食疗。胃有痰湿致胃部饱胀、口腻多痰、消化不良、不喜饮水、舌苔厚腻者忌服。(《粥谱》)

玉竹猪心：玉竹50g，猪心500g，生姜，葱，花椒，食盐，白糖，味精，香油适量。①将玉竹洗净，切成节，用水稍润，煎熬2次，收取药液1000g。②将猪心破开，洗净血水，与药液、生姜、葱、花椒同置锅内在火上煮到猪心六成熟时，将它捞出晾凉。③将猪心放在卤汁锅内，用文火煮熟捞起，揩净浮沫。在锅内加卤汁适量，放入食盐、白糖、味精和香油，加热成浓汁，将其均匀地涂在猪心里外即成。每日2次，佐餐食。安神宁心，养阴生津。适用于冠心病、心律不齐以及热病伤阴的干咳烦渴。(《经验方》)

【中成药应用例证】

冠心静胶囊：活血化瘀，益气通脉。用于气虚血瘀引起的胸痹、胸痛、气短心悸及冠心病见上述症状者。

肺心片：温肾活血，益气养阴。用于慢性肺源性心脏病缓解期及阻塞性肺气肿属肺肾两虚、瘀血阻络证的辅助治疗。

玉苓消渴茶：益气养阴，生津止渴。用于气阴不足所致2型糖尿病引起的口渴多饮、消瘦乏力、尿频量多等症。

驱风通络药酒：追风定痛，除湿散寒。用于风寒湿痹，筋脉拘挛，四肢麻木，骨节酸痛，口眼歪斜，历节风痛。

肤舒止痒膏：清热燥湿，养血止痒。用于血热风燥所致的皮肤瘙痒症。

阴虚胃痛颗粒：养阴益胃，缓急止痛。用于胃阴不足所致的胃脘隐隐灼痛、口干舌燥、纳呆干呕；慢性胃炎、消化性溃疡见上述证候者。

养阴降糖片：养阴益气，清热活血。用于气阴不足、内热消渴，症见烦热口渴、多食多饮、倦怠乏力；2型糖尿病见上述证候者。

芪苈强心胶囊：益气温阳，活血通络，利水消肿。用于冠心病、高血压病所致的轻、中度充血性心力衰竭证属阳气虚乏、络瘀水停证，症见心慌气短，动则加剧，夜间不能平卧，下肢浮肿，倦怠乏力，小便短少，口唇青紫，畏寒肢冷，咳吐稀白痰。

玉竹颗粒：补中益气，润肺生津。用于热病伤津，咽干口渴，肺痿干咳，气虚食少。

罗汉果玉竹颗粒：养阴润肺，止咳生津。用于肺燥咳嗽，咽喉干痛。

【现代临床应用】

临床上，玉竹治疗高脂血症；治疗风湿性心脏病、冠状动脉粥样硬化性心脏病、肺源性心脏病等引起的心力衰竭。

黄精

Polygonatum sibiricum Delar. ex Redoute

天门冬科（Asparagaceae）黄精属多年生草本。

根状茎结节膨大，节间一头粗、一头细，在粗的一头有短分枝凸起如鸡头状。叶轮生，每轮4～6枚，条状披针形，先端拳卷或弯曲成钩。花序具2～4花；花被筒中部稍缢缩；花柱比子房长。花期5～6月，果期8～9月。

大别山各县市均有分布。生于林下、灌丛或山坡阴处。

黄精始载于《雷公炮炙论》，并指出其"叶似竹叶"。《本草图经》："隋时羊公服黄精法云，黄精是芝草之精也，一名葳蕤，一名白及，一名仙人余粮，一名苟格，一名马箭，一名垂珠，一名菟竹。"《本草纲目》："黄精为服食要药，故《名医别录》列于草部之首，仙家以为芝草之类，以其得坤土之精粹，故谓之黄精。《五符经》云：黄精获天地之淳精，故名为戊己芝，是此义也。余粮、救穷，以功名也；鹿竹、菟竹，因叶似竹而鹿兔食之也。垂珠，以子形也。"陈嘉谟："根如嫩姜，俗名野生姜。九蒸九曝，可以代粮，又名米铺。"

《本草经集注》："今处处有。二月始生，一枝多叶，叶状似竹而短，根似葳蕤。葳蕤根如荻根及菖蒲，概节而平直；黄精根如鬼臼、黄连，大节而不平，虽燥并柔软有脂润。"葳蕤，即玉竹 *Polygonatum odoratum*（Mill.）Druce，说明黄精与玉竹相似，应为黄精属植物。据《中华本草》记载，古代所用黄精来源不止一种，但主要为黄精属植物，这与目前药用的黄精原植物大致相符。

【入药部位及性味功效】

黄精，又称龙衔、白及、兔竹、垂珠、鸡格、米脯、菟竹、鹿竹、重楼、救穷、戊己芝、萎蕤、苟格、马箭、仙人余粮、气精、黄芝、生姜、野生姜、米铺、野仙姜、山生姜、玉竹黄精、白及黄精、阳雀蕻、土灵芝、老虎姜、山捣臼、鸡头参、赖姜，为植物黄精、多花黄精和滇黄精的根茎。栽后3年收获。9～10月挖起根茎，去掉茎秆，洗净泥沙，除去须根和烂疤，蒸到透心后，晒或烘干。味甘，性平。归脾、肺、肾经。养阴润肺，补脾益气，滋肾填精。主治阴虚痨嗽，肺燥咳嗽，脾虚乏力，食少口干，消渴，肾亏腰膝酸软，阳痿遗精，耳鸣目暗，须发早白，体虚羸瘦，风癞癣疾。

【经方验方应用例证】

治风寒湿痹，手足拘挛：老虎姜、百尾笋各15g，煎水洗。（《贵州草药》）

治神经性皮炎：黄精适量，切片，九蒸九晒，早晚嚼服，每次15～30g。（《湖北中草药志》）

治足癣、体癣：黄精30g，丁香10g，百部10g，煎水外洗。（《新编常用中草药手册》）

治神经衰弱，失眠：黄精15g，野蔷薇果9g，生甘草6g，水煎服。（《新疆中草药》）

治白细胞减少症：制黄精30g，黄芪15g，炙甘草6g，淡附片、肉桂各4.5g，水煎。（《安徽中草药》）

治病后体虚，面黄肌瘦，疲乏无力：黄精12g，党参、当归、枸杞子各9g，水煎服。（《宁夏中草药手册》）

治肾虚腰痛：黄精250g，黑豆60g，煮食。（《湖南药物志》）

熟地首乌汤：滋补肝肾，养血填精。主治老年性白内障。（《眼科临证录》）

先天大造丸：补先天，疗虚损。主治气血不足，风寒湿毒袭于经络，初起皮色不变，漫肿无头；或阴虚，外寒侵入，初起筋骨疼痛，日久遂成肿痛，溃后脓水清稀，久而不愈，渐成漏证；并治一切气血虚羸，劳伤内损，男妇久不生育。（《外科正宗》）

黄精地黄丸：辟谷；久服长生。（《圣济总录》卷一九八）

黄精膏：主治脱旧皮，颜色变少，花容有异，鬓发更改，延年不老。（《备急千金要方》卷二十七）

【中成药应用例证】

生精胶囊：补肾益精，滋阴壮阳。用于肾阳不足所致腰膝酸软，头晕耳鸣，神疲乏力，男子无精、少精、弱精、精液不液化等症。

复方肾炎片：活血化瘀，利尿消肿。用于湿热蕴结所致急、慢性肾炎水肿，血尿，蛋白尿。

舒心安神口服液：滋补脾胃，健脑宁心。用于脾肾不足、精血亏虚所致健忘失眠、乏困无力、神经衰弱。

咳速停胶囊：补气养阴，润肺止咳，益胃生津。用于感冒及急、慢性支气管炎引起的咳嗽、咽干、咳痰、气喘等症。

益元黄精糖浆：补肾养血。用于肾虚血亏，症见神疲乏力、纳食减少、腰酸腿软等。

黄精养阴糖浆：润肺益胃，养阴生津。用于肺胃阴虚引起的咽干咳嗽，纳差便秘，神疲乏力。

五根胶囊：干黄水。用于寒性黄水病，关节肿胀。

十一味黄精颗粒：滋补肾精，益气补血。用于月经不调。

参精止渴丸（降糖丸）：益气养阴，生津止渴。用于气阴两亏、内热津伤所致的消渴，症见少气乏力、口干多饮、易饥、形体消瘦；2 型糖尿病见上述证候者。

益髓颗粒：益精填髓，补肾壮阳。用于脊髓空洞症及其他脊髓疾患等症引起的腰酸腿软、肌肉萎缩疼痛、冷热感迟钝、目眩耳鸣等症。

糖脉康胶囊：养阴清热，活血化瘀，益气固肾。用于糖尿病气阴两虚兼血瘀所致的倦怠乏力、气短懒言、自汗、盗汗、五心烦热，口渴喜饮、胸中闷痛、肢体麻木或刺痛、便秘、舌质红少津、舌体胖大、苔薄或花剥，或舌暗有瘀斑、脉弦细或细数，或沉涩等症及 2 型糖尿病并发症见上述证候者。

古汉养生精口服液：补气，滋肾，益精。用于气阴亏虚、肾精不足所致的头晕、心悸、目眩、耳鸣、健忘、失眠、阳痿遗精、疲乏无力；脑动脉硬化、冠心病、前列腺增生、围绝经期综合征、病后体虚见上述证候者。

【现代临床应用】

临床上，黄精治疗白细胞减少症、药物中毒性耳聋、近视、手足癣。

荞麦叶大百合

Cardiocrinum cathayanum（Wilson）Stearn

百合科（Liliaceae）大百合属多年生高大草本。

茎生叶最下面的几枚常聚集在一处，其余散生；叶卵状心形或卵形，基部近心形。总状花序有花3～5朵；每花具一枚苞片；花丝长为花被片的2/3。花期7～8月，果期8～9月。

大别山各县市广泛分布。生于海拔800～1400m的山坡林下阴湿处。

八仙贺寿草一名始载于《植物名实图考》，云："余前至江西建昌，土医有所谓八仙贺寿草者……江西建昌土音呼如仙贺，皆方言声音轻重耳。俗医乃书作八仙贺寿草，诚堪解颐，然绝不以本草有芭蕉之说……"

【入药部位及性味功效】

水百合，又称八仙贺寿草、山丹草、山丹、荞麦叶贝母、心叶百合、大叶百合、洋兜铃、山芋芳、苦百合、喇叭、菠萝头、百合，为植物荞麦叶大百合及大百合的鳞茎。春、夏季采挖，洗净，鲜用或晒干。味苦、微甘，性凉。清肺止咳，解毒消肿。主治感冒，肺热咳嗽，咯血，鼻渊，聤耳，乳痈，无名肿毒。

【经方验方应用例证】

治鼻渊：水百合适量，捣烂包头顶部；另用水百合15g，天麻、刺梨花各9g，煎水服。（《贵州民间药物》）

治灌耳心：水百合15g，捣烂包耳后；或捣汁与螺蛳水滴入耳内。（《贵州民间药物》）

治感冒：水百合鳞茎、芫荽各30g，水煎服。（《浙江药用植物志》）

野百合

Lilium brownii F. E. Brown ex Miellez

百合科（Liliaceae）百合属多年生草本。

鳞茎球形。叶披针形、窄披针形至条形。花单生或几朵排成近伞形；花梗稍弯；苞片披针形；花喇叭形，有香气，乳白色，外面稍带紫色，无斑点，向外张开或先端外弯而不卷。花期5～6月，果期9～10月。

大别山各县市均有分布。生于山坡、灌木林下、路边、溪旁或石缝中。

野百合的鳞茎可作百合药用。其他参见卷丹。

【入药部位及性味功效】

参见卷丹。

【经方验方应用例证】

参见卷丹。

【中成药应用例证】

参见卷丹。

【现代临床应用】

参见卷丹。

卷丹

Lilium lancifolium Thunb.

百合科（Liliaceae）百合属多年生草本。

鳞茎近宽球形，叶矩圆状披针形或披针形。茎带紫色条纹，具白色绵毛。花下垂，花被片反卷，橙红色，有紫黑色斑点；雄蕊四面张开。蒴果狭长卵形。花期7～8月，果期9～10月。

大别山各县市均有分布。生于海拔400～1700m的山坡灌木林下、草地，路边或水旁，也有栽培。

鳞茎由鳞瓣数十片相合而成，故名百合。

百合始载于《神农本草经》，百合花出自《滇南本草》。《本草经集注》："根如胡蒜，数十片相累。"《新修本草》："此药有二种，一种细叶，花红白色；一种叶大，茎长，根粗，花白，宜入药用。"《本草图经》："百合，生荆州山谷，今近道处处有之。春生苗，高数尺，干粗如箭，四面有叶如鸡距，又似柳叶，青色，叶近茎微紫，茎端碧白，四五月开红白花，如石榴嘴而大，根如胡蒜重叠，生二三十瓣。二月、八月采根，暴干。人亦蒸食之，甚益气。又有一种，花黄有黑斑，细叶，叶间有黑子，不堪入药。"《本草纲目》："叶短而阔，微似竹叶，白花四垂者，百合也。叶长而狭，尖如柳叶，红花，不四垂者，山丹也。茎叶似山丹而高，红花带黄而四垂，上有黑斑点，其子先结在枝叶间者，卷丹也。"《新修本草》所述一种叶大、花白者，即为百合；一种细叶、花红者，即为山丹。《本草图经》所述花黄有黑斑、叶间有黑子者，为卷丹。

【入药部位及性味功效】

百合，又称重迈、中庭、重箱、摩罗、强瞿、百合蒜、蒜脑薯，为植物百合、卷丹、山丹、川百合等的鳞茎。于移栽第2年，9～10月茎叶枯萎后采挖，去掉茎秆、须根，将小鳞茎选留做种，将大鳞茎洗净，从基部横切一刀，使鳞片分开，然后于开水中烫5～10分钟，当鳞片边缘变软，背面有微裂时，迅速捞起，放清水冲洗去黏液，薄摊晒干或炕干。味甘、微苦，性微寒。归心、肺经。养阴润肺，清心安神。主治阴虚久嗽，痰中带血，热病后期，余热未清，或情志不遂所致的虚烦惊悸、失眠多梦、精神恍惚，痈肿，湿疮。

百合子，为植物百合等的种子。夏、秋季采收，晒干备用。味甘、微苦，性凉。归大肠经。清热止血。主治肠风下血。

百合花，为植物百合、卷丹、山丹或川百合的花。6～7月采摘，阴干或晒干。味甘、微苦，性微寒。归肺、心经。清热润肺，宁心安神。主治咳嗽痰少或黏，眩晕，心烦，夜寐不安，天疱湿疮。

【经方验方应用例证】

百合固金汤：滋养肺肾，止咳化痰。主治肾水不足，虚火刑金，咳嗽气喘，咽喉燥痛，痰中带血或咯血，手足烦热，舌红少苔，脉细数。(《慎斋遗书》)

百合地黄汤：滋阴清热。治百合病，阴虚内热，神志恍惚，沉默寡言，如寒无寒，如热无热，时而欲食，时而恶食，口苦，小便赤。(《金匮要略》卷上)

百合二母汤：主治上热血虚咳嗽。(《济阳纲目》卷二十八)

百合滑石散：滋阴润肺，清热利尿。治百合病，邪郁日久，发热，小便赤涩者。(《金匮要略》卷上)

百合桔梗鸡子汤：主治失声，音哑。(《四圣心源》卷九)

百合茅根汤：清肺气以滋化源。主治阳水肿，已用宣上发汗，通利小便，水肿已退者。(《重订通俗伤寒论》)

百合前胡汤：主治伤寒愈后，已经十四日，潮热不解，将变成百合病，身体沉重无力，昏如醉状。(《圣济总录》卷二十九)

百合散：治妊娠感受风热，咳嗽痰多，心胸满闷。(《重订严氏济生方》)

百合粥：生百合60g，蜜30g，百合以水煮熟，投入将熟粥中，数沸即可。每碗粥中约有

百合 12g，加蜜，空腹时热食。治肺虚咳嗽。（《古今医统》卷八十七）

【中成药应用例证】

百合固金口服液：养阴润肺，化痰止咳。用于肺肾阴虚，燥咳少痰，痰中带血，咽干喉痛。

蓝芷安脑胶囊：宁心安神，补血止痛。用于心肝血虚所引起的头痛，症见头痛、失眠、心悸、乏力等；血管性头痛属上述证候者。

益肺止咳胶囊：养阴润肺，止咳祛痰。用于急慢性支气管炎咳痰、咯血；对肺结核、淋巴结结核有辅助治疗作用。

复方草玉梅含片：清热解毒，消肿止痛，生津止渴，化痰利咽。用于急性喉痹、急性乳蛾、牙痛（急性咽炎，急性扁桃体炎，牙龈炎）等所致的咽痛、口干、牙龈肿痛等。

百合更年安颗粒：滋养肝肾，宁心安神。用于围绝经期综合征属阴虚肝旺证，症见烘热汗出，头晕耳鸣，失眠多梦，五心烦热，腰背酸痛，大便干燥，心烦易怒，舌红少苔，脉弦细或弦细数。

益肺解毒颗粒：在传统名方"玉屏风散"与"银翘解毒散"基础上研制而成。（陕西省防治新冠肺炎中医药治疗方案（第二版）推荐方）

【现代临床应用】

临床上，百合外用止血。

油点草

Tricyrtis macropoda Miq.

百合科（Liliaceae）油点草属多年生草本。

根状茎横走。叶互生，矩圆形至椭圆形，上面具斑点。茎具糙毛。二歧聚伞花序顶生或生于上部叶腋；花被片绿白色或白色，内面具紫红色斑点，开放后自中下部向下反折；外轮花被片较宽，基部向下延伸而呈囊状。花果期6～10月。

大别山各县市均有分布，生于海拔约800m的山地林下、草丛中或岩石缝隙中。

【入药部位及性味功效】

红酸七，又称白七、牛尾参、水扬罗，为植物油点草的根或全草。夏、秋季采挖，洗净，晒干。味甘，性平。补肺止咳。主治肺虚咳嗽。

【经方验方应用例证】

治痞块：白七15g，水煎服。（《贵州草药》）

萱草

Hemerocallis fulva（L.）L.

阿福花科（Asphodelaceae）萱草属多年生草本。

根近肉质，中下部有纺锤状膨大。叶一般较宽。花早上开晚上凋谢；无香味；花橘黄色；花被管较粗短，长2～3cm；内花被裂片宽2～3cm，下部一般有"∧"形彩斑。花果期为5～7月。

大别山各县市广泛分布。生于山坡、山谷等地。

《本草纲目》："萱本作谖，谖，忘也。《诗》云：'焉得谖草，言树之背'，谓忧思不能自遣，故欲树此草，玩味以忘忧也。吴人谓之疗愁。董子云：欲忘人之忧，则赠之丹棘，一名忘忧故也。其苗烹食，气味如葱，而鹿食九种解毒之草，萱乃其一，故又名鹿葱。周处《风土记》云：怀妊妇人佩其花，则生男。故名宜男。李九华《延寿书》云：嫩苗为蔬，食之动风，令人昏然如醉，因名忘忧。此亦一说也。"《尔雅》："菱，谖，忘也。"芦葱，为鹿葱之音转。

萱草入本草始见于《本草拾遗》，萱草嫩苗出自《日华子》。《本草纲目》："萱宜下湿地，冬月丛生。叶如蒲、蒜辈而柔弱，新旧相代，四时青翠。五月抽茎开花，六出四垂，朝开暮蔫，至秋深乃尽，其花有红、黄、紫三色……结实三角，内有子大如梧子，黑而光泽，其根与麦门冬相似，最易繁衍。"

【入药部位及性味功效】

萱草根，又称漏芦果、漏芦根果、黄花菜根、天鹅孵蛋、绿葱兜、水大蒜、皮蒜、地冬、玉葱花根、竹叶麦冬、多儿母、红孩儿、爬地龙、绿葱根、镇心丹、昆明漏芦，为植物萱草、北黄花菜、黄花菜、小黄花菜的根。夏、秋采挖，除去残茎、须根，洗净泥土，晒干。味甘，性凉，有毒。归脾、肝、膀胱经。清热利湿，凉血止血，解毒消肿。主治黄疸，水肿，淋浊，带下，衄血，便血，崩漏，瘰疬，乳痈，乳汁不通。

萱草嫩苗，为植物萱草、北黄花菜、黄花菜、小黄花菜的嫩苗。春季采收，鲜用。味甘，性凉。清热利湿。主治胸膈烦热，黄疸，小便短赤。

【经方验方应用例证】

治大便后血：萱草根和生姜，油炒，酒冲服。（《圣济总录》）

治大肠下血，诸药不效者：漏芦果十个，茶花五分，赤地榆三钱，象牙末一钱。以上四味，水煎服三次。（《滇南本草》）

治黄疸：鲜萱草根二两（洗净），母鸡一只（去头脚与内脏）。水炖三小时服，一至二日服一次。（《闽东本草》）

治乳痈肿痛：萱草根（鲜者）捣烂，外用作罨包剂。（《现代实用中药》）

治男妇腰痛：漏芦根果十五个，猪腰子一个。以上二味，水煎服三次。（《滇南本草》）

【中成药应用例证】

黄萱益肝散：清热解毒，疏肝利胆。用于肝胆湿热所致的慢性乙型肝炎。

健肝片：清热利湿。用于急性肝炎。

调经种子丸：活血调经。用于月经不调，经期腹痛，月经过多，久不受孕。

催乳颗粒：益气养血，通络下乳。用于产后气血虚弱所致的缺乳、少乳。

七叶一枝花
Paris polyphylla Smith

藜芦科（Melanthiaceae）重楼属多年生草本。

根状茎肉质，圆柱状，有环节。茎常紫红色。叶7～10枚，椭圆形或倒卵状披针形。内轮花被片比外轮长；花药与花丝近等长；子房具棱，顶端具盘状花柱基。花期4～7月，果期8～11月。

大别山各县市均有分布，生于山坡林下或沟边阴湿处。人为采挖过度，资源较少。

蚤休之名始见于《神农本草经》，列为下品。《本草纲目》："虫蛇之毒，得此治之即休，故有蚤休、螫休诸名。重台、三层，因其叶状也。金线重楼，因其花状也。甘遂因其根状也。紫河车因其功用也。"草河车名义同，然紫者谓其茎及叶背色紫，草者其为草属也。其草叶轮生，多为七片，叶轮中生花梗直上，形如灯盏，故有七叶一枝花、铁灯盏、七叶一盏灯、七叶莲、灯台七、铁灯台等名。蚩，虫也。蚩休与蚤休同义。

《名医别录》："生山阳、川谷及冤句。"《新修本草》："今谓重楼者是也，一名重台，南人名草甘遂，苗似王孙、鬼臼等，有二三层，根如肥大菖蒲，细肌脆白。"《日华子》："重台，根如尺二蜈蚣，又如肥紫菖蒲。"《植物名实图考》："江西、湖南山中多有，人家亦种之，通呼为草河车，亦曰七叶一枝花，为外科要药，滇南谓之重楼一枝箭，以其根老横纹粗皱，如虫形，乃作虫蒌字。亦有一层六叶者，花仅数缕，不甚可观，名逾其实，子色殷红。"《南方主要有毒植物》："七叶一枝花有毒部位、地下茎、皮部含毒较多。中毒症状：恶心、呕吐、头痛，严重者引起痉挛。"

【入药部位及性味功效】

蚤休，又称蚩休、重台根、螫休、紫河车、重台草、白甘遂、金线重楼、草河车、虫蒌、九道箍、鸳鸯虫、枝花头、双层楼、螺丝七、海螺七、灯台七、白河车、螺陀三七、土三七，为植物华重楼、云南重楼或七叶一枝花的根茎。移栽3～5年后，在9～10月倒苗时，挖起根茎，晒或炕干后，撞去粗皮、须根。味苦，性微寒，有小毒。归肝经。清热解毒，消肿止痛，凉肝定惊。主治痈肿疮毒，咽肿喉痹，乳痈，蛇虫咬伤，跌打伤痛，肝热抽搐。

【经方验方应用例证】

治风毒暴肿：重台草、木鳖子（去壳）、半夏各一两。上药捣细罗为散，以酽醋调涂之；凡是热肿，熁之。（《圣惠方》重台草散）

治妇人奶结，乳汁不通，或小儿吹乳：重楼三钱。水煎，点水酒服。（《滇南本草》）

治痈疽疔疮，腮腺炎：七叶一枝花9g，蒲公英30g，水煎服，另将两药的新鲜全草捣烂外敷。（《宁夏中草药》）

治乳痈乳岩：七叶一枝花9g，生姜3g，水煎兑白酒少许为引服，另用芹菜适量捣烂敷患处。（《农村常用草药手册》）

治扭伤瘀肿：七叶一枝花，酒磨浓汁，涂擦伤处，日数次。（《农村常用草药手册》）

柴胡蚤休汤：疏肝理气，活血化瘀。主治气滞血瘀。（《浙江省中医院方》）

治耳内生疮热痛：蚤休适量，醋磨涂患处。（《广西民间常用草药》）

治喉痹：七叶一枝花根茎二分，研粉吞服。（《浙江民间草药》）

治小儿胎风，手足搐搦：蚤休为末。每服半钱，冷水下。（《卫生易简方》）

治慢惊：栝蒌根二钱，白甘遂一钱。上用慢火炒焦黄色，研匀。每服一字，煎麝香、薄荷汤调下，无时。（《小儿药证直诀》栝蒌汤）

治肺痨久咳及哮喘：蚤休五钱。加水适量，同鸡肉或猪肺煲服。（《广西民间常用草药》）

治脱肛：蚤休，用醋磨汁。外涂患部后，用纱布压送复位，每日可涂二至三次。（《广西民间常用草药》）

治蛇咬伤：七叶一枝花根二钱，研末开水送服，每日二至三次；另以七叶一枝花鲜根捣烂，或加甜酒酿捣烂敷患处。（《浙江民间常用草药》）

白英菊花饮：清热解毒。主治毒热型鼻咽癌。（《肿瘤的诊断与防治》）

【中成药应用例证】

乙肝颗粒：补脾胃，益肝肾，清湿热，解邪毒，祛瘀血。适用于慢性乙型肝炎。

季德胜蛇药片：清热，解毒，消肿止痛。用于毒蛇、毒虫咬伤。

【现代临床应用】

七叶一枝花治疗急性扁桃体炎、流行性腮腺炎、静脉炎、虫咬皮炎、慢性气管炎、子宫出血、毛囊炎。

华重楼

Paris polyphylla var. *chinensis* （Franch.） Hara

藜芦科（Melanthiaceae）重楼属多年生草本。

本种为七叶一枝花变种，区别在于：叶常7枚，倒卵状披针形、矩圆状披针形或倒披针形。内轮花被片常中部以上变宽，长为外轮的1/3至近等长；花药长为花丝的3～4倍。花期5～7月，果期8～10月。

大别山各县市均有分布。生于海拔700m以上的林下、沟边阴湿处。采挖过度，资源较少。

《本草图经》："今河中、河阳、华凤、文州及江淮间亦有之。苗叶似王孙、鬼臼等，作二三层，六月开黄紫花，蕊赤黄色，上有金丝垂下，秋结红子。根似肥姜，皮赤肉白。四月、五月采根，日干。"其他参见七叶一枝花。

【入药部位及性味功效】

参见七叶一枝花。

【经方验方应用例证】

参见七叶一枝花。

【中成药应用例证】

参见七叶一枝花。

【现代临床应用】

参见七叶一枝花。

藜芦

Veratrum nigrum L.

藜芦科（Melanthiaceae）藜芦属多年生草本。

根状茎粗短。叶宽卵状椭圆形或卵状披针形，基部无柄或生于茎上部的具短柄。顶生总状花序常比侧生花序长2倍以上，几乎全为两性花，侧生花序近直立伸展，常为雄性花；花黑紫色；花被片矩圆形；雄蕊长为花被片的一半。花果期7～9月。

大别山各县市均有分布，生于海拔1100m以上的山坡林下或草丛中。

藜芦，又名黑藜芦。《医学入门》："藜，黑色；芦，虚也。芦中虚如葱管，故名鹿葱。"《本草纲目》："黑色曰藜，其芦有黑皮裹之，故名；根际似葱，俗名葱管藜芦是矣，北人谓之憨葱，南人谓之鹿葱。"郭璞注："似芉而小实中。"此草茎若芦苇，故有芦等诸名。

藜芦始载于《神农本草经》，列为下品。《蜀本草》："《图经》云：叶似郁金、秦艽、蘘荷等，根若龙胆，茎下多毛，夏生冬凋。今所在山谷皆有，八月采根，阴干。"《本草图经》："今陕西山南东西州郡皆有之。辽州、均州、解州者尤佳。三月生苗。叶青，似初出棕心；又似车前。茎似葱白，青紫色，高五六寸，上有黑皮裹茎，似棕皮。其花肉红色。根似马肠根，长四五寸许，黄白色，二、三月采根，阴干。"

【入药部位及性味功效】

藜芦，又称葱苒、葱葵、山葱、丰芦、蕙葵、公苒、梨卢、葱白藜芦、鹿葱、憨葱、葱芦、葱管藜芦、旱葱、人头发、毒药草、七厘丹，为植物藜芦、牯岭藜芦、毛穗藜芦、兴安藜芦及毛叶藜芦的根及根茎。5～6月未抽花葶前采挖，除去叶，晒干或烘干。味苦、辛，性寒，有毒。归肺、胃、肝经。涌吐风痰，杀虫。主治中风痰壅，癫痫，疟疾，疥癣，恶疮。

【经方验方应用例证】

治黄疸：藜芦着灰中炮之，小变色，捣为末，水服半钱匕，小吐，不过数服。(《肘后方》)

治疥癣：藜芦，细捣为末，以生油调敷之。(《斗门方》)

治癣立有神效：藜芦根半两，轻粉二钱半。上为细末，凉水调，搽癣上。(《普济方》)

治白秃：末藜芦，以腊月猪膏和涂之，先用盐汤洗，乃敷。(《肘后方》)

洗癣方：杀虫止痒。治诸种痒癣。如脚癣、圆癣、阴癣等。(《外科大成》卷四)

辟秽散：预防瘟疫。(《瘟疫论》卷下)

藜芦丸：主治诸疰，及冷痰、痰饮、宿酒癖痞。(《太平圣惠方》卷五十六)

藜芦软膏：主治癣疥。(《中医皮肤病学简编》)

藜芦敷方：治反花疮久不愈，疮口胬肉凸起者。现用于皮肤肿瘤。(《圣济总录》卷一三二)

藜芦粉：主治诸般癣疮。(《魏氏家藏方》卷八)

灌鼻藜芦散：主治鼻生息肉，不得息。(《圣济总录》卷一一六)

白背牛尾菜
Smilax nipponica Miq.

菝葜科（Smilacaceae）菝葜属一年生（北方）或多年生（南方）草本。

直立或稍攀援。茎中空，无刺。叶卵形至矩圆形，下面苍白色且具粉尘状微柔毛。伞形花序总花梗稍扁，粗壮；小苞片极小，早落；雌花具6枚退化雄蕊。花期4～5月，果期8～9月。

大别山各县市均有分布，生于海拔200～1400m的林下、水旁或山坡草丛中。

【入药部位及性味功效】

马尾伸筋，又称大伸筋、百部伸筋、水摇竹、伸筋草、龙须草、牛尾伸筋、牛尾节、牛尾卷、水球花、大叶伸筋、牛尾菜、分筋草、蓝绣球，为植物白背牛尾菜的根及根茎。6～8月采挖，洗净，晾干。味苦，性平。壮筋骨，利关节，活血止痛。主治腰腿疼痛，屈伸不利，月经不调，跌打伤痛。

【经方验方应用例证】

治关节痛：牛尾菜15g，路边刺30g，老鼠刺30g，豨莶草15g，水煎服。（《湖南药物志》）

牛尾菜

Smilax riparia A. DC.

菝葜科（Smilacaceae）菝葜属多年生草本。

茎中空，无刺。叶无毛，下面绿色；通常在中部以下有卷须。伞形花序总花梗纤细；花序托膨大，小苞片多数；雌花无或具钻形退化雄蕊。花期6～7月，果期10月。

大别山各县市有分布。生于海拔1600m以下的林下、灌丛、山沟或山坡草丛中。

牛尾菜又名草菝葜。

牛尾菜始载于《救荒本草》，云："生辉县鸦子口山野间。苗高二三尺，叶似龙须菜叶。叶间分生叉枝，及出一细丝蔓，又似金刚刺叶而小，纹脉皆竖。茎叶梢间开白花，结子黑色。"

【入药部位及性味功效】

牛尾菜，又称马尾伸根、过江蕨、老龙须、金刚豆藤、大伸筋草、背梁骨、千层塔、鲤鱼须、山豇豆、摇边竹、白须公、软叶菝葜，草菝葜，为植物牛尾菜的根及根茎。夏、秋季采挖，洗净，晾干。味甘、微苦，性平。归肝、肺经。祛风湿，通经络，祛痰止咳。主治风湿痹证，劳伤腰痛，跌打损伤，咳嗽气喘。

【经方验方应用例证】

治肾虚腰腿痛：摇边竹根15～30g，炖猪脚吃。(《湖南药物志》)

治坐骨神经痛：草菝葜21g，排钱草根15g，接骨金粟兰12g，酌加水酒煎服。(《福建药物志》)

治慢性气管炎，淋巴结炎：摇边竹根9～15g，小叶三点金30g，水煎服。(《湖南药物志》)

治头痛头晕：牛尾菜根60g，娃儿藤根15g，鸡蛋2个，水煎，服汤食蛋。(《江西草药》)

【中成药应用例证】

中华跌打丸：消肿止痛，舒筋活络，止血生肌，活血祛瘀。用于挫伤筋骨，新旧瘀痛，创伤出血，风湿瘀痛。

【现代临床应用】

临床上牛尾菜用于治疗慢性支气管炎。

石蒜

Lycoris radiata （L'Her.） Herb.

石蒜科（Amaryllidaceae）石蒜属多年生草本。

鳞茎近球形。叶深绿色，秋季出叶，窄带状，先端钝，中脉具粉绿色带。花茎高约30cm，顶生伞形花序有4～7花；总苞片2，披针形；花两侧对称，鲜红色，花被筒绿色；花被裂片窄倒披针形，外弯，边缘皱波状；雄蕊伸出花被，比花被长约1倍。花期8～9月，果期10月。

大别山各县市均有分布，生于河谷或沟边阴湿石缝中；公园、庭院栽培供观赏。

《本草纲目》："蒜以根状名，箭以茎状名。"鳞茎外紫褐色，故又称老鸦蒜、乌蒜。银锁匙，以其功能祛痰治喉风，开咽喉闭塞而得名。

石蒜始载于《本草图经》，云："水麻，生鼎州、黔州，其根名石蒜，九月采。又，金灯花，其根亦名石蒜，或云即此类也。"《本草纲目》："石蒜，处处下湿地有之，古谓之乌蒜，俗谓之老鸦蒜、一支箭是也。春初生叶，如蒜秧及山慈姑叶，背有剑脊，四散布地。七月苗枯，乃于平地抽出一茎如箭杆，长尺许。茎端开花四五朵，六出，红色，如山丹花状而瓣长，黄蕊长须。其根状如蒜，皮色紫赤，肉白色，此有小毒。"《广州植物志》："石蒜为祛痰药，有催吐作用，为吐根之代用品。有毒，用时宜注意。惟由其地下茎采取的淀粉，可供食用，若误食其花，则有言语滞涩之虞。"

【 入药部位及性味功效 】

石蒜，又称老鸦蒜、蟑螂花根、一支箭、乌蒜、银锁匙、独蒜、山鸟毒、九层蒜、鬼蒜、山蒜、溪蒜、龙爪草头、红花石蒜、野蒜、秃蒜、朋红、三十六桶、壁蛇生，为植物石蒜或中国石蒜的鳞茎。秋季将鳞茎挖出，选大者洗净，晒干入药，小者作种。野生者四季均可采挖，鲜用或洗净晒干。味辛、甘，性温，有毒。归肺、胃、肝经。祛痰催吐，解毒散结。主治喉风，单双乳蛾，咽喉肿痛，痰涎壅塞，食物中毒，胸腹积水，恶疮肿毒，痰核瘰疬，痔漏，跌打损伤，风湿关节痛，顽癣，烫火伤，蛇咬伤。

【 经方验方应用例证 】

治双单蛾：老鸦蒜捣汁，生白酒调服，呕吐而愈。（《神医十全镜》）

治痰火气急：蟑螂花根，洗，焙干为末，糖调，酒下一钱。（《本草纲目拾遗》）

治食物中毒，痰涎壅塞：鲜石蒜1.5～3g，煎服催吐。（《上海常用中草药》）

治水肿：鲜石蒜8个，蓖麻子（去皮）70～80粒。共捣烂罨涌泉穴1昼夜，如未愈，再罨1次。（《浙江民间常用草药》）

治黄疸：鲜石蒜鳞茎1个，蓖麻子（去皮）7个，捣烂敷足心，每日1次。（《南京地区常用中草药》）

治癫痫：石蒜3～9g，煎服。（《红安中草药》）

治风湿性关节痛：石蒜、生姜、葱各适量，共捣烂敷患处。（《全国中草药汇编》）

治产肠脱下：老鸦蒜一把，以水三碗，煎一碗半，去滓熏洗。（《世医得效方》）

治便毒诸疮：一支箭捣烂涂之。若毒太盛者，以生白酒煎服，得微汗愈。（《太平圣惠方》）

治对口疮初起：老鸦蒜捣烂，隔纸贴之，干则频换。（《周益方家宝方》）

治腮腺炎：石蒜适量，捣烂敷患处。（《广东省惠阳地区中草药》）

治阴癣：鲜独蒜30g，捣烂，加醋60g，浸泡半日，搽患处。（《梧州地区中草药》）

粉背薯蓣

Dioscorea collettii var. *hypoglauca* （Palibin） C. T. Ting et al.

薯蓣科（Dioscoreaceae）薯蓣属多年生缠绕草质藤本。

根状茎竹节状。叶三角形或卵圆形，有时叶缘为半透明干膜质；叶背灰白，具淡黄色毛。雄花无梗，花被蝶形。蒴果两端平截，顶部与基部等宽。花期5～8月，果期6～10月。

大别山各县市均有分布，生于山腰陡坡、山谷缓坡或水沟边阴处的混交林边缘或疏林下。

萆薢之名始载于《神农本草经》，列为中品。《植物名释札记》："以萆薢之疗效，可知'萆薢'之义及痹解，谓其可以解除麻痹之病。凡草物名称，其字从草，因而'痹解'即作'萆薢'了。"古代本草的萆薢也包括菝葜属植物，该类植物枝坚硬有节而绿，似竹，有的节部带赤色，根茎多分枝，断面白色，故有百枝、竹木、赤节、白菝葜诸名。

《名医别录》："生真定山谷。"《博物志》："菝葜与萆薢相似。"《本草经集注》："今处处有，亦似菝葜而小异，根大，不甚有角，节色小浅。"据《中华本草》记载，以上本草所述萆薢，可能为菝葜属植物。《新修本草》："此药有二种：茎有刺者，根白实；无刺者，根虚软，内软者为胜，叶似薯蓣，蔓生。"一类茎有刺者应为菝葜属植物；另一类茎无刺、叶似薯蓣、蔓生者，应为薯蓣属植物。《植物名实图考》所载的萆薢"其叶大如碗，光滑如柿叶。或有须或有刺。根长近尺，坚硬磈砢。"也应为菝葜属植物。可知，本草所载的萆薢应来源于薯蓣属和菝葜属植物。

【入药部位及性味功效】

萆薢，又称百枝、竹木、赤节、白菝葜、川萆薢、粉萆薢、山田薯、土薯蓣、蔴甲头，为植物粉背薯蓣的根茎。秋、冬二季挖取根茎，除去须根，去净泥土，切片晒干。味苦，性平。归肝、胃、膀胱经。祛风湿，利湿浊。主治膏淋，白浊，带下，疮疡，湿疹，风湿痹痛。

【经方验方应用例证】

萆薢化毒汤：清热利湿，和营解毒。主治湿热痈疡，气血实者。（《疡科心得集》）

萆薢渗湿汤：清热利湿。主治湿热下注之臁疮。（《疡科心得集》）

治阳痿失溺：萆薢6g，附子4.5g，合煎汤内服。（《泉州本草》）

萆薢分清散：温肾缩尿，分清化浊。主治下焦虚寒之膏淋、白浊。（《丹溪心法》）

萆薢煎丸：补益丹田，壮筋骨。主妇人久冷。（《圣济总录》卷一八六）

萆薢胜金丸：主治肾寒溏泄，体重，食减，腹痛，四肢不举，甚则注下赤白，腰膝酸痛，股膝不便。（《史载之方》卷上）

萆薢汤：主治杨梅疮，不问新旧，溃烂，筋骨作痛。喉腭溃蚀，与鼻相通，面蚀痈溃，久不愈者。（《外科发挥》卷六）

萆薢丸：坚骨益筋，养血固发。主风湿痹，肢体疼痛，不能行步。（《太平圣惠方》卷十九）

冬葵萆薢散：清热利湿。主血丝虫乳糜尿。（《千家妙方》上册引梁济荣方）

【中成药应用例证】

风湿骨康片：祛风散寒，除湿止痛。用于风寒湿痹，关节疼痛，腰痛，筋骨麻木。

坤复康胶囊：活血化瘀，清利湿热。用于气滞血瘀、湿热蕴结之盆腔炎，症见带下量多、下腹疼痛等症。

骨刺消痛片：祛风止痛。用于风湿痹阻、瘀血阻络所致的痹证，症见关节疼痛、腰腿疼痛、屈伸不利；骨性关节炎、风湿性关节炎、风湿痛见上述证候者。

萆薢分清丸：分清化浊，温肾利湿。用于肾不化气、清浊不分所致的浑浊、小便频数。

人参再造丸：益气养血，祛风化痰，活血通络。用于气虚血瘀、风痰阻络所致的中风，症见口眼歪斜、半身不遂、手足麻木、疼痛、拘挛、言语不清。

【现代临床应用】

萆薢治疗高脂血症。

穿龙薯蓣
Dioscorea nipponica Makino

薯蓣科（Dioscoreaceae）薯蓣属多年生缠绕草质藤本。

根状茎栓皮片状剥离。叶掌状心形，三角状开裂至近全缘。雄花序穗状，基部花集成小伞状，上部单生，花被蝶形，6裂；雌花序花单生。蒴果具翅，种子在蒴果中轴基部。花期7～8月，果期8～10月。

大别山各县市均有分布，生于灌木丛中和稀疏杂木林内及林缘。

穿山龙出自《东北药用植物志》。根茎十分像龙，叶又酷似龙鳞，而且串根生长，生命力极强，故称"穿山龙"或"穿龙骨"。

【入药部位及性味功效】

穿山龙，又称穿龙骨、穿地龙、狗山药、山常山、穿山骨、火藤根、黄姜、土山薯、竹根薯、铁根薯、雄姜、黄鞭、野山药、地龙骨、金刚骨、串山龙、过山龙，为植物穿龙薯蓣和柴黄姜的根茎。播种的培育4～5年，根茎繁殖的第3年春进行采挖，去掉外皮及须根，切段、晒干或烘干。味苦，性平。归肝、肺经。祛风除湿，活血通络，止咳。主治风湿痹痛，肢体麻木，胸痹心痛，慢性气管炎，跌打损伤，疟疾，痈肿。

【经方验方应用例证】

治腰腿酸痛，筋骨麻木：①鲜穿山龙根茎60g，水1壶，可煎用5～6次，加红糖效力更佳。（《东北药用植物志》）②穿山龙30g，淫羊藿、土茯苓、骨碎补各9g，水煎服。（《陕甘宁

治风湿热：穿山龙根状茎9g，水煎服。（《浙江药用植物志》）

治闪腰岔气，扭伤作痛：穿山龙15g，水煎服。（《河北中药手册》）

治劳损：穿山龙15g，水煎冲红糖、黄酒。每日早、晚各服1次。（《浙江民间常用草药》）

治大骨节病，腰腿疼痛：穿山龙60g，白酒500g，浸泡7天。每服30g，每天2次。（《河北中药手册》）

治疟疾：火藤根9g，青蛙七、野棉花各6g。发病前水煎服。（《陕西中草药》）

治痈肿恶疮：鲜火藤根、鲜苎麻根等量，捣烂敷患处。（《陕西中草药》）

治慢性气管炎：穿山龙15g，水煎服。（《秦岭巴山天然药物志》）

治过敏性紫癜：穿山龙30g，大枣10枚，枸杞子15g，水煎服。（《陕甘宁青中草药选》）

治冻疮：穿山龙熬膏外涂。（《青岛中草药手册》）

【中成药应用例证】

金槐冠心片：活血散结通脉。适用于热结血瘀、脉络阻滞之冠心病、心绞痛。

筋骨丸：舒筋活血，散瘀止痛。用于跌打损伤，伤筋动骨，瘀血停滞，筋骨疼痛。

骨骼风痛片：祛风除湿，活血通络，散寒止痛。用于风湿痹痛。

祛风舒筋丸：祛风散寒，舒筋活络。用于风寒湿闭阻所致的痹证，症见关节疼痛、局部畏恶风寒、屈伸不利、四肢麻木、腰腿疼痛。

骨刺丸：祛风止痛。用于骨质增生，风湿性关节炎，风湿痛。

骨刺消痛片：祛风止痛。用于风湿痹阻、瘀血阻络所致的痹证，症见关节疼痛、腰腿疼痛、屈伸不利；骨性关节炎、风湿性关节炎、风湿痛见上述证候者。

穿龙骨刺片：补肾健骨，活血止痛。用于肾虚血瘀所致的骨性关节炎，症见关节疼痛。

风湿圣药胶囊：祛风除湿，舒筋通络，止痛。用于风湿性关节炎及类风湿性关节炎（关节未变形者）。

【现代临床应用】

穿山龙治疗风湿性和类风湿性关节炎、慢性布鲁氏菌病、冠心病心绞痛、慢性气管炎、急性化脓性骨关节炎、甲状腺瘤和甲状腺功能亢进症。

薯蓣

Dioscorea polystachya Turczaninow

薯蓣科（Dioscoreaceae）薯蓣属多年生缠绕草质藤本。

块茎棍棒形，为日常食用蔬菜"山药"。茎常带紫红色。叶卵状三角形至宽卵形或戟形，叶缘常3裂，侧裂片耳状。雄花序近直立。蒴果外有白粉。花期6～9月，果期7～11月。

大别山各县市均有分布，生于山坡、溪边、路旁的灌丛中或杂草中。

《广雅》："王延、藷芧，署预也。"《疏证》："今之山药也。根大，故谓之藷芧，藷芧之言储与也。"因音近字变而有藷芧、署预、薯蓣、署豫、薯药诸名。《山海经》郭注："今江南单呼为藷，语有轻重耳。"玉延，谓其根肉洁白如玉。《广雅》作"王延"似误。修脆者，修者长也，其根长而脆也。《本草衍义》："薯蓣因唐代宗名预，避讳改为薯药；又因宋英宗讳署，改为山药。尽失当日本名。"《广雅疏证》："此谓药字改于唐，山字改于宋也。案韩愈《送文畅师北游诗》云：'山药煮可掘。'则唐时已呼山药，别国异言古今殊语，不必皆为避讳也。"然唐代宗、宋英宗后则薯蓣之名渐隐，而山药名得专行，共情形亦与避讳改名相似。

山药出自侯宁极《药谱》，原名薯蓣，《神农本草经》列为上品。《本草图经》："今处处有之……春生苗，蔓延篱援，茎紫、叶青，有三尖角，似牵牛更厚而光泽，夏开细白花，大类枣花，秋生实于叶间，状如铃，二月、八月采根。"零余子出自《本草拾遗》，云："此署预子，在叶上生，大看如卵。署预子有数（种），此（零余子）则是其一也。一本云：大如鸡子、小者如弹丸，在叶下生。"《本草纲目》："零余子，即山药藤上所结子也。长圆不一，皮黄肉白，煮熟去皮，食之胜于山药，美于芋子，霜后收之。坠落在地看，易于生根。"

武穴佛手山药，湖北省黄冈市武穴市特产，块茎扁且有褶皱，掌状，淡褐色，其上密生须根，肉白

【入药部位及性味功效】

山药，又称诸薯、署预、薯蓣、山芋、诸署、署豫、玉延、修脆、藷、山藷、王藷、薯药、怀山药、蛇芋、白苕、九黄姜、野白薯、山板薯、扇子薯、佛掌薯，为植物薯蓣（山药）的块茎。芦头栽种当年收，珠芽繁殖第2年收，于霜降后叶呈黄色时采挖。洗净泥土，用竹刀或碗片刮去外皮，晒干或烘干，即为毛山药。选择粗大顺直的毛山药，用清水浸匀，再加微热，并用棉被盖好，保持湿润，闷透，然后放在木板上搓揉成圆柱状，将两头切齐，晒干打光，即为光山药。味甘，性平。归肺、脾、肾经。补脾，养肺，固肾，益精。主治脾虚泄泻，食少浮肿，肺虚咳喘，消渴，遗精，带下，肾虚尿频，外用治痈肿、瘰疬。

山药藤，为植物薯蓣（山药）的茎叶。夏、秋季采收，洗净，切段晒干或鲜用。味微苦、微甘，性凉。清利湿热，凉血解毒。主治湿疹，丹毒。

零余子，又称薯蓣果、署预子，为植物薯蓣（山药）的珠芽。秋季采收，切片晒干或鲜用。味甘，性平。归肾经。补虚益肾强腰。主治虚劳羸瘦，腰膝酸软。

【经方验方应用例证】

治脾胃虚弱，不思进饮食：山芋、白术各一两，人参三分。上三味，捣罗为细末，煮白面糊为丸，如小豆大，每服三十丸，空心食前温米饮下。（《圣济总录》山芋丸）

治湿热虚泄：山药、苍术等份，饭丸，米饮服。（《濒湖经验方》）

治噤口痢：干山药一半炒黄色，半生用，研为细末，米饮调下。（《百一选方》）

治痰气喘急：山药捣烂半碗，入甘蔗汁半碗，和匀，顿热饮之。（《简便单方》）

治肿毒：山药、蓖麻子、糯米为一处，水浸研为泥，敷肿处。（《普济方》）

治乳癖结块及诸痛日久，坚硬不溃：鲜山药和芎䓖、白糖霜共捣烂涂患处。涂上后奇痒不可忍，忍之良久渐止。（《本经逢原》）

治冻疮：山药少许，于新瓦上磨为泥，涂疮口上。（《儒门事亲》）

治病后耳聋：薯蓣果30g，猪耳朵1只。炖汤，捏住鼻孔徐徐吞服。（《江西草药》）

治皮肤湿疹，丹毒：山药藤90～120g，煎汤熏洗。或鲜草捣烂外敷。（《上海常用中草药》）

无比山药丸：补肝益肾，强筋壮腰。主治脾肾亏虚所致腰腿无力，梦遗滑精，遗尿，耳鸣，目暗，盗汗等。（《太平惠民和剂局方》）

一品山药：生山药500g，面粉150g，核桃仁、什锦果脯、蜂蜜各适量，白糖100g，猪油、芡粉少许。将生山药洗净，蒸熟，去皮，放小搪瓷盆中加入面粉，揉成面团，再放在盘中按成饼状，上置核桃仁、什锦果脯适量，移蒸锅上蒸20分钟。出锅后在圆饼上浇一层蜜糖（蜂蜜1汤匙、白糖100g、猪油和芡粉少许，加热即成）。每日1次，每次适量，当早点或夜宵吃。补肾滋阴。适用于消渴、尿频、遗精。（《药膳食谱集锦》）

小米淮山药粥：淮山药45g（鲜者约100g），小米50g，白糖适量。将山药洗净捣碎或切片，与小米同煮为粥，熟后加白糖适量调匀。健脾止泄，消食导滞。适用于小儿脾胃素虚、消化不良、不思乳食、大便稀溏等。（《民间方》）

山药炖猪肚：将猪肚煮熟，再入山药同炖至烂。滋养肺肾。适用于消渴多尿。（《民间方》）

山药茯苓包子：山药粉100g，茯苓粉100g，面粉200g，白糖300g，猪油、青丝、红丝适量。将山药粉、茯苓粉置大碗中，加冷水适量浸成糊状，移火上蒸30分钟，取出面粉和好，发酵调碱制成软面，再以白糖猪油、青红丝（或果脯）作馅，包成包子，蒸熟。益脾，补心，涩精。适用于食少纳呆、消渴、遗尿、遗精、早泄。（《儒门事亲》）

山药天花粉汤：山药、天花粉各30g，同煎汤。每日分2次服完。补脾胃，生血。适用于再生障碍性贫血。（《民间方》）

【中成药应用例证】

温肾前列胶囊：益肾利湿。用于肾虚夹湿的良性前列腺增生症，症见小便淋漓、腰膝酸软、身疲乏力等。

六味地黄丸：滋阴补肾。用于肾阴亏损，头晕耳鸣，腰膝酸软，骨蒸潮热，盗汗遗精，消渴。

千斤肾安宁胶囊：补肾健脾，利尿降浊。用于慢性肾炎普通型（脾肾两虚证），氮质血症期慢性肾功能不全。

补肾助阳丸：滋阴壮阳，补肾益精。用于肾虚体弱，腰膝无力，梦遗阳痿。

乌丹降脂颗粒：益气活血。用于气虚血瘀所致的高脂血症，症见头晕耳鸣、胸闷肢麻、口干舌暗等。

肥儿口服液：健脾消食。用于小儿脾胃虚弱，不思饮食，面黄肌瘦，精神困倦。

琥珀抱龙胶囊：镇静安神，清热化痰。用于发热抽搐，烦躁不安，痰喘气急，惊痫不安。

山药参芪丸：益气养阴，生津止渴。用于消渴病，症见口干、多饮、精神不振、乏力属气阴两虚者。

通脉降糖胶囊：养阴清热，清热活血。用于气阴两虚、脉络瘀阻所致的消渴病（糖尿病），症见神疲乏力、肢麻疼痛、头晕耳鸣、自汗等。

壮肾安神片：滋阴补肾，生精填髓。用于肾精不足，头晕目眩，心悸耳鸣，神志不宁，腰膝酸软，阳痿遗精。

溶栓脑通胶囊：活血化瘀，通经活络。用于中风中经络所致的瘀血阻络证。

复方伸筋胶囊：清热除湿，活血通络。用于湿热瘀阻所致痛风引起的关节红肿、热痛、屈伸不利等症。

丹黄祛瘀胶囊：活血止痛，软坚散结。用于气虚血瘀、痰湿凝滞引起的慢性盆腔炎，症见白带增多者。

止痛化癥胶囊：活血调经，化癥止痛，软坚散结。用于癥瘕积聚、痛经闭经，赤白带下及慢性盆腔炎等。

明目地黄片：滋肾，养肝，明目。用于肝肾阴虚，目涩畏光，视物模糊，迎风流泪。

【现代临床应用】

临床上，山药治疗婴儿腹泻。

蝴蝶花

Iris japonica Thunb.

鸢尾科（Iridaceae）鸢尾属多年生草本。

有根状茎。花葶分枝多，总状排列；花白色、淡紫色或淡蓝色，直径约5～6cm；外轮花冠中部有鸡冠状附属物，内轮花冠先端2裂、边缘齿裂。蒴果倒卵状圆柱形或楔形。花期4～5月，果期6～7月。

生于海拔200～1600m的林下或沟边湿地。

蝴蝶花出自《上海常用中草药》，又名日本鸢尾。扁竹根出自《草木便方》。

【入药部位及性味功效】

蝴蝶花，又称凫翳、铁扁担、燕子花、蓝花铰剪、紫燕、豆豉草、开喉箭、过山虎、搜山虎、六角草、知母、告剪草、剑刀草、兰花草、扁竹、金扁担、豆豉叶、扁竹叶，为植物蝴蝶花的全草。春、夏季采收，切段晒干。味苦，性寒，有小毒。消肿止痛，清热解毒。主治肝炎，肝肿大，肝区痛，胃痛，咽喉肿痛，便血。

扁竹根，为植物蝴蝶花的根茎或根。夏季采挖，除去叶及花茎，洗净，鲜用或切片晒干。味苦、辛，性寒，有小毒。消食，杀虫，通便，利水，活血，止痛，解毒。主治食积腹胀，虫积腹痛，热结便秘，水肿，癥瘕，久疟，牙痛，咽喉肿痛，疮肿，瘰疬，跌打损伤，子宫脱垂，蛇犬咬伤。

【经方验方应用例证】

治食积腹胀：扁竹根、臭草根、香附子各9g，煎水服。（《万县中草药》）

治肝脾肿大：扁竹根、香附子、槟榔、土沉香、青木香各9g，青皮12g，泡酒或煎水服。（《万县中草药》）

治臌胀：扁竹根30g，煨水服；或用鲜根3g，切细，米汤吞服。（《贵州草药》）

治急性黄疸性肝炎：蝴蝶花根15g，车前草、茵陈各30g，煎服。（《安徽中草药》）

治肾炎水肿，便秘：扁竹根鲜根状茎15g，水煎服；或鲜根状茎12～30g，捣烂敷脐部，每日换药1次。（《浙江药用植物志》）

治喉蛾：蝴蝶花鲜根60g，捣烂取汁，开水冲和服；或用根晒干研末，和以冰片少许吹喉。（《庐山中草药》）

鸢尾

Iris tectorum Maxim.

鸢尾科（Iridaceae）鸢尾属多年生草本。

有根状茎。花葶单一或2分枝，每枝具1～3花；花蓝紫色，直径约10cm；外轮花冠中部有鸡冠状附属物及白色须毛。蒴果狭长圆形，直立具6棱。花期4～5月，果期6～7月。

大别山各县市均有分布，生于向阳坡地、林缘及水边湿地。

鸢尾始载于《神农本草经》，列为下品。《本草纲目》："并以形命名，乌园当作乌鸢。"花似蝴蝶，白蓝色，故名蓝蝴蝶。叶扁长，故名扁竹。

《新修本草》："此草叶似射干而阔短，不抽长茎，花紫碧色，根似高良姜，皮黄肉白，嚼之戟人咽喉与射干全别。"鸢根出自《蜀本草》，云："此草叶名鸢尾，根名鸢头，亦谓之鸢根。"《本草图经》："叶似射干布地生。黑根似高良姜而节大，数个相连。今所在皆有，九月十月采根日干。"

【入药部位及性味功效】

鸢尾，又称乌园、乌鸢、紫蝴蝶、蓝蝴蝶、老鸦扇、扁竹叶、九把刀、燕子花、扁竹兰、扁竹、蒲扇风、老君扇、扁柄草、铁扁担、交剪七、鲤鱼尾，为植物鸢尾的叶或全草。夏、秋季采收，洗净，切碎鲜用。味辛、苦，性凉，有毒。清热解毒，祛风利湿，消肿止痛。主治咽喉肿痛，肝炎，肝肿大，膀胱炎，风湿痛，跌打肿痛，疮疖，皮肤瘙痒。

鸢根，又称鸢头、扁竹根、赤利麻、土知母、冷水丹、蛤蟆跳缺、蓝花矮陀、九把刀、搜山虎、下搜山、蓝七、天蜈蚣、下山虎、摇痕七、勒马回阳、中搜山、土田七、乌七、蛤蟆七、青蛙七、蜞马七、搜山狗、蛇头知母，为植物鸢尾的根茎。全年均可采，挖出根茎，除去茎叶及须根，洗净，鲜用或切片晒干。味苦、辛，性寒，有毒。归脾、胃、大肠经。消积杀虫，破瘀行水，解毒。主治食积胀满，蛔虫腹痛，癥瘕臌胀，咽喉肿痛，痔瘘，跌打伤肿，疮疖肿毒，蛇犬咬伤。

【经方验方应用例证】

治镇喉风（类似白喉）：鲜鸢尾全草若干，洗净，捣烂，加1倍量冷开水调匀，挤滤液服用，每3～5分钟含服1～2匙（约15mL）。（《中国民族药志》）

治肝炎、肝肿大、肝痛、喉痛、胃痛：鸢尾全草15～30g，水煎服。（《庐山中草药》）

治膀胱炎：燕子花叶3g，红糖为引，水煎服。（《云南中草药》）

治风湿：鸢尾叶捣烂，兑酒焙热敷，并泡酒服。（《彝医植物药》）

治皮肤瘙痒：鸢尾全草10～20g，煎水洗。（《中国民族药志》）

治胃热口臭：鸢尾根茎、栀子各9g，鱼腥草12g，水煎服。（《万县中草药》）

治肝硬化腹水：鸢尾根茎3g，生用切片，煎鸡蛋吃。吃后1小时可泻。（《万县中草药》）

治肾炎水肿，便秘：鲜鸢尾根茎15g，水煎服；或用鲜根茎12～30g，捣烂敷脐部，每日换药1次。（《浙江药用植物志》）

治肝炎黄疸：鸢尾根茎6g，水煎服。（江西《草药手册》）

治关节炎：鸢尾根茎9g，水煎服。（《北方常用中草药手册》）

治水道不通：扁竹根（水边生，紫花者为佳）研自然汁一盏服，通即止药。不可便服补药。（《普济方》）

治跌打损伤：鸢尾根一至三钱，研末或磨汁，冷水送服，故又名"冷水丹"。（江西《中草药学》）

射干

Belamcanda chinensis（L.）Redouté

鸢尾科（Iridaceae）射干属多年生直立草本。

根状茎为不规则的块状。茎直立，叶剑形，扁平，互生，嵌迭状2列。顶生二歧伞房花序，花被橘黄色，散生暗红色斑点，柱头3浅裂。蒴果倒卵圆形，种子近球形，着生于中轴，黑色有光泽。花期6～8月，果期8～9月。

团风、英山、罗田、浠水等县市均有分布，生于海拔较低的林缘或山坡草地。

射干始载于《神农本草经》，列为下品。《本草图经》："射干之状，茎梗疏长，正如射人长竿之状，得名由此尔。"《本草经集注》陶说近此。《广雅疏证》："射干之草亦不如陶氏、苏氏之说也，盖草木之名，多取双声叠韵，射干，叠韵字也。"《本草纲目》："其叶丛生，横铺一面，如乌翅及扇之状，故有乌扇、乌翣、鬼扇、仙人掌诸名。俗呼扁竹，谓其叶扁生而根如竹也。根叶又如蛮姜，故曰草姜。翣音所甲反，扇也。"《广雅疏证》："方多作夜干字，今射亦作夜音。""案翣与翣通，翣、扇一声之转。高诱注《淮南·说林训》云：扇，楚人谓之翣，字亦作翣……"《说文解字》："翣蒲，瑞草也……瑞草扇暑而凉，谓之翣蒲。乌扇之草谓之乌翣，又谓之乌蒲，其义一也。"其他扇名义同。叶如剪口，故名较剪草、金绞剪、剪刀草。

《名医别录》："生南阳川谷田野。三月三日采根，阴干。"《本草拾遗》："射干、鸢尾，按此二物相似，人多不分……射干即人间所种为花卉，亦名凤翼，叶如乌翅，秋生红花，赤点。鸢尾亦人间多种，苗低下于射干，如鸢尾，春夏生紫碧花者是也。"《本草图经》："今在处有之，人家庭砌间亦多种植，春生苗，高二三尺，叶似蛮姜而狭长，横张疏如翅羽状……叶中抽茎，似萱草而强硬。六月开花，黄红色，瓣上有细纹。秋结实作房，中子黑色。根多须，皮黄黑，肉黄赤。"据《中华本草》记载，历代本草对射干、鸢尾时有混同，即李时珍亦未能明确区分，认为鸢尾、射干本是一类，但花色不同，"大抵入药功不相远"，今据《本草拾遗》《蜀本草》《本草图经》描述及近代实际药用，花色红黄即指植物射干。

【入药部位及性味功效】

射干，又称乌扇、乌蒲、黄远、乌莲、夜干、乌翣、乌吹、草姜、鬼扇、凤翼、扁竹根、仙人掌、紫金牛、野萱花、扁竹、地萹竹、较剪草、黄花扁蓄、开喉箭、黄知母、冷水丹、冷水花、扁竹兰、金蝴蝶、金绞剪、紫良姜、铁扁担、六甲花、扇把草、鱼翅草、山蒲扇、剪刀草、老君扇、高搜山、凤凰草，为植物射干的根茎。栽后2～3年收获，春、秋季挖掘根茎，洗净泥土，晒干，搓去须根，再晒至全干。味苦、辛，性寒，有毒。归肺、肝经。清热解毒，祛痰利咽，消瘀散结。主治咽喉肿痛，痰壅咳喘，瘰疬结核，疟母癥瘕，痈肿疮毒。

【经方验方应用例证】

治喉痹：①射干，细锉。每服五钱匕，水一盏半，煎至八分，去滓，入蜜少许，旋旋服。（《圣济总录》射干汤）②射干，旋取新者，不拘多少。擂烂取汁吞下，动大腑即解。或用酽醋同研取汁噙，引出涎更妙。（《医方大成论》）

治白喉：射干3g，山豆根3g，金银花15g，甘草6g，水煎服。（《青岛中草药手册》）

治腮腺炎：①射干鲜根10～15g，酌加水煎，饭后服，日服2次。（《福建民间草药》）②射干，小血藤叶，捣烂敷患处。（《湖南药物志》）

治乳痈初肿：扁竹根（如僵蚕者）同萱草根为末。蜜调服。极有效。（《永类钤方》）

治关节炎，跌打损伤：射干90g，入白酒500g，浸泡1周。每次饮15g，每日2次。（《安徽中草药》）

治二便不通，诸药不效：射干捣汁，服一盏立通。（《普济方》）

射干麻黄汤：宣肺祛痰，下气止咳。主治痰饮郁结，气逆喘咳证。咳而上气，喉中有水鸡声者。（《金匮要略》）

大射干汤：主治暴寒，热伏于内，咳嗽呕吐。（《杏苑》卷三）

甘草桔梗射干汤：治咽喉肿痛生疮。（《医学摘粹》）

甘桔射干汤：疏风清热，利咽解毒。治咽喉肿痛。（《嵩崖尊生》卷六）

黄芩射干汤：主治肺胃两经热毒所致喉中腥臭。（《医钞类编》卷十二）

射干汤：治中风，肝经受病，多汗恶风，善悲嗌干，善怒者。（《奇效良方》卷一）

射干消毒饮：宣肺透疹，清热利咽。治麻疹咳嗽声喑，咽喉肿痛。（《张氏医通》卷十五）

【中成药应用例证】

丹绿补肾胶囊：补肾滋阴壮阳。用于阴阳两虚所致阳痿遗精、腰膝酸软、身体乏力。

黄龙咳喘胶囊：益气补肾，清肺化痰，止咳平喘。用于肺肾气虚、痰热郁肺之咳喘，以及急慢性支气管炎、支气管哮喘见上述证候者。

肤康搽剂：清热燥湿，疏风止痒。用于湿疹、痤疮、花斑癣属风热湿毒证者。

甘露消毒丸：芳香化湿，清热解毒。用于暑湿蕴结，身热肢酸，胸闷腹胀，尿赤黄疸。

金贝痰咳清颗粒：清肺止咳，化痰平喘。用于痰热阻肺所致的咳嗽、痰黄黏稠、喘息；慢性支气管炎急性发作见上述证候者。

小儿治哮灵片：止哮，平喘，镇咳，化痰，强肺，脱敏。用于小儿哮、咳、喘等症，支气管哮喘，哮喘性支气管炎。

【现代临床应用】

射干治疗乳糜尿、水田皮炎。

蘘荷

Zingiber mioga （Thunb.） Rosc.

姜科（Zingiberceae）姜属多年生草本。

根状茎淡黄色，具辛辣味。叶片条状披针形，顶端尾尖，两面均无毛或下面中脉附近被长毛；叶舌2裂，膜质。穗状花序椭圆形，单独由根状茎发出；总花梗通常短；苞片卵状矩圆形；花萼管状；花冠管白色；唇瓣淡黄色而中部颜色较深，倒卵形。蒴果卵形，果皮里面鲜红色。花期8～10月。

大别山各县市均有分布，生于山谷中阴湿处或栽培。

蘘荷出自《本草经集注》，以白蘘荷之名始载于《名医别录》。《楚辞·大招》："醢豚苦狗，脍苴蒪只。"王逸注："苴蒪，蘘荷也……切蘘荷以为香，备众味也。"此处用作调味，当是姜科之蘘荷。《说文解字》蘘荷"一名葍蒪"。葍通蒩，《广雅》作"蓴苴"，或作"覆葅"，又有蓴蒩、覆葅均音近义同。《本草纲目》：“司马相如《上林赋》作猼且。”但据《司马相如传》，猼且应是"芭蕉"。

《蜀本草》：“《图经》云：叶似初生甘蕉，根似姜芽，其叶冬枯。”《本草图经》：“白蘘荷，旧不著所出州土，今荆襄江湖间多种之，北地亦有。春初生，叶似甘蕉，根似姜芽而肥，其根茎堪为菹。其性好阴，在木下生者尤美。”李时珍引崔豹《古今注》：“蘘荷似芭蕉而白色，其子花生根中，花未败时可食，久则消烂矣。根似姜。宜阴翳地，依阴而生。”

【入药部位及性味功效】

蘘荷，又称苴蓴、嘉草、蓸蒩、蓴蒩、芋渠、白蘘荷、覆蒩、蓴苴、覆苴、阳藿、羊藿姜、山姜、观音花、连花姜、高良姜、野生姜、土里开花土里谢、野老姜、良姜、野山姜、野姜、阳荷，为植物蘘荷的根茎。夏、秋季采收，鲜用或切片晒干。味辛，性温。活血调经，祛痰止咳，解毒消肿。主治月经不调，痛经，跌打损伤，咳嗽气喘，痈疽肿毒，瘰疬。

蘘荷花，又称山麻雀，为植物蘘荷的花。花开时采收，鲜用或烘干。味辛，性温。温肺化痰。主治肺寒咳嗽。

蘘荷子，为植物蘘荷的果实。果实成熟开裂时采收，晒干。味辛，性温。温胃止痛。主治胃痛。

【经方验方应用例证】

治淋巴结结核：鲜蘘荷根茎60g，鲜射干茎30g，水煎服。（《浙江民间常用草药》）

治蛇及蛤蟆等蛊：蘘荷根汁三升。顿服，蛊立出。（《卫生易简方》）

治大叶性肺炎：蘘荷根茎9g，鱼腥草30g，水煎服。（《浙江民间常用草药》）

治中风，以大声咽喉不利：蘘荷根二两。研、绞取汁，酒一大盏，相和令匀。不计时候，温服半盏。（《肘后方》）

治杂物眯目不出：白蘘荷根，捣，绞取汁，注目中。（《圣惠方》）

治伤寒及时气、温病，及头痛、壮热、脉大，始得一日：生蘘荷根、叶合捣，绞取汁，服三、四升。（《肘后方》）

治胃痛：蘘荷开裂的果实90～120g，白糖适量，水煎服。（《浙江民间常用草药》）

姜

Zingiber officinale Roscoe

姜科（Zingiberceae）姜属多年生草本。

根状茎肥厚，有芳香及辛辣味。叶片披针形至条状披针形；叶舌膜质。花葶单独自根茎抽出；穗状花序卵形；苞片淡绿色，顶端有小尖头；花冠黄绿色；唇瓣中央裂片矩圆状倒卵形，短于花冠裂片，有紫色条纹及淡黄色斑点，侧裂片卵形。花期秋季。

大别山各县市均有栽培。

生姜始载于《名医别录》。案《说文解字》云：姜，御湿之菜也。

《本草图经》："生姜，生犍为山谷及荆州、扬州。今处处有之，以汉、温、池州者为良。苗高二三尺，叶似箭竹叶而长，两两相对，苗青，根黄，无花实。秋采根，于长流水洗过，日晒为干姜。"

【入药部位及性味功效】

生姜，又称姜根、百辣云、勾装指、因地辛、炎凉小子、鲜生姜、蜜炙姜、生姜汁、姜，为植物姜的新鲜根茎。10～12月茎叶枯黄时采收。挖起根茎，去掉茎叶、须根。味辛，性温。归肺、胃、脾经。散寒解表，降逆止呕，化痰止咳。主治风寒感冒，恶寒发热，头痛鼻塞，呕吐，痰饮喘咳，胀满，泄泻。

干姜，又称白姜、均姜，为植物姜根茎的干燥品。10月下旬至12月下旬茎叶枯萎时挖取根茎，去掉茎叶、须根，烘干。干燥后去掉泥沙、粗皮，扬净即成。味辛，性热。归脾、胃、心、肺经。温中散寒，回阳通脉，温肺化饮。主治脘腹冷痛，呕吐，泄泻，亡阳厥逆，寒饮喘咳，寒湿痹痛。

炮姜，又称黑姜，为植物姜干燥根茎的炮制品。味苦、辛，性温。归脾、胃、肝经。温中止泻，温经止血。主治虚寒性脘腹疼痛，呕吐，泻痢，吐血，便血，崩漏。

姜炭，为植物姜的干燥根茎经炒炭形成的炮制品。味苦、辛、涩，性温。归脾、肝、肾经。温经止血，温脾止泻。主治虚寒性吐血，便血，崩漏，阳虚泄泻。

生姜皮，又称姜皮、生姜衣，为植物姜的根茎外皮。秋季挖取姜的根茎，洗净，用竹刀刮取外层栓皮，晒干。味辛，性凉。归脾、肺经。行水消肿。主治水肿初起，小便不利。

姜叶，为植物姜的茎叶。夏秋季采收，切碎，鲜用或晒干。味辛，性温。活血散结。主治癥积，扑损瘀血。

【经方验方应用例证】

治偏风：生姜皮，作屑末，和酒服。(《食疗本草》)

治感冒风寒：生姜五片，紫苏叶一两。水煎服。(《本草汇言》)

治秃头：生姜捣烂，加温，敷头上，约2～3次。(《贵州中医验方》)

治赤白癜风：生姜频擦之良。(《易简方》)

治百虫入耳：姜汁少许滴之。(《易简方》)

治食诸蕈并菌中毒：生姜（切细）四两，豆浆四两，麻油二两半。上和研匀，楪盛，甑上蒸，一炊许时取出。不拘时候，时时服之，诸毒立解。(《普济方》)

治卒心痛：干姜末，温酒服方寸匕，须臾，六、七服，瘥。(《肘后方》)

治妊娠呕吐不止：干姜、人参各一两，半夏二两。上三味，末之，以生姜汁糊为丸，如梧子大。每服十丸，日三服。(《金匮要略》干姜人参半夏丸)

治痈疽初起：干姜一两。炒紫，研末，醋调敷周围，留头。(《诸症辨疑》)

治打伤瘀血：姜叶一升，当归三两。为末。温酒服方寸匕，日三。(《范汪方》)

当归生姜羊肉汤：补气养血，温中暖肾。主治产后血虚，腹中冷痛，寒疝腹中痛，以及虚劳不足等。(《金匮要略》)

艾叶生姜煨鸡蛋：艾叶15g，生姜25g，鸡蛋2个。将上3味加水适量同煮；待鸡蛋熟，剥去壳，复入原汤中煨片刻。吃蛋饮汤，每日2次。温经，止血，安胎，散寒。适用于崩漏及胎动不安、习惯性流产。(《民间方》)

【中成药应用例证】

康肾颗粒：补脾益肾，化湿降浊。用于脾肾两虚所致的水肿、头痛而晕、恶心呕吐、畏寒肢倦；轻度尿毒症见上述证候者。

感冒疏风颗粒：散寒解表，宣肺和中。用于风寒感冒，发热咳嗽，头痛怕冷，鼻流清涕，骨节酸痛，四肢疲倦。

延胡胃安胶囊：疏肝和胃，制酸止痛。用于肝肾不和证，症见呕吐吞酸、脘腹胀痛、不思饮食等。

姜竭补血合剂：补脾生血，祛瘀生新。用于脾虚血瘀所致贫血，放化疗及其它原因造成的白细胞减少症，以及肿瘤患者在放化疗过程中的辅助治疗。

风寒咳嗽颗粒：宣肺散寒，祛痰止咳。用于外感风寒、肺气不宣所致的咳喘，症见头痛鼻塞、痰多咳嗽、胸闷气喘。

代温灸膏：温通经脉，散寒镇痛。用于风寒阻络所致的痹证，症见腰背、四肢关节冷痛；寒伤脾胃所致的脘腹冷痛、虚寒泄泻；慢性风湿性关节炎、慢性胃肠炎见上述证候者。

表虚感冒颗粒：散风解肌，和营退热。用于感冒风寒表虚证，症见发热恶风、有汗、头痛项强、咳嗽痰白、鼻鸣干呕、苔薄白、脉浮缓。

复方牵正膏：祛风活血，舒筋活络。用于风邪中络，口眼歪斜，肌肉麻木，筋骨疼痛。

桂龙咳喘宁胶囊：止咳化痰，降气平喘。用于外感风寒、痰湿阻肺引起的咳嗽、气喘、痰涎壅盛；急慢性支气管炎见上述证候者。

癫痫康胶囊：镇惊息风，化痰开窍。用于癫痫风痰闭阻，痰火扰心，神昏抽搐，口吐涎沫者。

【现代临床应用】

临床上，生姜治风湿痛、腰腿痛；治疗妊娠恶阻；治疗蛔虫病；治胃、十二指肠溃疡；治疗疟疾；治疗急性细菌性痢疾；治疗急性睾丸炎；治疗孕妇胎儿臀位，一般以33周前用姜泥贴敷疗效较好；治疗水烫伤；用于中毒急救，对于半夏、乌头、闹羊花、木薯、百部等中毒，均可用生姜急救；试用生姜揩擦治疗白癜风，生姜浸酒涂擦鹅掌风及甲癣均有一定效果。

白及

Bletilla striata（Thunb. ex Murray） Rchb. f.

兰科（Orchidaceae）白及属多年生地生草本。

叶4～6枚，狭长圆形或披针形。花序常不分枝或极罕分枝；花紫红色或粉红色；花瓣较萼片稍宽；唇瓣较萼片和花瓣稍短，白色带紫红色，具紫色脉。花期4～5月。

罗田、英山、麻城、红安等地均有分布，生于常绿阔叶林下、栎树林或针叶林下、路边草丛或岩石缝中。野生资源较少，各地有栽培。

白及始载于《神农本草经》，列为下品。李时珍："其根白色，连及而生，故名白及，其味苦，而曰甘根，反言也。吴普作白根，其根有白，亦通。"连及草之名，当亦是言其根茎连着相及。叶如棕箬，故名千年棕（粽）。

《吴普本草》："茎叶如生姜、藜芦。十月花，直上，紫赤，根白（相）连。"《本草经集注》："叶似杜若，根形似菱米，节间有毛……可以作糊。"《蜀本草》引《图经》："叶似初生栟榈及藜芦。茎端生一台，四月开生紫花。七月实熟，黄黑色。冬凋。根似菱，三角，白色，角头生芽。今出申州，二月、八月采根用。"《本草纲目》："一科止抽一茎，开花长寸许，红紫色，中心如舌，其根如菱米，有脐，如凫茈之脐，又如扁扁螺旋纹，性难干。"

【入药部位及性味功效】

白及，又称甘根、连及草、白根、白给、冰球子、白鸟儿头、地螺丝、羊角七、千年棕、君求子、一兜棕、白鸡儿、辄口药、利知子，为植物白及的根茎。栽种3～4年后的9～10月采挖，将根茎浸水中约1小时左右，洗净泥土，除去须根，经蒸煮至内面无白心时取出，晒或炕至表面干硬不黏结时，用硫黄熏1夜后，晒干或炕干，然后撞去残须，使表面呈光洁淡黄白色，筛去杂质。味苦、甘、涩，性微寒。归肺、胃经。收敛止血，消肿生肌。主治咯血，吐血，衄血，便血，外伤出血，痈疮肿毒，烫灼伤，手足皲裂，肛裂。

【经方验方应用例证】

阳毒内消散：活血，止痛，消肿，化痰，解毒。主治一切阳证肿疡。（《药敛启秘》）

白及肺：白叶猪肺1具，白及片一两。猪肺挑去血筋血膜，洗净，同白及入瓦罐，加酒淡煮熟，食肺饮汤；或稍用盐亦可，或将肺蘸白及末食更好。主治肺痿肺烂。（《喉科心法》卷下）

白及膏：收敛生肌。主治烧烫伤，下肢溃疡，臁疮。（《赵炳南临床经验集》）

白及莲须散：白及一两，莲花须五钱（金色者佳），侧柏叶五钱，沙参五钱。上为极细末。主治咯血。（《准绳·类方》卷三引戴氏方）

白及散：主治肺络损伤，喘咳吐血。（《症因脉治》卷二）

白及汤：主治内伤吐血。（《古今医彻》卷二）

白及糖：白及50～100g，冰糖适量。把白及晒干或烘干后，研成粉末状，把冰糖（约100～150g）研碎，临用时把白及末同冰糖末和匀后加入开水，调拌成白及冰糖糊服用。补肺止咳。适用于小儿百日咳。1岁以内患者每日用白及粉2～3g，1岁以上3～10g。（《山西医学杂志》）

白及粥：白及粉15g，糯米100g，大枣5个，蜂蜜25g。用糯米、大枣、蜂蜜加水煮粥至将熟时，将白及粉入粥中，改文火稍煮片刻，待粥汤稠黏时即可。每日2次。温热食，10天为一个疗程。补肺止血，养胃生肌。适用于肺胃出血病，包括肺结核、支气管扩张、胃及十二指肠溃疡出血等。（《民间方》）

治咯血：白及一两，枇杷叶（去毛，蜜炙）、藕节各五钱。上为细末，另以阿胶五钱，锉如豆大，蛤粉炒成珠，生地黄自然汁调之，火上炖化，入前药为丸如龙眼大。每服一丸，嚼化。（《证治准绳》白及枇杷丸）

治手足皲裂：白及末，水调塞之，勿犯水。（《济急仙方》）

【中成药应用例证】

益肺止咳胶囊：养阴润肺，止咳祛痰。用于急慢性支气管炎咳痰、咯血；对肺结核、淋巴结结核有辅助治疗作用。

肿痛凝胶：消肿镇痛，活血化瘀，舒筋活络，化痞散结。用于跌打损伤，风湿性关节痛，肩周炎，痛风，乳腺小叶增生。

百贝益肺胶囊：滋阴活血，止咳化痰。用于治疗肺阴不足之久咳，以及支气管炎，肺痨久咳。

胃得康片：行气止痛。用于气滞证胃痛，以及胃及十二指肠溃疡见以上症状者。

祛瘀益胃胶囊：健脾和胃，化瘀止痛。用于脾虚气滞血瘀所致的急、慢性胃炎，慢性萎缩性胃炎。

健胃愈疡颗粒：疏肝健脾，生肌止痛。用于肝郁脾虚、肝胃不和所致的胃痛，症见脘腹胀痛、嗳气吞酸、烦躁不适、腹胀便溏；消化性溃疡见上述证候者。

益气止血颗粒：益气，止血，固表，健脾。用于咯血、吐血，久服可预防感冒。

【现代临床应用】

临床上，白及治疗肺结核，百日咳，支气管扩张，硅肺，治疗胃、十二指肠溃疡出血，胃、十二指肠溃疡急性穿孔，结核性瘘管，烧伤及外科创伤，肛裂，手足皲裂，口腔黏膜病，干槽症。

银兰

Cephalanthera erecta （Thunb. ex A. Murray） Bl.

兰科（Orchidaceae）头蕊兰属多年生地生草本。

茎直立，中部至基部具3～4枚鞘。叶互生，3～4枚，椭圆形或卵形，急尖或短渐尖，基部抱茎。总状花序具5～10朵花；花序轴有棱，花苞片都很小，鳞片状；花白色；萼片狭菱状椭圆形；花瓣与萼片相似，但稍短；唇瓣基部具囊；侧裂片卵状三角形或披针形，抱蕊柱。蒴果窄椭圆形或宽圆筒形。花期4～6月，果期8～9月。

英山、罗田均有分布，生于海拔1100～1500m的林下。

【入药部位及性味功效】

银兰，又称鱼头兰花，为植物银兰的全草。全年均可采收，洗净，鲜用。味甘、淡，性凉。清热利尿。主治高热，口渴，小便不利。

【经方验方应用例证】

治高热不退，口干，小便不通：鲜银兰30g，忍冬藤、醉鱼草根、甘草各9～15g，水煎服。（《全国中草药汇编》）

独花兰

Changnienia amoena Chien

兰科（Orchidaceae）独花兰属多年生地生草本。

假鳞茎近椭圆形或宽卵球形，被膜质鞘。叶1枚，宽卵状椭圆形，下面紫红色；叶柄长。花葶假鳞茎顶端，紫色，具2鞘，花单朵，顶生；苞片小，早落；花白色，带肉红或淡紫色晕，唇瓣有紫红色斑点；萼片长圆状披针形，侧萼片稍斜歪；花瓣窄倒卵状披针形，唇瓣略短于花瓣，3裂。花期4月。

英山、罗田、麻城均有分布，生于海拔400m以上的疏林下腐殖质丰富土壤或沿山谷荫蔽地方。

独花兰被列为国家二级保护植物，森林工业发展使其栖息地明显退化、种群减少，并受到园艺观赏用途驱使的采挖威胁；独花兰也是2017年10月4日起生效的濒危野生动植物种国际贸易公约附录二中的保护物种，即需要管制交易情况以避免影响到其存续。

独花兰为我国特有物种，2017年4月，在我国野生大熊猫主要分布区域之一的甘肃白水江国家级自然保护区偶然发现；该物种自2004年4月30日起被世界自然保护联盟濒危物种红色名录评估为全球范围内濒危（EN），种群数量变化趋势亟待调查。

【入药部位及性味功效】

长年兰，又称带血独叶一枝枪，为植物独花兰的假鳞茎和全草。夏、秋季采收，洗净，晒干或鲜用。味苦，性寒。清热，凉血，解毒。主治咳嗽，痰中带血，热疖疔疮。

【经方验方应用例证】

治咳嗽痰中带血：长年兰鲜全草60～90g（或鲜假球茎15～30g），水煎后加白糖，早晚饭前各服1次。(《浙江药用植物志》)

治热疖疔疮：鲜长年兰假球茎适量。加盐卤捣烂敷患处，干后即换。(《浙江药用植物志》)

杜鹃兰

Cremastra appendiculata （D. Don） Makino

兰科（Orchidaceae）杜鹃兰属多年生地生草本。

假鳞茎卵球形或近球形。叶常1枚，窄椭圆形或倒披针状窄椭圆形；叶柄长。花葶长，花序具5～22花；苞片披针形或卵状披针形；花常偏向一侧，多少下垂，不完全开放，有香气，窄钟形，淡紫褐色；萼片倒披针形，中部以下近窄线形，长2～3cm，侧萼片略斜歪；花瓣倒披针形，唇瓣与花瓣近等长，线形，侧裂片近线形，中裂片卵形或窄长圆形；蕊柱细，顶端略扩大，腹面有时有窄翅。蒴果近椭圆形。花期5～6月，果期9～12月。

罗田、英山均有分布，生于海拔500m以上的林下湿地或沟边湿地。

《中国药学大辞典》："本品球根颇似慈菇，而有毛壳包裹者真，后人遂有毛菇、毛慈菇之称。"

山慈菇叶出自《证类本草》。山慈菇始载于《本草拾遗》，云："山慈菇根，有小毒。主痈肿、疮瘘、瘰疬结核等，醋磨傅之……生山中湿地，一名金灯花，叶似车前，根如慈菇。"但《宝庆本草折衷》引《灵验》认为山慈菇"即玉簪花根也。"《中华本草》记载，古今对山慈菇品种的记述和使用较为混乱，但应以《本草拾遗》所载山慈菇（即兰科杜鹃兰）的假鳞茎为正品。

【入药部位及性味功效】

山慈菇，又称金灯花、鹿蹄草、山茨菇、慈姑、山慈姑、毛慈姑、泥冰子、算盘七、人头七、太白及、水球子、泥宾子、采配兰，为植物杜鹃兰、独蒜兰的假鳞茎。夏秋季采挖，除去茎叶、须根，洗净，蒸后，晾至半干，再晒干。味甘、微辛，性寒，有小毒。归肝、胃、肺经。清热解毒，消肿散结。主治痈疽恶疮，瘰疬结核，咽痛喉痹，蛇虫咬伤。

山慈菇叶，为植物杜鹃兰或独蒜兰等的叶。夏、秋季采收，洗净，鲜用。味甘、微辛，性寒。清热解毒。主治痈肿疮毒。

【经方验方应用例证】

治皮肤皲裂：鲜杜鹃兰假鳞茎捣烂敷，或切开成两半擦患处。(《湖南药物志》)

治瘿瘤：山慈菇、海石、昆布、贝母各等份。为末。每服15g，白滚水调服，旬日可消。(《外科大成》消瘤神应散)

治食管癌：山慈菇、公丁香各9g，柿蒂5个。水煎服。(《湖北中草药志》)

治热咳：独蒜兰假鳞茎9～12g，水煎服。(《湖南药物志》)

治肺痨咳嗽：杜鹃兰鲜假球茎21～24g。切成薄片，水煎加白糖服。(《浙江药用植物志》)

治疮疖肿毒，淋巴结结核，毒蛇咬伤：独蒜兰假鳞茎9～15g，水煎服。外用以适量捣烂敷。(《湖南药物志》)

治指头炎、疖肿：独蒜兰假球茎9～15g。水煎，连渣服；另取假球茎适量，加烧酒或醋捣烂，外敷局部。(《浙江药用植物志》)

治毒蛇咬伤：鲜山慈菇适量捣烂，从伤口周围结肿的远端开始涂敷，逐渐近于伤处。(《山西中草药》)

紫金锭：化痰开窍，辟秽解毒，消肿止痛。主治中暑时疫；外敷治疗疮肿毒，虫咬损伤，无名肿毒，以及痄腮、丹毒、喉风等。(《丹溪心法附余》)

神仙解毒万病丸：辟秽解毒，化痰开窍，消肿止痛。治感受秽浊，脘腹胀闷疼痛；食物中毒，呕吐泄泻；咽喉肿痛；小儿痰厥。外敷治疗疮疖肿。

【中成药应用例证】

艾愈胶囊：解毒散结，补气养血。用于中晚期癌症的辅助治疗以及癌症放化疗引起的白细胞减少症属气血两虚者。

消乳散结胶囊：疏肝解郁，化痰散结，活血止痛。用于肝郁气滞、痰瘀凝聚所致的乳腺增生，乳房胀痛。

乳癖清胶囊：理气活血，软坚散结。用于乳腺增生、经期乳腺胀痛等疾病。

金蒲胶囊：清热解毒，消肿止痛，益气化痰。用于晚期胃癌、食管癌患者痰湿瘀阻及气滞血瘀证。

癃闭舒胶囊：益肾活血，清热通淋。用于肾气不足、湿热瘀阻所致的癃闭，症见腰膝酸软、尿频、尿急、尿痛、尿线细，伴小腹拘急疼痛；前列腺增生症见上述证候者。

丹芎瘢痕涂膜：活血化瘀，软坚止痒。用于减轻和辅助治疗烧烫伤创面愈合后的瘢痕增生。

【现代临床应用】

山慈菇治疗肝硬化、食管贲门癌梗阻、宫颈癌。

蜈蚣兰

Cleisostoma scolopendrifolium （Makino） Garay

兰科（Orchidaceae）隔距兰属多年生常绿附生草本。

植株匍匐。茎细长，多节，具分枝。叶革质，二列互生，彼此疏离。花序侧生，常比叶短；花序柄纤细，总状花序具1～2朵花；花苞片卵形，先端稍钝；花质地薄，开展，萼片和花瓣浅肉色。花期4月。

罗田、英山均有分布，生于海拔达1000m以下的崖石上或山地林中树干上。

 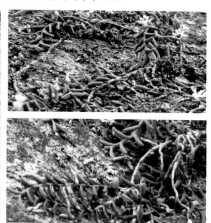

【入药部位及性味功效】

蜈蚣兰，又称石蜈蚣、狗牙半枝、齿牙半枝莲、金百脚、柏子兰、白脚蜈蚣、飞天蜈蚣、蜈蚣草、有脚蜈蚣，为植物蜈蚣兰的全草。全年均可采收，鲜用或晒干。味微苦，性凉。清热解毒，润肺止血。主治气管炎，咯血，咳血，口腔炎，慢性鼻窦炎，咽喉炎，急性扁桃体炎，胆囊炎，肾盂肾炎，小儿惊风。

【经方验方应用例证】

治气管炎，咯血：蜈蚣兰全草15g，加冰糖炖服。（《浙江民间常用草药》）

治慢性副鼻窦炎：蜈蚣兰全草30g，水煎冲黄酒服。（《浙江民间常用草药》）

治急性扁桃体炎：蜈蚣兰30g，水煎服。（《全国中草药汇编》）

治胆囊炎：蜈蚣兰30g，荔枝10枚，水煎加白糖服。（《全国中草药汇编》）

治肾盂肾炎：蜈蚣兰鲜全草30g，水煎服。（《浙江民间常用草药》）

治小儿惊风：蜈蚣兰鲜全草15～30g，水煎服。（《浙江民间常用草药》）

蕙兰

Cymbidium faberi Rolfe

兰科（Orchidaceae）兰属多年生地生草本。

叶基部常对折而呈"V"形，具粗锯齿。总状花序具多花；花苞片最下面1枚长于子房，中上部的约为花梗和子房长度的1/2；唇瓣有紫红色斑，具小乳突或细毛。花期3～5月。

大别山各县市均有分布，生于湿润但排水良好的透光处。

蕙兰又名兰花草、九节兰、夏蕙、火烧兰、二月兰、夏兰、九子兰、线兰。兰花出自《植物名实图考》，兰花叶、兰花根出自《本草纲目拾遗》，化气兰出自《陕西中草药》，蕙实出自《名医别录》，牛角三七出自《湖南药物志》。兰为古代著名花卉，相传夏代已有记载。《离骚》有"纫状兰以为佩""滋兰之九畹""幽兰其不可佩"。《九歌》有"疏兰兮为芳""春兰兮秋菊"。汉武帝诗云："兰有馨兮菊有芳"。《中华本草》记载，所述能佩的兰，应是《神农本草经》《本草纲目》等所载的"兰草"，系菊科植物佩兰 Eupatorium fortunei Turcz.。这里的幽兰、春兰应为兰科兰属植物。

兰花原名蕙，始载于《名医别录》蕙实条，曰："根茎中涕疗伤寒寒热出汗。"陈藏器云："是兰蕙之蕙。"这种根茎有涕状黏液的蕙，应是兰属植物。《尔雅翼》载"蕙兰"，《滇南本草》载"兰花草"，《本草纲目拾遗》所述"九节兰"，《植物名实图考》"夏蕙"条称："叶直如剑，迎风不动，一茎数花，鹅黄色，五六月开，幽香不减素兰。"又载"火烧兰"条称："滇山皆有之，叶粗黄色，背黑似火烧者，花碧香烈，春夏盛开。"

【入药部位及性味功效】

兰花，又称幽兰、蕙、兰蕙，为植物建兰、春兰、蕙兰、寒兰、多花兰或台兰的花。花将开放时采收，鲜用或晒干。味辛，性平。归肺、脾、肝经。调气和中，止咳，明目。主治胸闷，腹泻，久咳，青盲内障。

兰花叶，又称兰叶，为植物建兰、春兰、蕙兰、寒兰或台兰等的叶。四季均可采，将叶齐根剪下，洗净，切段，鲜用或晒干。味辛，性微寒。归心、脾、肺经。清肺止咳，凉血止血，利湿解毒。主治肺痈，支气管炎，咳嗽，咯血，吐血，尿血，白浊，白带，尿路感染，疮毒疔肿。

兰花根，又称土续断、兰根、幽兰根、山兰、香花草、兰花草，为植物建兰、春兰、蕙兰、寒兰或台兰等的根。全年均可采挖，除去叶，洗净，鲜用或晒干。味辛，性微寒。润肺止咳，清热利湿，活血止血，解毒杀虫。主治肺结核咯血，百日咳，急性胃肠炎，热淋，带下，白浊，月经不调，崩漏，便血，跌打损伤，疮疖肿毒，痔疮，蛔虫腹痛，狂犬咬伤。

化气兰，又称土百部，为植物蕙兰的根皮。秋季挖根，抽去木心，晒干用。味苦、甘，性凉，有小毒。润肺止咳，清利湿热，杀虫。主治咳嗽，小便淋浊，赤白带下，鼻衄，蛔虫病，头虱。

蕙实，为植物蕙兰的果实。果实成熟时采收，晒干。味辛，性平。主治明目，补中。

【经方验方应用例证】

治阴虚潮热、盗汗：兰花根、土地骨皮各30g，煨水服。（《贵州草药》）

治神经衰弱，头晕，腰痛：兰花根、羊九根各30g，炖肉吃。（《贵州草药》）

治妇女痨病，手足心发热：蕙兰根、大茅香各30g，煎水，兑甜酒汁（醪糟）服。（《重庆草药》）

治痔疮：兰花根30g，酒约100mL，蒸服。（《贵州草药》）

治跌打损伤：鲜春兰根、蛇葡萄根皮适量。加酒糟捣烂做成饼状，烘热后敷伤处。（《浙江药用植物志》）

治常年咳嗽：土百部6g，水煎服，白酒为引，每日1剂。（《陕西中草药》）

春兰

Cymbidium goeringii（Rchb. f.） Rchb. F.

兰科（Orchidaceae）兰属多年生地生草本。

叶下部常多少对折而呈"V"形，边缘无齿或具细齿。花葶明显短于叶；花序具单花，稀2朵；花苞片长于花梗和子房；唇瓣裂片具小乳突。花期1～3月。

大别山各县市均有分布，生于山坡、林缘、林中透光处。

春兰又名朵朵香、山兰。《本草纲目拾遗》所述春花者，《植物名实图考》所述一茎一花者称："叶如瓯兰，直劲不欹，一枝数花，有淡红、淡绿色者，皆有红缕，瓣薄而肥，异于他处，亦具香味。"又载"朵朵香"："叶细柔韧，一箭一花。绿者团肥，宛如撚蜡；黄者瘦长，缕以朱丝，皆清馥。又有一箭两花者，名双飞燕。"均指春兰。

其他参见蕙兰。

【入药部位及性味功效】

参见蕙兰。

【经方验方应用例证】

参见蕙兰。

扇脉杓兰
Cypripedium japonicum Thunb.

兰科（Orchidaceae）杓兰属多年生陆生草本。

根状茎横走。茎和花葶均被褐色长柔毛。叶通常2枚，近对生，菱圆形或横椭圆形，上半部边缘呈钝波状，基部宽楔形，具扇形脉。花苞片叶状，菱形或宽卵状披针形，边缘具细缘毛；花单生，绿黄色、白色，具紫色斑点；中萼片近椭圆形；合萼片卵状披针形，稍较宽，顶端具2小齿；花瓣斜披针形或半卵形，内面基部有毛；唇瓣长基部收狭而具短爪。花期4～5月，果期6～10月。

罗田、英山等县市均有分布，生于海拔1000m以上的林下、灌丛下及竹林下。

扇子七出自《陕西中草药》。扇脉杓兰又名菊花双叶草、一把伞，国家二级保护濒危野生植物。

【入药部位及性味功效】

扇子七，又称半边莲、阴阳扇、肾叶兰、老虎兰、扇子还阳、半边扇、对叶扇、铁骨伞、荷叶七、扇子草、半边伞、二郎伞，为植物扇脉杓兰的根或带根的全草。夏、秋采收，洗净，晒干。味微苦，性平，有毒。理气活血，截疟，解毒。主治劳伤腰痛，跌打损伤，风湿痹痛，月经不调，间日疟，无名肿毒，毒蛇咬伤，皮肤瘙痒。

【经方验方应用例证】

治跌打损伤，腰痛：扇子还阳6g，煎服或泡酒服。（《湖北中草药志》）

治风湿疼痛：扇子七根适量，泡酒外擦。（《甘肃中草药手册》）

治间日疟：扇子七根1.5g，研粉。发疟前1小时冷开水送下。（《陕西中草药》）

治无名肿毒：扇子七全草捣烂，用醋调敷患处。（甘肃中草药手册）

治皮肤瘙痒症：扇子七全草煎水洗。（《陕西中草药》）

霍山石斛

Dendrobium huoshanense C. Z. Tang et S. J. Cheng

兰科（Orchidaceae）石斛属多年生附生草本。

茎直立，基部以上较粗，上部渐细。叶常2～3枚互生茎上部，舌状长圆形，先端稍凹缺，基部具带淡紫红色斑点的鞘。花序生于已落叶老茎上部，具1～2花；苞片白色带栗色，卵形；花淡黄绿色；中萼片卵状披针形，侧萼片镰状披针形；花瓣卵状长圆形，与萼片近等长而甚宽，唇瓣近菱形，基部楔形，具胼胝体缺。花期5月。

英山、罗田均有分布，生于山地沟谷岩石上。野生资源较少，多有栽培。

霍山石斛俗称米斛，霍山石斛一名，最早见载于《本草纲目拾遗》："霍石斛出江淮霍山，形似钗斛细小，色黄而形曲不直，有成球者，彼土人以代茶茗。霍石斛嚼之微有浆、黏齿、味甘、微咸，形缩为真。"并引用年希尧集经验方："长生丹用甜石斛，即霍山石斛也。"又引用《百草镜》："石斛近时有一种形短袛寸许，细如灯芯，色青黄、咀之味甘，微有滑涎，系出六安及颍州府霍山是名霍山石斛，最佳……"

中国药典会委员，石斛属研究专家包雪声教授在《中华仙草之最——霍山石斛》一书前言开篇语中就说道："如果说世界上确有什么仙草的话，这种仙草应当是霍山石斛。"

道家经典《道藏》曾把霍山石斛、天山雪莲、三两人参、百二十年首乌、花甲茯苓、深山灵芝、海底珍珠、冬虫夏草、苁蓉列为中华"九大仙草"，且霍山石斛名列之首。霍山石斛又名龙头凤尾草、皇帝草。主产于大别山安徽霍山，生长于崇山峻岭之峭壁上，秉山川之天然灵气，滋生出名贵之瑞草。常代茶茗冲饮服用。产于安徽省霍山县的霍山石斛是石斛中的极品，但是霍山石斛生长环境苛刻，产量稀少，市面上只有少数老品牌能买到真正的霍山石斛。霍山石斛历史上被誉为"中华九大仙草之首""救命仙草"，现代人尊称为"中华仙草之最""健康软黄金"，用霍山石斛加工的饮品——枫斗，被称为"枫斗之王"。

霍山石斛属于国家一级保护植物，也是中国的特有植物，在《中国物种红色名录》中被评估为极小种群。该物种也被收录于自2017年10月4日起生效的濒危野生动植物种国际贸易公约附录二中，即需要管制交易情况以避免影响到其存续。霍山石斛自2004年4月30日起被世界自然保护联盟濒危物种红色名录评估为全球范围内极危（CR），种群数量变化趋势亟待调查。2019年11月15日，霍山石斛入选中国农业品牌目录。2020年7月27日，霍山石斛入选中欧地理标志第二批保护名单。

其他参见铁皮石斛。

【入药部位及性味功效】

参见铁皮石斛。

【经方验方应用例证】

参见铁皮石斛。

【中成药应用例证】

参见铁皮石斛。

铁皮石斛

Dendrobium officinale Kimura et Migo

兰科（Orchidaceae）石斛属多年生附生草本。

茎直立，圆柱形，不分枝，具多节，常在中部以上互生3～5枚叶；叶二列，纸质，长圆状披针形，先端钝并且多少钩转，基部下延为抱茎的鞘。总状花序常从落了叶的老茎上部发出，具2～3朵花；花序柄基部具2～3枚短鞘；花苞片干膜质，浅白色，卵形；萼片和花瓣黄绿色，近相似，长圆状披针形，先端锐尖。花期3～6月。

英山有分布，生于海拔1600m以下的山地半阴湿的岩石上。野生资源较少，多有栽培。

石斛，《山海经》已有记载，《神农本草经》列为上品。李时珍："石斛名义未详。其茎状如金钗之股，故古有金钗石斛之称。今蜀人栽之，呼为金钗花。盛弘之《荆州记》云，耒阳龙石山多石斛，精好如金钗，是矣。林兰、杜兰，与木部木兰同名，恐误。"《名医别录》石斛一名石蓫。《札樸》："顺宁山石间有草，一本数十茎，茎多节，叶似竹叶，四五月开花纯黄，亦有紫、白二色者，土人谓之石竹。案即石斛也。移植树上亦生。"意即叶似竹而生于山石上。由此推定，石斛即石蓫，亦称"石竹"。竹、蓫、斛均在屋韵，音近相转。亦附生树上，故名悬竹。

《名医别录》:"生六安山谷、水旁石上,七月、八月采茎,阴干。"陶弘景:"今用石斛出始兴。生石上,细实,桑灰汤沃之,色如金,形似蚱蜢髀者为佳。"《本草图经》:"石斛,今荆、湖、川、广州郡及温、台州亦有之,以广南者为佳。多在山谷中,五月生苗,茎似竹节,节节间出碎叶,七月开花,十月结实,其根细长,黄色。"《本草纲目》:"石斛丛生石上,其根纠结甚繁,干则白软。其茎叶生皆青色,干则黄色。开红花。节上自生根须。人亦折下,以砂石栽之,或以物盛挂屋下,频浇以水,经年不死,俗称为千年润。"

【入药部位及性味功效】

石斛,又称林兰、禁生、杜兰、石蓫、悬竹、千年竹,为植物金钗石斛、美花石斛、铁皮石斛、束花石斛、马鞭石斛、霍山石斛等的茎。栽后2~3年即可采收,生长年限愈长,茎数愈多,单产愈高。一年四季均可收割。新收之石斛,鲜用者,除去须根及杂质,另行保存。干用者,去根洗净,搓去薄膜状叶鞘,晒干或烘干,也可先将石斛置开水中略烫,再晒干或烘干,即为干石斛。此外,铁皮石斛等少数品种之嫩茎,还可进行特殊加工,即以长8cm左右的石斛茎洗净晾干,用文火均匀炒至柔软,搓去叶鞘,趁热将茎扭成螺旋状或弹簧状,反复数次,最后晒干,商品称为耳环石斛,又名枫斗。味甘,性微寒。归胃、肺、肾经。生津益胃,滋阴清热,润肺益肾,明目强腰。主治热病伤津,口干烦渴,胃阴不足,胃痛干呕,肺燥干咳,虚热不退,阴伤目暗,腰膝软弱。

【经方验方应用例证】

石斛夜光丸:滋阴补肾,清肝明目。主治神光散大,昏如雾露,眼前黑花,睹物成二,久而光不收敛,及内障瞳神淡白绿色。(《原机启微》)

白术石斛汤:补虚益血,调荣卫,进饮食。主治手足疼痛,肢体倦怠。(《圣济总录》卷一八六)

补肾石斛散:主治肾气虚,腰胯脚膝无力,小腹急痛,四肢酸疼,手足逆冷,面色萎黑,虚弱不足。(《太平圣惠方》卷七)

补泄石斛丸:主治脚气。(《太平圣惠方》卷四十五)

补益石斛丸:主治虚劳肾气不足,阳痿,小便余沥,或精自出,腰脚无力。(《太平圣惠方》卷二十九)

大石斛丸:补肝肾,益精髓,养荣卫,祛风毒,强筋骨,明目强阴,轻身壮气。主治肝肾风虚,头目诸疾。(《鸡峰》卷十二)

地黄石斛丸:补虚,益精髓。(《圣济总录》卷一八五)

归连石斛汤:润肠祛积,开胃运气。主治妊妇及体虚之人赤痢、白痢、赤白痢。(《湿温时疫治疗法》引《沈樾亭验方传信》)

金钗石斛丸:补五脏,和血脉,驻颜色,润发进食,肥肌,大壮筋骨。主治真气不足,元脏虚弱,头昏面肿,目暗耳鸣,四肢疲倦,百节酸疼,脚下隐痛,步履艰难,肌体羸瘦,面色黄黑,鬓发脱落,头皮肿痒,精神昏困,手足多冷,心胸痞闷,绕脐刺痛,膝胫酸疼,不能久立，腰背拘急，不得俯仰，两胁胀满，水谷不消，腹痛气刺，发歇无时，心悬噫醋，呕逆恶心，口苦咽干，吃食无味，恍惚多忘，气促喘乏，夜梦惊恐，心忪盗汗，小便滑数，或水道涩痛，一切元脏虚冷之疾。（《局方》卷五）

石斛明目丸：平肝清热，滋肾明目。治肝肾两亏，虚火上升，瞳仁散大，夜盲昏花，视物不清，内障抽痛，头目眩晕，精神疲倦。（《北京市中成药规范》）

石斛清胃方：清胃生津，健脾凉血。治麻疹后期，胃热津伤，脾气虚弱，呕吐，不欲饮食，口干作渴，舌质红，苔薄腻，脉虚数。（《张氏医通》卷十五）

石斛散：治雀目。眼目昼视精明，暮夜昏暗，视物不见。（《圣济总录》卷一一〇）

天麻石斛酒：舒筋活血，强筋壮骨，祛风除湿。主治中风手足不遂，骨节疼痛，肌肉顽麻，腰膝酸痛，不能仰俯，腿脚肿胀。（《太平圣惠方》）

【中成药应用例证】

养阴口香合剂：清胃泻火，滋阴生津，行气消积。用于胃热津亏、阴虚郁热上蒸所致的口臭，口舌生疮，齿龈肿痛，咽干口苦，胃灼热痛，肠燥便秘。

固肾补气散：补肾填精，补益脑髓。用于肾亏阳弱，记忆力减退，腰酸腿软，气虚咳嗽，五更溏泻，食欲不振。

风湿塞隆胶囊：祛风，散寒，除湿。用于类风湿性关节炎引起的四肢关节疼痛、肿胀、屈伸不利，肌肤麻木，腰膝酸软。

强筋健骨片：祛风散寒，化痰通络。用于痹证，筋骨疼痛，风湿麻木，腰膝酸软。

养肝还睛丸：平肝息风，养肝明目。用于阴虚肝旺所致视物模糊、畏光流泪、瞳仁散大。

石斛夜光丸：滋阴补肾，清肝明目。用于肝肾两亏，阴虚火旺，内障目暗，视物昏花。

阴虚胃痛颗粒：养阴益胃，缓急止痛。用于胃阴不足所致的胃脘隐隐灼痛、口干舌燥、纳呆干呕；慢性胃炎、消化性溃疡见上述证候者。

消痤丸：清热利湿，解毒散结。用于湿热毒邪聚结肌肤所致的粉刺，症见颜面皮肤光亮油腻、黑头粉刺、脓疱、结节，伴有口苦、口黏、大便干；痤疮见上述证候者。

益肺解毒颗粒：在传统名方"玉屏风散"与"银翘解毒散"基础上研制而成。[陕西省防治新冠肺炎中医药治疗方案（第二版）推荐方]

天麻
Gastrodia elata Bl.

兰科（Orchidaceae）天麻属多年生腐生草本。

根状茎块茎状，具鞘；茎直立，无绿叶，节上被筒状或鳞片状鞘。总状花序顶生，花多数，稀单花；花苞片长圆状披针形，略长于花梗和子房；花扭转；花被筒具5枚裂片；唇瓣3裂，具乳突和短流苏。花果期5～7月。

罗田、英山、麻城、红安等地均有分布，生于疏林下，林中空地、林缘，灌丛边缘。罗田九资河种植面积较大。

天麻原名赤箭，始载于《神农本草经》，列为上品。《雷公炮炙论》首载"天麻"之名。陶弘景："赤箭亦是芝类。其茎如箭杆，赤色，叶生其端……有风不动，无风自摇。"《本草图经》："按《抱朴子》云：仙方有合离草，一名独摇芝，一名离母。所以谓之合离、离母者，此草下根如芋魁，有游子十二枚周环之，以仿十二辰也。去大魁数尺，皆有细根如白发，虽相须而实不相连，但以气相属尔。"李时珍："赤箭以状而名，独遥、定风以性异而名，离母、合离以异而名，神草、鬼督邮以功而名。天麻即赤箭之根。"天麻者，其物寄生，不知所自，仿佛天生，故名"天"；《尔雅》："大鼗谓之麻。""鼗"即今拨浪鼓，以摇为事，此草善摇，因有"麻"之名，合称"天麻"。

《吴普本草》："茎如箭赤无叶，根如芋子……"《开宝本草》："叶如芍药而小，当中抽一茎直上如箭杆，茎端结实，状若续随子，至叶枯时子黄熟，其根连一二十枚，犹如天门冬之类，形如黄瓜，亦如芦葳，大小不定。"《本草图经》："春生苗，初出若芍药，独抽一茎直上，高三二尺，如箭杆状，青赤色，故名赤箭脂。茎中空，依半以上贴茎微有尖小叶，梢头生成穗，开花结子如豆粒大，其子至夏不落，却透虚入茎中，潜生土内，其根形如黄瓜，连生一二十枚，大者有重半斤或五六两，其皮黄白色，名白龙皮，肉名天麻。"《本草衍义》："赤箭，天麻苗也，然与天麻治疗不同，故后人分之为二。"《本草别说》："今医家见用天麻即是赤箭根……赤箭用苗，有自表入里之功；天麻用根，有自内达外之理。"

【入药部位及性味功效】

天麻，又称赤箭、离母、鬼督邮、神草、独摇芝、赤箭脂、定风草、合离草、独摇、自动草、水洋芋，为植物天麻的块茎。宜在休眠期进行采收。冬栽的第2年冬季或第3年春季采挖，春栽的当年冬季或第2年春季采挖，收获时先取菌材，后取天麻、箭麻作药，白麻和米麻作种。收获后要及时加工，趁鲜先除去泥沙，按大小分级，水煮，150g以上的大天麻，煮10～15分钟，100～150g者煮7～10分钟，100g以下者煮5～8分钟，等外的煮5分钟，以能透心为度，煮好后放入熏房，用硫黄熏20～30分钟，后用文火烘烤，炕上温度开始以50～60℃为宜，至7～8成干时，取出用手压扁，继续上炕，此时温度应在70℃左右，待天麻全干后，立即出炕。味甘、辛，性平。归肝经。息风止痉，平肝阳，祛风通络。主治急慢惊风，抽搐拘挛，破伤风，眩晕，头痛，半身不遂，肢麻，风湿痹痛。

还筒子，为植物天麻的果实。夏季果实成熟时采收，晒干。味甘，性寒。补虚定风。主治眩晕，眼黑，头风头痛，少气失精，须发早白。

【经方验方应用例证】

治中风手足不遂，筋骨疼痛，行步艰难，腰膝沉重：天麻二两，地榆一两，没药三分（研），玄参、乌头（炮制，去皮，脐）各一两，麝香一分（研）。上六味，除麝香、没药细研外，同捣罗为末，与研药拌匀，炼蜜和丸如梧桐子大。每服二十丸，温酒下，空心晚食前服。（《圣济总录》天麻丸）

治高血压：天麻5g，杜仲、野菊花各10g，川芎9g，水煎服。（《秦岭巴山天然药物志》）

天麻钩藤饮：平肝息风，清热活血，补益肝肾。主治肝经有热，肝阳偏亢，头痛头胀，耳鸣目眩，少寐多梦，或半身不遂，口眼歪斜，舌红，脉弦数。（《杂病证治新义》）

半夏白术天麻汤：化痰息风，健脾祛湿。主治痰饮上逆，头昏眩晕，恶心呕吐。（《医学心悟》）

参附天麻丸：主治阴痫。因慢惊后，体虚邪留，痰入心包，四肢逆冷，吐舌摇头。（《顾氏医镜》卷五）

辰砂天麻丸：除风化痰，清神思，利头目。主治诸风痰盛，头痛目眩，眩晕欲倒，呕哕恶心，恍惚健忘，神思昏愦，肢体疼倦，颈项拘急，头面肿痒，手足麻痹。（《局方》卷一）

沉香天麻煎：主治风气不顺，骨痛，或生赤点瘾疹，热肿，久久不治，则如痹，筋骨缓弱。（《永乐大典》卷一三八七七引《大方》）

沉香天麻汤：主治小儿因恐惧发搐，痰涎壅盛，目多白睛，项背强急，喉中有声，行步动作，神思如痴，脉沉弦而急。（《卫生宝鉴》卷九）

防风天麻膏：祛风镇惊。主治小儿伤寒夹惊。（《幼幼新书》卷十四引张涣方）

苦参天麻酒：清热祛风，解毒疗疮。主治遍身白屑，搔之则痛。（《民间验方》）

龙脑天麻煎：主治一切风及瘫缓风，半身不遂，口眼㖞斜，语涩涎盛，精神昏愦；或筋脉拘挛，遍身麻痹，百节疼痛，手足颤掉；及肾脏风毒上攻，头面虚肿，耳鸣重听，鼻塞口干，痰涎不利，下注腰腿，脚膝缓弱，肿痛生疮，又治妇人血风攻注，身体疼痛，面浮肌瘦，口苦舌干，头旋目眩，昏困多睡；或皮肤瘙痒，瘾疹生疮；暗风、夹脑风、偏正头痛。（《局方》卷一）

天麻半夏汤：治风痰内作，胸膈不利，头眩眼黑，兀兀欲吐，上热下寒，不得安卧。（《卫生宝鉴》卷二十二）

天麻石斛酒：舒筋活血，强筋壮骨，祛风除湿。主治中风手足不遂，骨节疼痛，肌肉顽麻，腰膝酸痛，不能仰俯，腿脚肿胀。（《太平圣惠方》）

【中成药应用例证】

强力天麻杜仲丸：散风活血，舒筋止痛。用于中风引起的筋脉掣痛、肢体麻木、行走不便、腰腿酸痛、头痛头昏等。

鲜天麻胶囊：平降肝阳，祛风止痛。用于风阳上扰，头痛晕眩，失眠多梦。

解热镇惊丸：解热，镇惊，化痰。用于高热惊风，痰涎壅盛，手足抽搐，背项强直。

天麻醒脑胶囊：滋补肝肾，平肝息风，通络止痛。用于肝肾不足、肝风上扰所致头痛、头晕、记忆力减退、失眠、反应迟钝、耳鸣、腰酸等症。

痫愈胶囊：豁痰开窍，安神定惊，息风解痉。用于风痰闭阻所致的癫痫抽搐、小儿惊风、面肌痉挛。

天麻蜜环菌片：定惊，息风。用于眩晕头痛，惊风癫痫，肢体麻木，腰膝酸痛。

脑心安胶囊：益气活血，开窍通络。用于气虚血瘀，痰浊阻络，中风偏瘫，胸痹心痛。

大川芎口服液：活血化瘀，平肝息风。用于瘀血阻络、肝阳化风所致的头痛、头胀、眩晕、颈项紧张不舒、上下肢或偏身麻木、舌部瘀斑。

小儿抗痫胶囊：豁痰息风，健脾理气。用于原发性全身性强直阵挛发作型儿童癫痫风痰闭阻证，发作时症见四肢抽搐、口吐涎沫、二目上窜，甚至昏仆。

天菊脑安胶囊：平肝息风，活血化瘀。用于肝风夹瘀证的偏头痛。

天麻头痛片：养血祛风，散寒止痛。用于外感风寒、瘀血阻滞或血虚失养所致的偏正头痛、恶寒、鼻塞。

天麻钩藤颗粒：平肝息风，清热安神。用于肝阳上亢所引起的头痛、眩晕、耳鸣、眼花、震颤、失眠；高血压见上述证候者。

天麻首乌片：滋阴补肾，养血息风。用于肝肾阴虚所致的头晕目眩、头痛耳鸣、口苦咽干、腰膝酸软、脱发、白发；脑动脉硬化、早期高血压、血管神经性头痛、脂溢性脱发见上述证候者。

天舒胶囊：活血平肝，通络止痛。用于瘀血阻络或肝阳上亢所致的头痛日久、痛有定处，或头晕胁痛、失眠烦躁、舌质暗或有瘀斑；血管神经性头痛、紧张性疼痛、高血压头痛见上述证候者。

养血生发胶囊：养血祛风，益肾填精。用于血虚风盛、肾精不足所致的脱发，症见毛发松动或呈稀疏状脱落、毛发干燥或油腻、头皮瘙痒；斑秃、全秃、脂溢性脱发与病后、产后脱发见上述证候者。

通痹片：祛风胜湿，活血通络，散寒止痛，调补气血。用于寒湿闭阻、瘀血阻络、气血两虚所致的痹证，症见关节冷痛、屈伸不利；风湿性关节炎、类风湿性关节炎见上述证候者。

癫痫康胶囊：镇惊息风，化痰开窍。用于癫痫风痰闭阻，痰火扰心，神昏抽搐，口吐涎沫者。

麝香抗栓胶囊：通络活血，醒脑散瘀。用于中风气虚血瘀证，症见半身不遂、言语不清、头昏目眩。

【现代临床应用】

临床上，天麻治疗神经系统疾病；治疗面肌痉挛；治疗癫痫，总有效率72.5%；治疗脑外伤综合征，总有效率97%。

大花斑叶兰

Goodyera biflora （Lindl.） Hook. f.

兰科（Orchidaceae）斑叶兰属多年生地生草本。

根状茎伸长，具节，匍匐。茎具多枚叶，直立。叶卵形，近急尖，叶片上表面暗蓝绿色，具白色精致的斑纹，背面带红色；叶具柄。总状花序具2～8朵花；花苞片披针形；花大，偏向一侧，白色带黄色或淡红色，萼片披针形，中萼片顶端外弯，和花瓣靠合成兜；侧萼片略较短；花瓣条状披针形，镰状；唇瓣白色带黄色；合蕊柱内弯。花期2～7月。

大别山各县市均有分布，生于海拔500m以上的林下阴湿处。

【入药部位及性味功效】

斑叶兰，又称银线盆、九层盖、野洋参、小将军、小叶青、麻叶青、竹叶青、蕲蛇药、尖叶山蝴蝶、竹叶小青、肺角草、滴水珠、金边莲、银耳环，为植物大斑叶兰、小斑叶兰、大花斑叶兰或绒叶斑叶兰的全草。夏、秋季采收，洗净，鲜用或晒干。味甘、辛，性平。润肺止咳，补肾益气，行气活血，消肿解毒。主治肺痨咳嗽，气管炎，头晕乏力，神经衰弱，阳痿，跌打损伤，骨节疼痛，咽喉肿痛，乳痈，疮疖，瘰疬，毒蛇咬伤。

【经方验方应用例证】

治肺结核，咳嗽发热：斑叶兰、青蒿、党参各15g，银柴胡、鳖甲各9g，水煎服。（《新疆中草药》）

治肾气虚弱，头目眩晕，四肢乏力：野洋参（干）30g，蒸鸡或炖肉吃；或煎水服，早晚空腹各服1次，每次半碗。（《贵州民间药物》）

治神经衰弱，阳痿：野洋参根、花蝴蝶各15g，炖肉吃。（《贵州草药》）

治骨节疼痛：斑叶兰捣烂，用酒炒热，外包痛处（小儿用淘米水代酒），每日1换。（《贵州民间药物》）

治痈肿疮毒，毒蛇咬伤：斑叶兰12g，金银花15g，一枝蒿6g，水煎服。另取鲜斑叶兰捣烂外敷。（《甘肃中草药手册》）

小斑叶兰

Goodyera repens （L.） R. Br.

兰科（Orchidaceae）斑叶兰属多年生地生草本。

根状茎伸长，匍匐。茎直立，被白色腺毛，生数枚基生叶。叶卵状椭圆形，上面有白色条纹和褐色斑点，背面灰绿色。总状花序具几朵至10余朵花，花序轴具腺毛；花苞片披针形；花小，白色或带绿色或带粉红色，萼片外面被腺毛，中萼片与花瓣靠合成兜；侧萼片椭圆形或卵状椭圆形，顶端钝；唇瓣舟状，基部凹陷呈囊状；合蕊柱短，与唇瓣分离。花期7～8月。

大别山各县市均有分布，生于海拔700m以上的山坡、沟谷林下。

【入药部位及性味功效】

参见大花斑叶兰。

【经方验方应用例证】

参见大花斑叶兰。

绶草

Spiranthes sinensis （Pers.） Ames

兰科（Orchidaceae）绶草属多年生地生草本。

叶宽线形。花茎上部被柔毛至无毛；花苞片长于子房；花密生，呈螺旋状排生；萼片下部靠合；唇瓣前半部上面具长硬毛且边缘具强烈皱波状啮齿。花期7～8月。

大别山各县市均有分布，生于海拔200m以上的山坡林下、灌丛下、草地或河滩沼泽草甸中。

绶草属名 Spiranthes 是由希腊语 speira（"螺旋"）和 anthos（"花"）衍生而来的，这一特性充分体现在绶草的花。

《毛传》："鹝，绶草也。"绶为系玉饰的丝带，绶草的花序如绶带一般，故得名。此草穗状花序直立，密生多数白色或淡红色小花，螺旋状排列而上。陆玑《诗疏》："鹝五色作绶文，故曰绶草。"即指此而言。盘龙参始载于《滇南本草》。花如青龙盘缠柱上，根如人参状，故名盘龙参、青龙缠柱或青龙抱柱。清明左右为其盛花期，民间另称之为清明草。

《植物名实图考》："盘龙参，袁州、衡州山坡皆有之。长叶如初生萱草而脆肥，春时抽葶，发苞如辫绳斜纠，开小粉红花，大如小豆瓣，有细齿上翘，中吐白蕊，根有黏汁。其根似天门冬而微细，色黄。"

绶草已被列入《濒危野生动植物物种国际贸易公约》（CITES）的附录Ⅱ中，并被列入中国《国家重点保护野生植物名录》（第二批）中，为二级保护植物。

【入药部位及性味功效】

盘龙参，又称鹝、绶、一线香、猪鞭草、猪潦子、猪辽参、龙抱柱、龙缠柱、猪牙参、扭兰、胜杖草、盘龙棍、过水龙、红龙盘柱、小猪獠参、海珠草、蛇崽草、一枝枪、一叶一枝花、双瑚草、盘龙花、镰刀草、大叶青、九龙蛇、笑天龙、马牙七、盘龙箭、鲤鱼草、反皮索，为植物绶草的根和全草。夏、秋采收，鲜用或晒干。味甘、苦，性平。归肺、心经。益气养阴，清热解毒。主治病后虚弱，阴虚内热，咳嗽吐血，头晕，腰痛酸软，糖尿病，遗精，淋浊带下，咽喉肿痛，毒蛇咬伤，烫火伤，疮疡痈肿。

【经方验方应用例证】

治病后体虚：盘龙参、当归各9g，黄芪15g，水煎服。（《沙漠地区药用植物》）

治神经衰弱：绶草12g，远志9g，合欢皮15g，水煎服。（《青岛中草药手册》）

治头晕虚弱：龙抱柱研末3g，油汤吞服。（《贵州草药》）

治腰痛，遗精，白带：盘龙参、黑芝麻各30g，黑黄豆、补骨脂、山药、覆盆子、金樱子各15g，炒研为末，炼蜜为丸。早晚每次9g，开水吞服。（《湖北中草药志》）

治咽喉肿痛：绶草根9g，水煎，加冰片0.6g，徐徐含咽。（《江西草药》）

治糖尿病：鲜绶草根30～60g，银杏15g，猪胰1条，水煎服。（《福建药物志》）

治肾炎：鲜绶草30～60g，无根藤、星宿菜、丝瓜根各30g，水煎服。（《福建药物志》）

治带状疱疹：绶草根适量，晒干研末，麻油调搽。（《江西草药》）

治烫火伤：盘龙箭30g，蚯蚓5条，白糖少许，共捣烂外敷，每日换药1次。（《陕西中草药》）

【中成药应用例证】

九龙解毒胶囊：清热解毒，理气止痛。用于痰热壅肺引起的发热、咳嗽、咳吐黄痰、胸痛等症。

清肝败毒丸：清热利湿解毒。用于急、慢性肝炎属肝胆湿热证者。

拉丁名索引

Circaea mollis Sieb. et Zucc. / 193

Cirsium arvense var. *integrifolium* C. Wimm. et Grabowski / 353

Cirsium japonicum Fisch. ex DC. / 355

Cleisostoma scolopendrifolium （Makino） Garay / 493

Codonopsis lanceolata （Sieb. et Zucc.） Trautv. / 301

Commelina benghalensis Linnaeus / 420

Conioselinum anthriscoides （H. Boissieu） Pimenov & Kljuykov / 212

Coptis chinensis Franch. / 085

Corydalis decumbens （Thunb.） Pers. / 100

Corydalis incisa （Thunb.） Pers. / 102

Corydalis ophiocarpa Hook. f. & Thomson / 103

Corydalis pallida （Thunb.） Pers. / 104

Corydalis speciosa Maxim. / 105

Corydalis yanhusuo W. T. Wang / 106

Cremastra appendiculata （D. Don） Makino / 491

Crotalaria albida Heyne ex Roth / 147

Crotalaria sessiliflora L. / 148

Cryptotaenia japonica Hassk. / 208

Cymbidium faberi Rolfe / 494

Cymbidium goeringii （Rchb. f.） Rchb. F. / 496

Cynanchum rostellatum （Turcz.） Liede & Khanum / 234

Cyperus rotundus L. / 415

Cypripedium japonicum Thunb. / 497

D

Dendrobium huoshanense C. Z. Tang et S. J. Cheng / 498

Dendrobium officinale Kimura et Migo / 500

Dianthus superbus L. / 061

Dioscorea collettii var. *hypoglauca* （Palibin） C. T. Ting et al. / 465

Dioscorea nipponica Makino / 467

Dioscorea polystachya Turczaninow / 469

Dipsacus asper Wallich ex Candolle / 316

Dorcoceras hygrometricum Bunge / 267

Duchesnea indica （Andr.） Focke / 133

Dysosma versipellis （Hance） M. Cheng ex Ying / 319

E

Elatostema stewardii Merr. / 015

Eleocharis dulcis （N. L. Burman） Trinius ex Henschel / 418

Eomecon chionantha Hance / 108

Epilobium hirsutum L. / 190

Epimedium sagittatum （Sieb. et Zucc.） Maxim. / 321

Eupatorium japonicum Thunb. / 357

Euphorbia hylonoma Hand.-Mazz. / 167

Euphorbia pekinensis Rupr. / 168

F

Fagopyrum dibotrys （D. Don） Hara / 038

Fallopia multiflora （Thunb.） Harald. / 040

Farfugium japonicum （L. f.） Kitam. / 359

G

Galium bungei Steud. / 278

Galium spurium L. / 279

Gastrodia elata Bl. / 503

Geranium wilfordii Maxim. / 162

Geum aleppicum Jacq. / 136

Glechoma longituba （Nakai） Kupr. / 239

Goodyera biflora （Lindl.） Hook. f. / 507

Goodyera repens （L.） R. Br. / 509

Gynostemma pentaphyllum （Thunb.） Makino / 268

Gynura japonica （Thunb.） Juel. / 361

H

Hemerocallis fulva （L.） L. / 453

Heracleum moellendorffii Hance / 210

Hosta ventricosa （Salisb.） Stearn / 432

Houttuynia cordata Thunb. / 001

Humulus scandens （Lour.） Merr. / 009